人类骨骼考古学

（Human Remains in Archaeology: A Handbook）

第二版
2018

〔英〕夏洛特·A.罗伯茨（Charlotte A. Roberts） 著

张全超 李墨岑 译

科学出版社

北 京

图字: 01-2019-7562 号

内 容 简 介

本书提供了有关人类遗骸的获得、处理和研究的所有方面的最新指导。首先,为什么我们应该研究人类遗骸,以及围绕他们的发现,分析和展示的伦理问题,以及对目前在英国发掘遗骸的法律要求的考虑。该书研究了古人是如何去世的,以及包括环境在内的各种因素对其保存的影响。其他章节分析了人类遗骸的发掘、操作流程和保存,为如何记录死亡年龄、性别、身高和病理性病变等数据提供了实用建议。作者还讨论了人类遗骸研究的最新技术进展,如稳定同位素和古 DNA 分析等。

本书可供考古学、历史学、人类学及相关领域研究者及高校相关专业的师生阅读参考。

图书在版编目(CIP)数据

人类骨骼考古学: 原书第二版 /(英)夏洛特・A. 罗伯茨(Charlotte A. Roberts)著. 张全超, 李墨岑译. —北京: 科学出版社, 2021.11
书名原文: Human Remains in Archaeology: A Handbook
ISBN 978-7-03-069990-9

Ⅰ. ①人… Ⅱ. ①夏… ②张… ③李… Ⅲ. ①人体 – 骨骼 – 考古学
Ⅳ. ①Q981

中国版本图书馆 CIP 数据核字(2021)第203284号

责任编辑: 王琳玮 / 责任校对: 邹慧卿
责任印制: 肖 兴 / 封面设计: 金舵手

科 学 出 版 社 出版
北京东黄城根北街16号
邮政编码: 100717
http://www.sciencep.com

北京汇瑞嘉合文化发展有限公司 印刷
科学出版社发行 各地新华书店经销
*
2021年11月第 一 版 开本: 787×1092 1/16
2021年11月第一次印刷 印张: 22 3/4
字数: 370 000
定价: 168.00 元
(如有印装质量问题, 我社负责调换)

致　谢

　　《人类骨骼考古学》第二版的出版得益于很多人的帮助，在第一版的致谢中，我已对他们当中的绝大多数人表达了感谢。没有他们的贡献，《人类骨骼考古学》可能永远无法出版。当然，本书中出现的所有不足均归咎于我本人。我要感谢的人包括：

　　感谢英国考古委员会（Council for British Archaeology）的简·索尼利-沃克（Jane Thorniley-Walker）和卡特里娜·阿普比（Catrina Appleby）在《人类骨骼考古学》第二版的撰写过程中提供的所有帮助、指导和鼓励。

　　感谢威赛克斯考古中心（Wessex Archaeology）的杰奎琳·麦金利（Jacqueline Mckinley）对《人类骨骼考古学》第二版的初稿进行审读，并从抢救性考古发掘的角度为我提出了宝贵的意见（她的见解对火葬和火葬墓等章节的撰写也起到了关键作用）。

　　感谢英格兰历史委员会（Historic England）的西蒙·梅斯（Simon Mays），纽卡斯尔大学（University of Newcastle）的迈拉·吉森（Myra Giesen），杜伦大学（Durham University）的安雯·卡菲尔（Anwen Caffell）、克里斯·卡普尔（Chris Caple）、丽贝卡·高兰德（Rebecca Gowland）、蒂娜·雅各布（Tina Jakob）和安德鲁·米勒德（Andrew Millard），以及雷丁大学（University of Reading）的玛丽·刘易斯（Mary Lewis）阅读《人类骨骼考古学》第二版初稿的章节。蒂娜·雅各布也帮助我构思了《人类骨骼考古学》第二版诸多方面的逻辑结构。感谢杜伦大学的克里斯·杰拉德（Chris Gerrard）、理查德·辛格利（Richard Hingley）、莎拉·辛普尔（Sarah Semple）、马克·怀特（Mark White）、帕姆·格雷夫斯（Pam Graves）和汤姆·摩尔（Tom Moore）推荐不同历史时期墓葬研究的参考文献。感谢贝尔法斯特大学（Belfast University）的艾琳·墨菲（Eileen Murphy）对本书中涉及的北爱尔兰法规的部分予以指导。感谢曼彻斯特大学（Manchester University）的凯里·布朗（Keri Brown）和前曼彻斯特大学、现苏黎世大学（Zurich University）的阿比盖尔·鲍曼（Abigail Bouwman）对考古发掘现场古代 DNA 研究样本的采集提出建议；英格兰历史委员会的西蒙·梅斯对考古发掘现场、考古发掘结束后古代 DNA 样本的采集提出建议。感谢纽卡斯尔大学的迈拉·吉森提供《美洲原住民墓葬保护和归还法案》（*Native American Graves Protection and Repatriation Act*，*NAGPRA*）的相关信息。感谢史密森尼学会（Smithsonian Institution）的戴夫·亨特（Dave Hunt）和多伦多大学（University of Toronto）的苏珊·菲佛（Susan Pfeiffer）分别就特里骨骼收藏（Terry Skeletal Collection）和格兰特骨骼收藏（Grant Skeletal Collection）提供了有益的指导。最后，我要再一次感谢伦敦博物馆（Museum of London）已故的比尔·怀特（Bill White），他始终耐心地解答我在撰写《人类骨骼考古学》的过程中提出的问题。

提供插图及其授权的人包括：哥本哈根大学（University of Copenhagen）已故的皮娅·本尼克（Pia Bennike），俄亥俄州立大学（Ohio State University）的里特·斯特克尔（Rick Steckel），诺福克博物馆及考古中心（Norfolk Museum and Archaeology Service）的布莱恩·艾尔斯（Brian Ayres），白立方艺术馆（White Cube）的斯蒂芬·怀特（Stephen White）、莎拉·麦克唐纳德（Sarah Macdonald）和杰伊·乔普林（Jay Jopling），杜伦大学考古中心的理查德·安尼斯（Richard Annis），在《人类骨骼考古学》第一版出版时任职于杜伦大学的伊冯·比德内尔（Yvonne Beadnell）、亚历克斯·本特利（Alex Bentley）、安雯·卡菲尔、基斯·多布尼（Keith Dobney）、莎拉·格罗夫斯（Sarah Groves）、蒂娜·雅各布、杰米·詹宁斯（Jaime Jennings）、珍妮·琼斯（Jenny Jones）、鲍勃·莱顿（Bob Layton）、安德鲁·米勒德、凯瑟琳·潘特－布里克（Catherine Panter-Brick）、麦克·理查兹（Mike Richards）、克里斯·斯卡雷（Chris Scarre）和杰夫·维奇（Jeff Veitch），亨伯考古合作中心（Humber Archaeology Partnership）的戴夫·埃文斯（Dave Evans），约克大学（University of York）已故的唐·布罗斯威尔，智利塔拉帕卡大学（Universidad de Tarapaca，Arica，Chile）的西蒙·福勒（Simon Fowler）和伯纳多·巴里亚萨（Bernardo Barriaza），在《人类骨骼考古学》第一版出版时任职于谢菲尔德大学（University of Sheffield）的安德鲁·张伯伦（Andrew Chamberlain）、帕特里克·马奥尼（Patrick Mahoney）和麦克·帕

克·皮尔森（Mike Parker Pearson），目前任职于苏黎世大学的阿比盖尔·鲍曼，曼彻斯特大学的特里·布朗（Terry Brown）和凯里·布朗，伦敦大学玛丽皇后学院圣巴塞洛缪医院以及伦敦医学和牙科学院（St Bartholomew's Hospital and the London School of Medicine and Dentistry, Queen Mary, University of London）的蒂姆·萨瑟兰德（Tim Sutherland）和艾伦·博伊德（Alan Boyde），前伯明翰大学（University of Birmingham）、现加拿大麦克马斯特大学（McMaster University）的梅根·布里克利（Megan Brickley），前伯明翰大学、现伯恩茅斯大学（Bournemouth University）的马丁·史密斯（Martin Smith），莱顿大学（University of Leiden）的乔治·马特（George Maat），亚利桑那州立大学（Arizona State University）的安妮·斯通（Anne Stone），意大利EURAC研究中心（EURAC Research, The Institute for Mummies and the Iceman, Bolzano, Italy）的阿尔伯特·辛克（Albert Zink），慕尼黑大学（University of Munich）的安德烈亚斯·内里奇（Andreas Nerlich），威赛克斯考古中心的杰奎琳·麦金利，东安格利亚大学（University of East Anglia）的卡罗尔·罗克利夫（Carole Rawcliffe），克兰菲尔德大学（Inforce, Cranfield University）的玛格丽特·考克斯（Margaret Cox）和罗兰德·韦斯林（Roland Wessling），蒂斯考古中心（Tees Archaeology）的罗宾·丹尼尔斯（Robin Daniels）和蕾切尔·格雷厄姆（Rachel Grahame），伦敦博物馆的苏珊·沃德（Susan Ward）、已故的比尔·怀特和妮基·布劳顿（Nikki Braunton），伦敦博物馆考古中心（Museum of London Archaeological Service）的安迪·查宾（Andy Chopping），约克考古基金会（York Archaeological Trust）已故的理查德·霍尔（Richard Hall），伯明翰考古中心（Birmingham Archaeology）的阿曼达·福斯特（Amanda Forster），伯明翰CgMs咨询公司（CgMs Consulting, Birmingham）的凯西·帕特里克（Cathy Patrick），曼彻斯特大学的罗莎莉·大卫（Rosalie David）和马尔科姆·查普曼（Malcolm Chapman），宾夕法尼亚州立大学（Pennsylvania State University）的维克多·梅尔（Victor Mair），澳大利亚国立大学（Australian National University）的金东（Kim Dung）和洛娜·提利（Lorna Tilley），雷丁大学的玛丽·刘易斯，兰卡斯特大学（Lancaster University）的戴夫·露西（Dave Lucy），苏黎世大学的弗兰克·鲁里（Frank Ruhli），前埃克塞特大学（University of Exeter）、现波尔多大学（University of Bordeaux）的克里斯·克努塞尔（Chris Knusel），牛津考古中心（Oxford University）的艾伦·拉普顿（Alan Lupton）和露易丝·罗（Louise Loe），亨特博物馆（Hunterian Museum）的简·休斯（Jane Hughes），赫尔大学（University of Hull）的罗德·麦基（Rod Mackey），东安格利亚考古中心（East Anglia Archaeology）的珍妮·格雷兹布鲁克（Jenny Glazebrook），惠康基金会医学影像库（Wellcome Trust Medical Photographic Library）的安娜·史密斯（Anna Smith），基耶蒂大学（University of Chieti）的鲁吉·卡帕索（Luigi Capasso），智利大学（University of Chile，Santiago）的马里奥·卡斯特罗（Mario Castro），以及斯图尔特·加德纳（Stewart Gardner）。为《人类骨骼考古学》第二版提供全新插图的人包括：约克骨骼考古中心（York Osteoarchaeology）的马林·霍尔斯特（Malin Holst），大英博物馆（British Museum）的丹尼尔·安托万（Daniel Antoine），奥地利考古研究院（Austrian Archaeological Institute，Vienna，Austrian）的迈克尔·宾德（Michaela Binder），杜伦大学的克里斯·杰拉德、安雯·卡菲尔，以及前建设考古中心（Preconstruct Archaeology）的珍妮·普罗克特（Jenny Proctor）。

我也要感谢以下机构提供插图及授权：英国生物人类学和骨骼考古学会（British Association for Biological Anthropology and Osteoarchaeology，BABAO），诺福克环境历史委员会（Norfolk Historic Environment），诺福克博物馆和考古中心（Norfolk Museums and Archaeological Services），剑桥大学出版社（Cambridge University Press），《美国体质人类学报》和威利出版社（American Journal of Physical Anthropology and Wiley），伦敦白立方艺术馆，牛津考古中心（Oxford Archaeology），亨伯考古合作中心，布拉德福德大学生物人类学研究中心［Biological Anthropology Research Centre（Archaeological Sciences，Bradford University）］，皇家外科医学院亨特博物馆理事会（Trustees of the Hunterian Museum at the Royal College of Surgeons），班伯城堡研究项目（Bamburgh Castle Research Project），蒂斯考古中心，伦敦博物馆影像库（Picture Library at the Museum of London），伦敦博物馆考古中心（Museum of London Archaeological Services），约克考古基金会，伯明翰 CgMs 咨询公司，曼彻斯特大学曼彻斯特博物馆［Manchester Museum（University of Manchester）]，陶顿战场考古调查项目（Towton Battlefield Archaeological Survey Project），惠康基金会图书馆（Wellcome Trust Library），爱思唯尔（Elsevier），以及伯明翰考古中心（Birmingham Archaeology）。

我非常感谢英格兰历史委员会的塞巴斯蒂安·佩恩（Sebastian Payne）对《人类骨骼考古学》2012 年修订版中涉及英格兰和威尔士新近变更的法律以及墓葬研究进行指导。

在《人类骨骼考古学》第二版中，我要特别感谢北约克郡（North Yorkshire）东威顿和芬霍尔（East Witton and Finghall）的居民，感谢他们使我愉快地度过了撰写《人类骨骼考古学》第一版的那几年学术休假时光，是他们使我不至于始终坐在电脑前伏案工作！感谢我的丈夫斯图尔特（Stewart）在我完成《人类骨骼考古学》第一版和第二版的过程中一如既往地给予我莫大的支持。没有他的陪伴，我无法取得这一成就。在完成《人类骨骼考古学》第一版时，我的爱犬乔斯（Joss）和凯西（Cassie）时不时会跑来提醒我，遛狗比写书更重要，但令人伤心的是，在我撰写《人类骨骼考古学》第二版时，它们已经无法陪在我身边令我放松了。

序

10 岁那年，我在诺丁汉（Nottingham）特伦特河畔（River Trent）的碎石采石场看到了一堆被挖出的人类骨骼。从这以后，我便对人类骨骼产生了极大兴趣。多年以来，数以百计的考古学专业学生和田野考古工作者对人类骨骼考古学表现出的极大热情使我认识到，人们普遍对古代人类遗骸充满好奇。的确，如果阅读本科生和博士生研究人类骨骼的论文就像是服用每日必需的药物，那么阅读人体钙化组织的研究则是一剂无害的强效药。这种轻微成瘾使人愉悦，且没有严重的副作用，除非研究人类遗骸成为毕生热忱。

19 世纪中期，英国古代墓冢和墓地的发掘激起了人们研究人类骨骼的兴趣。的确，戴维斯（J Davis）博士和瑟南（J Thurnam）博士在 1865 年发表了一本关于早期英国的巨著，这本巨著涵盖了从新石器时代到撒克逊时代的人类骨骼研究。19 世纪末，伦敦大学学院（University College London）的统计学家卡尔·皮尔森（Karl Pearson）重点研究了世界各地发现的人类颅骨，其中多数来自英国和埃及，这些研究建立了人类骨骼考古学的研究核心（大量研究发表在 *Biometrika* 期刊上）。与此同时，格拉夫顿·艾略特·史密斯爵士（Sir Grafton Elliot Smith）及其同事对大量埃及墓地和木乃伊的研究进一步确立了古病理学（palaeopathology）这一学科。然而令人不解的是，这一时期很少有专职研究人类骨骼的学术岗位，那些活跃在人类骨骼研究领域的学者通常受聘于生物学或医学机构，而非考古学机构。实际上，直到我们这个时代，人类骨骼研究才从生物学或医学领域转换为主流考古学的一部分，而专门从事人类骨骼研究的教学和科研岗位也直到这一时期才开始出现。

《人类骨骼考古学》的主旨在于研究和解释人类遗骸，在这一领域，夏洛特·A.罗伯茨（以下称夏洛特·罗伯茨）比绝大多数人更具备资历。在这本为英国乃至全世界的考古学家所撰写的实用手册中，夏洛特·罗伯茨全面地汇总了关于古代人类骨骼的知识。《人类骨骼考古学》是一本图文并茂、汇集了学术前沿信息、内容翔实的参考书。无论是对田野工作还是对实验室研究而言，《人类骨骼考古学》都具有极大的参考价值，并且有助于从生物学角度对人类历史进行全面研究。50 年前，人类骨骼的研究报告包括身高等测量数据，以及针对个体健康状况的简要看法。当今的人类骨骼研究能够提供更多详细的数据，而且人类骨骼保存得越完整，我们就越能真切地了解我们祖先的人生历程。人类的体质是否出现过改变？早期人类是否遭受过环境、食物或其他方面的压力？癌症在古代也如同在当今社会一样是一大健康问题吗？被掩埋的房址和陶器是物质文化的反映，骨骼和牙齿则是揭示生物文化系统对人类的影响、人类对生物文化系统适应程度的铁证。

早在几十年前，人们普遍更为推崇对人类遗骸进行科学研究，因为这样可以为复原早期人类生活历史提供有价值的信息。但是，由于学者研究和保管古代人类遗骸的自由正日益受到限制，研究环境正向着不利的方向发展。政治原因以及未经充分讨论便归还人类遗骸的行为把原本归属考古学界处置的出土遗骸置于某些团体代表的手中，而这些团体代表有时候并不了解古代人类遗骸的长远价值。我们并不反对将人类遗骸归还给其在世的直系后代，但是，如果没有明确的祖先关系，那么由考古学家和其他当事人一起做出一个审慎的决定似乎更为可取。这样既能保证人类遗骸的保存和研究，同时也能给予这些古代人群应有的尊重。相比起归还、销毁或是重新埋葬人类遗骸，满怀敬意地保存和保管人类遗骸不失为一种非常合理的替代手段。考古从业人员以及大众只有更多地了解研究人类遗骸所能揭示的多方面、有价值的生物考古学信息，才可能与鼓吹归还人类遗骸的团体及国家法律支持重新埋藏人类遗骸的裁决达成更加合理的折中方案。

毫无疑问，《人类骨骼考古学》可以帮助人们了解，在给予应有尊重的前提下，为什么研究古代的逝者能够重现过去的生命。因此，我非常荣幸地向所有考古从业人员以及大众读者推荐《人类骨骼考古学》。

唐·布罗斯威尔

唐·布罗斯威尔个人简介

唐·布罗斯威尔（1933～2016 年），约克大学古生态学（palaeoecology）荣誉教授。

唐于 2016 年 9 月逝世。唐生前是一个知识渊博的学者，与此同时，他通过自己极具启发性的教学培养了一代又一代的生物考古学家。唐也是一个不断有新的研究构想的学者，他于 77 岁高龄申请到了此生最后一项科研经费。

20 世纪 50 年代初，唐在伦敦的考古研究院（Institute of Archaeology）攻读了考古学与人类学学士学位。此后，他先后在剑桥大学（University of Cambridge）、大英博物馆自然历史部（British Museum, Natural History）、伦敦大学学院就职，并最终在约克大学任教。唐自 20 世纪 50 年代开始发表学术研究成果，他的最后一本著作，即他的回忆录，出版于 2016 年。尽管此后他未再发表其他著作，但他依然奋笔疾书直到临终。唐在 1963 年首次出版的《发掘骨骼》（Digging up Bones）是他最为人熟知的著作之一，同时也是人类骨骼考古学专业学生的必读书目。作为学生心目中的"生物考古学巨人"，唐的著作范围广泛，包括密螺旋体疾病（treponemal disease）、沼泽鞣尸（bog bodies）以及考古遗址中发现的动物疾病等。

唐会被后世的学者所哀悼和怀念，他一生的学术贡献是科技考古学领域的宝贵遗产。

目　　录

第一章 考古遗址出土人类遗骸的研究

人们对人类遗骸的兴趣从未如此（Waldron，2001）。

第一节 绪论和本书的范围

为什么考古遗址出土的人类遗骸总是深深吸引着我们？为什么报道考古发掘人类遗骸或法医鉴定人类遗骸的电视节目那么吸引观众？为什么只要有机会人们就会围观发掘出土的人类遗骸？为什么大学中教授人类遗骸的课程总是能吸引到大量学生？为什么博物馆展出的人类骨骼那么受欢迎？这可能是因为，相比一个从考古遗址发掘出土的陶罐，生而为人，我们更能与人类骨骼或者木乃伊产生共鸣。我们每个人的身体都包含一副骨骼，我们想对自己的骨骼有更多的了解。

《人类骨骼考古学》是为各行各业的广大读者撰写的：学习考古遗址出土人类遗骸的大学生、专科学生和中小学生，甚至是走读学校、夜校和暑期学校的学生；田野考古工作者；学者；其他学科的学生，如历史学专业的学生；尤其是对人类遗骸感兴趣的公众。因此，《人类骨骼考古学》是一本内容丰富的"实用手册"，尽管本书并不致力于介绍所有人们想知道却又不敢问的、关于人类遗骸研究的问题——如若涉及相关问题，本书会为读者推荐更详尽的资料，以便读者获得深入了解。《人类骨骼考古学》可以使读者了解人类遗骸的研究，同时也涉及所有与人类遗骸相关的内容；尽管《人类骨骼考古学》围绕着英国的人类遗骸研究展开，但当比较分析的方法有益于讨论特定的研究主题时，部分章节也详细介绍了世界其他地区的人类遗骸研究情况。

第二节 本书的结构

《人类骨骼考古学》包括八章。第一章介绍了本书的研究背景，包括考古遗址出土的人类骨骼（生物考古学）与考古学（和人类学）研究的关系，考古遗址出土人类骨骼的研究发展史，以及对人类骨骼研究发展有重要影响的学者。此外，第一章总结了当下正在进行的主要科研项目，以及这些项目对了解人类祖先生活历史的意义，讨论了生物考古学从业人员所面对的主要问题，还介绍了为什么要通过生物考古学研究方法，在古代社会经济、政治和自然环境背景中，充分解释从人类遗骸上采集到的数据。

第二章主要介绍了伦理问题和人类遗骸的研究。尽管归还和重新埋葬人类遗骸在英国不太普遍，但在世界其他地区，这一现象更为常见。除此之外，第二章的主要内容还包括：人类遗骸的发掘环境；如何在考古发掘、实验室研究和博物馆保管环节解决反映出的伦理问题；不同宗教信仰对人类遗骸的不同看法；媒体报道人类遗骸、博物馆展陈人类遗骸是否具有积极影响、是否正当。

第三章介绍了古代埋葬死者的不同方式以及英国自史前时期（prehistory）至后中世纪时代（the post-medieval period）不同的埋葬环境。第三章同时也从考古资料的保存和最终的研究价值这一视角分析了古代的埋葬方式。此外，这一章还介绍了埋藏、出土人类遗骸的不同环境，以及影响人类遗骸保存状况的因素——干燥炎热的环境、干燥寒冷的环境、热带潮湿的环境以及洞穴和贝丘等特殊的埋藏环境。

第四章介绍了发掘人类遗骸的方法、发掘之后处理人类遗骸的方法（清洗、晾干、标示、打包）、保护人类遗骸的方法，以及保管人类遗骸的条件。

第五章至第七章介绍了人类遗骸的研究方法。第五章首先介绍了人类骨骼和牙齿的结构，鉴别人类骨骼和牙齿的方法，区分人类和动物骨骼及牙齿的方法，鉴定成年个体和未成年个体性别和年龄的方法，重建样本人群人口结构的方法，骨骼和牙齿上的测量和非测量性状所反映的个体或人群之间的形态差异，分析全部数据的方法。第六章介绍了鉴定骨骼病理现象的方法（古病理学），罗列了其他可用来重建古代疾病历史的证据，还讨论了古病理学研究的局限性，列举了古病理学研究的主题。第七章介绍了除肉眼观察以外，其他研究人类遗骸的方法，包括组织学、射线成像学、生物分子研究（主要包括稳定同位素和DNA）以及测年技术。

第八章展望了未来适用于发掘和研究考古遗址出土人类遗骸的方法，也指出了未来最具前景的研究主题。

第三节　考古学、人类学和人类遗骸

放眼世界，如果想要探究关于人类遗骸的研究是如何成为大学考古学或人类学系、抢救性考古发掘以及博物馆展陈的一部分，你可能会得到这样一个结论：不同的国家有不同的情况。这种差异明显反映了人类骨骼考古学在各个国家的普遍性和受欢迎程度，以及各国对人类骨骼考古学研究经费的投入。举例来说，在美国，由于考古学和体质人类学（研究过去和现在的人类的学科）同样都是人类学（研究人类的过去和现在的学科）下设的二级学科，大多数人类学系都会雇用一位体质人类学家，因此，研究考古遗址出土的人类遗骸在美国是很常见的。在英国，大学通常设立考古学系，考古学系极少雇用体质人类学家，因此本科生和研究生不一定有机会在考古学或科技考古学的课程中接触到人类遗骸。这可能会使考古学专业的毕业生在发掘一处墓地时，缺少必备的有关人类遗骸的知识和技能。同样，尽管英国少数（相较于考古学系）设立人类学系的大学雇用了体质人类学家，但是这些体质人类学家极少讲授考古遗址出土人类遗骸的研究，他们更侧重于研究早期人科化石、非人灵长类、人类进化的相关问题。

因此，尽管时代在变化，但是相比英国，北美洲（美国和加拿大）的生物考古学更成熟、更具有学科交叉的特点。虽然英国从很久以前便开始发掘人类遗骸，但是直至目前，才有更多的大学和抢救性考古发掘机构聘用生物考古学家。然而，英国的博物馆并没有大量聘用生物考古学家。因此，英国大学、抢救性考古发掘机构、博物馆、国民信托（National Trust）等慈善组织，以及英格兰历史委员会等其他考古机构会聘用专人研究人类遗骸。此外，许多不同的群体也会从事与人类遗骸相关的工作，这些群体包括大学的本科生、硕士研究生和博士研究生（学校的实践课程以及学位论文的撰写涉及人类遗骸），教师和研究人员（在教学和发表文章的过程中使用人类遗骸）、参与抢救性考古发掘的生物考古学家（撰写人类骨骼报告）、博物馆工作人员（撰写人类骨骼报告，保管、展陈人类遗骸），对人类遗骸感兴趣的业余人士也会参与墓地的发掘和人类遗骸的处理工作。

现有官方专业机构致力于代表这些研究人类遗骸的个人和机构，包括美国体质人类学家协会（American Association of Physical Anthropologists，AAPA；https://www.physanth.org），英国生物人类学和骨骼考古学会（图一；http://www.babao.org.uk），欧洲人类学会（European Anthropological Association，EEA；http://eaa.elte.hu），古病理学会（Paleopathology Association，PA；https://paleopathology-association.wildapricot.org），特许考古学家研究院（Chartered Institute for Archaeologists，CIfA；https://www.archaeologists.net），博物馆协会（Museum Association，MA；https://www.museumsassociation.org/home）。这些机构召集成员、召开会议，同时也提供指导文件和其他资源。这些机构还通过出版、召开会议以及应对出现的特定问题，扮演着扩展知识的核心角色。

与此同时，庞大的、雄心勃勃的科研项目与日俱增，通过研究大量的人类骨骼，以解决特定的、有关人类历史的学术问题。这类科研项目有足够的经费支持，可以处理大量的研究数据，这保证了项目的可行性。这类科研项目还汇集了世界各国的学者。举例来说，自 2001 年起，由美国俄亥俄州立大学承担的全球健康史计划欧洲模块［Global History of Health（History of Health in Europe）］通过比较分析，探索欧洲国家的健康历史［这一项目研究了从罗马时代（Roman period）至 19 世纪末期欧洲 100 多个遗址发现的约 15000 具骨架］。全球健康史计划欧洲模块是一个由不同专业学者参与的跨学科科研项目，除了（约 100 名）生物考古学家外，还有来自地理学、历史学、人类学和考古学的学者（Steckel et al.，2019）。欧洲模块是继西半球模块（Western Hemisphere Health Project）之后的又一全球健康史计划的子课题。西半球模块与欧洲模块的研究方法相似，但相较于欧洲模块，西半球模块略为简要。西半球模块揭示了美洲全

图一 英国生物人类学和骨骼考古学会的标志（BABAO 授权）

部地区的人群健康随着时间推移，即社会复杂化加剧，出现恶化的现象（Steckel et al.，2002；图二）。伦敦博物馆人类生物考古学中心（Museum of London's Centre for Human Bioarchaeology，https://www.museumoflondon.org.uk/collections/other-collection-databases-and-libraries/centre-human-bioarchaeology）建立了所有馆藏骨骼遗骸的数据库，为未来的研究人员提供了研究基础，与此同时，还对斯皮塔菲尔德市场（Spitalfields Market）中世纪晚期遗址出土的数千具骨架进行了研究，这两个项目目前已经结项（Connell et al.，2012）。在英国，基于大量人类骨骼的集体研究日益增加，这类研究的成果有的已经出版（Roberts et al.，2003）。近来在莱斯特（Leicester）、赫里福德（Hereford）和伦敦等地的考古发掘还发现了上百具骨架，产生了大量的人类骨骼数据。仅伦敦斯皮塔菲尔德市场遗址便清理出了 10516 具骨架，这些骨架构成了一个极为重要的（并且很可能是独一无二的）骨骼数据库，这在笔者的有生之年可能难得再见。

20 世纪早期出于研究目的、具有相关证明文件的近现代骨骼收藏对于生物考古学学科同样重要；世界不同地区均有此类骨骼收藏，有的骨骼收藏仍在增添更多的骨骼。每具收藏的骨架均记载有性别、死亡年龄、身高、族群和死因。这些收藏对于分析考古发现的、没有个人证明文件的骨架至关重要，尽管不同人群之间存在差异，如 20 世纪北美洲和葡萄牙人群的日常饮食和生活方式与不列颠尼亚人群（Romano-British）有很大差别。北美洲主要有三个常用的近现代人类骨骼收藏：俄亥俄州克利夫兰自然

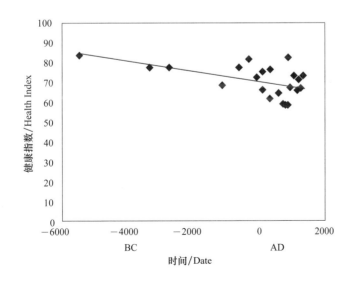

图二　西半球模块的健康指数反映出美洲人群的健康随着时间推移出现恶化

（引自 Steckel et al.，2002；里特·斯特克尔以及剑桥大学出版社授权）

历史博物馆的哈曼·托德骨骼收藏（Hamann Todd in the Natural History Museum，Cleveland，Ohio；https://www.cmnh.org/discover/science/phys-anthro/collections），华盛顿哥伦比亚特区史密森尼学会国家自然历史博古馆的罗伯特·特里骨骼收藏（Robert J Terry Collection in the National Museum of Natural History，Smithsonian Institution，Washington DC；Hunt and Albanese 2005；https://naturalhistory.si.edu/education/teaching-resources/written-bone/forensic-anthropology/skeletal-research-collections），以及多伦多大学人类学系的格兰特骨骼收藏（Grant Collection in the Department of Anthropology，University of Toronto；https://anthropology.utoronto.ca/research/collections/）。此外，还有一些虽然不太知名，但对于人类遗骸的研究仍然具有重要价值的近现代人类骨骼收藏，包括美国田纳西大学法医人类学中心（Forensic Anthropology Centre，University of Tennessee），威廉·巴斯法医骨骼收藏（William M Bass Forensic Skeletal Collection）和威廉·巴斯捐赠的骨骼收藏（William M Bass Donated Skeletal Collection），以及华盛顿哥伦比亚特区霍华德大学蒙塔尼科布收藏（W Montagne Cobb Collection at Howard University，Washington DC）。同样，葡萄牙也有两批近现代人类骨骼收藏，包括科英布拉大学人类学系（Department of Anthropology，Coimbra University）的科英布拉已识别的骨骼收藏（Coimbra Identified Collection）和里斯本博卡日博物馆（Museo Bocage in Lisbon）的路易斯·洛佩兹骨骼收藏（Luis Lopez Collection）（Cardoso，2006a）。考古遗址出土的、记载着个人信息的人类骨骼收藏极为少见，但是位于英国伦敦的自然历史博物馆古生物学部（the Department of Palaeontology at the Natural History Museum in London）目前就保管有一批这样的骨骼收藏。伦敦斯皮塔菲尔德基督教堂（Christ Church）地下墓室发现于20世纪80年代，内含超过900例保存程度各异的人类骨骼个体。大多数骨骼个体被安葬在棺材里，其中383例个体的棺材铭牌记载了他们的姓名、死亡年龄、死亡日期，这确认了他们的身份。此外，记载地下墓室死者的历史档案也有助于确认大量个体的身份（Molleson et al.，1993）。因此，类似上述的骨骼收藏可能有助于检验研究方法，如检验鉴定成年个体死亡年龄的方法的准确性。

第四节　定　义

有许多术语可以指代从事考古遗址出土人类遗骸研究的人，不同的国家往往采用不同的定义。实际上，人们对于应该使用哪一个术语已有激烈的讨论，尤其是在英国。使用的部分术语有：体质人类学家或生物人类学家（physical or biological anthropologist），这两个术语来自人类学，指的是研究过去和现在的人类的学科，从最早的人科成员到现在活着的人，即如历史悠久的美国体质人类学家协会（详见后文）；古病理学家（palaeopathologist），严格意义上指那些仅研究人类遗骸上的疾病的人，即如美国的古病理学会，古病理学家一词在英国往往被错误地用来指代研究人类遗骸的人；骨骼考古学家（osteoarchaeologist），指研究考古遗址出土的人类或动物遗骸的学者，如那些在《国际骨骼考古学报》（*International Journal of Osteoarchaeology*）上发表文章的人；骨骼学家（osteologists），指研究骨骼的人；人类骨骼生物学家（human skeletal biologist）；以及生物考古学家（bioarchaeologists），在北美洲，生物考古学仅指对人类骨骼的研究，但是在英国，生物考古学通常涵盖对考古遗址出土的所有生物遗存的研究，包括植物、动物和人类。英国另有环境考古学家协会（Association of Environmental Archaeologists），其成员也研究考古遗址出土的生物遗存，但是人类遗骸一般不是他们研究的重点。此外，将研究人类遗骸的人称为法医"科学家"（forensic scientists）或"考古学家"（archaeologists）也是一种趋势，尽管他们不研究法医场景中发现的人类遗骸。读者可以想见术语使用的混乱。实际上，英国研究人类遗骸的国家组织名为英国生物人类学和骨骼考古学会，这得名于成员们认为仅使用一个术语不能涵盖所有成员的学科背景。

《人类骨骼考古学》一书将会酌情替换使用上述术语，但是笔者目前倾向于使用"生物考古学"（bioarchaeology）一词。生物考古学指的是通过多学科交叉视角研究考古遗址出土的人类遗骸，将人类遗骸上的生物学数据与考古学及其他数据相结合，探讨人类祖先的生命历史。在 20 世纪 70 年代，当生物考古学一词在北美洲和英国开始被独立使用时，就存在不同的含义。在英国，克拉克（Clark，1972）最初使用生物考古学一词指代动物遗骸的研究，但是正如我们所见到的，生物考古学一词现在涵盖了考古遗址出土的所有生物遗存的研究（Buikstra，2006a）。在美国，南方人类学会1976年的年会（Southern Anthological Society Annual Meeting）确立了生物考古学（Buikstra，1977）。在《人类骨骼考古学》一书中，生物考古学仅指人类遗骸的研究，但是这个研究是多学科交叉的，并旨在解决科研问题而非仅做描述性研究。

第五节　考古遗址出土人类遗骸的研究历史

详细的美国生物考古学研究历史已于不久前发表（Buikstra et al.，2006），但欧洲和英国还没有出版过类似的学术史。尽管如此，还是可以对欧洲，尤其是英国人类遗骸研究的发展史进行总结。19世纪后半段，欧洲出现了体质人类学（physical anthropology）这一学科（Shapiro，1959），法国外科医生保罗·布罗卡（Paul Broca，1873）和德国内科医生、解剖学家鲁道夫·菲尔绍（Rudolph Virchow，1872）推动了人类遗骸的研究。在这之前，当埃斯帕（Esper，1774）在洞熊的骨骼上发现癌症病变时，其实就已经确立了骨骼疾病的研究，但是直到20世纪初期，法/德内科医生马克·阿曼德·鲁弗（Marc Armand Ruffer，1859～1917）才创造了"古病理学"（palaeopathology）一词，并开展了欧洲首个古流行病学（palaeoepidemiology）研究，探讨某一人群中决定疾病发病率和分布的不同因素之间的关系，即试图探究特定疾病出现的原因（1921）。但是，体质人类学家（physical anthropologist）总是测量人类颅骨的刻板印象也形成于19世纪晚期，这一刻板印象，尤其是其身着白大褂的形象，可能时至今日依然保留在许多人的脑海中。

在英国，早期的体质人类学研究专注于对颅骨等人类骨骼的测量。卡尔·皮尔森和杰弗里·莫兰特（Geoffrey Morant）在19世纪晚期至20世纪前半叶，对尼安德特人（Neanderthal）的进化以及现代人的起源研究做出了贡献。研究人类颅骨的巨大兴趣在19世纪尤其高涨（Davis et al.，1865）。早在1800年，英国科学家便提出了基于共同人性、形成单一人类生物种群的理论（Stepan，1982）。但是，另一个名为"多源发生说"（polygenism）的学派认为，智力、道德和体质差异可以将人类区分为不同"种族"（race），即不同的物种。在帝国主义时代，人类起源的理论不再保持客观，而是与"白人"至上主义的信仰相勾结。19世纪，学者们收集了不同"种族"的数据，到了 19 世纪末，"种族"学说已在英国的大众舆论和科学研究中牢固确立，尽管这一学说在很大程度上是一个鼓吹政治立场的概念。1900～1925 年，优生运动（eugenics movement）将"种族科学"（race science）理论发展至极端——通过选育获得理想的遗传特性，以提高人类种群的质量。优生运动成为影响全世界的骇人现象，并最终为侵略性的军国主义和"种族清洗"提供了伪科学的诡辩。

尽管大量测量人类颅骨的研究将生物考古学带向一个危险的方向，但是人类颅骨的测量研究仍然有一些真正的进步之处。卡尔·皮尔森运用统计学方法研究了大量颅骨，并指出人类进化是通过细微而连续的变化实现的（Stepan，1982）。卡尔·皮尔森批判那些立足于小样本的研究（卡尔·皮尔森对英格兰骨骼人群的身高和骨骼性状的研究反映出他研究的大样本；Pearson，1899；Pearson et al.，1919）。卡尔·皮尔森还批判了缺乏标准化的当代研究方法，并且强调环境对测量项目采集的影响（这些问题仍然困扰着当今考古遗址出土人类遗骸的研究，未曾得到解决）。值得庆幸的是，卡尔·皮尔森指出，典型的"英格兰人种"是不存在的，人们的外表是非常多变的，但是他的这一观点在当时并没有被认真对待。

基思通过研究考古遗址出土的人类遗骸，发表了涉及各类主题的文章，如对早期洞穴堆积的研究（Keith，1924）。帕森斯和博克斯研究了根据颅骨骨缝愈合鉴定成年个体年龄的方法，即辨识颅骨各骨骼之间的关节随着个体年龄增长而产生的变化（Parsons et al.，1905）。凯夫研究了包括开颅术（trepanation）（在颅骨上进行手术造成的孔洞；Cave，1940）在内的各类主题。解剖学家道森研究了埃及发现的木乃伊（Dawson，1927）。而伍德－琼斯则与另一位解剖学家一起研究了埃及发现的人类骨骼（Elliott-Smith and Wood-Jones，1910）。奥克利（Oakley）参与了著名的皮尔当颅骨（Piltdown skull）的测年工作。皮尔当颅骨发现于 1912 年的苏塞克斯郡（Sussex），艾略特－史密斯等认为该颅骨代表着西欧最早的人类，但在 20 世纪 50 年代，氟年代测定法（fluorine-dating）证实了这只是一个骗局，皮尔当颅骨的年代为近代。奥克利也研究古代脑组织和开颅术（Oakley et al.，1959）。在 20 世纪 60 年代，两位名为贝里（Berry et al.，1967）的解剖学家通过研究小鼠，开创了研究骨骼正常变异（normal variation）的方法。这些骨骼上的特征或性状并非异常或病理性，而是在某些人群中出现，但在其他人群中缺失（详见第五章）。在这一时期，人们认为骨骼的正常变异都是通过家族遗传的，但是时至今日，骨骼上的正常变异被认为是遗传和体力活动等环境因素共同作用的结果。显然，在19世纪和20世纪初的欧洲，生物考古学专注于研究划分人类族群的特征。

20世纪晚期，欧洲生物考古学取得了重大进展，基于人群的创新性研究逐渐普及。举例来说，丹麦医生威廉·穆勒-克里斯滕森（Vilhelm Moller-Christensen）发掘并研究了包括一处中世纪麻风病医院墓地在内的几处大型墓地，为生物考古学做出了巨大贡献（Moller-Christensen，1958；Bennike，2002；图三）。

同样，瑞典的盖日瓦细致地研究了威斯特胡斯（Westerhus）教堂中世纪大型墓地出土的人类遗骸（Gejvall，1960）。在英国，两位关键人物推动了考古遗址出土人类遗骸的研究：凯尔文·威尔斯（Calvin Wells，1908～1978；Roberts et al.，2012），一位来自诺福克郡（Norfolk）并对考古学很感兴趣的医生，以及唐·布罗斯威尔（详见序），一位将考古学、人类学的专长与地质学、动物学的知

图三
1. 丹麦内斯特韦德（Naestved）中世纪晚期墓地　2. 发掘中的威廉·穆勒-克里斯滕森（皮娅·本尼克授权）

1　　　　　　　　　　　　　　　　　2

识结合起来的学者（Dobney，2012）。尽管凯尔文·威尔斯和唐·布罗斯威尔在早年研究人类遗骸时并不知道生物考古学一词，但是他们都采用了生物考古学方法（更多凯尔文·威尔斯和唐·布罗斯威尔的生平详见 Roberts，2006；唐·布罗斯威尔的纪念论文集详见 Dobney et al.，2002；Hart，1983 汇总了凯尔文·威尔斯发表的全部文献）。凯尔文·威尔斯和唐·布罗斯威尔的研究涉及面极广，尽管他们与目前英国从事生物考古学工作的绝大多数人有着不同的职业生涯和训练背景。对比凯尔文·威尔斯和唐·布罗斯威尔的学术贡献，很明显唐·布罗斯威尔发表的文献涉及更多种类的生物遗存（详见 Roberts，2006），包括人类遗骸（Brothwell，1981）、动物遗存（Baker et al.，1980）及尸体，如林多男子（Lindow Man）以及柴郡（Cheshire）沼泽鞣尸（Brothwell，1986）。

在凯尔文·威尔斯和唐·布罗斯威尔学术生涯的早年，他们撰写过考古遗址出土人类遗骸的报告（Brothwell，1967；Wells，1982），并专门研究过某些骨骼个体（Brothwell，1961；Wells，1965）。从这以后，正如梅斯在其所著的英国古病理学研究综述（Mays，1997a）中指出的那样，对某一骨骼个体的专门研究在英国变得尤为重要。不同于北美洲，基于人群、结合考古学背景、解决人类祖先某一特定学术问题的研究在英国发展缓慢。同时，梅斯在其 2010 年发表的一篇综述（Mays，2010b）中指出，自 1997 年的研究综述发表以来（Mays，1997a），英国生物考古学的研究状况鲜有改变。尽管如此，凯尔文·威尔斯在其学术生涯的早年曾试图结合考古学背景解释他采集到的生物考古学数据，虽然他得出的一些"故事"是远非数据能够支持的。但许多拍摄考古遗址出土人类骨骼的电视节目同样讲述了生物考古学数据无法支持的激动人心的故事，凯尔文·威尔斯讲述的故事让骨骼变得更加鲜活，并能使他研究的骨骼"起死回生"。

基斯·曼彻斯特（Keith Manchester）是一位来自西约克郡（West Yorkshire）布拉德福德（Bradford）的医生，他承袭了凯尔文·威尔斯的研究体系，为发掘墓地的考古学家撰写了许多人类骨骼报告（如 Manchester，1978），发表了关于骨骼个体上有趣疾病的论文（如 Manchester，1980）和感染性疾病研究的论文（如 Manchester，1984）。基斯·曼彻斯特的著作《疾病考古学》（*Archaeology of Disease*）（Manchester，1983）现在已经发行了第三版（Roberts et al., 2005），他对麻风病的生物考古学研究在世界范围内极具影响力（Roberts，2012）。伦敦大学学院的托尼·沃尔德伦（Tony Waldron）和布里斯托大学（University of Bristol）已故的朱丽叶·罗杰斯（Juliet Rogers）（Loe et al., 2012）同样也对英国人类遗骸的考古学研究做出了巨大贡献（如 Waldron，2008）尤其是在记录、诊断、解释如骨关节炎（osteoarthritis）等骨骼遗骸上的关节疾病方面的贡献较大（Rogers et al., 1995）。托尼·沃尔德伦和朱丽叶·罗杰斯也都具有医学背景。托尼·沃尔德伦撰写了一本关于如何进行人类遗骸数据采集的杰作（Waldron，1994），并提醒我们，通过骨架上的骨骼变化推断职业绝非易事，尽管很多学者对这一主题非常感兴趣并且做过大量研究（Waldron et al., 1989）。伦敦大学学院的西蒙·希尔森（Simon Hillson）对考古遗址出土的人类及动物牙齿的研究做出了巨大贡献（Hillson，1996a，1996b，2005）。谢菲尔德大学的安德鲁·张伯伦推动了古人口学（palaeodemography）领域的研究（Chamberlain，2006）。坎特伯雷考古基金会（Canterbury Archaeological Trust）已故的特雷弗·安德森（Trevor Anderson）发表了关于多种主题的研究成果（如 Anderson，2000）。英格兰历史委员会的西蒙·梅斯也对生物考古学研究做出了重大贡献（如 Mays，2010b）。英国人类遗骸的生物分子研究在过去的 25 年中获得较大发展，目前处于前沿位置。举例来说，骨骼和牙齿的生物分子研究可以揭示人们的食物类型（Richards et al., 1998），人们是在哪里出生和长大的（Montgomery et al., 2005），人们生前所患的疾病有哪些（Taylor et al., 2000；Bouwman et al., 2005）。

布伊克斯特拉指出，女性在北美洲生物考古学发展中所扮演的角色时至今日仍然被视而不见，尽管“有大量的女性生物考古学家为我们的学术遗产做出了巨大贡献”（Buikstra，2006a）。英国也有许多重要的女性生物考古学家，但是这些女性学者大多在 20 世纪后半叶才涌现。英国的女性生物考古学家有：前文已经介绍的朱丽叶·罗杰斯；伦敦自然历史博物馆的西娅·莫里森（Theya Molleson），她发表的文章涉及广泛的主题（如 Molleson et al., 1990）；多罗茜·伦特（Dorothy Lunt）开展了大量有关牙齿的研究（如 Lunt，1974）；安·斯特兰德（Ann Stirland）因研究都铎王朝（Tudor）玛丽·罗斯号（Mary Rose）军舰中发现的人类骨骼而闻名（Stirland，2000）；威赛克斯考古中心的杰奎琳·麦金利，可以说在全世界范围内，极大地推动了考古遗址出土火葬遗骸的研究（如 Mckinley，1994a）；伯恩茅斯大学的玛格丽特·考克斯近来在后中世纪时代人类骨骼的分析和解释方面有重要成就（如 Cox，1996）；雷丁大学的玛丽·刘易斯凸显了研究考古遗址中儿童的重要性（Lewis，2007，2017）；伦敦自然历史博物馆的路易斯·汉弗瑞（Louise Humphrey）推动了未成年个体生长速率的研究（Humphrey，2000）；前伯明翰大学、现加拿大麦克马斯特大学的梅根·布里克利对骨骼遗骸上坏血病（scurvy）和佝偻病（rickets）等代谢性疾病（metabolic disease）的诊断做出了重要贡献（如 Brickley et al.，2008）；南安普顿大学（Southampton University）的索尼娅·扎克热夫斯基（Sonia Zakrzewski）使人们了解到埃及、英国和南伊比利亚人群的亲缘关系和多样性（如 Zakrzewski，2007）；丽贝卡·高兰德专注于骨骼遗骸的年龄鉴定和社会身份研究，不久前她开始关注发育起源假说（developmental origins hypothesis）（如 Gowland et al.，2006；Gowland et al.，2013；Gowland，2015）。目前，女性似乎趋向于主导英国学术界和抢救性考古发掘中的生物考古学研究，女性为生物考古学的发展做出了巨大贡献，同时也凸显了英国对于国际学术界的贡献。

总而言之，英国的生物考古学研究日益主导该学科的发表文献，英国的生物考古学研究以大量骨架为研究对象，侧重问题驱动式研究，并将生物考古学数据与考古学背景相结合。当今英国的生物考古学研究强调将骨骼遗骸上的生物数据与墓葬分析相结合，关注骨骼数据的社会含义，并利用稳定同位素分析探究古代食物结构和经济模式这一基本问题以及古代人群的迁徙情况。尽管北美洲在多数情况下引领着生物考古学的发展，但英国的生物考古学研究正在快速赶上。在某种程度上是因为自 20 世纪 80 年代以来，英国大学的考古学专业开设了研究人类遗骸的授课型硕士课程（详见第八章），同时也因为越来越多的开发商出资集中发掘墓葬。但是，英国生物考古学的进一步发展需要应对许多挑战。举例来说，博物馆、大学、抢救性考古发掘公司以及其他保管骨骼收藏的机构目前没有记录全部骨骼收藏的数据库，这使得寻找合适的骨骼来探究特定的科研问题变得极其困难。缺少数据库还会导致某些骨骼收藏被过度使用（并可能被损坏）（Roberts et al.，2011）。由于缺少定期更新的骨骼收藏数据库，学者无法找到可替代的骨骼收藏，因此往往没有选择，只能研究前人研究过的同一批人类遗骸。由于学者们忽略了许多不同时代、不同地理位置的骨骼收藏，因此他们对于英国古代人群生命历史的看法可能是片面的。

当人类遗骸的生物考古学研究在学术界日益普及时，抢救性考古发掘也通过撰写《人类骨骼报告》(Skeletal Report)开展了许多生物考古学工作。在英国，多数《人类骨骼报告》是生物考古学家为参与抢救性考古发掘的考古学家所撰写的，而这些考古学家从土地开发商处承包了考古工作。很明显，在生物考古学普及《1990年第16号规划政策指导说明》(1990 Planning Policy Guidance Note 16)(Department of the Environment，1990)之前，用于支持编写《人类骨骼报告》的经费极为有限。而在1990年之后，经费明显增加。实际上，现在可用的经费足以支持编写一本详尽的《人类骨骼报告》。但不幸的是，尽管情况在缓慢改善，许多《人类骨骼报告》仍因无法出版而成为激增的考古学"灰色"文献(grey literature)。《1990年第16号规划政策指导说明》颁布之前积压的考古遗址数据往往无法正式出版，且寻找经费出版这些数据非常困难。举例来说，罗伯茨和考克斯汇总了300多处墓地出土的骨架的健康数据，她们发现，超过三分之一的《人类骨骼报告》未经出版，这使得许多骨骼数据无法被获取(Roberts et al.，2003)。如果不了解数据在时代和地理位置上的空白，我们如何填补空白并推动生物考古学的发展呢？此外，即便《人类骨骼报告》能够被出版，有时也不可能详尽到满足目标读者的要求或达到理想的标准，但是随着越来越多的《人类骨骼报告》以在线档案的形式发表［如英国的考古调查索引在线资源(Online Access to the Index of Archaeological Investigations，OASIS)］，这一问题在一定程度上可以得到缓解。

另一个突出的问题在于研究考古遗址出土人类骨骼的标准化数据采集方法的普遍缺乏。制定标准在过去的三十年中成为某些国家生物考古学研究的重点，这不仅是为了便于学者对比同一个国家相同或不同年代考古遗址的人类骨骼数据，更是为了便于对比世界不同地区考古遗址的人类骨骼数据。20世纪80年代晚期至90年代初期，归还、重新埋葬美洲原住民(Native American)的骨骼遗骸使北美洲面临着失去馆藏骨骼的威胁，为了应对这一威胁，北美洲制定了人类骨骼的数据采集标准(Rose et al.，1996)。一本围绕"如何采集人类骨骼数据"的著作应运而生，这一著作对于确保在重新埋葬人类骨骼之前，采集标准化、可对比的全部骨骼数据至关重要（Buikstra et al.，1994）。十年之后，英国效仿北美洲，出台了专门的骨骼数据采集标准（Brickley et al.，2004；新版见 Mitchell et al.，2007）。这是由于学者们在从已发表和未发表的《人类骨骼报告》中汇总健康数据时，发现了数据采集标准化的问题（Roberts et al.，2003）。此外，英国也为生物考古学家撰写人类遗骸的《评估报告》（*Assessment Reports*）以及最终的《人类骨骼报告》制定了指导文件（English Heritage，2004），更多细节详见第五章。前文提到的全球健康史计划是近些年来开展的、采用标准化数据采集方法的项目，其标准主要参照 Buikstra et al.，1994。

希望在未来，《人类骨骼报告》的质量可以持续提高，并更加紧密地结合骨骼、考古和历史数据。英国的生物考古学家已经不再仅仅出于自身目的研究人类骨骼，而鲜少结合考古学背景资料，他们已经蜕变为大批训练有素且技能过硬的学者，并希望能使自己采集到的数据真正有益于了解人类祖先的生命历史。

第六节 骨 骼 收 藏

考古遗址出土的人类骨骼对于开展研究、教授学生研究人类遗骸的基本原则及通过生物考古学方法解释采集到的数据是必不可少的。现如今，英国的博物馆保管着绝大多数的骨骼遗骸，但是在 18 世纪和 19 世纪，由于收集骨骼遗骸的活动主要由医生和解剖学家进行，以医学研究为目的的骨骼收藏更为多见。爱丁堡皇家外科医学院博物馆（The Royal College of Surgeons Museum of Edinburgh）拥有欧洲最大、最具历史意义的外科病理收藏之一，格拉斯哥和伦敦的两处亨特博物馆可能是世界上最著名的骨骼收藏。位于苏格兰格拉斯哥的亨特博物馆和艺术馆（Hunterian Museum and Art Gallery in Scotland）始建于 1783 年，其骨骼收藏来自威廉·亨特（William Hunter，1718～1783）遗赠的解剖学和病理学"标本"。位于伦敦的皇家外科医学院亨特博物馆（The Hunterian Museum in the Royal College of Surgeons，London）始建于 1799 年，其骨骼收藏来自外科医生、解剖学家约翰·亨特（John Hunter，1728～1793）的个人收藏，约翰·亨特是威廉·亨特的弟弟。19 世纪末，伦敦皇家外科医学院亨特博物馆收藏了 65000 例解剖学、病理学和生理学样本。在

1941 年的伦敦空袭中，三分之二的馆藏标本被毁，但 2003～2005 年，博物馆经过重新整理和装修，再次向公众开放，成为一个满足各类人群的教育机构（图四）。这些收藏（较为晚近的）人体活体组织和骨骼标本的解剖学、病理学博物馆对于学习人体的正常变异、了解不同疾病对人体尤其是对骨骼的影响非常有益。这些人体活体组织和骨骼标本使医学和牙科学生以及生物考古学家受益颇丰。但是，对于研究考古遗址出土人类遗骸的人来说，剑桥大学达克沃斯收藏（Duckworth Collection at Cambridge University）更具价值，达克沃斯收藏以解剖学家威廉·达克沃斯（William Duckworth）的名字命名，收藏了数量众多的骨架。达克沃斯收藏的标本收集自过去 150 年，目前已有超过 17000 例人类和非人灵长类的骨骼收藏（Foley，1990）。出于教学和科研目的，许多大学和博物馆也保管考古遗址出土的人类骨骼。除北美洲和其他地区禁止博物馆展出人类遗骸外，英国博物馆在展陈人类遗骸时，往往出于明确的教育目的将遗骸放在正确的考古学背景中，体现出对遗骸的尊敬。展陈人类遗骸的英国博物馆有大英博物馆、伦敦博物馆及自然历史博物馆，这些博物馆均位于伦敦。

图四 伦敦皇家外科医学院亨特博物馆展出的人类遗骸（皇家外科医学院亨特博物馆理事会授权）

第七节　关键组织

如同其他行业，英国以及世界其他国家有许多吸纳人类遗骸研究人员的机构。成立于1930年的美国体质人类学家协会组织年度会议并发行月刊（《美国体质人类学报》），美国体质人类学家协会有大约1700名在册成员。英国生物人类学和骨骼考古学会成立于1998年，现在有超过500名成员，该机构同样组织年度会议，并出版《年评》（*Annual Review*）总结其成员在前一年的工作。成立于20世纪70年代早期的欧洲人类学会有大约600名成员，该组织代表着欧洲体质人类学的研究兴趣。齿科人类学会（Dental Anthropology Association）的成员专注于研究古代和现代的牙齿。古病理学会成立于1973年，该组织同样立足于美国，有大约500名成员，致力于推动考古遗址出土人类遗骸及保存遗体健康与疾病的研究。这些组织的成员对于推动生物考古学研究、制定数据采集和报告标准起到重要作用。

第八节　总　结

考古遗址出土人类遗骸的研究经过了长时间的发展。在此期间，其研究观念发生了巨大改变，尤其在英国，英国的人类遗骸研究往往还只注重学者自己的研究目的，极少结合遗骸出土的考古学背景来探讨古代人类的生活方式、食物结构和谋生手段；除了极少数例外，多数研究对人类遗骸数据的解释非常有限。1990年以后，英国人类遗骸的研究方法有所改变，随着大学考古学和人类学专业为研究生开设了相关训练课程，英国的人类遗骸研究开始向美国生物人类学的研究理念靠拢，即更加注重问题驱动型研究。与世界其他地区一样，人类遗骸的主题研究（thematic study）目前在英国更为普遍。通过研究人类遗骸，人们试图探究人类的迁徙模式（Budd et al.，2004），经济和政治环境对古代人群饮食和健康的影响（Cohen et al.，2007），冲突对古代人群的影响（Larsen et al.，1994），空气质量（Roberts，2007）和气候（Lukacs et al.，1998）对人群健康和福利的影响，特定疾病的起源与进化（Roberts et al.，2003），医疗（Arnott et al.，2003），骨骼是否能够指示职业（Jurmain，1999），特定人群，如男性与女性（Grauer et al.，1998）、儿童（Lewis，2007）及老人等，以及社会地位对人群健康和福利的影响（Robb et al., 2001）。与此同时，英国及世界其他地区的学者对于研究有历史档案记载的人类骨骼也具有极大兴趣，这主要是因为在现代开发之前进行的墓地发掘为学者提供了研究出土人类遗骸的机会（如 Molleson et al., 1993；Grauer, 1995；Saunders et al., 1995；Boyle et al., 1998；Scheuer, 1998）。这使得人类遗骸的研究方法得以发展，如估算身高，鉴定死亡年龄，尤其是鉴定成年个体的死亡年龄，鉴定特定疾病造成的骨骼病变。

第九节　学　习　要　点

- 人类遗骸的研究很受欢迎。
- 高等教育、博物馆以及抢救性考古发掘的发展对英国的生物考古学研究造成了影响。
- 英国大学考古系硕士研究生教育普遍包括关于人类遗骸的课程。
- 雄心勃勃的大型生物考古学科研项目日益增多，这些项目采用主题研究法，致力于解决古代社会的关键问题。
- 生物考古学强调多学科 / 交叉学科方法。
- 考古遗址出土的以及近现代（有记录）的骨骼收藏对生物考古学的发展至关重要。
- 用来指代人类遗骸研究的术语多种多样，但是笔者倾向于使用生物考古学一词。
- 亟须建立英国馆藏骨骼遗骸的数据库。
- 需要加强人类遗骸数据采集的标准化。
- 需要进一步结合生物学和考古学的数据，并开展更多基于人群的研究。
- 推动考古遗址出土人类遗骸研究的关键组织有许多。

第二章 伦理问题与人类遗骸

人类遗骸不只是另一种文物；人类遗骸具有影响力，人类遗骸具有政治、证据和情感含义（Cassman et al.，2006a）……

第一节 绪 论

世界不同地区对待人类遗骸的方式差异很大，这反映了宗教信仰等社会文化价值观和看法。一个国家内部的不同地区对待人类遗骸的方式也存在差异。对最广义的考古学"资料"进行发掘、研究和保管，需要在整体上认真思考围绕考古学本质产生的伦理问题（Zimmerman et al.，2003），考古遗址出土人类遗骸研究的伦理已成为许多研究的重点［Fforde et al.，2002；Scarre，2006；Tarlow，2006；Walker，2008；Sayer，2010a，2010b；Lambert，2012；也见于《第66号保护公告》（*Conservation Bulletin 66*）（2011）中的"死亡遗产"（Heritage of Death），"表示敬意"（Showing Respect）一节］。

发掘、研究考古遗址出土的人类遗骸合乎伦理吗？在发掘、研究结束之后，出于未来研究的考虑，将遗址出土的人类遗骸保管在博物馆或其他机构合乎伦理吗？这些问题或许看起来很好回答，但并不简单，其原因在于很多因素会影响发掘、研究和保管人类遗骸的合理性，而人们对此的看法也差异巨大。但是，人们普遍同意发掘和研究人类遗骸不是固有的权利，而是在规定条件下被赋予的特权，这种特权伴随着相应的责任（Joyce，2002）。尽管如此，需要记住的是，英国绝大多数人类遗骸是符合现代化发展的要求，被合法发掘的（图五）。

值得注意的是，英国田野考古研究院（Institute of Field Archaeology，IFA；现特许考古学家研究院）在1991年年度会议中设立了分会场，讨论人类遗骸的发掘（Stirland，1999），并指出制定人类遗骸发掘政策的必要性。

至少可以说在英国，就合乎道德地对待考古遗址出土的人类遗

图五 承包商在现代化建设之前清理一处后中世纪时代墓地中的墓葬（玛格丽特·考克斯和罗兰德·韦斯林授权）

骸展开讨论并采取行动直到近来才开始出现。在2003年，英国文化、媒体和体育部（Department of Culture，Media and Sport，DCMS）等有关组织似乎有采取行动的迹象，文化、媒体和体育部明确表示："正如我国多数关键考古学组织一样，考古学和人类学界未能参与解决人类遗骸的伦理问题。""鉴于美国、澳大利亚、新西兰和以色列等国形势的发展，英国考古学和人类学界的自满说得好听是无知，说得难听是玩忽职守"（Roberts et al.，2003）。此时，英国文化、媒体和体育部强调，所有有权决定死者命运的当事人应该共同讨论人类遗骸相关伦理问题。一段时间以来，英国考古学的专业人士确实就如何对待人类遗骸进行了辩论并提出了对策（如Locock，1998；Reeve，1998；后者包括可能性评估、考古发掘期间的审查、基本的数据采集、目的陈述、样本采集、研究结果的传播、照相、展陈、重新埋葬人类遗骸等诸多方面）。尽管之前已有一些类似的尝试，但2007年底，英国生物人类学和骨骼考古学会力求起草道德准则（code of ethics）和实践准则（codes of practice），为人类遗骸的研究提供指导（两份准则于2010年在线发表）（Parker Pearson 1995，1999a）。目前英国生物人类学和骨骼考古学会的网站包含了关于重新埋葬和归还人类遗骸的网页。因此，英国目前更加关注、关心对待考古遗址出土死者的方式，而需要开展的工作还有很多。有关人类遗骸破坏性分析的指导性文件也于最近几年出版（APABE，2013）。

我们对死者遗骸以及如何对待死者遗骸的看法是复杂的，这与我们的信仰体系、生活经历以及许多其他的意识和潜意识情感有关。举例来说，年代较为晚近的墓葬可能更会激发一些人与死者的共鸣，与此同时，逝者甚至可能还有在世的亲属（如伦敦斯皮塔菲尔德基督教堂出土的部分人类遗骸，Molleson et al.，1993）——因此，即使人类遗骸不得不被发掘，家属也强烈希望遗骸能被重新埋葬。年代久远的、给人感觉更为疏远的墓葬对许多人来说可能不具有个人性，这使得发掘、研究和保管这类墓葬出土的一些人类遗骸更能被接受。事实上，有些人可能认为"如果无法确认死者的某一直系后代或后代群体，那么具备声望的科学研究理应使用死者的遗骸，这是因为从广义上说，科学研究的发现是为全人类服务的"（Jones et al.，1998）。当一个墓地埋葬着原住民遗骸，这些遗骸被证明可能是在世人群的祖先（尽管是非常遥远的祖先），如美洲和澳大利亚原住民，那么原住民遗骸的发掘和研究可能会遭到反对，即使能够进行发掘，无论是否经过研究，原住民都会要求重新埋葬其祖先的遗骸。放眼世界，不论是否具有宗教信仰，有些人对于自己和逝去亲属肉体的归宿有着强烈的情感，在这种情况下，他们可能会关心从远古到现在的所有死者的权利。可以想见，宗教信仰不仅决定着当今人们对待遗体的方式（Green et al.，1992），还影响着人们对于来世的全部信仰。对于来世的信仰会进一步影响人们对于扰动（并最终在博物馆展出）死者的看法。古代的宗教信仰也会影响人们对于遗体的看法，我们熟悉某些时代的宗教信仰，但对于其他时代的宗教信仰，我们并不十分确定，这也会影响我们对待死者的方式。

由于人们越来越多地公开表明对自身历史的认同感，目前有部分人"对博物馆和其他机构馆藏人类遗骸的所有权提出异议"，并且要求按照死者的文化信仰归还或重新埋葬馆藏的人类遗骸（Hubert et al.，2002；"重新埋葬/纪念"2003年杜伦出土人类遗骸的协商纪要）。与此同时，他们要求博物馆公布馆藏人类遗骸的信息，并停止展陈任何人类遗骸。早在1989年，美国南达科他州（South Dakota）召开的第一届世界考古大会（World Archaeological Congress）起草了《人类遗骸朱红协议》（Vermillion Accord on Human Remains），这一协议在1990年被世界考古大会委员会（World Archaeological Congress Council）采用。《人类遗骸朱红协议》主张，不论死者的起源、"种族"、宗教、国籍、习俗和传统，人们都应该尊敬死者的遗骸以及当地社区和死者家属的意愿，同时也应该尊重人类遗骸的科学研究价值；《人类遗骸朱红协议》强调考古学家与原住民之间的合作，并规定需要通过协商就对待人类遗骸的方式达成一致。此后的1991年，世界考古大会概述了一系列研究人类遗骸的伦理原则。2006年，世界考古大会委员会采用了《展出人类遗骸和圣物的奥克兰协议》（*Tamaki Makau-rau Accord on the Display of Human Remains and Sacred Objects*）。

在某些情况下，虽然没有家谱记载的后代或文化共同体正式认祖归宗，但是自称是人类遗骸后代或者自称代表人类遗骸最大权益的群体确实存在。这些群体在当代西方社会中往往被边缘化（Brooks et al.，2006），被称为"特殊利益"群体。举例来说，近来德鲁伊（Druidry）、威卡教（Wicca）、巫术（Witchcraft）、萨满教（Shamanic traditions）等英国新异教徒团体联合成立了一个名为"纪念古代死者"（Honouring the Ancient Dead，HAD）的组织。这个组织希望并致力于参与史前时期至600年人类遗骸的发掘、研究以及后续保管的协商与决策。虽然"纪念古代死者"组织宣称重新埋葬人类遗骸并不是唯一的选择，但这却是该组织关注的重点。"纪念古代死者"组织明确指出，尽管其组织成员不是英国出土人类遗骸的明确后代，但对英国的人类遗骸具有合法要求。比恩科夫斯基（Bienkowski，2007）也指出，非英国新异教徒团体的当地社区认为他们有权参与当地出土人类遗骸命运的决策。

发掘、研究、保管人类遗骸的人，家谱记载的后代以及世界各地与人类遗骸有关联的团体未必就如何对待人类遗骸抱有同样的看法。那些鼓吹重新埋葬人类遗骸的人并不是"同质的、无法区分的、持有同样看法的整体"（Hubert et al.，2002）。不同的文化看待和对待死者的方式不同。举例来说，在20世纪70年代的一个广播节目中，知名考古学家莫蒂默·惠勒爵士（Sir Mortimer Wheeler）在提到考古记录中的墓葬时说："我们不会伤害那些可怜的伙计。我死了之后你们可以把我的尸体挖出来十次，我不在乎"（Bahn，1984）。而位于英格兰埃文河畔斯特拉福德（Stratford-upon-Avon）的威廉·莎士比亚（William Shakespeare）墓碑铭文明确写着，莎士比亚不希望别人扰动自己的遗体（图六）。

总而言之，考古学家总体上对公众等当今人群负有伦理责任（Tarlow，2006）。在世界各地，人们对于人类遗骸的处理方式以及伦理考量更加关注，而作为考古学家，我们当然对古代人群和现世人群都负有责任。问题在于：尊重死者的意愿到底意味着什么

（Scarre，2006）？尊重最终植根于不同国家中的不同文化，以及同一文化中的不同人群中。或许只有当伤害了活着的人，对待人类遗骸的方式才是不道德的（Tarlow，2006）。任何涉及人类遗骸的工作必须有益于人类的知识，在生物考古学研究中，不断涌现的实例证实了研究人类遗骸可以增长人类的知识（后面几章将有详细的论述）。此外，可能有人会说，"既然考古学家为了了解古代人群耗费了如此多的时间、精力和想象力，他们比大多数人更适合代表古代人群"（Tarlow，2006）。

就像考古学家、生物考古学家和博物馆保管人员熟知的那样，人类遗骸的发掘和研究可以为博物馆带来大量游客，增加相关书籍的销售量，并且有助于个人事业的发展；因此，我们有责任照管我们逝去的祖先（Tarlow，2006）。尽管"没有能够裁决宗教、艺术和科学需求的万能公式"（Lackey，2006），但是在价值判断和人权之间寻求平衡点非常重要，这也是本章希望做到的。虽然没有全球性的解决方案能够解决出现的伦理问题，但是"寻求坦诚交流、相互尊重以及所有合作方均感兴趣的倡议是全球性的"（Buikstra，2006b）。

图六　英格兰华威郡（Warwickshire）埃文河畔斯特拉福德的莎士比亚墓碑（苏珊·沃德授权）

第二节　保留人类遗骸的理由

如果认为发掘、研究和保管考古遗址出土的人类遗骸是符合伦理的，需要牢记的是，至少在英国，人类遗骸的发掘通常是出于现代发展的需要，那么如何判断其合理性呢？很明显，如果人类遗骸被重新埋葬，科学家将会失去一个关于过去信息的独特来源（Hubert et al.，2002），而对于对考古遗址出土人类遗骸兴趣浓厚的公众来说，这最终也是他们的损失。剑桥郡考古历史环境记录（Cambridgeshire Archaeology Historic Environment Record）近来在英格兰开展的一项公众调查发现，在 220 名受访者中，80% 的受访者表示不应该重新埋葬人类骨骼遗骸，或只有不再进一步研究时，才需要重新埋葬这些遗骸（Carroll，2005）。此外，88% 的受访者表示，人类遗骸有益于未来的科学研究，因此保管人类遗骸是合理的。或许"这是公众投给专业人士的信任票，公众相信专业人士会妥善对待人类遗骸……"（Carroll，2005）。然而，这项调查是针对积极受众展开的，而非面向更广大的公众，因此需要进行一项更广泛的调查。卡罗尔（Carroll，2005）同时也指出，是时候就人类遗骸的伦理问题进行一次全国性的辩论。这一全国性的讨论在有关各方的参与下已经展开。但是，除了不久前通过的立法（详见后文）外，鲜有为所有当事人提供讨论机会的活动，如两次（于 2004 年和 2007 年）在伦敦召开的会议和一次（于 2006 年）在曼彻斯特召开的会议，这些会议均聚焦于如何对待人类遗骸。当然，在囊括所有社会经济、宗教和年龄背景的公众领域内进行更广泛的协商是可行的。公众也不仅仅在博物馆里表达了他们对于保管、研究和展出人类遗骸的支持。英国广播公司第二频道（BBC2）《认识祖先》（*Meet the Ancestors*）等电视节目同样也取得了令广播公司满意的高收视率。英格兰遗产委员会（English Heritage，现英格兰历史委员会）开展了一项更广泛的公众调查，这项调查采访了公众对于博物馆内人类遗骸的看法，并发表了相关报告（Mills et al.，2010）。在 864 名年满 18 岁的成年人中，绝大多数人认为博物馆保管人类遗骸并用以展陈和研究是可以接受的，用以研究则更受访者青睐。但是，社会阶层较低的人、65 岁以上的人及有宗教信仰的人对人类遗骸的展陈和研究较为担忧。

考古遗址出土的人类遗骸是研究古代人群的首要证据；我们可以研究古代人群制作的陶器、建造的房屋和丢弃的食物，但是需要强调的是，没有古代人群，这些东西都不会存在。通过研究我们祖先的生物遗骸来了解他们创造的历史，我们会逐渐认识到他们是如何适应因时而变的生活环境的。正如我们已经了解到的，结合背景资料研究人类遗骸、以生物考古学视角审视过去极其重要，这可能包括对相关聚落和历史资料的研究。此外，随着技术的发展，开展以往不可能开展的大量更细致的探索性工作成为可能。举例来说，提取并分析致病生物的古代 DNA 以诊断人类遗骸的健康问题直到 1993 年才成功，从骨骼中提取保存的 DNA 直到 1989 年才成功（Hagelberg et al.，1989）。如果我们归还或重新埋葬展陈的人类遗骸，那么就不可能使用新技术获取有关古代的全新的、有价值的数据。如果世人对自己的文化遗产兴趣浓厚，那么仅此一点就足以成为保管、研究人类遗骸的正当理由。

一项调查通过梳理生物考古学发表文献发现了另一个保管人类遗骸的正当理由（Buikstra et al.，1981）。在这项调查中，作者通过整理 1950～1980 年在三个主要期刊上发表的 310 篇文献，评估了重复研究骨骼收藏并使用新技术的情况。310 篇文献共涉及 724 批骨骼收藏，其中有 32% 的文献重复研究了以往研究过的骨骼收藏，63% 的重复研究针对的是新的研究问题。在关注原有研究问题的 37% 的重复研究中，62% 的文献修正了原有的结论。48% 的重复研究使用了新的研究技术，其中有 55% 探讨了原有的研究问题，探讨原有问题的重复研究中有 74% 的研究修正了原有结论。许多研究是对馆藏骨骼收藏的再一次研究，而绝大多数的研究借助新的研究方法获得了新的数据，因此这项调查的结论证明了保管人类遗骸的合理性。

任何埋葬遗址和其中的人类遗骸的发掘、研究、保管和展陈，均要求研究者特别小心注意并予以尊敬。尽管如此，目前存在这样一种趋势，即许多考古学家和生物考古学家偏重发掘、研究人类遗骸的有利之处，往往不去考虑这是否会对死者或在世的人造成精神伤害。我们绝对不能忘记人类遗骸同时具有的生物和文化价值（Joyce，2002）。

第三节　英国考古学家发掘人类遗骸的
指导和法律规定

本章第三节和第四节围绕英国概述了对于发掘、分析和保管人类遗骸的法律规定和指导。对于中国的人类遗骸而言，应该遵循中国的相关法律和指导①。

---

① 本段内容按原书作者要求增加。

关于人类遗骸研究和伦理的探讨都与处置人类遗骸的法律相关。当然，不具备合理的理由和权限而扰动人类遗骸是违法的（详见下文，表一），即不具备必要的合法性。另外，应该小心对待人类遗骸并予以尊重，相关的指导说明（directions）、许可证（licences）以及授权书（Faculty）在这方面对考古学家和生物考古学家提供了指导。

表一　在英格兰和威尔士发现人类遗骸时，不同情况下适用的法律以及涉及的有关当局

情况	当局	相关立法	诉讼	注解
受英格兰教会保护的墓地	英格兰教会（英国司法部）	教会法〔《1857年埋葬法》（Burial Act of 1857）〕	需要申请授权书（如果人类遗骸将被送往别处进行研究，还需要申请《第25条许可证》（Section 25 Licence）	
其他机构管理的正在使用的墓地	英国司法部	《1857年埋葬法》	《第25条许可证》	
无其他用途的废弃墓地	英国司法部	通常采用《1981年废弃墓地（修正）法案》及类似立法	需要申请指导说明	根据具体情况可以行使多种法案；尽早咨询英国司法部（MoJ）
用于放牧、农耕、工业、娱乐或建筑用途的土地	英国司法部	《1857年埋葬法》	《第25条许可证》	

在英格兰、威尔士、苏格兰和北爱尔兰，涉及人类遗骸发掘的法律不尽相同。此外，2007年6月，英格兰和威尔士埋葬法的解释和适用出现了变动（详见下文）。除此之外，作为曾经受理人类遗骸发掘申请的部门，英国宪法事务部（Department for Constitutional Affairs）在2007年5月将该项职能移交至新成立的英国司法部（Ministry of Justice，MoJ）。如今，英国司法部负责颁发人类遗骸的发掘许可证，对转移废弃墓地内的人类遗骸进行管理，并受理关闭墓地的申请。

涉及人类遗骸的绝大多数法律反映了人们对于公共健康的关注，对于社会风化的重视，对于家属权益的关切，同时也强调了教堂和其他机构对墓地负有的责任。多数相关法律相当陈旧，有些法律可以追溯到19世纪中期。这些陈旧的法律在颁布时未曾考虑考古发掘，因此，这些法律往往没有对考古发掘做出明确的解释。

这一节旨在汇总英国司法部在2007年5月、2008年4月以及2011年变更了法律解释和适用后（详见本章最后），当前关于考古学家发掘、研究人类遗骸的法律规定。相关法律预计在未来可能还会出现进一步的变动，尤其是涉及重新埋葬的部分，因而发掘人类遗骸的考古学家应该与英国司法部或英格兰教会（Church of England）确认当前的法律规定。

在介绍相关立法之前，需要强调的是，多年以来许多出版物就如何对待考古遗址出土的人类遗骸有过建议和指导，这些出版物涉及了从发掘到保管的各个环节，以及法律层面的问题。主要包括适用于如下情况的文件。

（1）597年以后埋葬在英格兰基督教墓地的人类遗骸（APABE，2017）。

（2）英格兰和威尔士的博物馆以及其他机构馆藏的人类遗骸（DCMS，2005；尽管其中一部分内容现在已经过时了）。

（3）埋葬在苏格兰的人类遗骸（Historic Scotland，2006）。

（4）埋葬在北爱尔兰的人类遗骸（Buckley et al.，2004；Institute of Archaeologists of Ireland，2006）。

下面几个小节汇总了适用于英格兰、威尔士、苏格兰和北爱尔兰（英国）的法律。

（一）英格兰和威尔士

在英格兰和威尔士，人们对尸体不具有所有权，因此没有人会偷盗尸体，但是不具备合法权限的发掘属于违法行为（Garratt-Frost, 1992）。英国政府在19世纪开始颁布涉及土葬墓、火葬墓及其发掘的法律。如上文所述，这些陈旧的法律不再适用于当前人类遗骸的考古发掘。在考古发掘工作中，如遇意外扰动人类遗骸的情况，必须与有关当局进行协商，参与协商的机构主要取决于人类遗骸的埋葬背景（表一）。如果发掘人员预计将会发掘人类遗骸，那么按照规定，发掘人员应该在发掘工作开始之前申请并获得许可证、授权书（在教会法的规定下由教会授权）以及指导说明。如果意外发现了人类遗骸，应该立即停止发掘工作，直到获得必要的授权——必要时通常可以在几天之内获得授权。如果人类遗骸的年代不足一百年，或者埋葬人类遗骸的是一个可辨识的墓地，那么发掘人员必须通知当地验尸官和警方（APABE，2017）。

如表一所示，《1857年埋葬法》是考古发掘人类遗骸的"默认"立法。在《1857年埋葬法》适用的地区，发掘人员必须向英国司法部申请《第25条许可证》（APABE，2017）。《第25条许可证》在过去允许博物馆以及大学等其他合适的场所酌情保留/保管人类遗骸，以便后续研究。自从2009年《人类骨骼考古学》出版以来，围绕英格兰和威尔士考古遗址出土人类遗骸的埋葬立法已有所发展。2008年以前，按照《1857年埋葬法》的规定，考古遗址出土的人类遗骸或被重新埋葬，或被保管。但是自2008年至今，规范人类遗骸发掘的《第25条许可证》要求所有人类遗骸最终都需要被重新埋葬。这一规定引起了学术界的极大担忧，尤其在分析方法变得更为精密、更能被人们广泛应用时，重新埋葬人类遗骸会失去有价值的历史信息。

下文的内容引自APABE，2017的附录L1，附录L1汇总了英格兰和威尔士现行的涉及墓葬和人类遗骸的法律义务。APABE（2017）体现了许多原则：人类遗骸应该得到尊严和尊敬；缺乏合理的理由不应扰动墓葬（但是现代社会发展将不可避免地扰动墓葬）；人类遗骸以及指示陪伴、缅怀死者的仪式的考古学证据，能够提供重要的科学信息；对于已知在世家属的感受和看法需要给予特别关注；所做的决定需要符合公共利益，并且对公众负责。

总体来说，发掘人类遗骸的世俗法隶属于英国司法部管辖范畴，由英国司法部授权（或者驳回）扰动人类遗骸的申请。教会法适用于英格兰教会所有土地范围内的墓葬，由宗教法庭授权（或者驳回）扰动人类遗骸的申请。

发掘人类遗骸的具体授权适用于大型项目中发现的人类遗骸、强制购买的土地中发现的人类遗骸、在废弃墓地内建筑施工时发现的人类遗骸。在与特定提案相关的后续立法中，如果缺少发掘人类遗骸的明确规定，可行使《1857年埋葬法》。除非获得了内阁大臣（Secretary of State）授权的许可证，否则发掘埋葬的人类遗骸属于违法行为，对于发掘圣地中埋葬的人类遗骸，需要获得教会签发的授权书，而对于主教座堂或其辖区内埋葬的人类遗骸，则需要按照《2011年主教座堂保护措施》（*Care of Cathedrals Measure 2011*）的规定获得相关批文。发掘宗教法庭下辖圣地中的人类遗骸或英格兰教会主教座堂及其辖区内埋葬的人类遗骸时，不需要向内阁大臣申请许可证（这种申请也不会被批准）。只有获得教会授权书授权时，才可以发掘其管辖土地内（或建筑内）的人类遗骸［包括所有堂区教堂（parish church）的庭园、地下室以及其他神圣建筑和圣地］。指导方针的完善得益于授权书签发的司法判决。在开发施工中，人类遗骸的发掘不一定在施工之前进行。主教座堂不属于授权书体系的管辖范围。目前，用于规范主教座堂及其辖区内所有施工工作的基本立法是《2011年主教座堂保护措施》。有些墓地可能被划为古代遗迹。在这类墓地中进行施工和发掘工作，需要按照《1979年古代遗迹与考古区域法案》（*Ancient Monuments and Archaeological Areas Act 1979*）的规定获取批文。《1979年古代遗迹与考古区域法案》内含一个涉及相关法律的流程图，该流程图对于从业人员制定决策非常有用（见《1979年古代遗迹与考古区域法案》的第18页）。此外，APABE（2017）的附录L3含有一份向英国司法部提交的申请表以及授权发掘考古遗址出土人类遗骸的指导文件。

2008~2009年，人们要求英国和威尔士的埋葬法第二阶段改革考虑修订现有的墓地立法，旨在"允许在没有与之无关的立法的限制下，开展人类遗骸的考古发掘等合法工作，并尽可能赋予这类合法工作溯及力"（Ministry of Justice，2008）。埋葬法的第二阶段改革也涉及了博物馆和其他机构保留考古遗址出土人类遗骸的情况："在适当的条件和保障下、在情况合理且可以接受时，博物馆和其他机构可以保留考古遗址出土的人类遗骸"（也见Parker Pearson et al.，2013）。

开发没有其他用途的废弃墓地，尤其是通过强制购买进行开发的废弃墓地，应该遵照《1981年废弃墓地（修正）法案》［*The Disused Burial Grounds*（*Amendment*）*Act 1981*］以及类似立法，《1857年埋葬法》不再适用。当上述任一法案适用时，发掘人员应该尽早向英国司法部申请指导说明。上述法案最常适用于年代相对晚近的墓地，因此这类指导说明要求发布公告，以便家属有机会发掘并重新选址埋葬死者的遗骸；指导说明可能还涉及与公众健康有关的要求。此外，指导说明要求，虽然按照《1857年埋葬法》的规定，可以留有一段合理的时间对人类遗骸进行研究，必要时可以延长研究时间，但由于家属希望尽快重新埋藏死者的遗骸，故重新埋藏人类遗骸的日期需要得到确定。

教会法授权书适用于埋葬在英格兰教会的教堂、庭院和墓地中的人类遗骸，在此类情况下，需要向英格兰教会申请授权书。授权书通常也要求确定重新埋葬人类遗骸的日期，必要时可以延长这个日期。因英格兰教会墓地的正常管理而出现的墓葬变动不属于《1857年埋葬法》的管辖范围，但是如果考古学家移动英格兰教会墓地中的人类遗骸，以便在别处对其进行研究，则可以行使《1857年埋葬法》，在这种情况下，考古学家需要申请授权书以及《第25条许可证》。

其他的重要法案包括《人权法案》（*Human Rights Act*，1988）和《人体组织法案》（*Human Tissue Act*，2004）；与之相关的还有人体组织管理局（Human Tissue Authority），该局负责管理移除、存储、使用和处理活人及死人的人体部位、器官以及组织。《人体组织法案》适用于博物馆和其他机构馆藏的、年代不足一百年的人类遗骸。《人体组织法案》中侵犯人权的定义仅适用于活人，因此对考古遗址出土人类遗骸的有意伤害和不当行为无法对其援引。但是在理论上，《普通法》（*Common Law*）中尊敬死者的条款适用于考古遗址出土的人类遗骸。当然，有些人认为应该以一个更广义的人权视角来审视对待人类遗骸的方式，这样能够更好地保护死者免于羞辱。《人体组织法案》的颁布源于一些英国医院在没有家属知情或同意的情况下，在尸检时擅自移除并非法侵占过世病患的器官和肢体，以及夭折婴儿和胎儿的尸体（Department of Health，2000，引自 Hubert et al.，2002；White，2013）。

（二）苏格兰

上述法案在苏格兰均不适用（Logie，1992；Historic Scotland，2006），但是民法和刑法（Civil and Criminal Law）为处理人类遗骸的发掘提供了参照。如同英格兰和威尔士，在苏格兰，人们对尸体也不具有所有权。此外，"基本前提……是无论何时发现的人类遗骸都是神圣的，同时也不应扰动竖穴墓（graves）和洞室墓（tombs）。这一保护条例并不是绝对的"（Logie，1992）。所有人类遗骸都享有"被埋葬的权利"（Historic Scotland，2006）。但是对于所有人类遗骸都不应该被扰动这一规定有三个例外，不符合这三个例外的发掘工作是非法的。

（1）公共墓地的管理方被迫变动墓葬。

（2）墓葬位于无权埋葬的土地中。

（3）在获得郡法院（Sheriff Court）签发执行令（warrant）的情况下发掘人类遗骸——通常情况下，当家属希望重新选址埋葬死者时，或当墓地和相关建筑需要进行必要施工时，可以向郡法院申请执行令；执行令从未授予因考古、教育或者科学原因发掘人类遗骸的情况（Logie，1992）。

如需发掘并重新埋葬人类遗骸，应该待之以体面和尊重。同样的规则也适用于埋葬在可辨认的墓地之外的人类遗骸，但是"苏格兰法律中涉及人类遗骸的法案极其复杂并且饱受质疑"（Logie，1992）。

（三）北爱尔兰

北爱尔兰环境与遗产局（The Environment and Heritage Service of Northern Ireland，EHSNI）在总体上为考古发掘提供指导。所有发掘遗址的考古学家必须申请发掘许可证（excavation licence），而目前适用于遗迹和遗物的立法是《1995年（北爱尔兰）历史遗迹和考古遗物法令》[Historic Monuments and Archaeological Objects （Northern Ireland）Order for 1995]，尽管保护遗迹的条例自1869年起就已经开始执行。除非意外发现人类遗骸，否则发掘方需要在田野工作开始之前至少十五个工作日，向北爱尔兰环境与遗产局申请许可证。

巴克利等人（Buckley et al., 2004）汇总了发掘人类遗骸的法律要件。意外发现人类遗骸，必须联系北爱尔兰警察局（Police Service of Northern Ireland，PSNI）[前皇家阿尔斯特警察局（Royal Ulster Constabulary，RUC）]。如果人类遗骸的年代超过五十年，则需要联系北爱尔兰环境与遗产局。此外，必须确认土地所有者以及土地的使用性质。如果墓地隶属于区议会（District Council），必须遵守《1992年（北爱尔兰）墓地法规》[*Burial Grounds Regulations （Northern Ireland）1992*] 和《1959年（北爱尔兰）验尸法案》[*Coroneris Act（Northern Ireland）1959*] 中的第二条（4）[Section Ⅱ （4）]。如果墓地隶属于爱尔兰教会（*Church of Ireland*），则必须向教会申请授权书。

第四节　英国人类遗骸的发掘、研究和保管

　　如同我们已经了解的，当今英国绝大多数的考古发掘是由抢救性考古发掘人员承担的，中标之后，抢救性考古发掘人员会在因现代开发影响人类遗骸等考古堆积的区域进行发掘工作。因此，那些反对扰动人类遗骸的人需要认识到，"考古学家主动寻求发掘人类遗骸的情况极其少见"（White et al., 1998），相反，人们开发房地产的欲望扰动了人类遗骸。英国规划法（British planning law）也会导致专业性的墓地被清除（以及规划内的发掘），此时发现的人类遗骸通常需要被立即重新埋葬，尤其是 1500 年以后的人类遗骸。此外，"总体来说，相较于开发商，考古学家可能会更加体恤人类遗骸，而开发商对于再现逝去的生命并不很感兴趣"（Scarre，2006）。虽然英国不存在盗墓现象，但对于其他存在盗墓的地区（图七）迅速开展考古发掘对于保护遗产信息、维护死者的尊严至关重要。

　　英国的博物馆、学术机构、抢救性考古发掘公司以及研究实验室保管了数以千计考古遗址出土的人类遗骸，这些人类遗骸的年代从旧石器时代（Paleolithic Period）（约公元前 10500～前 8000 年）

图七　约旦发现地已暴露的被盗（考古）墓葬
（夏洛特·罗伯茨授权）

或史前时期，直到后中世纪时代或近代早期（early modern period）（约 1500～1850 年）。保管人类遗骸是为了在完成发掘阶段的《人类骨骼报告》之后继续研究人类遗骸。近来确实出现了将人类遗骸保管在其他场所的现象，这一现象仅见于英国。举例来说，林肯郡（Lincolnshire）亨伯河畔巴顿（Barton-on-Humber）圣彼得教堂（the Church of St Peter's）发现的人类骨骼遗骸已经被归还教堂，并被保管在圣地之中，可供进一步研究（Mays，2013）。2005 年，英格兰遗产委员会和英格兰教会同意将考古遗址出土的人类遗骸存放于废弃的或部分废弃的祝圣教堂中（Mays，2007），这一声明被称为《人类遗骸教会档案》（*Church Archives of Human Remains*，CAHR）。

　　保管人类遗骸还可以使遗骸被用于教学。如果最终保留了人类遗骸，就应该将遗骸用于研究和教学，否则，尤其当有归还并重新埋葬人类遗骸的要求时，我们就需要考虑为什么要保留人类遗骸。出于特定目的保管人类遗骸当然必须具有正当理由，但是"如果大量年代较晚的人类骨骼年复一年被滞留在大学和博物馆，却迟迟没有进行研究的话，我们就无法证明保管人类遗骸的合理性，因为持续发展的科研工作是证明保管人类遗骸合理性的关键"（Jones et al.，1998）。当然，保留人类遗骸以备研究的主要争论点之一在于，新研究方法的发展可以产生有关人类祖先的新数据和新解释，这些新数据和新解释是以往无法获得的。但是，也会有人反驳："期待某一天某人可能想研究这些人类遗骸不足以成为保留他们的理由"（Jones et al.，1998）。尽管如此，正如我们所知，研究指出，使用新的方法再次研究以前研究过的人类遗骸可以生成新的数据。

　　维持足够的保管设施是长期储藏、研究和展陈人类遗骸必不可少的条件，与此同时，越来越多关于妥善保管博物馆馆藏人类遗骸的指导也被发表（Alfonso et al.，2006；Cassman et al.，2006b；Lohman et al.，2006）；可以说，大学和研究实验室等其他保管人类遗骸的机构也应该考虑采用这些指导方针。显然，在确保众多相关方获取信息的同时，必须尊重人类遗骸的文化、精神、科学和教育价值及其敏感性。还应该强调的是，在高等教育中"使用真正的骨骼遗骸进行学习"是非常必要的，这是因为塑料骨骼不能体现细节，但这些细节对于了解人类骨骼的形态变异却非常重要。与此类似的担忧在于，越来越多的医学院从使用真正的人体进行解剖教学，改为采用电脑软件程序进行教学（Patel et al.，2015）。

除此之外还应该牢记，昔日的侵略者曾经打着"收藏"和"科学"的旗号大肆掠夺被殖民国家的墓葬等文化遗产（Hubert et al.，2002），而在19世纪，盗墓贼曾为解剖学家和外科医生盗掘尸体。琼斯和哈里斯（Jones et al.，1998）认为，如果人类遗骸是以往通过这种不道德的手段获得的，那么因为80～120年前的"盗墓"行为谴责现今想要研究这些人类遗骸的人是不合适的："……100年前的杀戮和盗墓行为与现在正在进行的工作之间不存在任何道德联系。"尽管如此，在英国和世界其他国家，归还博物馆馆藏的人类遗骸和其他文物正日益成为焦点，这反映了人们对于非法出口艺术品更为广泛的关注，以及原住民对英国人归还其在殖民时代从殖民地盗掘的人类遗骸的要求（1918年第一次世界大战末期最为猖獗）（Simpson，2002）。

无论人们如何看待博物馆馆藏人类遗骸的来源，获取遗骸的途径确实需要严密审查。出于这一考虑，保管来自其他国家的人类遗骸引起了人们的关注和讨论，为此，英国于1999年成立了负责管理文化财产的下议院专责委员会（House of Commons Select Committee）（Simpson，2002），并出台了适用于英格兰、威尔士和北爱尔兰的指导文件（DCMS，2005；也见White，2013）。有人认为，人类遗骸的问题与广义上归还古代财产的问题不同，他们认为应该由英国文化、媒体和体育部来管理人类遗骸。英国文化、媒体和体育部在2001年成立了人类遗骸工作组，出版了相关出版物（DCMS，2005）；当然，《2004年人体组织法案》仍旧适用于各类机构保管的100年以内的人类遗骸。

正如沃克（Walker，2008）所强调的，使用新的分析技术和理论视角可以改进和纠正我们所复原的古代历史，"重要的是计划进行的当代科学工作的基本原理、工作质量及对人类社会潜在的价值（包括所研究骨骼个体的后代）"（Simpson，2002）。当然，博物馆需要熟悉人类遗骸研究的发展，尤其需要被准确告知破坏性分析的潜在价值（APABE，2013）。破坏性分析如今更为普遍，人们更想要了解食谱［稳定同位素研究（stable isotope analysis）］、人群之间的关系［古代线粒体DNA研究（ancient mitochondrial DNA analysis）］，以及疾病的存在、起源、进化和历史［古代病原体核DNA研究（ancient pathogen nuclear DNA analysis）］。此外，至少英国的资助机构更愿意资助这类破坏性分析，但是破坏性分析耗资巨大，且时至今日并不是英国的常规分析。同样值得注意的是，近年发表的采用破坏性分析的论文数量明显增加（Stojanowski et al., 2005）。显然，公众认为保管人类遗骸以备未来的科学研究是合理的，这一点上文已经介绍过。

第五节 人类遗骸的展陈与电视报道

博物馆是否可以展陈人类遗骸总能引发争议，某些国家禁止展陈人类遗骸，如澳大利亚和美国；很明显"展陈死者的遗体是一个越来越有争议的问题"（Brooks et al., 2006），而将人类遗骸从一个国家运往另一个国家展陈（Cook，2007）或研究的合理性也在近来被人们质疑。

但是，英国有部分公众确实强烈希望前往博物馆参观人类遗骸，无论是骨架、沼泽鞣尸、木乃伊（mummies）、人体部位，还是近代的尸体。这或许表明，公众希望通过自己"祖先"的遗骸与历史紧密相连。以一具近代尸体为例，经哲学家、法学家杰里米·边沁（Jeremy Bentham，1748~1832）解剖的骨架被穿上衣服、放在软垫上，自1850年以来便在伦敦大学学院展出（Fuller，1998，引自 Brooks et al., 2006）。边沁坚信宗教信仰不应该成为医学研究的阻碍，并坚称应该在他死后公开展出他的遗体。真正的问题在于谁有资格准许展出人类遗骸。显然，边沁确实希望他的遗体被用于医学研究甚至被展出，但是，博物馆馆藏的史前人类遗骸是否愿意被展出呢？

2004年国家考古周（National Archaeology Week）期间，伦敦博物馆就人类遗骸的展陈采访了博物馆的游客。在99名受访者中，有88人表示他们想看展出的人类遗骸，同时，有98人认为博物馆可以保管并研究伦敦出土的人类遗骸（此为伦敦博物馆已故的比尔·怀特于2008年1月告知本书作者）。卡罗尔（Carroll，2005）的发现也说明了公众对于展陈人类遗骸的态度，在220个来自剑桥郡（Cambridgeshire）的受访者中，有79%的人表示应该展出人类遗骸，有73%的人表示展陈人类遗骸是合理的。此外，通过调查采访51名年龄30~50岁、男女数量对等、来自五种宗教信仰的受访者，拉姆齐（Rumsey，2001）也得出了类似的调查结果。此后，在 2007 年开展的另一项类似的调查中（此为伦敦博物馆已故的比尔·怀特于 2008 年 1 月告知本书作者），53% 的受访者表示希望在博物馆看到展陈的人类遗骸，92% 的受访者支持博物馆展陈人类遗骸。当被问及如果人类遗骸是不知姓名的基督徒，受访者是否仍旧支持博物馆展陈这些人类遗骸时，有 22% 的受访者表示如果人类遗骸的身份已知，那么他们不赞成展陈人类遗骸。95% 的受访者表示，博物馆展陈应该成为人类遗骸的最终归宿，这一数字极具说服力；类似的结论也可见 Mills et al.，2010；对近年参观《骨骼科学》（*Skeleton Science*）的游客进行的调查也表明，大多数人渴望见到"真家伙"。

在 20 世纪 90 年代中期，博物馆协会调查了各大博物馆馆藏人类遗骸的信息（Simpson，1994，2002）。24 个受访博物馆收藏或曾经收藏过人类遗骸，其中有 19 个博物馆仍在展陈人类遗骸，但是美洲原住民、澳大利亚原住民（Native Australian）或毛利人（Maori）的遗骸不在展陈之列。在这 19 个展陈人类遗骸的博物馆中，17 个博物馆曾经暂停过人类遗骸的展陈，半数以上的博物馆将其归咎于工作人员态度的转变。人们势必要问，为什么在这个往往过分政治正确的世界中，博物馆保管人员要为公众发声？博物馆的做法最终会影响公众学习、扩展历史知识，也会改变当今博物馆事业的作用和目的。然而，人们也必须考虑如何展陈不同类型的人类遗骸，如火葬遗骸，破碎的骨骼遗骸，完整的骨架，埃及木乃伊和沼泽鞣尸等完整的尸体，头发、皮肤等人体部位，儿童的遗骸，胎儿的遗骸，惨死之人的遗骸，病理学博物馆展出的近现代人体部位（患病的或没有患病的）。应该采用不同方式展陈不同类型的人类遗骸吗？这会影响公众对展陈的接受度吗？

近年来，大量观众参观了博物馆展陈的不同年龄、不同类型的人类遗骸。举例来说，1998～1999 年伦敦博物馆举办的《伦敦遗骸展》（*London Bodies*）（图八）吸引了创纪录的游客量（Museum of London，1998；Swain，1998；Ganiaris，2001），2003 年在伦敦举办的名为《人体世界展》（*Body Worlds*）的人体解剖学展览（Discover the mysteries under your skin, Exhibition Catalogue 2002）也吸引了大量游客——每天都有 3200 名游客参观展览，《人体世界展》的世界巡展总共吸引了 1400 万名游客（Brooks et al.，2006）。《伦敦遗骸展》在展出时陈列有《伦理陈述》（*Ethics Statement*）（Museum of

London，1997）。《伦敦遗骸展》吸引了将近 7 万人（Ganiaris，2001），一项调查显示，观众对于人类遗骸展陈方式的反应和态度总体上是积极的。但一位患有佝偻病的儿童骨骼，以及一位母亲和她胎儿的骨骼，使观众感到不适。《人体世界展》更多的是在展现人体之美（Brooks et al.，2006），同时也突出了教育价值。尽管所谓《人体世界展》是"医学、艺术以及畸形秀地结合"的说法并不合理（Brooks et

al.，2006），但将有些展出的人体摆放成戏剧性的姿势是否有失尊重，使用标语描述展出的人体是否合适，均存在争议。《伦敦遗骸展》和《人体世界展》的举办均具有特定的目的：前者是为了增加游客数量（和收入），后者是为了带来收入；两个展览都成功实现了既定目标。与这两个大获成功的古代和近现代人体展览类似的是 2003 年在泰恩－威尔郡（Tyne and Wear）盖茨黑德（Gateshead）波罗的海艺术馆（Baltic）举办的安东尼·格姆利（Antony Gormley）《领域展》（*Domain Field*）。《领域展》鼓励当地公众志愿成为展览的一部分。经过制模、铸造、填充细钢筋焊接成网架后，安东尼·格姆利参照志愿者的身体制作了一屋子不同大小、不同形状的钢架，这些钢架代表着各个年龄、两种性别、不同体型的人，这使得游客能够参与其中（Leader，2003；图九）。波罗的海艺术馆在 2006 年又举办了斯宾塞·图尼克（Spencer Tunick）的摄影展，这个展览展出了 1700 名志愿者的裸体照片，志愿者在 2005 年 7 月的一个清晨为摄影师摆出姿势拍摄了这些照片（Fabrizi et al.，2006）。安东尼·格姆利和斯宾塞·图尼克的展览都大获成功。

如上文所述，公众对古代和现代的人体兴趣浓厚，这可能是因

图九　展示人类：安东尼·格姆利，《领域展》，2003-287，按照纽卡斯尔市（Newcastle）盖茨黑德 2.5～84 岁居民的身体模具制成的大小各异的雕塑；由 4.76 毫米×4.76 毫米的不锈钢筋制作而成

（版权：艺术家；照片：斯蒂芬·怀特；鸣谢：杰伊·乔普林和伦敦白立方艺术馆）

为公众同样具有身体和骨架，能够直接、紧密地与人体产生共鸣。但是，由于很少有人接触过死人的遗骸，因此活着的人极少见过死去的人（Chamberlain et al., 2001）。相较于英国，死亡在现今的其他国家是人生中非常重要的一部分，并被当作重要事件进行庆祝——如每年 10 月 31 日至 11 月 2 日的墨西哥亡灵节（Mexican Day of the Dead）（纪念所有圣徒和圣灵的基督教盛宴）（图一〇）。这种私人家庭盛宴被看作活人和死者的团聚，在这场盛宴中，活人会向死者进献食物和酒水，并为死者扫墓（Carmichael et al., 1991）。但是，这种陈列是对死者的体恤和尊敬吗？近来有报道指出，牛津（Oxford）皮特·里弗斯博物馆（Pitt Rivers Museum）的工作人员对博物馆陈列的干缩人头（shrunken heads）越来越感到不适，尽管干缩人头是博物馆最著名、最受欢迎的展品。

介绍人类遗骸研究和解释的英国电视节目颇受欢迎，这同样也反映了人们对于死者的着迷；这些年这类电视节目有英国广播公司第二频道的《认识祖先》系列节目，第四频道（Channel 4）的《死者的秘密》（*Secrets of the Dead*）和《直到世界尽头》（*To the ends of the earth*），以及第四频道《时间团队》（*Time Team*）

和英国广播公司第二频道《时代瞭望》（*Timewatch*）中的部分节目。虽然包含人类遗骸的博物馆展览和电视节目非常受欢迎，但这能证明其合理性吗？如上文所述，人们是否赞同使用人类遗骸取决于宗教态度等多种因素。如果博物馆展陈或电视节目需要使用人类遗骸，那么是否应该有一套伦理指导对其进行规范？冰封保存的尸体奥茨（Otzi）（详见第三章）自发现以来也吸引了大量观众，被陈列在意大利博尔扎诺南蒂罗尔考古博物馆（South Tyrol Museum of Archaeology，Bolzano，Italy）的一个可以控制温度和湿度的展柜中，奥茨的遗骸继续吸引着大量观众。

　　许多博物馆声称，他们的任务之一是在展陈考古发现时，体察观众细微的情感（Tyson，1995，引自 Aufderheide，2000）。

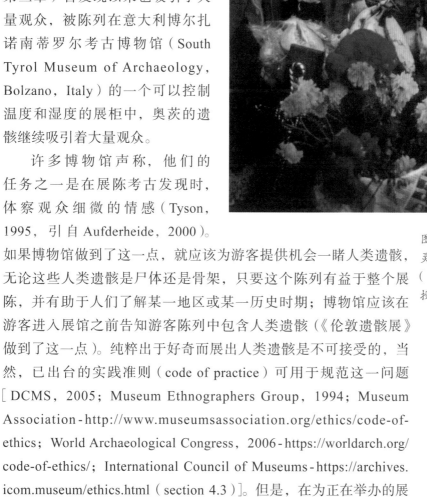

图一〇　墨西哥亡灵节的陈列（夏洛特·罗伯茨授权）

如果博物馆做到了这一点，就应该为游客提供机会一睹人类遗骸，无论这些人类遗骸是尸体还是骨架，只要这个陈列有益于整个展陈，并有助于人们了解某一地区或某一历史时期；博物馆应该在游客进入展馆之前告知游客陈列中包含人类遗骸（《伦敦遗骸展》做到了这一点）。纯粹出于好奇而展出人类遗骸是不可接受的，当然，已出台的实践准则（code of practice）可用于规范这一问题〔DCMS，2005；Museum Ethnographers Group，1994；Museum Association - http://www.museumsassociation.org/ethics/code-of-ethics；World Archaeological Congress，2006 - https://worldarch.org/code-of-ethics/；International Council of Museums - https://archives.icom.museum/ethics.html（section 4.3）〕。但是，在为正在举办的展览提供详细的伦理和道德指导方面，我们还有未完成的工作。

第六节　美国：个案研究

尽管新西兰和澳大利亚也通过了禁止发掘、立即归还或立即重新埋葬人类遗骸的法案（Jones et al., 1998），但这一节会详细介绍此类事件在美国的进展，通过提供英国之外的个案对比，举例说明其他国家是如何对待人类遗骸的。需要强调的是，其他国家对于人类遗骸的考量与英国大为不同。

20 世纪晚期的美国，美洲原住民日渐担忧博物馆和其他机构发掘其祖先的墓地，并储藏其祖先的遗骸和随葬品（Buikstra, 2006b）。之后，在公众的支持下，美国于 1989 年和 1990 年通过了相关立法。通过立法之前的论证会体现了伦理与科学的分歧（Lackey, 2006），而通过的立法则被形容为"改变人类看法和回忆的地震"（Lackey, 2006）。有人争辩称，通过立法是为了纠正错误，补偿死者，伸张正义，并将原本属于美洲原住民的东西还给他们。

1989 年，美国通过了《国家博物馆美洲印第安人法案》（*The National Museum of the American Indian Act*, *NMAIA*），1990 年，又通过了《美洲原住民墓葬保护和归还法案》，该法案的附加法规于 1995 年出台。此外，对于不属于《美洲原住民墓葬保护和归还法案》管辖范围的美洲原住民遗骸和器物，美国各州内的相关法律不尽相同（Ubelaker et al., 1989）。当然，假冒"科学"的名义发掘人类遗骸和随葬品的行为在美国由来已久，收藏人类遗骸及其随葬品的行为也早已出现。举例来说，1862 年成立的陆军医学博物馆（Army Medical Museum）储藏了数千骨骼标本、影像资料，以及 1861～1865 年美国内战期间伤亡将士的治疗和研究病历（Walker, 2008）；陆军医生也从战场上和墓地中收集美洲原住民的颅骨和器物。在 20 世纪，美国博物馆馆藏的美洲原住民遗骸出现增长，这些收藏附带死亡年龄、性别、族属、身高和死亡原因等相关记录。但是，直到 20 世纪晚期，人们才开始倾听美洲原住民对其祖先遗骸的担忧。许多部落成员感到自己在精神上与所有或许多其他活着的或是死去的美洲原住民有共鸣，这些部落成员相信自己对其祖先的精神康乐负有责任。因此，博物馆保留其祖先的遗骸干扰了死者的来世，也隔绝了死者与活人的精神联系。

《美洲原住民墓葬保护和归还法案》有两个重要目标（此为迈

拉·吉森于 2018 年 2 月告知笔者)。第一个目标是汇总、登记现有收藏的美洲原住民文化物品(人类遗骸、随葬品等)——现有收藏指的是《美洲原住民墓葬保护和归还法案》通过之前已有的收藏。第二个目标是保护联邦和部落土地内、仍旧位于考古遗址内的美洲原住民墓葬和其他文化遗址。《美洲原住民墓葬保护和归还法案》为博物馆、联邦机构官员和美洲原住民提供了协商机制,并要求将人类遗骸归还遗骸的直系后代或存在文化关联的美洲原住民组织。通过这些措施,第一个目标已经达成。为达成第二个目标,联邦土地管理者与美洲原住民组织的协商制度予以确立,以便决定如何妥善安置联邦或部落土地中意外发现或有意发掘获得的文化物品。因此,所有由联邦资助的、保管文化物品的博物馆,无论公立还是私立,都必须遵守《美洲原住民墓葬保护和归还法案》,除了位于华盛顿哥伦比亚特区的史密森尼学会,该学会受《国家博物馆美洲印第安人法案》管辖;《国家博物馆美洲印第安人法案》和《美洲原住民墓葬保护和归还法案》适用于所有 1492 年至今的物质资料。《美洲原住民墓葬保护和归还法案》将推行法案的职责交由内政部(Secretary of the Interior),人员保障则由国家《美洲原住民墓葬保护和归还法案》计划(Native American Graves Protection and Repatriation Act Program)负责,包括:在《联邦公报》(Federal Register)上向博物馆和联邦机构发布通知;建立并维护数据库,包括文化背景不明的人类遗骸库存数据库〔Culturally Unidentifiable Human Remains Inventories(CUI)Database〕;拨款资助博物馆、原住民部落和夏威夷原住民组织落实《美洲原住民墓葬保护和归还法案》;对未能遵守《美洲原住民墓葬保护和归还法案》规定的博物馆进行民事处罚;为《美洲原住民墓葬保护和归还法案》审查委员会以及撰写国会年度报告提供人员保障;为联邦机构处理联邦或原住民土地内发现或发掘的文化物品提供技术支持;普及并落实法规;通过培训、网站信息、向审查委员会提交报告、协助执法调查以及直接的个性化服务提供技术支持。

所有机构必须辨认其收藏中受《美洲原住民墓葬保护和归还法案》管辖的文化物品,并准备一份库存清单。之后,这些机构必须与文化物品的直系后代、美洲原住民部落和夏威夷原住民组织,就物品的辨认和文化归属进行协商,之后通知他们是否可以归还文化物品。对于新发现的考古遗址,只有位于联邦和部落土地内的遗址受《美洲原住民墓葬保护和归还法案》管辖。截至 2016 年 9 月，已归还了 57847 例人类遗骸、1479923 件随葬器物，以及 243198 件非随葬器物。目前仍旧无法得知这些人类遗骸和器物中到底有多少真的被归还了。自然，由于缺乏足够的证据，许多文化物品的归属不明。截至 2018 年 1 月，数据库累计有 18105 条记录，这些记录描述了博物馆和联邦机构登记的 133639 例美洲原住民遗骸和 1153036 件随葬品。其中，最初被登记为文化背景不明的 8891 例美洲原住民遗骸和 172643 件随葬品的文化归属现已确认。

为响应《国家博物馆美洲印第安人法案》，美国国家自然历史博物馆（National Museum of Natural History）于 1991 年设立了归还办公室（Repatriation Office），负责登记并鉴定可能为美洲原住民、夏威夷原住民（Native Hawaiian）和阿拉斯加原住民（Native Alaskan）骨骼遗骸的文化起源。最后一部分数据发布于 2011 年，此时共记录了 15955 条人类遗骸目录条目、15654 例人类遗骸以及 348 例美国考古遗址出土的人类遗骸。美国国家自然历史博物馆递交了《计划安置通知》（Notices of Intended Disposition），并将其公布在国家《美洲原住民墓葬保护和归还法案》的网站上。

除了《国家博物馆美洲印第安人法案》和《美洲原住民墓葬保护和归还法案》以外，一些美国的专业机构同样也为处理人类遗骸提供了伦理指导，如美国体质人类学家协会，美国人类学协会（American Anthropological Association），美国考古学会（Society of American Archaeology），以及历史保护顾问委员会（Advisory Council on Historic Preservation），见沃特金斯等（Watkins et al.，1995）对相关政策的综述。

许多北美洲生物考古学家认为，《美洲原住民墓葬保护和归还法案》总体上有益于人类学尤其是生物考古学（Ousley et al.，2005），促进了人类遗骸的综合分析——填补了人类历史知识的空白，增加了人类遗骸的研究，使得新分析技术被用于以往研究过的骨骼收藏，改善了未被归还、未被重新埋葬的人类遗骸的保管设施。一位纽约的哲学教授也认为《美洲原住民墓葬保护和归还法案》"总体上具有积极作用"（Lackey，2006）；《美洲原住民墓葬保护和归还法案》改善了考古学家、生物考古学家和原住民团体之间的关系，并增加了彼此间的合作（Rose et al.，1996），虽然情况并不总是如此（Buikstra，2006b），《美洲原住民墓葬保护和归还法案》还催生了人类骨骼遗骸的记录标准（Buikstra et al.，1994）。举例来说，加州大学圣塔芭芭拉分校（Santa Barbara University in California）已故的菲利普·沃克（Philip Walker）在过去 25 年中与丘马什部落（Chumash tribe）的合作颇具成效，通过与其首领讨论、协商，一座保管、研究丘马什（Chumash）人类遗骸的藏骨堂（ossuary）落成于加州大学圣塔芭芭拉分校的校园中（Buikstra，2006b）。

显然，美国原住民对尊重、归还或者重新埋葬其祖先遗骸的要求促进了法律发展，法律要求考古学家和人类学家谨慎对待人类遗骸。这同样也有益于生物考古学科，越来越多的描述性和分析性工作得以完成，骨骼样本得以登记，新的研究议程得以制定，同时也促进了考古学家、生物考古学家和美洲原住民之间的合作。

第七节　总　　结

发掘、研究、展陈和保管考古遗址出土的人类遗骸存在争议。很多因素使得人们对这些工作的合理性有截然不同的看法。对于哪种行为可以被接受、哪种行为不能被接受，人们目前似乎形成了一个更加客观公正的看法，与此同时，当事人之间的对话也更加频繁，尤其在美国等地区。就英国而言，尽管有关伦理和考古遗址出土人类遗骸的讨论越来越多，相关政策和指导也已出台，然而保证对死者和死者财物具有既得利益的人具有话语权仍然任重道远。但是，不同于世界其他国家，英国人拥有共同的祖先，对于如何对待考古遗址出土的人类遗骸，所有英国人都可以发表意见。

第八节　学 习 要 点

- 研究人类遗骸是一种在规定条件下被赋予的特权，不是固有的权利。
- 世界各地归还和重新埋葬考古遗址出土人类遗骸的强度不同。
- 不同地区、不同文化、不同时代的人对于如何对待人类遗骸有不同的看法，同一个国家内部也存在着地方性、地区性和全国性差异。
- 在如何对待人类遗骸的讨论中，所有当事人应该享有平等参与的权利。

- 在部分国家，人类遗骸从未受到尊重（这通常与少数族裔遭受的不公有关）。
- 研究人类遗骸有助于我们了解历史，其价值是毋庸置疑的。
- 需要对英国出土人类遗骸存在的问题进行更多讨论。
- 用以规范英国人类遗骸符合伦理且合法处理方式的法律和指导方针已经出台。
- 英国公众总体上支持发掘、研究、保管和展陈人类遗骸。
- 保留人类遗骸必须具有正当理由。
- 人们对古代的和现代的人类遗骸非常着迷。

第三章 死者的安息之地以及影响遗骸保存状况的因素

第一节 绪 论

《人类骨骼考古学》的关注重点在于分析和解释考古遗址出土的人类遗骸。两个最重要的因素决定着我们所分析遗骸的类型和性质，即人们如何处理死者的遗体，死者死后至遗体被发掘之间的经历。第三章的第一节以英国为重点，简要介绍并总结了自旧石器时代至近代早期死者的安息之地，但是我们应该认识到，世界各地的人们对待死者的方式非常不同（例子见 Barley，1995；Parker Pearson，1999a；也可见 Bradbury et al.，2017）。

当今英国绝大多数的死者会被火化而非土葬；这是因为火葬总体上更便宜，人们也认为火葬"更清洁"，同时也因为在过于拥挤的英国，墓地快被填满了（图一一）。但是，现代火葬不再具备"仪式性"，而是被简化为一种安置死者的实用手段（McKinley，2006），这和我们所了解的古代火葬极为不同。1884 年，火葬在英国合法化，1950~1960 年，火葬场的建造盛极一时（Davies，1995，2005）。人们同样也采用更加新颖的方法处理死者的遗骸，如通过燃放烟花挥洒死者的骨灰，许多人选择自然"环保"的墓葬，使用环保的传统材料制作棺材，通常选择在"有益于野生动植物"的农村地区下葬，而非选择常规墓地。实际上，正如其他国家的人一样，英国人现在更能掌控、更频繁地讨论自己的身后事，并且将死亡看作人生的一部分（Carmichael et al.，1991）。值得注意的是，在正式的墓地埋葬死者是罗马时代的特征，

图一一　北约克郡哈罗盖特（Harrogate）的一处墓地即将被占满（夏洛特·罗伯茨授权）

但在此之前，人们采用各种各样的方式埋葬死者，包括倾向于采用类似当今受欢迎的更加"自然"的处理方式。

第二节　英国死者的安息之地

为某人的遗体准备最终的安息之地总体上需要深思熟虑，可能花费数日、数月、甚至数年来计划和实施。因此，埋葬死者是一个具有深意的重要行为（Parker Pearson，1999a）。

（一）绪论

图一二　越南北部宁省曼巴克（Man Bac in Ninh Province，North Vietnam）（公元前1500～前1000年）新石器时代晚期遗址中的墓葬〔澳大利亚国立大学（Australian National Unversity）洛娜·提利授权〕

长久以来，人类社会为死者准备安息之地以表示尊敬，或出于健康原因，或为了履行宗教义务（Iserson，1994）。"埋葬"（burial）一词源自盎格鲁－撒克逊（Anglo-Saxon）语中的"birgan"一词，意思是隐藏。在自人类出现以来的历史长河中，埋葬死者的方式多种多样（图一二）。由于时代久远，考古学家也对发掘墓地中的人类遗骸有着极大的兴趣。不幸的是，这一兴趣并不总是出于对研究人类遗骸、探索人类自身奥秘的渴望，许多我们曾经见过、现在依然

能够见到的例子表明，随葬品是考古调查的主要目标。幸而英国的考古学家（至少现在）已经采用了系统和科学的方法，并有兴趣发掘全部埋葬单位（funerary context），最终综合地理解人类生活和死亡的方式。研究考古学中的埋葬单位颇具挑战。多年来，学者认为极为复杂的埋葬习惯使考古学家永远无法理解（Tarlow，1999），而研究传统社会中人们处理死者遗骸的方法加深了这一担忧（Ucko，1969）。"不能简单地将习惯与信仰画等号，不能根据表象去理解出现的跨文化规律性，以及稳定而保守的仪式和传统"（Parker Pearson，1999a）。尽管如此，研究考古学中死者的安息之地充满活力且进展顺利（Tarlow et al.，2013）。现在，我们来了解一下史前时期早段（early prehistoric period）至后中世纪时代英国最常见的、用于埋葬我们祖先遗骸的安息之地。

（二）史前时期

寻找古代埋葬的死者是一个挑战，而自史前时期至近代早期埋葬在英国的死者自然尚未、也永远不会被全部发现和发掘（Bradbury et al.，2015）。这可能是因为埋葬死者的地区尚未经过考古调查或发掘，也可能因为埋葬死者的农村地区目前不存在现代建筑发展的威胁，还可能因为埋葬死者的地区不利于保存遗骸（如苏格兰、威尔士以及英格兰东南部分地区的酸性土壤）。但是不久前开展的一个项目显示，这也可能只是因为埋葬死者的墓地不太显眼（Bradbury et al.，2015）。对于人类何时开始出现死亡意识，学界已有广泛的讨论，但学界普遍认为人类的死亡意识始现于过去10万年以内［旧石器时代中晚期（Middle/Upper Palaeolithic）］，大约在距今25000～20000年。许多人还认为，旧石器时代中期尼安德特人的墓葬可能是有意为之，举例来说，伊拉克沙尼达洞穴（Shanidar Cave）的四号墓内放置了花朵——这些花朵说明死者是夏天下葬的（Leroi-Gourhan，1989）。在讨论史前时期死者的安息之地之前，需要先对表示特定遗址年代的方法进行说明。以斯卡雷（Scarre，2005）的研究为准，旧石器时代的年代用"距今"（years before present，BP）表示，而其他年代分期则以日历年表示［公元前（BC）/公元（AD）］。

英国发掘的旧石器时代人类遗骸极少。这可能是因为旧石器时代的人口密度很低，仅英格兰西南部和威尔士适宜居住（没有被冰雪覆盖），也可能是因为旧石器时代的埋葬习惯没有辨认出。埋葬环境和埋葬时间在某种程度上会影响人类遗骸的保存，这使得旧石器时代的考古发现和随后的发掘极为少见。因此，这些因素可能导致了旧石器时代人类遗骸证据的缺失。英国旧石器时代的多数人类遗骸发现自英格兰西南和威尔士的洞穴遗址，如距今大约 225000 年的威尔士庞特纽德（Pontnewydd Cave）旧石器时代早期（Lower Palaeolithic）洞穴遗址（Cook et al., 1982）。英国最古老的人类遗骸发现于苏塞克斯郡博克斯格罗夫（Boxgrove）距今 500000 年的旧石器时代早期遗址（Roberts et al., 1999）和肯特郡斯旺斯科姆（Swanscombe in Kent）的巴恩菲尔德深坑（Barnfield Pit）遗址（距今大约 400000 年；Stringer et al., 1999）。威尔士距今大约 24000 年的帕维兰德（Paviland Cave）旧石器时代晚期洞穴遗址是已知最古老的具有正式埋葬人类遗骸"礼仪"的遗址（Aldhouse-Green et al., 1998）。帕维兰德洞穴遗址发现了一名陪葬有海象牙手镯和穿孔海贝壳的男性，该男性被红色赭土覆盖。不久前在威尔士南部卡尔代岛（Caldey Island）鳗鱼角（Eel Point）遗址发现的距今 24470±110 年［格拉维特文化（Gravettian）或旧石器时代晚期中段］的肱骨可能来自一个洞穴，这例肱骨是英国发现的第三古老的解剖学上的现代人（Schulting et al., 2005）。萨默塞特郡切达（Cheddar in Somerset）的高夫洞穴遗址（Gough's Cave）（距今 11820±120～12380±110 年）和太阳洞洞穴遗址（Sun Hole Cave）（距今 12210±160 年）也发现了旧石器时代晚期晚段的人类遗骸，这些遗骸主要为颅骨碎片（Currant et al., 1989；Barton, 1999）太阳洞洞穴遗址发现了有意埋葬成年人和儿童的确凿证据。

末次冰期（last Ice Age）结束后，在紧接着的中石器时代（Mesolithic）（公元前 8000～前 4000 年）中，海平面上升使英国成为岛屿（Mithen, 1999）。同样，英国中石器时代发现的人类遗骸也极为少见。萨默塞特郡高夫洞穴遗址出土的部分骨骼遗骸属于中石器时代（大约公元前 5100 年，Newell et al., 1979），此外，其他洞穴遗址也出土了中石器时代的人类遗骸。举例来说，萨默塞特郡门迪普丘陵艾芙琳洞遗址（Aveline's Hole in Mendip hills）是最早采用科学测年的墓地，其使用年代大约为公元前 8200 年（Keith, 1924；

Schulting，2005）。艾芙琳洞遗址发现、发掘于18世纪晚期至19世纪中期，人们在洞穴地表发现了50～100具骨架。不幸的是，这些遗骸在研究之前"丢失了"，但是在1914～1933年，布里斯托大学洞穴考古学会（Spelaeological Society）在艾芙琳洞遗址又发掘了大约20例残破的遗骸。最近的研究在这些遗骸的牙齿和骨骼上发现了表示童年压力的证据，以及因使用牙签而在牙齿上形成的槽（Jacobi，1987；Schulting et al.，2002；Schulting，2005）。牙齿微磨耗分析表明，植物性食物可能是艾芙琳洞先民饮食的重要组成部分，这一比重高于一般狩猎采集人群所摄入的植物性食物，但是稳定同位素数据却表明，艾芙琳洞先民摄入了大量动物蛋白。与此同时，德比郡（Derbyshire）和威尔士的洞穴遗址，如卡尔代岛（Schulting et al.，2002），也出土了残破的骨骼遗骸，而苏格兰的贝丘遗址也发现了一些人类遗骸，这些遗骸通常为骨骼碎片和牙齿［如奥克尼奥朗赛岛（Oronsay，Orkney）出土的人类遗骸，Mellars，1987］。这些旧石器时代和中石器时代的人群是狩猎采集者，他们经常迁徙以寻找野生动植物，因此往往难以找到他们的正式墓地。但是，考古学家在斯堪的纳维亚（Scandinavia）等欧洲部分地区发现了旧石器时代和中石器时代的正式墓地（Gibala et al.，2015）。

直到新石器时代英国出现首个农业社会（公元前4000～前2500年）之后，大量明显的埋葬遗迹才开始出现。这类埋葬遗迹包括长条形土堆墓（earthen long barrows）和积石墓（stone cairns）（图一三），有的墓葬内部有安葬死者的墓室，如格洛斯特郡的贝拉斯·纳普长条形土堆墓（Belas Knap in Gloucestershire）、伯克郡的维兰德史密斯长条形土堆墓（Wayland's Smithy in Berkshire）（Atkinson，1965）以及威尔特郡的西肯尼特长条形土堆墓（West Kennet in Wiltshire）（Piggott，1962）。这些墓葬中出土的骨骼遗骸通常都是脱节的，这意味着骨架不是按照解剖学位置摆放的。因此，此类沉积层可能包含了许多个体混合在一起的骨骼，这表明死者的遗体可能经历了暴露或"保管"等一系列处理。西肯尼特长条形土堆墓的中央墓室中发现了大约50例没有被火烧过的土葬个体；墓室石墙的缝隙里还发现了指骨等多数脱节的遗骸。有些遗址的墓室存在"分区"埋葬男性、女性、不同年龄个体的现象，如西肯尼特长条形土堆墓（Whittle，1999）。正式安葬死者的地方还包括墓道墓（passage graves）［如爱尔兰米斯郡（County Meath）纽格兰奇

图一三 苏格兰凯斯尼斯的卡姆斯特（Camster, Caithness）新石器时代洞室墓（克里斯·斯卡雷授权）

（Newgrange）墓道墓，O'Kelly，1973，以及苏格兰北部的奥克尼梅斯·豪（Maes Howe on Orkney）墓道墓，Henshall，1963，1972]、环壕遗址（causewayed enclosure）的壕沟［如多塞特郡（Dorset）的汉布尔登丘陵（Hambledon Hill, McKinley, 2008）]、石木柱圆圈遗址（henges）、圆形土堆墓（round barrows）（英格兰东北部），以及后来出现的房屋。自新石器时代中期之后，出现了位于积石之下或小型环壕遗址之内的单人墓葬（individual burials）［如牛津郡（Oxfordshire）的拉德利墓地（Radley），Bradley，1992；Whittle，1999]。此外，汉布尔登丘陵发现了多种埋葬处理方式，包括暴露遗体和去除肉体。显然，不同类型的遗址和处理死者遗骸的方法令人赞叹，这表明了这些遗迹在当时社会的重要性、建造这些遗迹所需要的人力，以及处理死者遗骸的重要意义。

在青铜时代（Bronze Age）（公元前2600～前800年），火葬和土葬并行。麦金利不仅非常详细地概述了青铜时代的火葬仪式和程序，还介绍了火葬堆（pyre）的组成部分（McKinley，1997）。但是，极少已发现的青铜时代火葬堆上覆盖有土堆。英格兰南部多见埋葬在圆形土坑墓（图一四）中的屈肢单人葬［如多塞特郡的克里切尔·唐（Crichel Down）]，英格兰北部和苏格兰多见埋葬在积石石椁墓（cists）中的屈肢单人葬，这一变化有别于新石器时代，合葬墓（collective burial）是新石器时代的常态。但是，合葬墓在"比克"时期（"Beaker" period）（详见下文）有所增加（例

子见 McKinley，2011）。在青铜时代中期，火葬墓变得普遍（Parker Pearson，1999b），并且从这时起，墓葬与聚落更加紧密相连（Ray，1999）。在青铜时代，"比克"陶器（"Beaker" pottery）（大约公元前2000～前1600年）等典型随葬品的出现和使用是"比克"人群/文化的标志 [如属于"比克"文化的西奥佛顿 G6b 号墓（West Overton G6b），Smith et al.，1966]，而奢侈品（约公元前1700～前1500年）等典型随葬品则是威赛克斯人群/文化的标志 [如属于威赛克斯文化的威尔特郡（Wiltshire）布什·巴罗遗址（Bush Barrow）]。举例来说，布什·巴罗遗址发现了一名男性，其墓中陪葬了各类奢华随葬品，包括三个金属匕首、一把斧、一个类似头盔的器物、一片菱形金箔和一个权杖头（Megaw et al.，1979）。在威塞克斯文化中（英格兰中部和南部青铜时代的主导文化），土堆墓（barrow）集中分布且表现出不同类型，即钟形（bell）、碗形（bowl）、圆盘形（disc）和池塘形（pond）。青铜时代晚期发现的墓葬极少，可能这一时期的死者被安葬在最不容易被考古学家发现的地方，如水中。但是，尽管火葬在这一时期最为常见，正式的土葬墓等其他处理遗体的方法同样存在。

在铁器时代（Iron Age）（公元前800年末～公元100年）的英国，处理死者的方法可能有去除肉体或挥洒骨灰，人们似乎也有意在河流等水域中"埋葬"死者（Darvill，1987；Bradley，1998）。昆利夫（Cunliffe，2005）将英国铁器时代的埋葬行为划分为三个阶段。公元前8～前6世纪，人们对火葬的偏爱告一段落，但是土葬仍然极为少见。公元前 5～前 1 世纪（铁器时代中期）多见土葬、去除肉体以及常规墓地屈肢葬。此外，聚落遗址的坑和壕沟内也发现了遗体以及二次埋葬的脱节、腐烂的人类遗骸，如多塞特郡梅登城堡（Maiden Castle）发现的人类遗骸（Goodman et al., 1940）。在发掘出土的人类遗骸上可以明显看出去除肉体的痕迹，在去除肉体之前，有的遗体先被曝尸荒野，有的则没有。此外，铁器时代的先民对头颅有特殊的兴趣，在有些聚落遗址，颅骨比人体其他部位的骨骼更为常见（Cunliffe, 2005）。直到铁器时代晚期（公元前 100～公元 43 年），包含随葬品的墓葬才在英格兰南部变得常见，与此同时，葬于河中的情况在这一时期有所增加（Bradley, 1998）。英国特定地区有着不同的埋葬传统（Stead, 1979; Haselgrove, 1999），举例来说，约克郡（Yorkshire）北部和东部多见阿拉斯传统（Arras tradition），其特征包括成群小型土堆墓组成的大型墓地［如伯顿·弗莱明（Burton Fleming）遗址］，随葬品（战车）众多的墓葬［如威顿·斯莱克（Wetwang Slack）遗址、波克灵顿（Pocklington）遗址和麦尔登（Melton）遗址，图一五］，以及长方形壕沟围绕的单独的土堆墓（Cunliffe, 2005）。英格兰西南部多见埋葬在聚落遗址和丘陵要塞（hillfort）中未经火烧的脱节肢体（Darvill, 1987），以及成排分布的单人屈肢石椁墓［如康沃尔郡（Cornwall）哈林湾（Harlyn Bay）发现的 130 例土葬墓］。在铁器时代晚期，英格兰东南部再次出现火葬，但是自公元前 2 世纪晚期至罗马入侵不列颠（Roman invasion），社会上层人群

图一五 东约克郡麦尔登发现的陪葬战车的铁器时代墓葬

［MAP 考古实践（MAP Archaeological Practice）授权］

会根据不同性别陪葬武器或镜子（Cunliffe，2005），这一类墓葬多见于约克郡。当然，我们不应忘记著名的沼泽鞣尸，柴郡林多男子（Brothwell，1986）的年代也属于铁器时代，他代表着这一时期一种更为少见的"埋葬"方法。

与前几个时代相比，铁器时代显眼的墓葬极少，这可能是因为这一时期处理遗体的方式不同寻常（且容易被忽视）。确实，英国大部分地区未发现铁器时代的墓葬。在公元前1世纪，不仅正式墓地出现（Hill，1995），而且火葬也再次出现，如肯特郡（Kent）艾尔斯福德（Aylesford）墓地。43年罗马征服不列颠时，放置在骨灰瓮中的火葬遗骸非常普遍，尽管土葬在罗马征服不列颠之后依然存在（Whimster，1981）。

（三）罗马时代

不列颠尼亚（Roman Britain）的埋葬习惯"不断变化，且不同地区有不同特点"（Philpott，1981）。43年，罗马人征服了不列颠（Britain），这一时期土葬和火葬并行，尽管在部分地区土葬极为少见。在罗马征服期间，英格兰南部和东部的主导埋葬仪式是火葬，但是自2世纪中期起，出现了一个明显的转变，即火葬减少、土葬增加，这一转变反映了2世纪早期意大利和罗马帝国西部行省（Western provinces）火葬减少、土葬增加的变化。

自2世纪中期起，一些城市和农村出现了土葬墓，包括主要城镇、小镇、要塞、区和别墅周边的墓葬，以及建筑内部和周边的单个墓葬（Esmonde Cleary，2000）。自3世纪中期起，罗马帝国所有行省均盛行土葬墓，这一埋葬习惯持续至罗马时代在英国的终结（Philpott，1981）。在汉普郡温切斯特（Winchester，Hampshire）（Clarke，1979）、格洛斯特郡赛伦塞斯特（Cirencester，Gloucestershire）（McWhirr et al.，1982）、埃塞克斯郡科尔切斯特（Colchester，Essex）（Crummy et al.，1993）等主要城镇，墓地通常位于道路两旁；罗马帝国禁止将死者埋葬在城镇的边界内（因为卫生原因以及避免污染；Toynbee，1971）。实际上，"城外埋葬的死者不仅是入城时最先遇到的城镇居民，也是出城时最后道别的人"（Esmonde Cleary，2000）。要塞和区内发现的墓葬极少（但是有的要塞和区内发现了较多墓葬，见Cool，2004），以至于"军事遗址内墓葬的研究甚至尚未达到初期"（Esmonde Cleary，2000）。同样，别墅遗址内的墓葬也极为少见［如肯特郡的劳灵斯通（Lullingstone）（Meates，1979）、约克郡东部的拉德斯顿（Rudston）（Stead，1980）］，尽管别墅遗址内的婴儿墓葬较多（Scott，1991）。尽管如此，其他背景下的罗马墓葬包括重复使用史前遗迹埋葬死者、在潮湿的地方（水井、矿井、坑）埋葬死者以及部分遗址发现的特定部位的残肢，如2世纪中期伦敦沃尔布鲁克（Walbrook）发现的数例青年男性颅骨（Bradley，1998；Bradley et al.，1988）。婴儿（0～18个月）通常被区别对待，且4世纪以前，婴儿极少被埋葬在成年人的墓地中（Philpott，1991）。婴儿的遗体被安葬在地板下的浅坑、坑或壕沟及环壕遗址中，偶尔也被埋葬在独立的婴儿墓地中。婴儿墓葬中的随葬品极为少见（货币和陶器）。

　　土葬的遗体被摆放为仰身（背部朝下）直肢，通常被放置在土坑中，胳膊、手、腿和头则姿势各异（Philpott，1991）。在部分农村地区，铁器时代晚期的屈肢葬传统在3世纪仍然存在，但是屈肢葬在罗马时代早期更为常见。此外，罗马时代存在斩首迹象的墓葬［如约克、芒特（The Mount，York）德里菲尔德平台（Driffield Terrace）发现的墓葬（Hunter-Mann，2006）（图一六）］，在某种程度上延续了凯尔特文化（Celtic）对人类首级的敬重。在存在斩首迹象的墓葬中，被斩下的颅骨可能丢失了，可能被单独埋葬在墓葬附

图一六　约克德里菲尔德平台罗马墓地中的墓葬及其随葬品

［约克考古基金会（York Archaeological Trust）授权］

近的某一处，可能被放回遗体颈部正确的解剖位置，也可能被放置在墓葬中的其他位置（Philpott，1991）。

穷人的遗体被直接安葬在简单标记的墓坑中，偶尔会配有木棺，而富人会被安葬在精心装饰的石棺或铅棺中（Toynbee，1971）。墓坑的四壁有时会构筑石板或瓷砖，有的遗体包裹有裹尸布，覆盖有生石膏和石灰，或者经过防腐处理（Philpott，1991）。3～4 世纪，绝大多数的墓葬都非常简朴，没有任何葬具。缅怀死者并供死者在来生享用的随葬品包括陶容器、玻璃容器、在通往阴间的旅程中享用的食物、口含的货币、盔甲和武器、厨具、游戏筹码以及儿童玩具（Toynbee，1971）。女性通常陪葬有妆奁，内有镜子、眉钳、化妆品和珠宝。4 世纪，随着基督教传入英国，墓葬中的随葬品减少，最常见的随葬品是靴钉。死者的头向西、面向东，这一特征通常和基督教有关。

3 世纪中期，火葬极为少见（Wacher，1980），但是部分农村地区和小镇继续采用火葬这一传统，伦敦甚至在罗马时代晚期依然存在火葬（Barber et al.，2000）。实际上，现有的证据表明，英国古罗马时代中期至晚期的火葬比以往认为的更常见，尤其在北部边境地区（例子见 Cool，2004）、温彻斯特和伦敦等城镇，以及更多农村地区（此为麦金利于 2018 年 11 月告知本书作者）。1 世纪中期～3 世纪，绝大多数火葬会在最终埋葬地点附近的火葬堆中进行，火化的骨骼经过收集后（大部分）被放置在陶罐中（Philpott，991）。放置骨灰的容器随后会被放置在人工挖掘的土坑中，土坑的四壁可能构筑有木板、石板或者瓷砖；土坑内偶尔建有砖墓室。在最终埋葬地点进行火葬则较为少见。许多火葬墓陪葬有随葬品，陶器较多，除此以外也随葬食物（Barber et al.，2000）。在坎布里亚郡（Cumbria）布劳姆（Brougham）罗马时代晚期遗址中，考古学家发掘并研究了 322 个遗迹单位（context）和子遗迹单位（sub-context）中出土的火葬骨骼（McKinley，2004a）。这包括有骨灰瓮的火葬墓，没有骨灰瓮的火葬墓，以及与此不同的包含附属墓葬（与主墓葬有关，有的有骨灰瓮，有的没有骨灰瓮）的火葬墓，这类火葬墓的填土中有时包含火葬堆，此外还有单独的火葬堆残骸堆积，以及衣冠冢（cenotaph）（埋葬在墓地界限之外的极少量骨骼）。火葬堆残骸包括"取走计划正式埋葬的骨骼和火葬堆祭品后，遗留在火葬堆遗址的所有材料"（McKinley，2004a）。二次堆积的火葬堆残骸通常包含火化的骨骼、煤灰（木炭）、火葬堆祭品，以及疑似烧过的打火石、陶土、土壤和煤灰渣；英国出现火葬的多数时代均发现有火葬堆残骸（如布劳姆和罗马时代的伦敦东墓地（Eastern Cemetery）（Barber et al.，2000），而火葬堆残骸的出现则表明附近存在"正式的"墓葬（McKinley，2002a，2004a）。

（四）中世纪早期

土葬和火葬（有骨灰瓮或没有骨灰瓮）在中世纪早期（大约410～1050 年）并行，但是中世纪早期后段仅见土葬。火葬无疑在东英利亚（East Anglia）和约克郡呈主导，但是英格兰南部和东南部却并不盛行火葬。东英利亚和约克郡的火葬墓绝大多数不含骨灰瓮（图一七），英格兰南部的多数火葬墓也是如此，但是这两个地区的火葬仪式不同。当然，在 600 年，英格兰南部所有的火葬墓均被土葬墓取代（Hills，1999）。东英利亚和约克郡的火葬墓包含火葬堆祭品和随葬品，英格兰南部的火葬墓仅含随葬品，但是在7～8 世纪，这些火葬堆祭品和随葬品变得少见，如英格兰诺森伯兰郡（Northumberland）布劳姆的博豪（Bowl Hole）墓地。至 8 世纪，高等级的墓葬消失，不含随葬品、更加简朴的土葬墓出现。这一情况是罗马时代晚期以来宗教信仰的重大转变（Lucy，2000）。萨福克郡（Suffolk）萨顿·胡（Sutton Hoo）7 世纪独特的土堆墓是反映中世纪早期墓葬独一无二的证据（Carver，1998）。萨顿·胡土堆

图一七　诺福克郡斯庞山发现的盎格鲁－撒克逊火葬骨灰瓮
（第1665 号：2192 号和 2193 号骨灰瓮为两名老年人的火葬墓；版权：诺福克环境历史委员会、诺福克博物馆和考古中心）

墓装饰奢华，陪葬有基督教器物，这反映了英格兰与斯堪的纳维亚
（Scandinavia）、埃及（Egypt）和东欧（Eastern Europe）等东部地区
紧密和广泛的联系（Lucy et al., 2002）。布劳姆博豪墓地的发现也
显示了英格兰与斯堪的纳维亚及其他地区的联系，稳定同位素研究
揭示了埋葬在博豪墓地的许多死者并不是布劳姆当地的居民，他们
中的一些人来自很远的地区（Groves et al., 2013）。

　　5～6世纪，死者的葬式多为仰身直肢，胳膊放在身体两侧，
两腿伸直或略微弯曲［图一八为仰身直肢葬的例子，但是其年代
为7～8世纪（Daniell et al., 1999）］；死者的头多位于墓葬的西
端。但是俯身（胸部朝下，可能是一种惩罚）和屈肢的葬式（胎
儿的姿势）同样存在（图一九为屈肢葬的例子，同样属于较晚的
年代），死者身旁还葬有其他人。如同罗马时代，中世纪早期也发
现了大型土葬墓地，如位于东约克郡（East Yorkshire）亨伯河畔
巴顿的南卡斯尔戴克（Castledyke South）墓地（5世纪晚期或6世
纪早期至7世纪晚期）（Drinkhall et al., 1998），位于剑桥郡巴灵
顿（Barrington）的埃迪克斯山（Edix
Hill）墓地（6～7世纪）（Malim et al.,
1998）。与此同时，大型火葬墓地也偶
有发现，如诺福克郡斯庞山（Spong
Hill）发现了迄今为止最大的火葬墓（6
世纪）（McKinley，1994a）。8世纪晚
期至11世纪，维京人（Viking）在横
跨英格兰的大部分地区建立了定居点，
但是他们的（异教徒）墓葬却鲜有发
现（Daniell et al., 1999）。但是德比
郡两处距离很近（4千米）的遗址显示
了这一时期处理死者遗体的不同方式
（Richards，1999）：英格比（Ingleby）
遗址（9～10世纪）发现了火葬墓，而
雷普顿（Repton）遗址则发现了单人土
葬墓和万人坑（9世纪）。这一时期较
晚时段还出现了教堂庭院内的基督徒墓
葬，如北安普敦郡（Northamptonshire）
朗兹（Raunds）的10～11世纪墓地

图一八　诺森伯
兰郡班伯城堡
（Brougham Castle）
盎格鲁－撒克逊墓
葬中的直肢葬
（莎拉·格罗夫斯
和班伯城堡项目授
权）

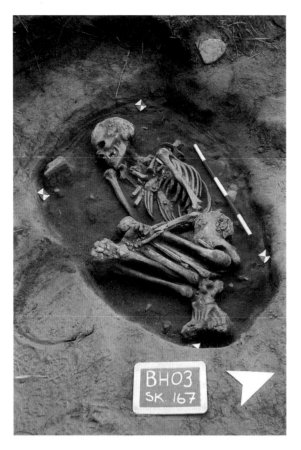

图一九 诺森伯兰
郡班伯城堡盎格
鲁－撒克逊墓葬中
的屈肢葬
（莎拉·格罗夫斯
和班伯城堡项目授
权）

（Boddington，1996）。

（五）中世纪晚期

中世纪晚期（大约1050～1550年），英国盛行基督教，在天主教会的支持下，绝大多数人选择在堂区教堂的墓地中土葬未经火烧的遗体［如约克墙上的圣海伦（St Helen-on-the-Walls）墓地，Dawes et al.，1980］。其他类型的正式墓地也发掘出了人类遗骸，包括麻风病医院，如苏塞克斯郡奇切斯特（Chichester）的圣詹姆斯和圣抹大拉的玛丽医院（St James and St Mary Magdalene），（Magilton et al.，2008）；非专门治疗麻风病的医院，如布里斯托（Bristol）的圣巴塞洛缪医院（St Bartholomew's）（Price et al.，1998）；修道院，如约克费希尔盖特（Fishergate）圣安德鲁修道院（St Andrew）（Stroud et al.，1993）；万人坑，如约克郡埋葬陶顿战役（Towton）遇难者的万人坑（Fiorato et al.，2007）；伦敦东史密斯菲尔德（East Smithfield）发现的死于14世纪黑死病的患者（Grainger et al.，2008；Margerison et al.，2002；图二〇）；以及存骸所（charnel houses），如北安普敦郡罗斯威尔教堂（Rothwell Church）的存骸所（Roberts，1984；Garland et al.，1988）。

绝大多数死者的葬式为东西向、仰身直肢、头向西（图二一）。高等级墓葬使用木棺、铅棺或石棺（Roberts et al.，2003），但是绝大多数死者只用裹尸布简单包裹（Daniell，1997）。部分墓葬墓坑的四壁采用石块、瓷砖、金属或者砖构筑，部分墓葬或棺材中发现了支撑死者头部的石头或者枕头（Gilchrist，et al.，2005）。随葬品极为少见，但是中世纪晚期早段、1066年诺曼征服英国之后，随葬品还是存在的。举例来说，伦敦圣尼古拉斯·山伯斯（St Nicholas Shambles）发现的四位死者口中含有卵石，而牧师则陪葬有圣餐

杯和圣餐碟，如北约克郡布兰普
顿桥（Brompton Bridge）的圣吉
尔斯教堂（St Giles）（Gardwell,
1995）。如同中世纪早期，中世纪
晚期也多见大型墓地。这些大型
墓地多位于城市周边，尽管农村
地区也发现发掘了大型墓地［如
北约克郡沃拉姆·珀西（Wharram
Percy）墓地的大部分］（Beresford
et al.，1990；Mays et al.，2007）。

（六）后中世纪时代（近
代早期）

大约自1550～1850年（后中
世纪时代或近代早期）起，埋葬习
惯与此前不同且更为多样，尽管
土葬直到19世纪末期始终呈主导。
16世纪的宗教改革重视肉体复活，
这使得人们有了不扰动遗体的愿望（Roberts et al.，2003）。当然，由
于墓地过于拥挤，新的墓葬会影响旧的墓葬，避免扰动死者是不太
可能的，只有能够支付金钱将遗体埋葬在教堂内部的社会特权阶层
才能得到些许庇佑。宗教改革带来了一些宗教习惯的改变，进而深

图二〇　伦敦东史
密斯菲尔德14世纪
黑死病墓地的一部
分［伦敦博物馆影
像库和安迪·查宾
（Andy Chopping）
授权］

图二一　赫尔裁判
法　院（Hull Magi-
strates Court）中世
纪晚期遗址中安葬
在棺材里的死者
（亨伯考古合作中心
和戴夫·埃文斯授
权）

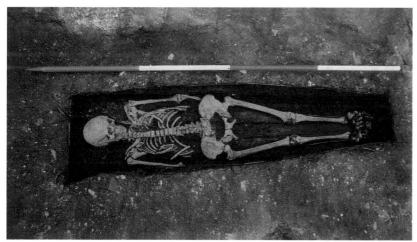

刻影响了埋葬习惯，而后来的不从国教运动也使部分墓地出现了特别的埋葬形式，如贵格会教徒（Quakers）的墓地（Stock，1998；Proctor et al.，2016；图二二）。人们也出资兴建新的市民墓地。大型城市墓地和独立的单人墓葬在这一时期也很显眼，如伦敦索斯沃克（Southwark）交叉骨（Cross Bones）墓地（Brickley et al.，1999）、伯明翰（Birmingham）圣马丁墓地（St Martin's）（Brickley et al.，2006），以及伦敦斯皮塔菲尔德基督教堂高等级地下墓地（Adams et al.，1993；Molleson et al.，1993）。圣马丁墓地共发掘了857座墓葬，其中86%的墓葬是简朴的竖穴墓。竖穴墓内最常见的是有金属配件的木棺，但也发现了砖椁、穹顶洞室和家族合葬的多个穹顶洞室。

近几年来，更多形制特殊的后中世纪时代墓葬被发现，尤其是2013

图二二　约翰·沃克（John Walker）之墓

约翰·沃克于1822年逝世于沃尔森德（Wallsend），享年77岁，他被埋葬在泰恩－威尔郡北希尔兹（North Shields）教练巷（Coach Lane）17～18世纪的贵格会教徒墓地。发掘时发现约翰·沃克的墓葬（编号B72）是被石头覆盖的（鸣谢：建设前考古中心的珍妮·普罗克特）

年杜伦发现的两处万人坑，其内埋葬了死于杜伦大教堂（Durham Cathedral）和杜伦城堡（Durham Castle）的苏格兰战俘。这些战俘曾是1650年参加邓巴战役（Battle of Dunbar）的苏格兰士兵（Gerrard et al.，2018）。但是总的来说，经过发掘和研究的后中世纪时代墓葬不太常见（已被发掘和研究的后中世纪时代墓葬见Cox，1998），而后中世纪时代遗址的发掘仅从近几年才明显增加，这还是得益于英国城市的现代开发。

（七）火葬墓笔记

正如我们所了解的，火葬自青铜时代存续至中世纪早期，火葬墓显然在我们祖先的人生中扮演着重要的角色。但是，"火葬不仅仅是简单地收集人类骨骼"（McKinley，1994c），"火化的骨骼不仅代表着一个或多个死者的遗体，还体现着一系列仪式行为，包括处理死者遗体的火葬仪式"（McKinley，2000b）。

火葬会使身体的有机组成部分脱水并氧化——合适的温度，具体的用时，以及足够的氧气是"成功"火化的先决条件。在现代火葬中，以700~1000℃的温度，火化一具尸体大约需要一到一个半小时（McKinley，2000b）。当然，在古代使用露天火葬堆进行火化属于常态，正如一些影像和纪实资料所展现的，当今世界部分地区的人们依然使用露天火葬堆进行火化，如印度和尼泊尔。火葬堆呈长方形，由多层木材垒成，其平坦表面或空隙填塞有柴火枝，以便使氧气流通，并便于放置遗体和火葬堆祭品，同时也为火化提供燃料来源（McKinley，2000b）。火化实验表明，火葬堆的燃烧温度可达1000℃。气候和天气是火化时需要考虑的重要因素，这是因为潮湿的天气条件会给火化带来问题，这可能会导致停灵（停灵也可能是为了给家属留出时间准备葬礼）。在罗马上流社会中，遗体会停灵七天，而大部分罗马人在死后很快就被火化并埋葬（McKinley，2006）。

火葬墓在考古学中占据非常特殊的位置，这是因为直到最近，生物考古学家都较为忽视对火葬墓的研究，认为研究火葬墓耗时却不能得到有用的信息。但是，麦金利（McKinley，2000b，2000c，2006）的研究凸显了研究我们祖先火化的骨灰，了解他们人生方方面面的无限可能性。麦金利特别指出，发掘和研究"全部"火葬堆积有助于我们探究古代火葬的仪式性行为，而此前的工作忽视了这一点。"全部"火葬堆积中可能包含火化的人类骨骼、火葬堆的煤灰、火葬堆祭品（即与尸体一起焚烧的物品）以及随葬品（仅在下葬时出现）。多数火葬堆祭品发现于有骨灰瓮的墓葬，火葬堆祭品最常见于盎格鲁－撒克逊的火葬（McKinley，1994c）。火化遗迹中也发现了个人物品、食物残留、礼物、象征肉食或宠物的动物，以及加工过的骨骼和鹿角（动物遗骸的例子见 Bond et al.，2006）。我们还有可能了解火化仪式的诸多方面，举例来说，通过研究火葬堆祭品在骨骼上留下的污迹或是黏附在骨骼上的火葬堆祭品，我们可以得知遗体摆放在火葬堆上的姿势以及火葬堆的搭建技术。

　　研究火葬堆积的重点在于观察各个火化遗迹之间的物理距离和地层关系，并且在发掘之前记录骨骼碎片的大小，这是因为发掘会加剧骨骼破碎的程度（McKinley，1994b，2006）。此外，还需要观察火葬堆积中是否含有烧焦的植物遗存（浮选），并使用 1 毫米网孔的湿筛子筛查火葬堆积，从而找回骨骼和其他包含物最小的碎片。还可以推测火化过程中遗体在火葬堆上的摆放姿势以及火化的效率（骨骼的颜色、火葬堆祭品和火葬堆残骸的迹象）。火化的骨骼碎片通常呈现出各种颜色，包括棕黑、蓝、米白等，与此同时，火化温度和骨骼颜色之间是存在关联的（浅色骨骼表明有足够的氧气进行高效的火化——氧化作用）。缺少足够的氧气或者燃料供应不足会导致火化不充分。举例来说，死者的衣服，头部、胳膊和腿的位置，火葬堆倒塌，以及燃料不足可能会影响氧气的供应（McKinley，2004b）。实际上，遗体并不是理想的热导体。所得火化骨骼的重量也可以反映出火化之后，人们收集骨灰的效率——死者的家属、朋友或专业收骨灰的人会收集骨灰，而收集骨灰所花费的时间可能暗示着死者生前有多"重要和受欢迎"。麦金利（McKinley，2000b）还强调了区分多个火葬（多个尸体在同一个火葬堆上火化）、多人骨灰合葬（几个单独火化的骨灰被放置在同一个容器或墓葬中）以及合葬墓（多个单独火化的骨灰被分开放置在同一个墓葬之中）的重要性。这些情况在当今的英国是不可能出现的，从遗体进入焚尸炉到变成最终的（粉末）骨灰，当今英国火葬的过程是严格"管控"的。容器中放置的骨灰只可能属于一个人。

　　综上所述，火化并安葬尸体的行为创造了一个非常特殊的考古学背景，这要求我们细致地研究火化的骨骼、残留的燃料、火葬堆和随葬品，从而再现一系列仪式行为，正是这些仪式行为创造了考古遗址中特殊的火葬背景。

第三节　埋葬背景对研究的影响

从上文对英国历史上处理死者遗体方法的简要概述中可以明显看出，人们埋葬死者的方式会极大影响以下三方面：第一，这些遗体被考古发现的概率；第二，发掘这些遗体的方法；第三，从骨骼遗骸上可能采集到的信息的价值。不久前的一项健康历史调查（Roberts et al.，2003）发现，英国发现的骨骼遗骸自罗马时代之后更多。史前遗骸数量极少，无法代表史前时期生活在英国的全部人口。相较于研究中世纪晚期城市墓地出土的多个单人骨架，研究中石器时代贝丘遗址中孤立的骨骼碎片获得的有关当时人群的信息要少得多。同样，由于绝大多数罗马墓葬是城市平民的墓葬，我们对于罗马时代的农村人口或军人知之甚少。尽管如此，通过研究大量、各种埋葬背景中的人类遗骸，我们获得了许多有用的数据，不过必须要考虑这些数据的局限性。

第四节　总　　结

在英国的史前时期，考古发现的墓葬证据直至新石器时代才有所增加，新石器时代的墓葬多为位于各类埋葬遗迹、环壕遗址等仪式性遗址中的土葬墓。青铜时代盛行土葬或火葬的土堆墓和积石墓，火葬墓和土葬墓延续至铁器时代，尽管这一时代考古发现的墓葬证据极少，但这可能反映了部分遗体处理方式的性质。罗马时代的许多墓葬为城市墓地中的土葬墓，但也有一些大型火葬墓地。中世纪早期，火葬墓和土葬墓起初并行，但是之后仅见土葬墓；土葬墓一直持续到中世纪晚期和后中世纪时代。

第五节　学　习　要　点

- 英国埋葬习惯的历史与沿革表现出极大的多样性。
- 史前时期的埋葬遗迹非常引人注目。
- 随着社会复杂化加剧，死者遗体的处理变得更加程式化。

- 英国历史上的埋葬习惯反映了人们对待尸体的方式，以及影响这些方式的部分因素。
- 处理遗体的方法影响着考古发现遗骸的概率，以及研究人类遗骸所能获得的信息的数量和价值。
- 罗马时代之后有更多的人类遗骸被发掘和研究。

第六节　保存状况

才子佳人，同归黄泉（Golden lads and girls must），

如同扫烟囱的人一般（As chimney-sweepers，come to dust）。

此句见于莎士比亚《辛白林》（Cymbeline），Ⅳ，ii。

（一）绪论

研究考古遗址出土人类遗骸所获得的信息差异巨大，这取决于研究前遗骸保存固有的诸多因素。沃尔德伦详细列举了影响遗骸保存的因素（Waldron，1987）。人们不难认识到，一具保存完好的尸体比一具骨架或火化的骨灰包含更多潜在的关于死者的信息。同样，相较于研究青铜时代土堆墓出土的一些破碎的、保存较差的骨骼遗骸，如果研究一处中世纪晚期墓地出土的数百具保存完好的骨架，生物考古学家可以通过一个更加真实的视角来了解中世纪晚期人群的生活。本节将探讨人类遗骸在进入考古记录以及最终的实验室研究之前，被保存的不同方式。

（二）尸体的腐烂

尸体腐烂的过程有两种（Mays，2010a）。第一，人死后遗体释放的酶（一种加快生物化学反应的蛋白质）会破坏人体组织，进而引发自溶作用；第二，存在的微生物使软组织腐烂，进而引发腐败／分解作用。正常存活于临终之人肠道内的细菌，以及下葬后，土壤墓葬环境中的微生物，会涌入人体组织。腐败作用会使软组织变成液体并且产生气体，这会使身体肿胀。如果有些组织含有大量蛋白质，那么腐烂过程会变慢（如头发——考古遗址出土头发的保存见

Wilson，2001；图二三）。尺体中脂肪、蛋白质和碳水化合物腐败时产生的化学过程是复杂的，并且会影响尸体腐烂（Garland et al.，1989）。尸体的软组织腐烂后，由蛋白质（主要为胶原）和矿物质（主要为羟基磷灰石）组成的骨骼也会腐烂；物理、化学和生物因素会使骨骼中蛋白质和矿物的组合产生变化（详见下文）。曼恩等地研究（Mann et al.，1990）

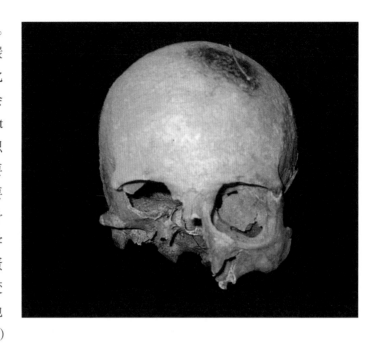

图二三　坎布里亚郡马特代尔（Matterdale）发现的后中世纪时代颅骨上保存的头发和发簪（杰米·詹宁斯授权）

表明，成年人的尸体分解成为骨架需要10～12年时间，儿童的尸体分解成为骨架需要5～6年时间，但是分解速度很大程度上取决于许多因素，下文将对此进行讨论。尸体腐烂成为骨架后，牙齿和骨骼会以一种复杂的方式继续腐烂（Millard，2001）。尽管我们对于骨密质的腐化已相当了解，但是对于牙釉质和牙本质不同类型的骨骼诸如未发育完全的编织骨和发育完全的板层骨以及骨骼内部的显微结构如骨单位，我们还有很多需要了解（Millard，2001）。数据同样表明，骨骼表面的特征可能会掩盖骨骼内部结构的保存程度（Garland，1987；Bell，1990）。最后，上述所有因素均会影响骨骼和牙齿的腐化或保存，进而影响我们发现、发掘和研究的人类遗骸的性质。此外，这些因素还会影响 DNA 等生物分子是否得以保存，可以提取、分析。

（三）保存环境

埋藏学（taphonomy）是对尸体变化过程的科学研究，许多相互关联的因素会对尸体产生影响，这些因素可以被分为内在因素和外在因素；这些因素可能会加快或减缓尸体的腐烂（Stodder，2008）。但是需要注意的是，即使在同样的埋藏条件下，不同尸体的腐烂速度也可能不同。举例来说，曼特（Mant，1987）曾描述，在法医学背景下，两人在同一时间被杀害，被埋葬在同一处墓地中相邻的两座墓葬中，两具尸体的腐烂速度不同。通过研究法医学背景中的万人坑，曼特注意到消瘦的人白骨化的速度更快，由于棺材不利于排出分解物，因此埋葬在棺材里的尸体腐烂得更快，而相较于棺材，衣服更有利于保存尸体。

如果对我们今天生活的世界稍做考虑可发现，各种各样的环境有着不同的平均温度和湿度，同样，考古遗址中人类遗骸保存的可能性也不同。举例来说，在北极（Arctic）和南极（Antarctic）地区，极寒温度和干燥的空气营造了一个极佳的尸体保存环境。20世纪70年代，人们在北极圈（Arctic circle）以北450千米、格陵兰（Greenland）西海岸的奇拉基索克（Qilakitsoq）发现了15世纪的格陵兰木乃伊（Greenland mummies），六名女性、两名儿童以及他们的衣服均保存完好（Hart Hansen et al., 1991）。欧洲北部寒冷潮湿气候下保存的尸体更为少见，如英格兰坎布里亚郡圣比斯（St Bees）发现的14世纪一男一女两例遗骸（Knusel et al., 2010）。这两具尸体被安葬在圣比斯修道院教堂（St Bees Priory Church）的地下墓室中。其中一具尸体（男性）被两层亚麻裹尸布包裹，并被封闭在铅片制成的铅棺中，铅棺外套有木棺，铅棺内填满了黏土。女性尸体被放置在木棺中。男性尸体保存极其完好，女性尸体仅见（非常破碎的）骨架。这具保存完好的男性尸体明显得益于其埋葬方法，如棺中缺乏氧气循环。很明显，许多不同因素可能会影响尸体的腐烂或保存。

位于诺克斯维尔（Knoxville）的田纳西大学法医人类学中心［现在被人们叫作"场地"（The Facility）］因派翠西亚·康薇尔（Patricia Cornwell）的小说《尸体农场》（*The Body Farm*）而闻名于世，该中心一直以来使用捐献的尸体进行实验，探究影响尸体保存的诸多因素（Bass et al., 2003）（图二四）。田纳西大学法医人类学中心的实验始于1981年，实验采用不同方式将捐献的尸体"埋葬"在封闭的空间里。举例来说，尸体被存放在背阴处、日照处、树林中、汽车的后备厢中或后座上、地面上、坟墓中以及水中。这些实验为了解考古学和法医学背景中人类遗骸的腐烂过程和速度提供了无价的数据。对死者死亡时间的估算在法医学背景中尤其重要，这是因为死者的死亡时间有助于破案。正如巴斯在其与杰弗逊合著的文章（Bass et al., 2003）中写道："我使用数据的目的很简单。任

何时候发现了真实的谋杀受害者，无论受害者的尸体处于任何状况或哪一分解阶段，我希望我能够科学、准确地告诉警察，受害者是何时被杀害的。"欧洲也有类似的实验，但是这些实验主要使用猪的遗骸。猪的遗骸明显类似于人的尸体，两者的分解过程和速度类似（Morton et al.，2002）。但是自 2006 年起，美国其他州［科罗拉多州（Colorado）、伊利诺伊州（Illinois）、北卡罗来纳州（North Carolina）以及得克萨斯州（Texas）两处］也设立了"场地"，这反映了尸体分解过程中不同气候、天气模式和环境的重要性。更多"场地"正在计划建设中［佛罗里达州（Florida）、宾夕法尼亚州（Pennsylvania）以及威斯康星州（Wisconsin）］，与此同时，在美国以外设立这些"场地"也被人们提上了议事日程。

图二四　位于田纳西诺克斯维尔的威廉·巴斯法医人类学中心
（夏洛特·罗伯茨授权）

1. 内在因素

　　内在因素指的是包括骨骼在内的尸体固有的特性，这些特性在

"下葬"时可能会影响尸体或衍生物是否能够保存，以及保存的程度。下文会介绍部分内在因素及其对人类遗骸保存的影响。

（1）大小、形状、密度以及骨骼矿物含量

正如米拉德在其文章中写道（Millard，2001）："人们普遍认为骨骼是一个干燥、没有生命、简单并且坚硬的物质。"事实并非如此，这是因为许多因素可以影响骨骼的保存程度。一般说来，儿童的骨骼比成年人的骨骼小、密度低，且所含的矿物少，因此儿童骨骼保存至考古发现的可能性更小。但是，成年人的骨架也包含小骨骼，手脚的骨骼在考古发掘中可能部分或全部丢失。举例来说，一根股骨和一块腕骨的大小差别明显。沃尔德伦（Waldron，1987）在其对伦敦西腾特街（West Tenter Street）罗马时代墓地出土骨架的研究中发现，一具骨架中密度最大、相对更重的骨骼（如股骨、桡骨的上部以及部分下颌骨）比密度小、更轻的骨骼保存得好。此外，骨骼的某些部位比其他部位更多孔且表面积更大，因此更容易腐烂，如脊柱脊椎的骨松质，以及上肢和下肢长骨的上下两端。尽管如此，长骨的外层，即骨密质，通常保存完好，这纯粹是因为成年人长骨的骨密质非常致密。举例来说，威利等（Willey et al.，1997）记录了美国达科他州中南部1350年大屠杀遗址出土骨骼的矿物密度以及骨架不同部位的保存状况。其结果显示，骨骼的矿物密度对骨骼和骨骼碎片的保存有很大影响，骨骼的矿物密度在根本上影响着最小个体数（minimum number of individuals，MNI）的计算。牙齿理所当然是墓葬中保存最好的，牙齿外表白色的牙釉质坚硬且不易腐烂。这解释了为什么数千年甚至数百万年前的早期人亚科遗骸通常仅存牙齿或者骨骼碎片。

（2）年龄和性别

婴儿（自出生至一岁末）和儿童（两岁至青春期）的尸体比成年人的尸体要小很多，因此婴儿和儿童在考古学记录中可能"消失"得更快。尸体白骨化之后，婴儿和儿童小且易碎的骨骼可能也比成年人的骨骼更快腐烂。因此，死亡年龄会固有地影响尸体腐烂的速度，而死者的年龄越小，其尸体可能腐烂得越快。但是，患有骨质疏松（骨量减少）的老年人遗体也腐烂得较快。一般来说，许多墓地出土的未成年人骨架要少于成年人骨架，未成年人指的是死亡时骨骼和牙齿尚未完全发育的人。这一现象令人吃惊，考虑到历史资料记载中，古代婴儿的死亡率高居不下。举例来说，1728～1859年的《伦敦死亡统计单》（*London Bills of Mortality*）显示，1800 年之前，超过 30% 的死亡人数是未满两岁的儿童（Roberts et al.，2003），而未满五岁的儿童占死亡人数的 40%。疾病和断奶导致的创伤效应是儿童死亡率居高的原因。

虽然墓地中婴儿和儿童的骨架只占上文引用数据的一小部分，这并不是说考古学家未发现和发掘未成年人的骨骼遗骸，只不过未成年人的骨架比成年人的骨架少见（Lewis，2007）。未成年人骨架少见可能是因为未成年人通常被埋葬在较浅的墓坑中，这会影响骨架的保存。但是，有些遗址中的未成年人骨架也可能保存良好，这是因为遗址的埋藏环境有利于尸体保存。英国的一些考古遗址出土了大量未成年人骨架，这表明如果条件合适，婴儿和儿童的骨架与成年人的骨骼一样，有同样的机会保存下来。举例来说，多塞特郡庞德伯里（Poundbury）罗马时代营地遗址发现了超过 1000 座墓葬，其中 374 例骨架是未成年人（Farwell et al.，1993），北安普敦郡朗兹·菲内尔斯（Raunds Furnells）中世纪早期遗址发掘了超过 360 座墓葬，其中 208 例骨架是未成年人（Powell，1996）。或许不同的埋葬习惯、某些文化的杀婴习俗以及发掘技术（墓葬填土是否筛过，以便发现细小的骨骼）同样严重影响着考古遗址出土骨架中未成年人的数量。但是，正如上文所述，婴儿和儿童的骨骼所含矿物质较少，这使得婴儿和儿童的骨骼"更软"，并且更容易被土壤基质压坏，在酸性土壤中也更容易腐烂（Guy et al.，1997）。

一般来说，男性的身体和骨架比女性的更强壮，因此可以想见，考古发现的男性要多于女性（Lieverse et al.，2006），虽然情况并不总是如此。女性还更易患有骨质疏松（尤其是在绝经后，随着年龄增长），因此如果骨骼的密度降低且最终变得更加脆弱，那么骨骼在地下就会更快腐烂。通过研究贝加尔湖（lake Baikal）地区距今 5000～3700 年的西伯利亚（Siberia）墓地，研究人员发现青少年（12～20 岁）、青年人（20～35 岁）和中年人（35～50 岁）的遗骸比婴儿、儿童和老年人保存得好（Lieverse et al.，2006）。相较于消瘦的人，肥胖的人在死后会以更快的速度白骨化，这是因为肥胖的人有大量的肉体满足微生物和蛆的生长（Bass et al.，2003）。

（3）疾病

如果一个人有健康问题，如血液感染（败血症），那么当这个人去世后，病变可能会加快尸体分解。同样，如果一个人遭受过开放性损伤或在死的时候受伤，微生物便可以更轻易地进入人体，这会使尸体分解得更快。对于骨架而言，多数患病骨骼本身更为脆弱；骨肿瘤、骨质疏松或感染性疾病患者的骨骼在地下通常会比没有病变的骨骼腐烂得更快。微生物、（现代）人体中的药物等内脏包含物同样也可以加速尸体腐烂。

2. 外在因素

许多减缓或加速腐烂过程的外在因素可能比内在因素更为复杂，而多个外在因素（外在因素连同内在因素）是共同作用的。外在因素可以被划分为埋葬背景中的环境特征、动植物群及人类活动（Henderson，1987）。本书的篇幅有限，不能对所有外在因素进行详尽介绍。

（1）"埋葬"方法

正如上文所述，安葬尸体的方法同样会影响尸体保存至考古发掘的可能性。尸体是火葬还是土葬？莱弗斯等（Lieverse et al.，2006）发现，在西伯利亚胡奇尔·努格（Khuzhir-Nuge XIV）史前遗址中，烧焦的、经过煅烧的骨骼遗骸比未经火烧的骨骼遗骸更单一、破碎更严重。死者是如何被埋葬的？举例来说，如果死者身着寿衣或包裹有裹尸布，棺材中有稻草和木屑等分解物质，便可能招来昆虫，进而加快尸体腐烂，而棺材可能会制造一个厌氧的环境（缺乏氧气），厌氧环境有利于尸体保存。很明显，制作棺材的材料对于尸体的保存至关重要——铅棺最可能形成厌氧环境，因此铅棺中的尸体保存较好，而木棺会招来昆虫且密封较差，这可能会加快尸体腐烂。如果尸体在最终下葬之前先被曝尸荒野（以去除肉体），那么食腐动物和气候因素等环境效应会破坏尸体的保存（更多详情见 Duday，2006）。如果有意对尸体进行过防腐处理，那么这具完整的尸体可能会保存得更久。防腐处理会导致人为的木乃伊化，并减缓腐烂过程，埃及人大约在公元前 3000 年就已经掌握了防腐处理方法（Snape，1996；Chamberlain et al.，2001），而尸体防腐的成功率各异。当今使用化学品进行防腐主要是为了公众健康，也为了使展陈尸体的方式为公众所接受。此外，相较于直到埋葬都未经防腐处理的尸体，防腐工序会使尸体保存得更久（Iserson，1994），尽管有人对此提出异议，其理由在于防腐操作通常不彻底。低温暂停

（Cryogenic suspension）是不久前出现的一项技术，可将尸体冷冻并保存于低温中。这是期望人体可以重获青春和健康的技术，比如说假如医学的发展能够治疗一个以前无法治疗的疾病。

除了埋葬地点的因素外——例如，在墓地的竖穴墓、洞室墓、水域或者教堂地下室中——从死亡到埋葬之间的时间、墓葬及考古发掘势必会影响遗骸的保存状况。埋葬在伦敦斯皮塔菲尔德基督教堂地下室的18～19世纪的人类遗骸所处的埋藏环境使尸体和骨架保存完好，如棺材、内部埋葬空间、从埋葬到发掘之间的较短时间（Molleson et al.，1993）。埋葬遗址在安葬死者之后是否被人类或者动物扰动同样也会影响尸体的保存。举例来说，埋藏较浅的墓葬可能会被耕作活动扰动（Haglund et al.，2002讨论了耕种对于掩埋的人类遗骸造成的影响）。

（2）下葬之后的埋藏环境

土壤微生物学和化学的共同作用当然会严重影响骨骼等人体组织的保存和腐烂。举例来说，微生物可以使骨骼变得更多孔（Jans et al.，2004），含水的墓葬使尸体易于腐烂，但如果墓葬大量积水进而形成厌氧环境，微生物活动将被抑制，人体组织或许得以保存，如埋葬在欧洲北部泥炭沼泽中的尸体（Turner et al.，1995）。水对尸体和骨骼保存的影响取决于相对湿度（relative humidity）、年平均降雨量及是否存在排水系统（Henderson，1987）。有氧或厌氧也对尸体腐烂的速度起到关键影响。

埋藏在碱性（或者说pH较高）环境或土壤中的尸体比埋藏在酸性土壤中的尸体保存得更好，但是对于沼泽鞣尸来说，缺氧和酸性环境相结合却保存了一个极其完好的尸体。但是，酸性溶液会溶解骨骼中的矿物成分，酸性沙土还会加速尸体腐烂，这种情况见于萨福克郡萨顿·胡盎格鲁－撒克逊遗址发现的沙土尸痕（Bethell et al.，1987；Carver，1998）。较低的温度和湿度，以及合适的深度，有利于尸体保存；埋藏靠近地表的尸体可能在下葬后遭受人类和其他动物的扰动，也更可能暴露在氧气中，这会加快腐烂。一般来说，温度每增加10℃，腐烂速度增加一倍，而土壤更温暖，微生物便更加活跃。当然，墓葬位置（经度和纬度）和埋葬季节的标准温度也影响着尸体的保存。

墓穴内啮齿动物等动物的干扰（包括啃咬骨骼）、昆虫，以及植物根系的渗入足以严重破坏尸体（以及骨骼）。这些过程可能会加快尸体腐烂，甚至土壤的压力都足以破坏骨骼。植物根系会分泌酸，酸可以腐蚀骨骼表面，但是被腐蚀的骨骼表面比其余骨骼表面的颜色浅，因此可被辨别为死后破坏（White et al.，2005）。如果尸体被埋藏在接近地表的位置，那么大型食腐哺乳动物可能会叼走部分尸体（如北极熊，Merbs，1997），与此同时，骨骼可能出现风化，进而影响骨骼保存。

（四）极端高温、寒冷、潮湿和干燥及其对人类遗骸保存的影响

一般来说，如果埋藏条件非常炎热、非常寒冷、非常潮湿或者非常干燥，尸体可能保存得极其完好，那么最终从尸体上获得的信息可能会更多。但是，极端气候在英国极为少见，因而英国的骨骼遗骸主要发现于前文概述的埋藏条件中——除了偶然发现的沼泽鞣尸以及后中世纪时代密封棺材中保存完好的尸体。因此，一个更广阔的地理视角有利于介绍这一节的内容，以便概述可能保存完整尸体的条件。读者可以阅读奥夫德海德于 2000 年出版的一本科学研究世界各地木乃伊的巨著（Aufderheide，2000），也可以阅读林纳鲁普的研究（Lynnerup，2007）。读者可以从这两份关键出版物中查找所有需要知晓的、考古发现的保存完好的尸体。

1. 干燥炎热的地区

我们已经了解到，在干燥炎热的埋葬背景中，人类遗骸可能保存得非常好；较低的湿度会延缓或停止昆虫活动引起的分解。"木乃伊化"一词尤指在干燥炎热的环境中，以脱水状态保存的软组织（Chamberlain et al.，2001）。木乃伊化包括自发的或自然发生（偶然）的木乃伊化、有意利用自然条件制作木乃伊（有意将尸体放置在木乃伊化自然发生的地方）及人为制作木乃伊（人类直接干预以防止尸体腐烂，如采用防腐处理）。

（1）埃及的木乃伊化

在有意制作木乃伊之前，埃及前王朝时期（pre-Dynastic period）（大约公元前 4500～前 3000 年）干燥的沙漠环境中已有自然形成的木乃伊。有意制作木乃伊大约始于公元前 3500 年，制作木乃

伊的方法包括使用亚麻布包裹尸体、使用树脂和亚麻布填充尸体（Chamberlain et al.，2001）。大约在公元前2500年［第四王朝（4th Dynasty）］，人们意识到去除人体器官可以抑制尸体分解，但是直到中王国时期（Middle Kingdom）（公元前2025～前1700年）人们才开始在使用树脂和包裹物包裹尸体之前，使用泡碱（一种包含水合碳酸钠的矿物，出现于盐碱沉积物和盐湖中）干燥肌肉。中王国时期，人们通过腹部去除尸体的内脏器官，通过鼻腔取出大脑，再将余下的尸体制成木乃伊。被取出的器官被浸泡在泡碱中。用绷带包扎尸体后，人们会将软膏倒在尸体上；四肢、手指、脚趾分别用绷带包扎，之后再使用绷带包扎整具尸体连带小件器物（Chamberlain et al.，2001）。此后的新王国时期（New Kingdom）（公元前1550～前1069年），更多种类的油和树脂被用于制作木乃伊。很明显，无论是人为的还是自然形成的（通过脱水）埃及木乃伊化，均可以完好保存尸体以及极为少见的人体部位（如公元前1550～前1080年的一例女性木乃伊的胎盘）（Mekota et al.，2005）（图二五）。

（2）智利新克罗（Chinchorro）的木乃伊

首例人为制作的木乃伊发现于智利北部和秘鲁南部干旱沿海的阿塔卡马沙漠（Atacama Desert），其年代已有7000年（Bahn，2002）。智利的木乃伊通常埋葬在成组的墓地中，尸体通常被紧紧包裹，以便木乃伊化自然发生，但是有的尸体覆盖有黏土以及黑色或红色的颜料，有的尸体面部还覆盖有黏土面具。另一种类型的木乃伊化需要去除尸体的皮肤、软组织和器官，之后将骨骼包裹并捆绑条棍进行加固。尸体的空腔会被植物填满，剥离的皮肤会被放回原处，之后再以黏土覆盖整个尸体。随葬品包括纺织品、手袋、兽皮、骨器、石器以及钩和网等捕鱼工具。有学者指出，这些人是狩猎采集者，他们主要开发海洋资源以获取食物，但也食用陆地上的植物和动物。对智利木乃伊进行的研究提供了很多有关这些狩猎采集者生活的信息，这些早期人群采用的如此复杂的埋葬程序也持续为我们带来惊喜（图二六）。

（3）中国西北地区塔克拉玛干沙漠（Taklimakan Desert）的木乃伊

中国新疆的塔克拉玛干沙漠是世界上最干旱的地区之一，1994年，这里首次发现了中国最古老的天然形成的木乃伊（Barber，1999；Mallory et al.，2000）。塔克拉玛干沙漠发现的部分木乃伊属于4000年前，这些木乃伊及其身着的彩色衣服保存极其完好，这着

图二五 埃及（后期，
大约公元前900年）
底比斯（Thebes）卡
玛克神庙（Temple
of Kamak） 发 现
的阿斯鲁木乃伊
（Mummy of Asru）
（曼彻斯特大学曼彻
斯特博物馆授权）

图二六 新克罗人
为制作的儿童木乃
伊，红色风格（大
约公元前2000年）
（伯纳多·巴里亚萨
授权）

实是一个非凡的发现。这些人是从哪来的？这一问题始终围绕着中国新疆发现的木乃伊，其原因在于这些木乃伊具有印欧人群（Indo-European）的面部特征，相关的考古学和历史学数据也支持这一观点。答案要从丝绸之路（Silk Road）上寻找，尤其是穿过塔里木盆地（Tarim Basin）的那一段路线，木乃伊正是在这一区域内发现的。丝绸之路从西方延伸数千英里直达中国东部，数千年来，丝绸之路一直是一条非常重要的商路。在中国新疆发现的木乃伊中，楼兰地区发现了一位公元前1200年的身着毛皮的年轻女性。人们通过大量研究发现她曾患有煤肺病（anthracosis），并长有头虱，她的血型是O型（Aufderheide，2000）。另一具男性木乃伊出土于新疆且末（Cherchen），其年代大约为公元前1000年。他有着浅棕色的头发，身着衬衫、长裤、毛毡绑腿，脚蹬鹿皮靴（Kamberi，1994）。他衣服上的部分编织图案与凯尔特图案类似（Barber，1999）。新疆发现的彩绘中有蓝色和绿色眼睛的人、一些木乃伊具有伊凯尔特风格的文身乃至古代DNA数据，这些发现均暗示了新疆木乃伊与欧洲人之间的生物学联系（Francalacci，1995）。随着更多科学研究，新疆木乃伊将发挥巨大潜力，为我们提供中国新疆人群特征的详细画面，以及外部对中国新疆人群的影响（图二七）。

2. 干燥寒冷的地区

寒冷以及缺乏湿度也会延缓尸体的腐烂，这一气候条件下保存的尸体在世界上最寒冷的地区已有发现。极寒温度确实有利于保存软组织，但是冻融循环（freeze-thaw cycles）却不利于尸体最终的保存（Micozzi，1997）。

（1）意大利冰人（奥茨）

1991年，人们在奥地利和意大利边境的山上发现了一具5000年前被冰雪封冻的男性尸体。这具尸体随即被发掘并经过大量的研究（Bahn，2002）。连同尸体一起被发现的不仅有一系列物品——包括一把弓和若干箭、一把铜斧、一个用木头和皮革制成的背包、若干用桦树皮制成的容器、一网草绳——还有包括一顶帽子、外套、绑腿、腰带、腰布、鞋子和（山羊皮、熊皮、鹿皮和小牛皮拼合成的）披风在内的衣服。这位男性的尸体保存得极其完好，甚至可以看出他身体上超过50处的文身和揭示他死因的线索（Spindler，1994）。计算机断层扫描（computed tomography，CT，一个显示人体断层的精密X射线技术）在他的肩膀上发现了一个燧石箭头，并在他的手腕和手部发现了疑似防卫造成的伤口，他的死亡年龄可能为40～53岁，可能死于高海拔的天气。自发现并将其保管在意大利博尔扎诺南蒂罗尔考古博物馆以来，学者展开了许多研究，揭示了这名男性生和死的有趣信息（如Rollo et al.，2002；Marek et al.，2012）。

（2）阿根廷西北部印加（Inca）献祭受害者

在安第斯山脉（Andes）高处、智利和阿根廷边界的尤耶亚科火

图二七　中国新疆小河墓地第5号墓发现的身上覆箭的男性木乃伊（大约公元前1800年）（维克多·梅尔授权）

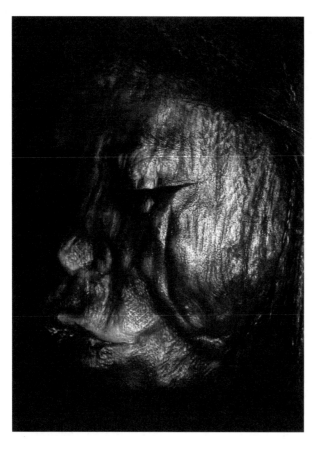

图二八 智利埃尔罗普莫山（Cerro El Plomo）发现的男童木乃伊的头部（年代在 1480～1540 年）（马里奥·卡斯特罗授权）

山（Llullaillaco）山顶上，考古学家发现了三具冰冻的儿童尸体。这三具儿童尸体发现于海拔 6732 米处，这甚至比上文介绍的发现冰人的海拔还要高（Ceruti，2015；也可见 Wilson et al.，2013）。三具尸体包括两名女童（6 岁和 15 岁）和一名男童（7 岁），年代大约为 500 年前（Bahn，2002）。学者指出这些儿童是印加（Inca）献祭的受害者，其因美貌而被选中，在被于山顶献祭之前，他们吸食了大量古柯和麻醉药品。三名儿童被埋葬在石台之下单独的墓葬中。他们的软组织乃至充满血的血管均保存完好，人们还在其中一名女孩的头发中提取到了麻醉药品。除了保存极为完好的尸体外，人们还发现了他们色彩极其鲜艳的衣服，以及珠宝、小雕像和陶器等精美的器物。图二八所示亦为此类。

（3）格陵兰木乃伊

在 20 世纪 70 年代，两兄弟在格陵兰西海岸打猎的途中发现了两座因纽特（Inuit）墓葬，其年代大约为 1475 年，墓葬位于自然悬崖的掩盖之下。Ⅰ号墓（grave Ⅰ）出土了一名六个月大的婴儿、一名 4 岁的男童以及三名年龄分别为 25 岁、30 岁和 45 岁的女性。Ⅱ号墓（grave Ⅱ）发现了三名女性，其中两名女性的年龄为 50 岁，另一名女性为 18～22 岁（Hart Hansen et al.，1991）。尸体身着的由动物皮革制成的衣服也保存完好。悬崖下流通的寒冷干燥的空气使得尸体和衣服能够保存。完好的保存状况使人们观察到了这些女性前额的文身，甚至肺部吸入烟尘的迹象，这些烟尘可能是照明、供暖和做饭时燃烧海洋哺乳动物的脂肪导致的。通过分析组织类型，人们证实了Ⅰ号墓中埋葬了一位祖母、她的两个女儿以及一个或两个孙辈，而Ⅱ号墓中埋葬了两位成年姐妹和一位更年轻的女性。

3. 潮湿的地区

地球几乎四分之三的表面都被海洋、河流和湖泊等水域覆盖，任何水域环境均可能埋葬尸体（例子见图二九）。任何一种水域背景都具有特定特征，这些特征可能延缓或加速尸体腐烂，不论这些尸体是意外落入水中，还是有意置于水中。哈格伦德和佐格（Haglund et al.，2002）更为详细地描述了水域环境中尸体的腐烂，本小节将列举几个有用的例子。

（1）欧洲北部沼泽中的尸体

和埃及木乃伊一样著名的还有欧洲北部（英国、荷兰、德国和丹麦）泥炭沼泽中发现的尸体（图三〇）。泥炭是由部分腐烂的植物在水中堆积形成的（Aufderheide，2000），根据所含植物的不同，泥炭有不同种类。在欧洲北部，凸起的泥炭沼泽上会生长泥炭苔藓，泥炭苔藓死后，某些组成部分会转变为一种叫作 sphagnan 的酸，sphagnan 之后会生成腐植酸。这些化学物质会减缓微生物的生长，并鞣化胶原纤维（Chamberlain et al.，2001），从而保存软组织。在厌氧、酸性的泥炭沼泽中，尽管骨骼中的矿物会溶解，但头发、皮肤、韧带和肌腱则保存完好。令尸体完好保存的几个因素包括缺氧、缺少食腐动物以及沼泽本身的低温。几乎全部七百多个保存有软组织的沼泽鞣尸均发现于凸起的泥炭沼泽中（Aufderheide，2000）。

丹麦的沼泽鞣尸和不久前在英国发现的沼泽鞣尸可能是最著名的。格洛布（Glob，1969）记述了1950年发现于丹麦的非比寻常的托伦德男子（Tollund Man），托伦德男子发现于1950年，年代为公元前220年，他头戴帽子，系着腰带，颈部缠有绳索。学者不仅通过研究托伦德男子肠道内的包含物，推断出托伦德男子可能死于冬季，还在托伦德男子的肠道内发现了蠕虫。在之后的1984年，人们在英格兰柴郡发现了林多男子（Brothwell，1986；Joy，2009）；林多男子年龄25岁左右，他的估算身高为1.68米（5英尺6英寸）（Stead，1986）。林多男子的颅骨存在骨折，颈部出现骨折脱位和裂伤，这可能是致命伤；林多男子的关节还出现骨关节炎的迹象。通过分析林多男子的肠道包含物，人们发现他死前最后一餐可能食用了小麦、燕麦和大麦制成的未发酵面包，这一餐不像是人临死前吃的"断头饭"（Holden，1986）。

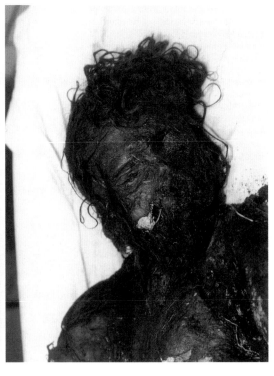

图二九　越南河内（Hanoi）稻田中的墓葬（西蒙·福勒授权）

图三〇　多尼格尔郡（County Donegal）梅尼布拉丹（Meenybraddan）发现的沼泽鞣尸（年代为距今730±90年）（相关介绍见Delaney et al., 1995；唐·布罗斯威尔授权复制）

许多沼泽鞣尸死于铁器时代和罗马时代（公元前800～公元500年，有的沼泽鞣尸死于可怕的谋杀，即便死于谋杀的沼泽鞣尸不像人们想得那样常见）。人们在沼泽鞣尸的身体和头部发现了捅伤、窒息（掐脖子或绞死）以及未经愈合的创伤。但是，在某些社会传统中，沼泽是埋葬死者的地方，与此同时，人们可能在穿过沼泽时意外淹死在沼泽里，或者遭遇抢劫并被故意推入沼泽。事实的确如此，有些学者指出，当人们试图营救掉入沼泽的人时，可能会伤到被救者的身体，这些创伤痕迹具有误导性（Briggs, 1986）。多数沼泽鞣尸是青年人或未成年人，不存在性别差异或者性别选择，但是，有的沼泽鞣尸患有可能危及生命的疾病，还有许多沼泽鞣尸可能出身社会上层（他们有精致的双手和手指甲）（Chamberlain et al., 2001）。为什么铁器时代和罗马时代的人会被埋葬在沼泽里？这很可能是因为沼泽具有宗教或者仪式意义。举例来说，我们已知，在铁器时代，水域无疑是举行还愿等活动的特殊场所。

（2）美国佛罗里达州沼泽中的尸体

佛罗里达州中部的温多佛（Windover）发现了美国最古老的墓地之一，墓地年代为公元前7000～前6000年；墓地中埋葬着狩猎采集者（Wentz, 2012）。这些狩猎采集者最初被埋葬在被水淹没的泥炭中。墓地现在被一个季节性湖泊淹没，湖泊中的化学成分使尸体保存得极其完好。温多佛墓地的埋藏背景并不会保存完整的尸体，现存的遗骸主要是骨架，但是一些颅骨里保存有部分大脑；显微研究显示了保存的一部分原有脑细胞。从这些脑细胞中可以提取、扩增古代 DNA（Doran et al., 1986）。其他埋藏背景中也发现了脑组织，这可能是因为脑组织含有大量脂肪，脂肪可以转化为脂肪酸并形成尸蜡中的蜡化合物，这一现象多见于厌氧环境（Chamberlain et al., 2001）。

（3）英格兰玛丽·罗斯号（Mary Rose）上的水手

佐格（Sorg et al., 1997）详细研究了尸体在海水中的分解，但一般说来，尸体在海水里的分解速度比在陆地上快四倍，在温暖的海水中，尸体分解的速度还要更快（Iserson，1994）。尽管亨利八世（Henry Ⅷ）玛丽·罗斯号军舰上的绝大多数船员在 1545 年 7 月与战舰一同沉没，但是他们的骨架却保存得非常完好（Stirland，2000）。军舰刚刚驶出英格兰南部海岸便很快沉没至尽是黏土的海底，一天内出现的四次潮汐形成了东西向和东北—西南向流动的强劲洋流，这使得泥沙在军舰内形成沉积。这一厌氧环境阻止了有机物分解，也包括水手的骨骼遗骸的分解。考古发现的脱节骨骼堆积共复原出 92 例个体，尽管根据颅骨和下颌骨数量估算出的最小个体数为 179 例；已知军舰起航时有 415 名水手登船，这些骨骼个体代表了其中的 43%。通过研究骨骼遗骸可以推断出，这些水手都是强壮的男性，其中有一部分船员是专业弓箭手，军舰中保存的弓和箭也支持了这一观察结果。

4. 其他少见的保存完好的人类遗骸

（1）火山喷发造成的死亡

79 年，意大利南部的维苏威火山（Vesuvius）喷发，火山灰和熔岩吞噬了那不勒斯湾（Bay of Naples）附近的大片区域，包括庞贝城（Pompeii）和赫库兰尼姆城（Herculaneum）区域。学者估计每小时有厚约 15 厘米的火山灰从天而降。火山灰堆积在屋顶的重量压垮了建筑，也压死了那些躲在屋里的人（Bahn，2002），而许多尝试出逃的人要么被从天而降的浓密火山灰掩埋，要么吸入火山气体窒息而死。直到 20 世纪，人们才开始发掘被火山灰掩埋的聚落，而在庞贝城众多令人惊叹的遗迹中，考古学家发现了印在凝固火山灰中的形状完好的尸体；通过充填熟石膏、制作模件，部分尸体得以再现（图三一）。许多尸体膝盖弯曲、前臂高举、手掌握拳，这表明死者当时可能采用蹲伏的姿势以保护自己，由于暴露在高温中，死者的肌肉纤维缩短了（Chamberlain et al.，2001）。赫库兰尼姆城的居民从城中逃往海岸、躲进船屋，考古学家在这里发现了他们仅存骨架的尸体，他们可能因吸入火山灰窒息而死。这个例子说明，尽管人类遗骸可能并非出土于遗址中，但仍可以采用其他手段对其进行复原（类似于本书第二章介绍的安东尼，格姆利重现的"人体"）。

（2）中国凤凰山第 168 号墓

20 世纪 70 年代，中国湖北省荆州市发现了一位名叫"遂"的古代高级地方官员的尸体。这名男性被安葬在有四个椁室的木椁之中（Bahn，2002）。放置尸体的棺材有内外两层，棺材经过防水密封处理。这使得包括皮肤、内脏和大脑在内的尸体保存得极其完好，而详细的显微检查也显示了死者软骨和肌肉的显微结构。这名男性终年 60 岁，身高 1.68 米（5 英尺 6.5 英寸），体重 52.5 千克（大约 8 短吨 3 磅），他的血型是 AB 型（Bahn，2002）。人们甚至指出这名男性患有的健康问题：胆囊炎症、胃溃

图三一 公元 79 年意大利庞贝城火山喷发死难者的人体模件
（鲁吉·卡帕索授权）

痴、绦虫病、鞭虫病、肝吸虫病、动脉疾病等。他的尸体之所以保存完好得益于"（埋葬）背景中绝佳的地质、水文和气候环境"（Bahn，2002）。

（3）苏格兰西部群岛（Western Isles）南尤伊斯特岛（South Uist）克拉德·哈兰（Cladh Hallan）发现的木乃伊

近年来在南尤伊斯特岛克拉德·哈兰的考古发掘呈现了若干青铜时代晚期至铁器时代的圆形房屋（Parker Pearson et al.，2005），其年代跨度为公元前2200～前700年。考古学家在这些圆形房屋中发现了三名儿童、一名男性和一名女性的墓葬（图三二）。其中四名死者死后很长一段时间才被埋入地下，下葬之后人们使用泥炭沙土修整了圆形房屋的地面。这些墓葬代表了预先木乃伊化和死后对尸体的处理。男性和女性的骨架呈紧缩的屈肢状。这名女性的手中握有两颗自己的牙齿，而男性的骨架则是由三个不同个体的骨骼组成的。墓葬一经形成再没有被扰动过的迹象。通过显微结构分析、考古学背景分析及年代测定法研究这些墓葬，学者认为这是一种地方性制作木乃伊的方法，可能是为了"给死者在来世选择一席之地"，也可能因为死者是"人格化的过去、具体化的祖先、古代传统的守护者"（Parke Pearson et al.，2005）。这一非比寻常的发现扩大了人们对于古代木乃伊制作分布范围的讨论，并将人们的研究对象从著名的埃

图三二　苏格兰外赫布里底群岛（Outer Hebrides）南尤伊斯特岛克拉德·哈兰发现的青铜时代晚期墓葬（麦克·帕克·皮尔森授权）

及、南美洲和北极的木乃伊扩展到了那些不曾料到会发现木乃伊制作的地方。

第七节　保存状况对研究的影响

相较于研究骨骼遗骸，研究尸体明显具有许多有利之处。保存的软组织可能包含重要的健康信息以及纹身等文化影响。软组织还有助于确定死者的血型，而通过古代DNA研究，我们可以探讨人与人之间的亲属关系，并诊断那些不会在骨骼上留下迹象的疾病。尸体肠胃中的包含物可以揭示死者最后一餐吃了什么，头发可以提供有关发型和护发的信息，而研究指甲可以了解死者生前是否劳作、是否护理指甲。衣服也可以随同尸体一并保存，衣服可以显示人群的"时尚"风格、社会地位及布料使用等文化面貌。但是，我们应该意识到，保存完好的尸体通常是孤立的个体，因此基于这些孤立个体得出的任何解释都是片面的，不能代表死者背后的全部人群；保存完好的尸体也可能是"特殊的"人，这种"埋葬"和保存是他们这一"社会群体"特有的。尽管如此，相较于骨骼遗骸，尸体由于的所有组织都保存完好，因此可以采用更多类型的分析技术。

第八节　总　　结

世界各地均发现了一些非比寻常、保存极其完好的人类遗骸，这些遗骸有骨架也有木乃伊，但是沉积环境显然对尸体能否保存至考古发掘和研究有重要影响。英国生物考古学家研究的绝大多数人类遗骸都是骨骼遗骸，这主要是未经火烧的骨骼，保存完好的尸体极少（通常发现于特殊情况）。虽然我们熟知利于人类遗骸保存的主要因素，然而区分任何埋葬背景中致使尸体保存或腐烂的大量因素往往是不可能的。

第九节　学　习　要　点

* 虽然我们的研究对象通常是骨骼遗骸，但是我们应该了解尸体所有部位的腐烂过程；软组织的腐烂也会影响骨架的保存。

- 人体的腐烂最终会影响可研究的迹象。
- 由于骨骼内部和外部的保存状况可能不同，因此骨骼外部的保存特征具有欺骗性。
- "埋葬"实验有助于我们了解人体是如何腐烂的，这一类知识对于考古学和法医学都非常有益。
- 内在因素（尸体内部的因素）和外在因素会影响尸体腐烂的速度。
- 极端高温、极端寒冷、极端潮湿和极端干燥有利于尸体保存。

第四章　分析之前：人类遗骸的发掘、处理、保护和保管

　　人类遗骸的各类状况和世界各地多样化的埋葬习俗使人类遗骸的发掘和分析变得复杂（Unelaker，1989）。

第一节　绪　　论

　　本书的前几章概述了影响地下埋藏的人类遗骸能否保存至考古发掘的主要因素。本章将重点介绍发掘人类遗骸的方法、发掘之后如何处理人类遗骸的方法、保护骨骼遗骸的方法以及保管人类遗骸的方法。由于英国发现的绝大多数人类遗骸属于土葬或火葬，因而骨骼遗骸是本章的重点。但是，应该注意的一点在于，虽然考古发掘人类遗骸的条件不同，但是有些普遍原则仍须遵守。

　　很明显，在本章我们距离在实验室环境中分析人类遗骸更近了一步。但是，不仅"埋葬"死者的方法会影响所分析的遗留尸体的质量和数量，尸体被安葬之后发生的变化也会对此造成影响。我们必须在发掘之后考虑发掘和处理人类遗骸的标准。保护以及最终保管人类遗骸的方法也会影响可能存在和进行记录的信息数量，除了博物馆希望展陈人类遗骸等罕见情况外，多数英国发掘的人类遗骸无需保护措施。人类遗骸是不可再生的资源。因此，一具尸体在地下埋藏时可能保存完好，但是不恰当的发掘方法可能会破坏其完整性。同样，人类遗骸的发掘可能极为仔细，但是发掘之后的处理却很糟糕。最后，骨架的发掘和处理可能极为仔细，但是保管条件却不达标，缺乏温度和湿度控制，这会导致遗骸保存状况出现恶化。

第二节 人类遗骸的发掘

（一）发掘人类遗骸的方法（最低标准见APABE，2017的附录3）

首要一点，应该告知发掘墓葬的全体员工尊重人类遗骸。当辨认出一处墓葬，如认出了墓圹（通过对比土壤的颜色），仍需牢记发掘人类遗骸是一个非常细致和耗时的过程，这一过程会耗费一到两天。人类遗骸的发掘过程取决于墓葬的深度，以及是否存在陪葬品或葬具。发掘过程的细致程度也取决于包括土壤基质在内的埋藏背景。举例来说，相较于泥泞潮湿的黏土，发掘轻质沙土中的遗骸用时更少，且不容易损坏遗骸。理想情况下，应该尽可能完整地发掘人类遗骸，以便生物考古学家能够采集最多的数据。

在发掘人类遗骸时，通晓研究和解释遗骸的专家应该时刻参与，因此发掘任何墓葬都应该在项目伊始便雇用生物考古学家。如果不能做到这一点，那么大量数据便会丢失，墓地或其他背景的潜在价值也难以体现。如果出于发掘需要雇用了生物考古学家，那么生物考古学家也应该被告知并熟知遗址中其他员工对于发掘的预期。事实上，即使所有发掘人员都曾发掘过骨架，也不意味着他们了解骨架的结构，即知道将要发掘出哪一块骨骼（McKinley et al.，1993）。了解人类和动物、成年人和未成年人骨骼的差异同样至关重要，以避免之后将其混淆。至少应该为遗址发掘人员准备一张人类骨骼的基本示意图以备查阅（如骨架图册，Abrahams et al.，2008），而更理想的则是配备一具塑料（脱节的）骨架模型。但是由于经费和现场条件的限制，配备骨架模型可能不太现实。

1. 土葬墓

请记住骨架是三维的，即便你可能知道骨架中某些骨骼应该出现的位置，但是这些骨骼可能并不总在期待的位置出现（McKinley et al.，1993）。举例来说，尸体可能脸朝下埋葬（俯身），因此脊柱会出现在最上方，而胸骨则在脊柱之下，即与仰身葬（背朝下）中脊柱和胸骨的位置相反。下葬之后出现的墓葬扰动也会使骨骼偏离正常的解剖位置，有些骨骼甚至会"消失"。为免受公众的影响，发掘区域应该使用围栏挡阻挡公众视线。一旦骨架露出，应该使用非常精密的工具进行发掘，如漆刷、茶匙、牙科仪器和泥刀。这样做是为了剥离骨骼周围的土壤，以便最终揭露、显现骨架，在完成记录后便可以提取骨骼（图三三）。应该遮挡强烈的阳光，防止骨骼干透开裂（向骨骼上喷洒少量的水可能有利于骨骼保持湿度），而在一天之内完成整个骨架的发掘可以避免不必要的风吹雨打给骨骼带来的损坏，以及他人有意破坏骨骼的行为（或者在夜间使用塑料薄膜覆盖骨架，防止骨骼干透）。骨骼样本应该尽可能少地经受风吹雨

图三三　英格兰诺森伯兰郡班伯城堡（Bamburgh Castle）正在发掘骨架［莎拉·格罗夫斯和班伯城堡研究项目（Bamburgh Research Project）授权］

打（Spriggs，1989）。应该特别小心以确保采集所有的牙齿；发掘所有的手脚骨骼（手脚骨骼对于诊断手脚关节疾病尤为有用）；小心发掘骨盆（pelvis）的耻骨联合面（pubic symphysis），因为成年人的年龄需要通过耻骨联合面进行鉴定；细心采集肋骨与胸骨相连的一端，因为特定的成年人年龄鉴定方法需要使用这一部位；与此同时，尽可能完整地采集儿童和青少年等未成年人的遗骸。发掘人员还应该意识到可能存在的胆囊结石（图九一）、膀胱结石和肾结石（以及相对于骨架，这些结石最可能出现的位置），以及手部和脚部的籽骨（sesamoid bone）、颈部和肋骨处钙化的软骨（calcified cartilage）[甲状软骨（thyroid）、环状软骨（cricoid）和杓状软骨（arytenoid）]，甚至钙化的动脉（Binder et al., 2004；同样见于保存完好的尸体，Taylor et al., 2014；见图三四、图三五），以及位于颈部的舌骨。女性骨架的腹部还有可能存在胎儿的骨骼。

揭露墓葬之后，可以利用墓穴上的规划框架绘制骨骼（使用1：10的比例绘制）。将1/4框架（1/4 frame）尽可能贴近骨架，这样既方便测量又可以减小视差，通过这种方法，一位经验丰富的考古学家绘制一个完整的骨架需要一个小时；英国大型中世纪和后中

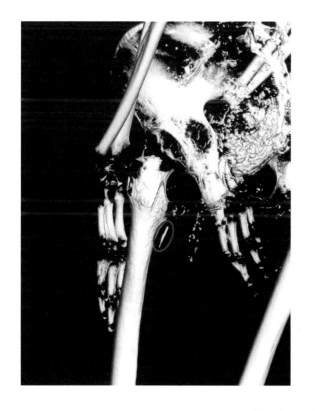

图三四　计算机断层扫描显示出，一具埃及底比斯发现的第25王朝（25th Dynasty）、约公元前700年的木乃伊大腿上部存在数厘米长的钙化斑块（圆圈标出处）[派蒂安门尼特（Padiamenet）：EA 6682，一名35～49岁的男性]
该钙化斑块代表着左旋股内侧动脉。这表明这名男性生前患有动脉粥样硬化症，这是心血管疾病的诱因[鸣谢：大英博物馆理事会（Trustees of The British Museum）]

图三五 苏丹西阿马拉（Amara West）（公元前1300～前800年）发现的一名成年女性骨架及其动脉钙化斑块（圆圈标出处）

该动脉钙化斑块可能与髂动脉有关，这表明这名女性患有动脉粥样硬化症，诱发心脏病。吸烟会诱发心脏病，而她的肋骨存在炎症，肋骨炎症可能与吸入污染的空气有关（鸣谢：大英博物馆理事会）

世纪时代墓地通常采用摄影测量（此为麦金利于2008年告知笔者）。建议同时使用胶片和数码照片（具备比例尺和带磁性的指北针），以防数码照片丢失。使用电子测距仪（electronic distance meter，EDM）可以对发掘进行三维记录。电子测距仪可以快速、精确地记录有关骨架位置和骨架上关键点的数码信息。举例来说，萨瑟兰德（Sutherland，2000）记述了使用电子测距仪记录北约克郡陶顿（Towton）15世纪万人坑出土骨架的情况，每例骨架上有16处关键点被记录（图三六）。电子测距仪测量的数据点可以精确到1毫米，并使用计算机记录数据以便日后分析解释。电子测距仪使得陶顿出土的每一具骨架在墓穴内的位置以及与其他骨架之间的位置关系都被准确定位；若非这一记录方法，墓穴中骨架的地层关系是不可能被精确显示出的。此外，还应该拍摄墓穴中所有有趣的特征，如陪葬品、葬具和少见的疾病（图三七），这包括会使骨骼变得脆弱的疾病，出现此类疾病的骨骼一经提取即可能会破碎。

　　每发掘一处墓葬都需要完成一份"骨架记录单"（图三八）。但是，每具骨架都被归类为一个"单位"，这是因为骨架通常是墓葬中唯一保存的遗迹，即墓葬形成过程的一部分。骨架记录单应该尽可能简洁，以便发掘人员能够更正确、充分地完成记录（McKinley et al.，1993）。骨架记录单旨在记录每具骨架现存的骨骼（在骨骼示意图上），需要记住的一点在于，发掘人员应该知道成年人（206块）和未成年人（多于206块）各有多少块骨骼，与此同时，人们可以有额外的脊椎或肋骨。此外，需要记录的背景数据包括：骨架是否

图三六　北约克郡
陶顿发现的 1461 年
的墓坑
（蒂姆·萨瑟兰德和
陶顿战场考古调查
项目授权）

图三七　剑桥郡圣
艾夫斯（St Ives）海
明福德·格雷墓地
（Hemingford Grey）
发现的患有脊柱侧
凸的个体
（牛津考古中心授
权）

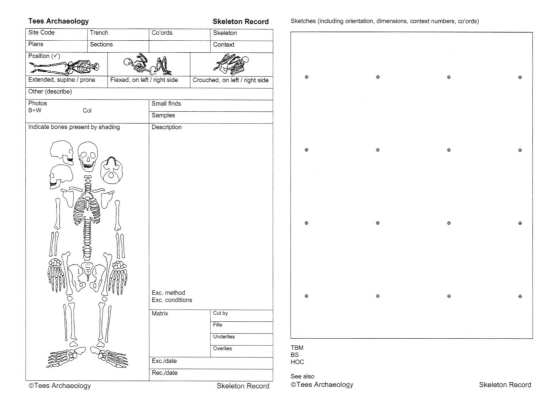

Tees Archaeology

Skeleton Record

Site Code		Trench		Co'ords		Skeleton	
Plans		Sections				Context	

Position (✓)

Extended, supine / prone	Flexed, on left / right side	Crouched, on left / right side

Other (describe)

| Photos B+W | Col | Small finds |
| | | Samples |

Indicate bones present by shading

Description

Exc. method
Exc. conditions

Matrix		Cut by
		Fills
		Underlies
		Overlies

| Exc./date | |
| Rec./date | |

©Tees Archaeology

Sketches (including orientation, dimensions, context numbers, co'ords)

TBM
BS
HOC

See also
©Tees Archaeology

Skeleton Record

图三八 基本的《骨架记录单》（罗宾·丹尼尔斯、蒂斯考古中心以及理查德·安尼斯授权）

相互关连（处在正确的解剖位置）；墓向（就指南针方向而言）；骨架在墓穴中的葬式（仰身或者说背朝下；俯身或者说胸部朝下；侧身；直肢或者说身体笔直伸展；屈肢或者说身体、腿和胳膊蜷曲）；胳膊和腿的姿态（弯曲、半伸直、双臂交叉于胸腔或骨盆、胳膊伸直放于身体两侧）；头向（面向左、向右、向前、向上）；是否出土随葬品或棺材、棺钉等葬具；以及是否与其他墓葬存在关联。

只有将骨骼完全暴露并剥离了骨骼周围的土壤基质，才可以取走骨骼。应该将提取出土的骨骼放在塑料袋中。为了避免骨骼在清洗之前生长霉菌，装有骨骼的塑料袋可以稍微留个开口，或者在塑料袋上戳几个洞，以便空气流通。不同部位的骨骼应该被分开装在附有标签的袋子中：颅骨、下颌骨、上颌骨、胸骨、左侧肋骨、右侧肋骨、脊椎、包括左侧锁骨在内的左侧上肢骨、包括右侧锁骨在内的右侧上肢骨、左手、右手、下肢带骨、左侧下肢骨、右侧下肢骨、左脚及右脚。每个袋子中应该放置一个不易损坏的防水标签。标签的书写应该和标签本身一样持久，因此应该使用永久记号笔。提取了全部可见的骨骼之后，应该采集骨骼之下的土层并过筛（1～2毫米的网孔），避免遗失细小的骨骼或牙齿（Mckinley et al.,

1993；也见 Mays et al.，2012）。

可以采集骨架多个部位周围的土壤，如头部、颈部、胸腔和腹部，采集土壤的原因有很多。首先，通常使用 2 毫米网孔的筛子过滤土壤，以确保能够收集手脚的小骨骼、未成年骨架中未愈合的小骨骺等、手脚的籽骨、听小骨、软骨等骨化的组织（以及牙齿）。其次，筛子还有助于采集胆囊结石、膀胱结石和肾结石，这些结石能够证明相应人体器官出现的疾病；斯坦博克的研究（Steinbock，1989a，1989b，1990）详细记述了上述结石的各类形态（膀胱结石的考古学研究见 D'Alessio et al.，2005）。再次，过滤土壤样本还可以找回珠子等小件器物、植物遗存、细小的动物骨骼、昆虫和寄生虫，如果在肠道中发现了寄生虫，则可能反映出死者食用过的特殊食物，或指示死者患有的疾病（例子见 Dittmar et al.，2012；Mitchell，2015，2017）。在酸性的浸水环境中，昆虫、花粉、种子、寄生虫卵保存得尤为完好，这不仅提供了有关死者日常饮食的信息，还反映了环境中的植被和气候。最后，骨骼和牙齿的生物分子分析结束之后通常需要进行土壤采集，并在分析结束之后检验周围填土是否造成了骨骼和牙齿的死后变化，死后变化可能会影响生物分子数据的保存。

除了采集土壤，在发掘阶段也可以考虑采集骨骼和牙齿样本以备将来分析，以便之后如果出现污染、破坏了 DNA 保存，仍然有可用的分析样本。但是只有具备明确的理由，才可以（在发掘过程中或发掘结束之后）采集骨骼和牙齿样本，与此同时，样本采集应尽可能减少对骨骼和牙齿造成的损坏（Richards，2004；APABE，2013）。但是样本采集通常在骨骼研究结束之后进行，即在发掘结束之后的骨架分析阶段进行。在分析之前采集骨骼和牙齿样本极难具备正当理由，这是因为对样本进行科学分析得出的所有数据都需要结合骨架的生平信息加以解释。样本采集通常在保管骨骼收藏的博物馆中进行。理想情况下，博物馆应该对计划采集的骨骼样本的保管历史有所记录，包括是否使用了任何加固剂和胶黏剂等（Richards，2004；APABE，2013）。目前最常见的、应用于考古遗址出土骨骼和牙齿样本的生物化学分析包括稳定同位素和古代 DNA。碳和氮同位素分析需要使用骨骼和牙本质，锶、氧和铅同位素分析需要使用牙釉质；古代 DNA 分析需要使用骨骼和牙齿，尤其需要保存更好的骨架部位（如颅骨的颞骨岩部、牙骨质和牙结石），如果这些部位被保存下来（例子见 Hansen et al.，2017），稳定同位素和古代 DNA 分析可能会提供有关饮食、人群迁徙、人群亲缘关系、疾病诊断的信息。需要强调的是，在最后采集分析样本之前，应该充分记录所采集的骨骼和牙齿，如果条件允许，可以使用摄影和射线影像进行记录。

稳定同位素分析样本的采集较为简单（Richards，2004；APABE，2013）。碳和氮分析出现污染的风险很小，这是因为小块骨骼或牙本质样本的前期处理需要去除多数矿物。正如理查兹（Richards，2004）所言：“如果可能的话，应该采集不同个体同一骨骼部位的样本。”通常采集较厚的骨密质（如股骨），也可以采集肋骨的骨干。氧、铅和锶的分析需要不到 100 毫克的牙釉质。布朗等（Brown et al.，2011）记述了古代 DNA 分析样本的采集；这一研究详细介绍了如何在发掘阶段采集用于古代 DNA 分析的骨骼和牙齿样本，以避免发掘人员的现代 DNA 和环境中的其他 DNA 污染样本。需要重点注意的是，发掘人员不要触碰骨骼和牙齿、不要对着骨骼和牙齿呼吸，因此需要佩戴口罩和手套，与此同时，发掘人员应该遮盖自己裸露的皮肤。虽然并非强制穿着法医白色防护服，但这一要求属于常识（此为凯里·布朗于 2008 年 2 月告知笔者）。必须使用干净的工具采集样本，采集不同骨架的样本时，每采集完一具骨架都必须清洁工具。应该使用无菌密封并附有清晰标签的容器或者拉链袋盛放样本，之后再将容器或者拉链袋放入冰袋中，直到转存至冷冻柜中（零下 20℃）。初次揭露骨架后，应该尽快采集样本，以确保将污染控制在最小。用来扩增古代 DNA 的程序（聚合酶链式反应，polymerase chain reaction，PCR）优先扩增保存完好的DNA 分子，而保存完好的 DNA 分子更可能是现代污染物（White et al.，2005）。最终用于古代 DNA 分析的样本通常重 2～3 克，通常来自一颗牙齿的牙本质（但是随着研究方法的发展，所需要的样本越来越少）；另一个实验室能够获得足够样本进行独立重复分析，这对于确保分析结果的真实性至关重要（Willerslev et al.，2005；Marx，2017）。但是，采集人员还应该从同一批骨骼收藏中的另一具骨架上采集样本，以便进行比较分析。关于古代 DNA 分析样本的采集方法以及采集时间确实还在讨论中，但需要注意的是，许多成功的古代DNA 分析是基于馆藏人类遗骸的骨骼和牙齿样本完成的。

骨骼和牙齿切片的组织学分析也被用来鉴定成年人的死亡年龄、诊断疾病（见本书后几章）。用于确定墓葬年代的放射性碳测年需要大约 500 毫克的骨骼，之后使用加速器质谱（accelerator mass spectrometry，AMS）确定骨骼的年代。针对上述所有样本采集的程序，无论计划在哪个实验室分析样本，建议先联系实验室，以便按照规定建立样本采集程序；不同的实验室可能有不同的样本采集规定，与此同时，实验室会要求提供样本的特定信息，包括发掘、发掘后和储藏历史记录（Richards，2004；APABE，2013）。另外，在样本采集之前，必须先对用于分析的骨骼和牙齿进行记录。

2. 火葬墓

火葬墓在英国的一些时期非常普遍，有的火葬墓有骨灰瓮，有的则没有（McKinley et al.，1993；也见 Thompson，2015）。但是，可能被发掘的沉积层不仅仅包括骨灰，火葬墓中也可能包括原址火葬堆残骸以及二次沉积的火葬堆残骸（McKinley，1998）。这些遗迹之间的物理距离和地层关系有助于我们了解火葬墓的整体背景，而详细的记录对于探究埋葬仪式至关重要。

对于可能的火葬堆遗址和原址火葬堆残骸应该整体采集，并使用 1 毫米网孔的湿筛子对其进行过滤，之后再进行浮选，以便发现其中包含的植物遗存（McKinley，1998，2000a）。如果火葬堆遗址已被扰动，地层关系则可能无法保存，因此要对全部填土进行采集。对于未经扰动或略微扰动的火葬堆遗址，应该划分为大小相同的方块或坑进行发掘——方块或坑的大小取决于垂直单位（feature）的大小和深度，但是方块的大小必须相同（应该将 2 米 ×1 米的最小面积划分为边长为 50 厘米、深度为 50～100 毫米的方块进行发掘，McKinley，1998，2000c）。首先应该将沉积层切割成二等分或四等分，以便观察土壤基质中考古遗迹的分布。随后，生物考古学家可以观察骨骼碎片的垂直和水平分布。记录骨骼碎片在平面和剖面的分布非常必要。

除了火葬墓本身，火葬堆残骸中也可能有火化的骨骼。墓葬回填物中、火葬墓穴之上、之前的垂直单位中均可能发现二次沉积的火葬堆残骸（McKinley，1998）。火葬堆残骸包含混合着的煤灰渣、木炭，烧过的打火石、石头和黏土，以及食物等火葬堆祭品，有时可以从火葬墓的填土中辨认出火葬堆残骸。应该对整个单位进行发掘，整体采集对于估算火葬的数量、辨认在当时可丢弃的包含物至关重要（McKinley，1998）。应该使用"单位表"（context sheet）记录沉积层，以表明火葬堆残骸出现的数量以及相对于火葬墓的位置（McKinley et al.，1993）。发掘人员应该将单位切割成二等分或四等分，以便观察考古遗迹之间的关系，面积较大的遗迹，按照上文所述，应该被划分为大小相等、深度为50～100毫米的方块进行发掘（McKinley，1998）。

　　在提取之前，对最大的火化骨骼碎片进行记录是非常必要的。这有利于估算提取以及提取之后的操作对火化骨骼破碎程度的影响。对于一个完整、未经扰动、放置在骨灰瓮中的墓葬，应该先使用弹力绷带支撑骨灰瓮，再将其整体提取。火葬墓中的骨灰瓮有可能是倒置的，如果是这样的话，应该找回所有从骨灰瓮里掉落出来的骨骼。如果骨灰瓮破碎了，则需要就地发掘骨灰瓮及其内的包含物。提取结束之后，应该发掘骨灰瓮中的包含物，并以20毫米的深度逐层观察堆积形成的过程，这项工作更适合由生物考古学家完成（McKinley，1998）。对于没有使用骨灰瓮的火葬墓，则必须在发现骨骼或火葬堆残骸之后立刻对其进行整体采集（McKinley，1998）。如果墓葬已被扰动，那么被扰动的单位应该被整体装袋，而对于未经扰动的墓葬，建议将沉积层四等分，在100～150毫米的深度内逐层发掘，如果沉积层的深度超过150毫米，则应该将每一层分别装袋再附上清晰的标签。这样做能够对考古遗迹的分布进行三维观察。

3. 其他类型的墓葬

　　针对不同的埋葬背景所采用的发掘方法不同，尤其对于那些极为少见的埋葬背景，而不同的埋葬背景会带来不同的疑问，如教堂地下墓室（Cox，2001）。但是，本书的目的并不在于占用时间和篇幅深入介绍每一种埋葬背景。为此，读者可以参阅两个根据埋葬背景调整、改进发掘和记录程序的范例：斯皮塔菲尔德基督教堂地下墓室的发掘（Adams et al.，1993）以及北约克郡陶顿万人坑的发掘（Sutherland，2001），万人坑指的是"包含许多个体的单个墓坑"（Sutherland，2001）。

　　（二）健康和安全

　　任何考古遗址的发掘需要以高标准优先考虑发掘人员高标准的

健康和安全。发掘人员的健康和安全与墓地的发掘同等重要，而在开始发掘之前，需要完成一份工作和风险评估大纲（Kneller，1998；专门针对人类遗骸的处理也可见 APABE，2017 的附录 S5）。这一节将重点关注发掘人类遗骸时可能出现的健康危害，以及可能与此相关的微生物危害。需要强调的是，除了发掘中的一般风险外，每一种发掘环境都是不同的，因此有着各自特有的健康和安全风险。

发掘骨骼遗骸很明显有别于木乃伊，因而存在不同的潜在健康风险。绝大多数人类遗骸发掘自数百年甚至数千年前的单位，那些可能危害人类的微生物极少存活超过 100 年（APABE，2003，尤见附录 S5）。假设微生物能够存活，那么这些存活的微生物便能够危害每一个接触人类遗骸的人，如发掘人员、生物考古学家和博物馆保管人员。英国后中世纪时代等年代晚近的墓葬可能会危害人类健康，如密封的铅棺。因此，在发掘、分析、保管人类遗骸的过程中，任何有关健康危害的忧虑都应该被讨论，在英国，可在发掘之前与英国健康安全执行局（Health and Safety Executive，HSE）进行讨论。

虽然因接触发掘出土的人类遗骸而感染疾病的可能风险几乎可以忽略不计，但是人类遗骸可能携带天花病毒、引发破伤风和炭疽的孢子、细菌感染引发的钩端螺旋体病，以及真菌病（干燥多尘的土壤和教堂地下墓室中的常见问题），这些风险可能仅见于年代晚近的墓葬。不论是不是考古工作，任何涉及土壤的挖掘都存在感染破伤风和钩端螺旋体病的风险。发掘人员当然应当按时接种破伤风疫苗。截至目前，人们尚未在考古背景中发现活着的古代微生物，也未曾有古代微生物感染活人（Arriaza et al.，2006）的例子，而那些可能出现的微生物更有可能来自死后的污染。死于炭疽的病患可能会将疾病传染给他人，此外，使用携带炭疽的动物制品制作的棺垫、枕头和棺材填料也可以转播疾病（Kneller，1998）。莱姆病、组织胞浆菌病（真菌疾病的一种）以及鸟疫也是考古发掘中可能遭遇的具体危害，但是在英国不一定会遭遇这些危害。莱姆病是一种发现于欧洲、通过蜱传播的细菌疾病（Leff，1993）。组织胞浆菌病是一种由土壤中的真菌引起的感染性疾病，这种疾病会对在布满鸟类和蝙蝠粪便环境中工作的人构成危害，如洞穴或树木茂密的地区，但是组织胞浆菌病在欧洲极为少见（Davies，1993）。鸟疫包括鹦鹉热，这是一种由鸟类和家禽传染给人类的疾病（Novak，1995）。阿里亚扎和菲斯特（Arriaza et al.，2006）也曾指出，对于世界某些地区的考古发掘，如美国，汉坦病毒和鼠疫可能构成危害。汉坦病毒和鼠疫是由啮齿动物传染给人类的，通常通过吸入空气中悬浮的液体粪便微粒、唾液和尿液感染，但是吸入被排泄物污染的干燥物质、通过破损的皮肤、摄入被污染的饮食也会引发感染；汉坦病毒和鼠疫会引发出血热和汉坦病毒肺综合征。鼠疫是一种在啮齿动物中传播的细菌疾病，但是通过叮咬，蚤可以将老鼠身上携带的细菌传播给人类。14~17 世纪，英国有数千人死于鼠疫，尽管现在鼠疫仍然存在，但是不同于古代，抗生素可以治疗鼠疫。

祖克曼（Zuckerman，1984）认为，天花病毒会在数年之内失去活性，表现为皮损，但是埋藏在干燥或者多年冻土条件中的尸体可能会携带存活的天花病毒（Baxter et al.，1988）。福尔纳恰里和马尔凯蒂（Fornaciari et al.，1986）在 16 世纪的意大利木乃伊体内发现了存活的天花病毒，而马伦尼科娃等（Marennikova et al.，1990，引自Arriaza et al.，2006）反对这一发现。尽管发现了保存完好的病毒结构，但是在实验室检测中，病毒已经丧失了致病或繁殖的活力。杨（Young，1998）也对天花（smallpox）及其在考古遗址中潜在的活力进行了综述。如果人类遗骸的储藏条件助长霉菌生长（高湿度和高温度），那么使用这些遗骸的人就有可能感染肺炎或过敏性肺泡炎（霉菌过敏引发的肺部气囊炎症），尽管这种情况极为少见（Arriaza et al.，2006）。此外，朊病毒是引发克-雅病（Creutzfeldt-Jakob disease，CJD）和牛海绵状脑病（bovine spongiform encephalopathy，BSE）（"疯牛病"）的感染性蛋白质因子，有研究指出，朊病毒不易衰变（Rutala et al., 2001；引自 Arriaza et al.，2006）。另一个健康问题在于墓葬发掘可能带来的心理压力（Thompson，1998），与此同时，年代晚近的埋葬背景多见铅棺，发掘铅棺会在空气中形成高浓度的铅，进而导致发掘人员铅中毒（Needleman，2004；引自 Arriaza et al.，2006）。应当监督工作人员进行饭前洗手等常规卫生措施，并监督工作人员如在灰尘较大或存在软组织等情况中佩戴口罩和手套（EH et al.，2005）。在英国进行遗址发掘，可能会遇到室内或露天的灰尘环境。这类环境会增加罹患慢性阻塞性肺疾病（chronic obstructive pulmonary disease，COPD）的风险（慢性阻塞性肺疾病包括慢性支气管炎和肺气肿）（Pauwels et al.，2004；引自Arriaza et al.，2006）。

斯皮塔菲尔德后中世纪时代基督教堂地下墓室的发掘是一个处

理潜在健康危害的范例。在开展考古发掘一年之前，各类机构通过商讨，制定了健康和安全规范（Adams et al., 1993）。但是他们最初并未认识到，地下墓室环境中鲜有空气流动、灰尘满布、能见度低、工作场地有限，且需要移动厚重的棺材（Adams et al., 1993），这使得发掘人员有时士气萎靡。发掘人员主要忧虑的是可能存活的天花病毒孢子，然而实际发掘中并没有遇到这种情况。真正构成问题的是密封的铅棺，在发掘铅棺时，发掘人员血铅水平较高（见 Adams et al., 1993 中的图 2.1），这使得部分血铅水平超标的发掘人员被禁止进入发掘现场，直到他们的血铅水平降回正常。发掘人员的工作区包括清洁区和污染区，在制定了保护发掘人员的程序之后，在整个发掘过程中，环境健康专员（Environmental Health Officer）对所有参加发掘的工作人员进行了健康状况调查。工作人员无论何时都要佩戴安全帽、工作服、惠灵顿（Wellington）钢头靴、外科手套以及防护性呼吸面罩。发掘现场还配备了紧急情况下使用的淋浴器和急救设施，弄脏的衣服则在英国健康安全执行局指定的地点进行焚烧（Adams et al., 1993）。这些措施明显反映了发掘一处存在健康风险的墓地的复杂程度，但是需要注意的是，上述环境类型对于多数英国考古学家并不常见。

第三节 发掘结束后对人类遗骸的处理（发掘结束后处理程序的最低标准见 APABE，2017）

对于考古发掘而言，在分析骨骼遗骸之前，应该非常小心地清洗、处理和打包骨骼遗骸，否则可能会丢失重要信息。

（一）骨骼遗骸的清洗、晾干和标示

1. 土葬遗骸

如果之后想要完整记录骨骼遗骸，对其进行清洗是必不可少的，但是清洗的程度和方法必须适用于发掘出土的遗骸。建议先让遗骸稍事晾干，再对其进行清洗，这样做可以加固骨骼。一次只应该清洗一具骨架。如果土壤只是非常松散地黏附在骨骼上，干刷子或许就足以将骨骼清洗干净。如果是黏硬的土壤，干刷子便无法将骨骼清洗干净，那么最好使用软毛中号牙刷、指甲刷等刷子蘸着温水或冷水（不含洗涤剂）进行清洗，也可使用小型牙科工具或木签。如果遗骸非常脆弱，应该用手去除最难清洗的土壤。之后可以小心清洗部分遗骸，使其自然晾干，但是有的太过脆弱的骨骼遗骸则不能冒险在水中清洗。

水的软硬程度同样重要。举例来说，应避免使用硬水。硬水含有大量镁和钙，使用硬水清洗骨骼会增加骨骼中的溶解矿物质和其他物质（Odegaard et al.，2006）。软水可以改变骨骼中盐和酸的含量。应该频繁更换清洗骨骼的水，因为脏水会使骨骼变得更脏（Stroud，1989），与此同时，在清洗骨骼的盆中放置 1 毫米网孔的筛子可以防止骨骼碎片和牙齿混在泥土中丢失。每清洗完一具骨架之后，应该检查筛子里的残渣。

切记不可将骨骼完全浸泡在水中，因为这样会导致骨骼破碎，尤其是脆弱的骨骼（McKinley et al.，1993）。可以将细小的骨骼放置在 1 毫米网孔的筛子里去除土壤。在去除土壤时，不可刷洗骨骼，因为这样做最终会损坏骨骼。应该小心清洗已经破损的骨骼，如由脆弱的骨松质组成的长骨两端，以及（本身）脆弱的病变骨骼无法承受用力洗刷。不要清洗掉器物在骨骼上留下的污迹。不要清洗耳孔中的土壤，以便能够在实验室清洗中采集耳孔中的听小骨（每个耳孔中会有三个听小骨）。此外，应该小心清洗表面有牙菌斑（牙结石）的牙齿，这是因为清洗牙齿很容易剥落牙菌斑（牙结石）。一具骨架中特别脆弱的部分包括面颅骨、肋骨和肩胛骨、脊椎、骨盆，当然还有病变骨骼。如果一个完整的颅骨内填满了土壤，那么建议先去除土壤，再将骨架运送至分析机构，否则，一旦颅内的土壤变硬便会损坏颅骨。完成清洗后，应该自然晾干骨骼和牙齿，避免直射的阳光，不可使用人工干燥装置。

骨骼晾干之后（清洗干净的骨骼），理想状态下应该使用永久性防水黑色墨水笔在每一块大小允许的骨骼、牙齿及其碎片上做记号（图三九），写明其独一无二的鉴定编号（遗址编码和骨架编号）；非常细小的碎片则无法标示。标示骨骼是很有必要的，因为这可以防止弄混不同骨架的骨骼和牙齿，而当不同骨架的骨骼和牙齿被弄混时，骨骼的标识则有可能将其区分开（Caffell，2005）。但是，笔者意识到，要求抢救性考古发掘投入费用和时间去标示所有的骨骼是不合理的，而对于参加抢救性考古发掘、履行委托人义务的生物考古学家而言，标示所有的骨骼会是额外的工作。尽管如此，标示史前背景出土的零星骨骼是有必要的。

对于被许多不同的人反复用于教学和研究的骨骼收藏而言，不同个体骨骼弄混的可能性更高，因此在使用之前标示骨架是绝对有必要的。标识应该清晰、工整，且写在不明显的位置（如写在骨骼的后面，而非写在骨骼的关节面和病变部位）。在骨骼上书写记号之前，可以在纸上先行练习，尤其是使用此前从未使用过的钢笔和墨水。做记号极其费时，不妨多花点时间写下工整、清晰的标识，而非匆忙完成工作——花费时间做记号是值得

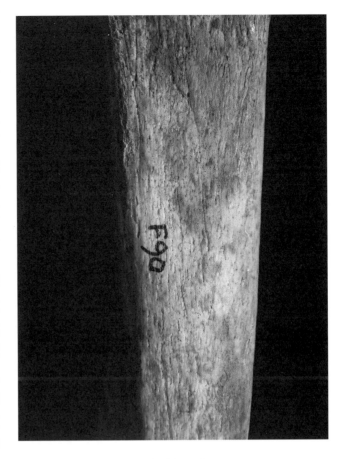

图三九　标示骨骼
（夏洛特·罗伯茨授权）

的。但是需要注意的是，除非已知墨水的成分，采集分析样本时不应该采集写有墨水的骨骼部位，这是因为墨水可能会影响之后的分析（Richards，2004）。

2. 火葬遗骸

必须使用 10 毫米、5 毫米、2 毫米或 1 毫米网孔的湿筛子过滤火葬遗迹（McKinley et al.，1993）。这一步操作必须小心，尽可能减少骨骼进一步破碎，如果遗迹中有石块，先去除石块有助于减少骨骼进一步破损。一旦晾干火葬遗迹，便可去除火葬堆残骸等沉积后物质（post-depositional materials），并对其进行记录，之后可根据物质的类型选择相关人员对其进行分析。在火化骨骼上做记号不太可行，因为火化骨骼的碎片通常非常小，碎片表面也不太平滑，如果做记号的话，会过分遮盖骨表面，而没有任何作用。

（二）打包骨骼遗骸

骨骼和牙齿在被放入袋子和箱子之前必须完全晾干。箱子必须足够大，以容纳骨架中最大的骨骼（图四〇）。多数骨骼遗骸被放置在塑封袋中，后被放入硬纸箱或塑料箱中。每具骨架可以放在一个或多个箱子中，而颅骨可以放在一个单独的小箱子里。使用多少个箱子取决于各个机构的规定以及可用的箱子的大小。

箱中的骨骼通常被装在附有标签的塑封袋中，塑封袋既要耐用又要透明，且便于查看其内装有的骨骼。理想情况下，如果使用标准尺寸的箱子，特定部位的骨骼应该被分别装在单独的塑封袋中，每个塑封袋外应该附有标明遗址编码、骨架编号和包含物的标签；此外，每个塑封袋内也应该放置一个写有相同内容的标签。需要单独打包的骨骼有颅骨、上颌骨和下颌骨、锁骨、肩胛骨和胸骨、上肢长骨（左侧和右侧单独打包）、每只手、左侧肋骨、右侧肋骨、脊柱、下肢带骨、下肢长骨（左侧和右侧单独打包）以及每只脚。另外，使用无酸薄绵纸（acid-free tissue paper）包裹骨架中的部分骨骼颇为有益，如上颌骨和下颌骨；使用无酸薄绵纸作铺垫可以支撑骨骼，并防止或最大限度地减少骨骼之间的接触。除必要情况外（如保存极差的遗骸），包裹每一块骨骼是对资源的浪费，而且频繁打

图四〇 相对储物盒较长的骨骼样本（夏洛特·罗伯茨授权）

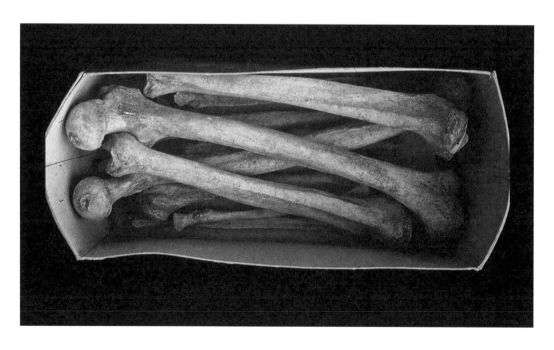

开、裹上包装可能会损坏骨骼。包裹每一块骨骼对于使用骨骼样本的人来说也非常耗费精力（McKinley et al.，1993），这最终可能破坏骨骼。

应该小心地装满（无酸）箱子，避免将过多骨骼装在一个箱子里，这会损坏骨骼。刘易斯（Lewis，日期不明）制作了一个有用的示意图，这个示意图演示了如何将一具骨架装进一个箱子里，较重、较结实的骨骼应该被放置在箱子的最底部，而较轻、较脆弱的骨骼应该被放置在箱子的顶部（图四一）。在箱子底部衬上皱报纸有助于保护骨骼、形成缓冲，但是在这种情况下，骨骼必须被放置在袋子里，因为报纸是酸性的，直接接触会破坏骨骼，而墨水可能会弄脏骨骼表面。在箱子上精确标出正确的遗址和骨架编号至关重要，如果一具骨架被分装在多个箱子里，那么这些箱子应该被标记为"第

图四一　如何将一具骨架装进一个箱子里
（玛丽·刘易斯原创、授权）

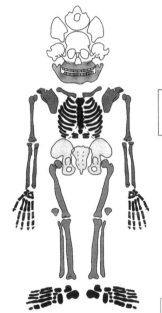

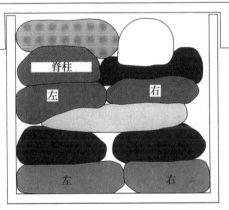

脊柱

左　右

左　右

密封袋口！

SITE:　CH86
No.:　C-283
BONE:　R.Foot

任何时候都不要将颅骨、上颌骨和下颌骨放置在箱子的底部。厚重的骨骼应首先被放置在箱子底部。

零散的牙齿、上颌骨和下颌骨应该被分别装袋，而不是和较为厚重的颅顶骨放在一个袋子里。

应该使用无酸薄绵纸包裹病变骨骼和脆弱的上颌骨。

如果要打开病变骨骼的包装，则必须确保在工作完成后，使用无酸薄绵纸或者气泡膜重新包裹病变骨骼。

请以最仔细的态度和最大的敬意搬动人类骨骼。谢谢。

一箱/共两箱""第二箱/共两箱"。箱子上的标识（书写在箱子的侧面，当箱子放在架子上时仍可以看到）应该确切地表明箱子里装有哪些骨骼。硬纸箱是储藏骨架的标准方法，但该方法的问题在于，人们在使用骨骼时极有可能对其造成损坏。举例来说，当一个研究人员对测量一处墓地中每具骨架的腿骨感兴趣，如果骨骼是按照刘易斯的指导装进箱子的，那么想要取出下肢长骨就必须先从箱子里取出其他部位的骨骼。有的研究人员会小心地取出所有放在上面的袋子，以便取出腿骨，但是有的研究人员未必会这样小心，这可能对骨架造成严重破坏。同样重要的是，装在箱子里的骨骼样本不应该过少，移动箱子时，里面的骨骼应该保持固定、不应该到处滚动。

不久前对箱子设计进行的改进解决了这一问题（尽管带来了其他问题）。一项研究调查了使用骨骼收藏对其造成的影响，发现持续使用保管的骨骼遗骸进行教学和研究在很大程度上有损于骨骼的完整性（Caffell et al., 2001）。这项研究催生了一个新的骨骼遗骸装箱系统，这个新系统可以保护骨骼不被损坏、以备后代学者使用（Bowron，2003）。这一装箱系统被设计为箱中箱的形式，以便独立收存一具骨架的各个部位（图四二）。这一装箱系统也便于研究人员、老师和学生们在挑选所需要的特定部位的骨骼时，不弄乱或破

图四二　爱玛·鲍伦箱（Emma Bowron）
（夏洛特·罗伯茨授权）

坏其他部位的骨骼。但是，这一设计最初被一家名为田野考古专家的公司（Field Archaeology Specialists）和麦克·格里菲斯及合伙人事务所（Mike Griffiths and Associates）用来打包约克费希尔盖特发现的中世纪晚期骨骼遗骸。这些箱子比常规的箱子大且难于搬运，也比常规的箱子贵；箱子的尺寸也与博物馆或大学库房常规尺寸的架子不符。但是，杜伦大学（Durham University）目前正使用这种箱子保管费希尔盖特的骨骼样本，这极大地减小了费希尔盖特骨骼收藏遭受的破坏。

火化骨骼通常被装在具有标识、可以反复密封的聚乙烯袋子中，袋内也要附有标签，之后再将袋子放入塑料密封的箱子里。必须小心不要将箱子装得过满，也不要将重物放在火化骨骼的上面，这样做可以避免原本就很脆弱的骨骼进一步破碎。

第四节　人类遗骸的保护

奥德加德和卡斯曼（Odegaard et al.，2006）热衷于强调，以往对人类遗骸进行的侵入性保护有时有损于未来的研究，而在萌生侵入性保护这一极端思想之前，应该考虑是否应该主动采取侵入性保护。加固剂会影响古代 DNA、稳定同位素和放射性碳测年等生物化学分析的成功性。理查兹（Richards，2004）也对使用加固剂和防腐剂保护人类遗骸做出了警告，并强调这是一种过时且极少采用的程序，使用加固剂和防腐剂带来的问题远超过好处。加固剂会破坏古代 DNA 的保存，通常情况下较少进行保护处理，如果必须进行保护处理，那么表面处理要优于渗透处理，（Millard，2001）。使用不同的加固剂处理同一个遗址出土的不同骨骼在未来可能会成为明智的做法，以便保留、分析不同类别的生物化学信息（Millard，2001）。

"侵入性保护"包括清洗、加固、黏合修复、使用填充物和颜料等固定整形材料以及使用杀虫剂（Millard，2001）。如果遵循最小干预的理念，应该避免对人类遗骸进行保护处理（Watkinson et al.，1998；DCMS，2005），但是"保护处理"往往是考古学家的选择，而非文保人员（conservators）（Millard，2001）。保护工作只有在绝对必要时才可进行，并严格遵循规定。从逻辑和合理性上来说，保护操作应该由一名受过训练、具有处理生物样本经验的文保人员进行，并由一名生物考古学家监督。自始至终应该留有处理记录（如保护处理所使用的材料、方法和时间），还应该保留一些未经保护处理的骨骼和牙齿，将其储藏起来以备未来的研究。读者可以参阅威尔斯等（Wills et al.，2017）的研究。

（一）在地下被发掘之前

正如《考古项目管理2》（*Management of Archaeological Projects 2*）（Andrews，1991）中指出，对于估算考古发掘中所需现场保护的程度，必须有一个明确的指导，下文的内容基于华金森和尼尔（Watkinson et al.，1998）对现场保护指导的概述。有三种可供选择的现场保护：出于发掘必要可以雇用一名现场文保人员；雇用一名文保人员定期巡查现场；或者聘用一名随时待命的文保人员解答疑问。总体来说，建议采取"现场不干预的原则"，该原则总的前提在于，现场保护"旨在采用正确的采集、打包和储藏程序，避免器物出现化学或物理恶化"（Watkinson et al.，1998）。

选择何时对人类遗骸进行保护处理，以及使用何种手段，是一个复杂的程序，与此同时，必须在实现人类遗骸的科学潜力和防止遗骸损坏之间寻求平衡，因而人类遗骸的科学潜力最终会有所折损。一些论文记录了使用保护材料加固脆弱骨骼和牙齿结构的效果以及保护材料对未来研究的影响（如 Moore et al.，1989），然而这方面还需要进行更多的研究。但是，对于选择何种保护手段是没有万能公式的（Johnson，2001）。

如果遗骸非常脆弱，可能需要连同周围的土壤基质一并进行提取。华金森和尼尔（Watkinson et al.，1998）记述了绷带包裹（bandaging）和整体提取（block-lifting）的技术。举例来说，参见图四三和图四四；一具埋藏在重黏土中的新生儿骨架经整体提取后，在实验室环境中历经两天半的发掘，这具新生儿骨架几乎被全部复原，另外，在提取的土块中，生物考古学家还发现了火葬遗迹和陶器碎片（此为安雯·卡菲尔于2008年1月告知本书作者）。此外，还有其他方法，如使用固体二氧化碳颗粒（Solid CO_2 Pellets）冰冻土壤，从而提取青铜时代的骨架和随葬器物（Jones，2001；图四五和图四六）。但是，最常见的方法则是在提取之前使用加固剂（聚合物材料）加固骨骼，但是使用加固剂只能作为最后手段，并且必须经过慎重考虑。正如琼斯所指出的（Jones，2001），"即便使用极具可

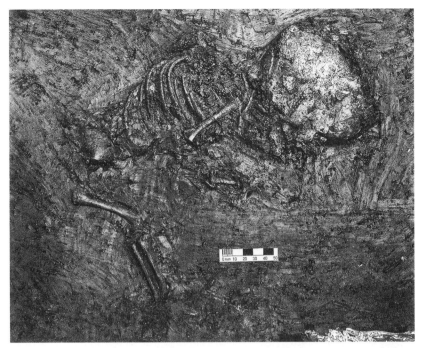

图四三 赫里福德郡（Herefordshire）斯特顿·格兰迪森（Stretton Grandison）罗马遗址发现的一具新生儿骨架被整体提取（杜伦大学考古中心授权）

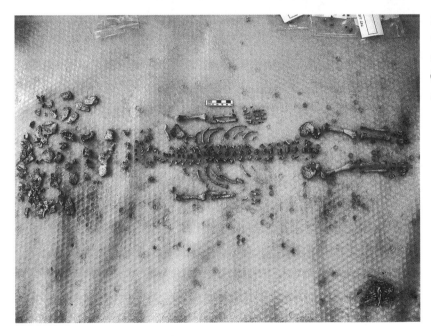

图四四 从（图四三）提取物中发掘出的新生儿遗骸（杜伦大学考古中心授权）

逆性的树脂，想要完全将其从多孔物体上去除是不可能的"。可使用的加固剂有两种：水状乳化剂或分散剂（与水相融的颗粒状加固剂）和合成树脂溶液（溶解于丙酮等有机溶剂的单个树脂分子）。加固剂的浓度会影响聚合物进入骨骼的数量。因此，浓度越低越好，聚合

图四五　使用固体二氧化碳颗粒冰冻土壤，对保存极差的遗骸进行提取（引自 Jones，2001；经珍妮·琼斯授权复制）

图四六　从土块中发掘的一部分遗骸，使用沙袋进行支撑（引自 Jones，2001；经珍妮·琼斯授权复制）

物的重量最好占溶液容积的 5%～10%（Watkinson et al.，1998）。

　　水状乳化剂需要使用丙酮进行溶解，且保质期有限，因此不具备长期的稳定性（Watkinson et al.，1998）。可使用刷子、注射器或喷壶将水状乳化剂涂在骨骼上。推荐使用聚乙烯醇（PVA）、Primal

WS-24 和 Revacryl。聚乙烯醇可溶于丙酮，但不太容易渗透骨骼，这种材料透水率高，且可能难以去除（Watkinson et al.，1998）。此外，在正常室温中，聚乙烯醇或变得黏软，或变得脆硬（Johnson，2001）。Primal WS-24 的分子极小，比其他加固剂更易渗透骨骼。此外，由于 Primal WS-24 需通过水涂在骨骼上，因此文保人员更倾向于使用 Primal WS-24 这一毒性较小的加固剂（Johnson，2001）。合成树脂可溶于丙酮等溶剂；通过溶剂可将树脂分子涂在骨骼上，溶剂随后挥发。合成树脂与水不相容，因此只能用于干燥的骨骼。Paraloid B72 是一种标准的保护处理材料（Johnson，2001），通常使用甲苯和丙酮等溶剂进行溶解。可使用刷子或注射器将 2%～10% 浓度的 Paraloid B72 涂抹在骨骼上（Watkinson et al.，1998）。应使用适当的加固剂所要求的绝对最小量（Spriggs，1989），约翰逊（Johnson，2001）对加固剂的使用进行了详细的指导。但是，这项操作应该仅由有经验的文保人员进行，同时应该采取措施避免吸入溶剂的气体。应该先清除骨骼上的土壤，这样加固剂就不会把骨骼和土壤黏在一起。树脂可被刷、滴或喷在骨骼上，可以分几层进行，每一层晾干之后再叠加下一层。明确记录所使用的加固剂是很有必要的，以便之后打算进行化学分析时，能够查明加固剂的类型（Spriggs，1989；McKinley et al.，1993）。正如上文所述，使用加固剂可能会妨碍之后的分析，因此如果希望在未来对骨骼遗骸进行化学分析，但又必须使用加固剂，则应该在使用加固剂之前，先采集一块骨骼样本。一旦被加固的骨骼足够牢固、能够被提取，便可将骨骼倒置于合适的塑料托盘中，一旦提取出土，便可以清洗、加固未经处理的另一面骨骼。如果在拿起骨骼时仍然需要一定的支撑，可以使用坚固耐用的铝箔（Spriggs，1989）。埋葬在浸水环境中的骨骼已经不具有矿物量，聚乙烯醇或相似的聚合物无法加固此类骨骼——湿藏（wet storage）和用于保护潮湿木头的相似方法可能更合适。

（二）清洗之后

正如帕纳贾斯里（Panagiaris，2001）所言："被发掘之后，环境的改变会导致人类遗骸出现重大变化，这些变化最终可能破坏遗骸。"也就是说，在分析和保管过程中，骨骼遗骸的保存状况也可能出现恶化。一旦骨骼样本被发掘出土，其所处的环境富含氧气，大量水分供给会以水蒸气的形式存在，温度也比之前的埋藏环境高，温度出现波动，光照水平更高，打包和处理对骨骼造成物理损坏，环境中的细菌、真菌、孢子、化学或生物化学污染源也更多（Watkinson et al.，1998）。举例来说，更为潮湿的环境会助长微生物腐蚀骨骼，而空气中较低或波动的湿度会导致骨骼脱水。

许多人建议修复残破的骨骼（如 White et al.，2005），但如果进行修复的话，应该由具有解剖学知识的生物考古学家来完成。骨骼碎片的颜色和质感，再加上解剖学知识，有助于正确拼合碎片。但是，所使用的胶黏剂往往并不适合（Janaway et al.，2001）。如果使用胶黏剂的话，理想情况下胶黏剂不应该比所要拼合的骨骼更坚固，否则，正如卡菲尔（Caffell et al.，2001）发现的坚固的胶黏剂会导致骨骼出现更多死后裂缝。与此同时，胶黏剂还必须可逆于不会损及骨骼的溶剂，禁止使用对骨骼产生不利影响的胶黏剂，另外，如果未来要对使用过胶黏剂的骨骼进行生物化学分析，那么应该假定所使用的胶黏剂会影响分析结果。HMG Paraloid B72 胶黏剂具备长期性、稳定性和可逆性，为文保人员所推荐。应该严格避免使用蓝丁胶（Blu-tack），这不仅仅是因为蓝丁胶会在骨骼和牙齿上留下污点，还因为射线无法穿透蓝丁胶。有时为了测量，有些生物考古学家会使用胶带纸（masking tape）拼合骨骼碎片；这是一种非常临时的措施，测量完成之后应该立刻去除胶带纸。如果胶带纸粘在骨骼上较久，去掉胶带纸时就会将骨骼外表面的骨密质一并去掉（可能丢失重要的疾病证据）。绝不应该将牙齿粘回牙槽，因为这会妨碍对牙根疾病的观察。如果要修复骨骼，那么必须将破碎骨骼的边缘彻底清洗干净，而后进行精确的修复，否则可能会使骨骼变形；沙盒可能有利于支撑被胶水粘好的骨骼。有些人建议，比如说，填补颅骨缺失的部分（White et al.，2005），但这个过程是非常主观的。

笔者对于为进行测量或记录其他特征而修复骨骼的行为持怀疑态度，如果修复得不好，那么最终的测量值便不会精确。此外，使用胶黏剂实际上可能会增加骨骼的测量值。奥德加德和卡斯曼（Odegaard et al.，2006）也强调，在黏合骨骼碎片时，"通常使用双手将两块碎片按照'看起来正确'的方式粘在一起"。修复人类遗骸是主观的，会受到许多因素的影响，如胶黏剂的选择、稳定性和可逆性以及修复人员的能力。但是也有例子证明，仔细黏合颅骨碎片能够带来之前无法获得的信息，如北约克郡陶顿战场发现的人类遗骸的头部受伤模式正是通过黏合颅骨碎片得出的（Fiorato et al.，2007）。替代选择有哪些呢？正如上文所述，短暂使用胶带纸暂时将碎片粘在一起或许可以测量已经破碎的完整骨骼。封口膜（Parafilm M）也被认为是一种可以暂时黏合骨骼的材料（封口膜是一种可以沿着形状和表面自封、自贴的蜡状材料，具有可塑性和弹性（Odegaard et al.，2006）），此外，微晶蜡棒（microcrystalline wax sticks）可用于修复颅骨前部和后部的碎片、弥补裂缝。一旦实现了修复骨骼的初衷，就应该去除修复材料。上述方法所使用的修复材料均不会在碎片之间成层，因此不会影响骨骼的测量值。

（三）展陈

面貌复原（Wilkinson et al.，2003；Wilkinson，2008）、复原受疾病等异常变化影响的头颅（Kustar，1999；也见 Prag et al.，1997）是显著进步的研究方法，尽管该方法极少被应用，而其应用通常出于展陈目的。展示逝者活着时的面容颇为有益，尤其对于公众来说。考古学中的很多面貌复原是为了在博物馆中复活颅骨所代表的人。面貌复原有时也被用于法医情境，以唤醒人们的记忆从而辨认死者。但是近年来，媒体对于考古遗址出土人类遗骸的研究非常关注，而面貌复原也更多地为大众所知（如英国广播公司第二频道《认识祖先》节目）。

第五节　人类遗骸的贮藏和保管

长期保管人类遗骸有助于在初级、基本的人类骨骼报告之外开展进一步的研究。英国在考古遗址出土人类遗骸的研究和解释上居于世界领先地位（APABE，2017），保管可以使人类遗骸用于研究，而除此之外，保管还可以使人类遗骸用于教学，但愿老师和学生能够了解（并遵守）伦理指导，这是使用人类遗骸教学的附加条件。当然，任何被研究人员保管、使用的人类遗骸必须被尊重，不要认为使用人类遗骸是理所当然的。

卡斯曼等的著作（Cassman et al.，2006b）探讨了骨骼遗骸保管的诸多问题，并对最佳实践予以了指导［也可见 Giesen，2013；Roberts，2013；Antoine，2017a；Redfern et al.，2017；APABE，

2017 的附录 S6 和 S7；也可见人类遗骸学科专家网（Human Remains Subject Specialist Network）]。无须赘言，正如机构保管的其他任何"材料"一样，人类遗骸是不可再生的资源，因此所有参与保管的人都应该遵循道德准则中推荐和描述的人类遗骸处理规范（Alfonso et al.，2006）。卡斯曼等的建议在许多方面指导着生物考古学家，包括对遗骸应尽的伦理义务、科学和社会、出版过程、教育和指导学生。此外，许多专业机构自行发布了总体适用于考古学和人类学的道德准则和实践标准（Alfonso et al.，2006），但是目前专门针对人类遗骸的道德准则和实践标准极少（Cassman et al.，2006c）。此外，许多大学保管的用于教学的骨骼收藏并不具有恰当的任务说明（机构、院系目标），同样，许多其他机构收藏的人类遗骸也不具有管理政策，尽管这类文件在英国日益多见。卡斯曼等（Cassman et al.，2006c）建议，相关机构制定的"人类遗骸政策"应该包括如下考量：机构保管人类遗骸的目的；获得人类遗骸的方式；不再保管（减持）人类遗骸的原因；如何才能使用人类遗骸；储藏条件；人类遗骸的照管和管理；受理采样和破坏性分析的申请；摄影、射线成像以及使用影像进行研究；是否可用于展览；随葬器物的保存和照管；档案和记录的保存；允许制作骨骼和牙齿的模型。

人们对于保管而非重新埋葬骨骼遗骸已有许多讨论，但是长期研究并重新解释人类遗骸以及使用新近发展的技术所能带来的科学价值是毋庸置疑的（例子见 Buikstra et al.，1981）。但是如果要保留人类遗骸，就必须具备符合标准的储藏条件，并对遗骸的使用进行管控，而有的遗骸收藏更具科学价值，这是一个公认的事实。举例来说，人类遗骸的科学价值可能取决于收藏的数量、类型（城市、农村、富有、贫穷、修道院或医院的人类遗骸）、保存状况、年代及特殊价值（如经棺材铭牌确认的个体）——这些因素均会影响人类遗骸用于研究的价值。最重要的是，机构应该认识到雇用一名专人（或多名专人，这取决于收藏的数量）照管人类遗骸的需求，以确保将教学和研究对人类遗骸造成的损害降至最小。存储骨骼收藏的机构有多种，包括大学、博物馆、考古发掘承包商和研究机构。举例来说，英国机构保管的骨骼遗骸数量已达数千，但是急需的、汇总信息的数据库目前尚未建立（见 Roberts et al.，2003）。

（一）储藏区域

正如我们了解的，清洗之后的骨骼遗骸应该被妥善装进箱子里，但是最好还应该完成一份《状态评估》（Condition Assessment），这份《状态评估》可以作为起点，确保此后对骨骼的状况进行监测，防止骨骼在保管过程中出现损坏（Janaway et al.，2001）。许多生物考古学家为了完成人类骨骼报告会撰写一份《状态评估》。尽管保管考古学和人类学"材料"的博物馆有时会追踪藏品的状况，但是对于人类遗骸来说，博物馆尚未建立类似的程序（Cassman et al.，2006a）。人类遗骸初次入库时，具备这样一份最初状态的评估有利于监测遗骸的状况，继而使得变更人类遗骸的使用、管理和保护政策成为可能。但是，《状态评估》必须使用所有人都熟悉的词汇撰写，并包括特殊（非主观）单词的含义；举例来说，"差的""好的""极好的"作为描述骨骼"状态"的术语极具误导性，且有多种解释方式。描述性记录和摄影记录都是必不可少的，两种记录需有清楚的日期，而用来描述不同骨架的术语必须一致，这包括骨骼上任何一处破损的"解剖学"位置。以往所有对人类遗骸进行的"处理"也应该被记录，包括胶黏剂的使用、修复、加固等。

骨骼遗骸（火葬和非火葬）的保管方式有很多种，这在很大程度上取决于可用于打包和装箱骨骼的时间、经费和空间。在理想情况下，骨骼遗骸应该被储存在专用的安全区域，远离公众的视线，不与其他考古发现混放，并避免阳光照射（阳光照射会引发紫外线光损伤）。为保证实施最高标准的照管（DCMS，2005），应该定期检查骨骼遗骸，这包括检查温度和湿度、虫害、霉菌生长、骨骼开裂和剥落。保管机构应该保留所有与骨骼收藏有关的书面记录及原始记录表（打印件和电子版），以供之后使用遗骸的人查阅。但是，人们对于理想的人类遗骸库房并没有明确达成一致。

骨骼遗骸应该被储藏在凉爽干燥的地方，避免霜冻，周围的相对湿度应为55%上下。相对湿度可以出现上下5%的波动，但是如果超过65%，霉菌就会开始生长（例子见 Garland et at.，1988），而如果低于45%，骨骼便会过于干燥，这会导致骨骼开裂和剥落（Watkinson et al.，1998）。建议将周围的温度控制在18℃（温度范围为10～25℃）（Janaway et al.，2001）。应该对储藏区域的温度和湿度进行监测。装在箱中的骨骼遗骸所感受的温度和相对湿度要比储藏室内的温度和相对湿度低得多。箱子应该被放置在金属架上，而最底层的架子应该高于地面至少 100 毫米（Cassman et al.，2006b），从而免受低温、较高的相对湿度、啮齿动物和水灾侵害。建议将库房布置紧凑，这样可以省出更多的空间；有轨移动货架可在需要使用某一货架时为其提供过道空间。货架之间应该留有足够的空间以便使用、搬运遗骸。箱子不应该相互叠放，这样会压坏最底层的箱子和箱内放置的遗骸。箱子应该按照骨架编号的顺序上架，这便于研究人员（研究人员用于观察遗骸的时间通常有限）更容易、更高效地使用骨骼。

如果某一储藏区域此前从未用于保管骨骼遗骸，那么应该对该区域的温度和湿度进行数天的监测，还应该注意的是，温度和相对湿度可能在一年中的不同季节出现变化。新分析方法的发展更加要求我们了解骨骼在储藏过程中是如何损坏的。举例来说，馆藏骨骼收藏的古代 DNA 分析不仅取决于 DNA 的保存，还取决于是否存在各种来源的现代 DNA 污染。但是，分析技术的发展有助于辨认DNA 污染。人类遗骸的年代越久远、储藏区域的温度越高，遗骸包含的古代 DNA 就可能越少（Cassman et al.，2006）。骨骼遗骸的侵入性处理也有可能影响 DNA 的保存，包括使用加固剂、胶黏剂及可能抑制聚合酶链式反应的材料（例子见 Nicholson et al.，2002）。因此，在进行破坏性采样之前，应该考虑将要采样的骨架是否可能保存有古代 DNA。

（二）包括大学生在内的研究人员对人类遗骸的使用

首先，保管机构应该对人类骨骼遗骸的使用进行管理；其次，申请使用人类遗骸的人应该完成一份设计合理的《使用表》（*Access Form*）（范例见图四七），并遵守《使用政策》（*Access Policy*）（详见下文）；再次，所有使用遗骸的人员应该品行真诚且口碑良好；最后，申请使用人类遗骸的人应该给出合理的原因，包括所安排的工作量或破坏性采样的理由（组织学、同位素和古代 DNA 分析，以及放射性碳测年；APABE，2013）。使用申请应该由一个能够胜任的委员会或者一位具备资格的人进行评估（APABE，2017）。对于破坏性采样，应该确认如果不进行破坏性采样，是否可以从骨架上获取信息？

杜伦大学考古学系人类骨骼学实验室收藏骨骼遗骸的使用申请

姓名..

职位（例如，研究助理、博士研究生、本科生、硕士研究生）............................

隶属机构..

导师（及其电子邮件地址）；请提供一封导师的支持信............................

地址..

电子邮件..

传真..

电话..

简短概述研究项目，包括标题..

....

....

是否是本科生/硕士/哲学硕士/博士论文？..

是否是研究经费资助的某研究项目的一部分？..

希望使用哪一个骨骼收藏？..

希望观察多少个骨架？是否希望观察特定的骨骼人群或特定的骨骼个体？............

是否希望查阅骨架的其他记录？..

时长（天/周/月）？..

何时（请给出大致日期；请给出三个可能的选项）？

1..

2..

3..

计划采用哪种类型的分析（例如，肉眼观察，射线成像，摄影，采样）？............

所采用的分析技术是否会破坏骨骼样本？..

是否需要使用任何设备、是否自带设备？..

是否计划发表任何采集到的数据？..

申请人签名.. 日期............

（此表格一经签署，申请人完全理解下列概述的协议，并同意遵守这些条款）

导师签名（酌情）..

作为上文所提及学生的导师，我支持该学生申请使用骨骼和其他样本。我也认可我对该学生的行为负有最终责任。

签名.. 日期............

该表格一经签署，申请人必须保证

1. 阅读杜伦人类骨骼学实验室制定的骨骼遗骸处理指导方针
2. 处理骨骼遗骸时务必极其小心，维持骨骼收藏的最佳状态
3. 将正确的骨骼放回各自的箱子里，请勿弄混不同骨架的骨骼，请按照原先的样子重新包装骨骼
4. 提供一份清单，罗列出研究的骨骼和其他样本
5. 提供因研究骨骼样本而生成的所有论文、书籍、照片、射线影像等的副本
6. 在因分析骨骼收藏而发表的所有出版物中感谢杜伦大学考古学系和遗址的发掘人员

工作人员填写

收到申请表（日期）..

评估申请（日期）..

允许或拒绝申请（日期）..

使用人类遗骸的更多条款？..

图四七　杜伦大学考古学系人类骨骼学实验室收藏骨骼遗骸的使用申请

如果需要进行破坏性采样，那么理想情况下应该避免采集骨骼的病变部位，除非专门为了分析病变的骨骼，这样才算具有充分的正当理由（APABE，2017）。在采样之前，应该酌情对所要采集的骨骼和牙齿进行详细的描述性记录、摄影记录和射线影像记录，之后可能需要对破损进行修复，以使骨骼恢复完整，或将被破坏的部分制成模型。《亚利桑那州立博物馆破坏性测试政策》（*Arizona State Museum Destructive Testing Policy*）（Cassman et al.，2006b）涵盖了评估破坏性采样价值的有用原则（也见 APABE，2013）。该政策包含考量所计划进行的分析可能获得的信息，分析方法是否合理，研究人员能否胜任，破坏性采样对骨架造成的损失、损坏、变形的程度与其独特性的考量，以及申请采样可能带来的文化敏感。

除了《任务说明》以外，每个机构应该为处理其保管的人类遗骸制定一份《使用政策》，并确保那些使用遗骸的人遵守这一政策。《使用政策》应该包括（Cassman et al.，2006b）：在哪里使用人类遗骸；谁负责分配时间和区域；可以使用哪些器材和设备；参观者是否需要穿戴手套和其他保护服；是否允许进行摄影记录、射线影像记录以及破坏性采样；出版事宜——如是否会寄送稿件给保管机构，在稿件中对谁表示感谢；采集到的数据以及摄影记录、射线影像记录的副本是否会留给保管机构。

遗骸处理的指导方针应该分发给每位工作人员（基于《道德准则》——相关建议见 Alfonso et al.，2006），同时应该配备可用于操作遗骸的场所设施。研究人员和学生应该穿戴实验室工作服和手套，这样做既可以保护自身，还可以保护骨架。另外，应该做好心理准备和个人准备（Cassman et al.，2006b），而只有具有明确的目的才可以操作、分析人类遗骸。正如卡斯曼和奥德加德（Cassman et al.，2006b）所述，处理遗骸时应该谨慎。生物考古学总体上缺少《道德准则》的现象"令人震惊"（Alfonso et al.，2006），笔者倾向于同意这一观点，虽然有些英国机构确实已经制定了相关准则（例子见 http://babao.org.uk/index/ethics-and-standards），或认可并支持其他机构制定的准则（例子见 http://www.dur.ac.uk/archaeology/research/ethics/）。道德准则可以概述可接受的行为和实践标准，并罗列了职业行为和责任（MacDonald，2000 对此进行了界定，后被Alfonso et al.，2006 引用）。很明显，生物考古学家对准则涉及的各类人均负有责任——这些人包括科学界、大众（某些国家的原住民团体）、拨款机构、学生及其所属机构、政府以及研究"对象"（此处指人类遗骸）。但是，如果相关准则是由保管骨骼遗骸的机构制定的，那么这份准则有利于评判最佳实践，与此同时，如果公众对于研究人类遗骸的人是否尊重遗骸心存疑虑，这份准则也有助于打消公众的疑虑。

此外，建议工作人员记录并报告遗骸保存状况出现的任何明显的恶化（APABE，2017），而《使用日志》（Access Log）是监测遗骸保存的好方法（Janaway et al.，2001）。通过《使用日志》和最初的《状态评估》（见上文）对人类遗骸收藏的"使用损害"进行监测，有助于合理调整特定骨骼收藏的使用安排。如果能够定期填写骨骼收藏的《状态评估》并加以报道，应该也能敦促那些处理遗骸的人加倍小心。不久前的一项研究显示了骨骼收藏的使用对其保存状况的影响（Caffell et al.，2001），这使得《状态评估》的撰写尤为重要。这项研究调查了两处考古遗址发现的成年人骨架自成为机构收藏后出现的破损。研究人员依据"频繁使用"和"较少使用"两项标准，选择了两处遗址的 40 具骨架，以及一小部分（5 具）"没有使用过"的骨架。随后，将当下的骨骼保存状况与获得骨骼时或此后不久拍摄的照片进行比较分析。其结果发现骨架的破损包括骨骼部位丢失（增加）、骨骼出现死后断裂、骨骼表面侵蚀。使用最频繁的骨架自然出现的破损最多、丢失的骨骼部位也最多，手脚的骨骼以及牙齿丢失最多。这项研究还发现，用来修复骨骼的胶水多数失效了，而黏合偶尔会导致骨骼出现新的裂缝。建议最好在发掘之后立刻由生物考古学家填写《状态评估》，而保管机构获得骨骼遗骸时也要填写《状态评估》（Janaway et al.，2001）。目前无法得知在研究或保管过程中是否例行填写《状态评估》。当然，以笔者使用各类机构馆藏骨骼的经历，希望在箱子里找到的骨骼和实际装在箱子里的骨骼有时大相径庭。

第六节　总　　结

高效且正确地发掘、发掘之后处理、保护和保管人类遗骸对生物考古学研究和教学至关重要，这些程序最终会为所有人提供有关我们祖先一生的详细信息。尽管已有相关的指导方针，但尽最大可能贯彻指导方针的建议在本质上是发掘人员、生物考古学家、文保人员和保管人员的责任。指导方针的实施通常取决于可支配的时间和经费，而时间和经费是有限的。在英国现行的抢救性考古发掘方式下，开发商无法例行负担用于骨骼遗骸后续研究的资金，如标示骨骼的费用。尽管如此，已经完成的生物考古学研究能够充分证明所花费的时间和经费是合理的。由于生物考古学对于了解人类历史至关重要，如果最终不能正确处理遗骸，那么从遗骸中获取的信息会大打折扣。

第七节　学习要点

- 发掘、记录土葬和火葬遗骸耗费时间，并且需要非常小心、全神贯注。
- 发掘团队中应该有熟悉骨架及其研究的工作人员。
- 特定的埋葬环境可能会存在健康危害，但是这类环境在英国极为少见。
- 处理人类遗骸需要非常小心，以确保遗骸的完整性，并避免丢失有价值的信息。
- 在分析结束之后、移交保管机构之前，建议对每具骨架进行状态评估，以便监测遗骸在保管过程中的状态。
- 人类遗骸的保护处理具有破坏性，并且会影响之后的科学分析，只有在绝对必要时，才可以由受过训练的文保人员进行保护处理。
- 如必要，仅应由文保人员或生物考古学家小心修复人类遗骸。
- 保管人类遗骸的环境应该温湿可控，对遗骸的状况应该经常进行监测。
- 建议保管人类遗骸的机构制定《道德准则》、《使用程序》和《使用日志》，以及使用人类遗骸收藏的政策。
- 保管人类遗骸的机构应该雇用专人从事保管工作、监测遗骸的状况、管理遗骸的使用。

第五章　数据的记录和分析
（一）：重要的基础信息

人类遗骸是了解古代人类生活最真实和最直接的证据……（人类遗骸）是最富含信息的考古学证据之一（Gowland et al.，2006）。

第一节　绪　　论

在开始讨论人类遗骸的分析方法以及可能从人类遗骸上采集到的信息类型之前，我们必须先讨论采集数据的工作环境。

第二节　在实验室环境中工作

正如上文反复提及的那样，研究考古遗址出土的人类遗骸是在特定条件下被赋予的一种特权，而不是与生俱来的权利，因而保管人类遗骸的机构应该为实验室工作制定一份指导方针。下文罗列了一些总体的建议。

（一）实验室布局

记录、研究人类遗骸需要在一个专门的"实验室"中进行，这个"实验室"更常被称作"工作间"，如果需要的话，可以在工作间里摆开人类遗骸，但是理想情况下，摆开人类遗骸的时间越短越好（图四八）。除了实验室的工作人员，应该禁止人们随意进出或参观实验室，（大学）开放日等情况除外。任何时候都应该保证实验室的安全，实验室内不允许进食或饮水。实验室内应该安放有实验台和架子，实验台的大小应该足够摆开一具完整的骨架，架子应该能放置装有人类骨骼样本的箱子（见第四章）。此外，可能还需要更多的架子放置塑料解剖学骨架和塑料解剖学模型、用于对比的

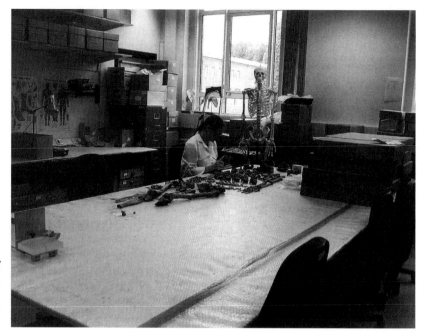

图四八 典型的人类骨骼学实验室 [杜伦大学考古学系（Department of Archaeology, Durham University）—— 夏洛特·罗伯茨授权]

射线影像、书籍，还可能需要放置文件的文件柜等。实验室内应该准备一个梯子，以便安全地取放架子上的物品，与此同时，清洗骨骼和洗手的设施也是必备的，包括筛子、盆、软刷。然而得益于抢救性考古发掘工作，骨骼和牙齿在被生物考古学家分析之前，通常已经清洗过了。实验室内还需要充足的光源以便高效地观察遗骸，可以配备常规的顶部照明和带有放大镜的悬臂台灯。射线成像观察箱对于观察、分析以及解释射线影像必不可少，固定在墙上的观察箱是最为理想的。

（二）实验室着装

穿戴实验室工作服和手套可以避免人类遗骸和生物考古学家之间的相互污染。使用一次性手套处理人类遗骸目前在一些机构中属于常态，这样做可以保证工作人员的安全，尊重遗骸本身，还能避免污染后续研究的样本（Cassman et al., 2006b）。但是，对于正在学习骨骼上解剖部位细微差异的学生来说，不使用手套、直接进行操作更为可取，这种情况在英国比较普遍。如果人类遗骸布满灰尘或者粘有土壤，可能还有必要戴口罩以防止刺激呼吸道。

（三）研究人类遗骸

研究人类遗骸的实验台应该覆盖有织物或微泡沫等固定材料，这样就不会损坏骨骼（Cassman et al., 2006b）。处理所有的人类遗骸都应该极为小心，应该使用双手处理长骨和颅骨等较大的骨骼，而面颅骨极为易碎，软木圈、装满豆子的袋子、胶带圈、甚至气泡膜做成的圈均可用于防止颅骨在工作台上滚动甚或是滚落到地上。与此同时，还应该留意较小的骨骼和牙齿，确保不忽视、不丢失这些细小骨骼和牙齿。可以使用大小不同、底部铺垫有保护材料的塑料托盘将破碎的骨骼、一具骨架的一部分骨骼及手骨和足骨归置在一起；塑料托盘还便于在实验室内移动骨骼。将两块以上的骨骼拼对成一个关节并活动这个关节是不可取的，因为这会损坏关节表面（Cassman et al., 2006b），塑料关节模型足以用于教授学生们关节的运动。一次应该只研究一具骨架，以防止混淆不同个体的遗骸，而在研究的最开始，应该先将骨骼按照正常的解剖位置摆开，就如同这个人仰面躺在实验台上。

（四）设备

在工作台上摆开人类骨骼遗骸后，可以使用一系列基本设备来研究骨骼。首先要考虑的是测量设备。尽管可以使用精密的激光扫描技术和特殊的电脑软件对骨骼和牙齿进行三维测量（例子见O'Higgins，2000；Plomp et al., 2015），多数人类遗骸研究者使用传统的测量技术和测量工具。通常使用游标卡尺和弯脚规测量骨骼和牙齿的长度和直径，但是测量的时候必须要特别小心，避免（经常）尖锐的卡脚破坏骨骼。使用测骨盘测量下肢长骨时也可能破坏骨骼，同样，使用下颌骨测量器测量下颌骨也可能破坏骨骼，而卷尺（理想情况下应该使用布卷尺）则有利于保护骨骼的完整性，通常使用卷尺测量周长。已知年龄和性别的耻骨联合面模型和肋骨胸骨端模型是鉴定成年人年龄的参照物，因此是必不可少的，类似的还有用来记录牙齿非测量性状的"亚利桑那州"（Arizona）牙齿模型（详见后文）。有的出版物为骨骼遗骸的年龄和性别鉴定提供了对比数据、研究方法和插图，还有的出版物描述了人类遗骸的测量以及骨骼和牙齿的非测量性状，这些相关出版物为人类遗骸的研究提供了基础。

作为一个强大的、提供光源照明和图像传感的光导纤维镜头系统，内窥镜在临床医学中被大量应用于人体内部的成像（Cassman et al., 2006b）；内窥镜可以被安装在镜头或录像机上。一个直径 2 毫米的内窥镜可以被用来观察骨骼内部，如完整颅骨的内部、窦道和耳道的内部。实验室内或者实验室附近的场所中应该备有可以使用的摄影器材，以便拍摄传统照片和数码照片。拍摄的照片应该具备适当的比例尺，使用深色背景布。当然，随着数码照片的推广，生物考古学家现在配备设备、可以将照片发送给其他人并征求意见，而出版商通常要求作者提供数码格式的照片（高分辨率：最小 350 像素每英寸）。目前，三维图像也越来越多地用于生物考古学中（例子见 Errickson et al., 2017）。

实验室应该配备便于人们使用的平片射线成像设备，酌情配备射线成像机（radiography machine）（目前通常配备"电子"射线成像机）、射线成像金属板（radiographic plates）、技术支持和图像处理设备。尽管如此，多数参与抢救性考古发掘的生物考古学家没有自己的射线成像设备，我们也不要期望这些生物考古学家能有自己的射线成像设备。一些机构可能会配备更为精密的射线成像设备，如计算机断层扫描可以将人体或者骨骼的每一层拍摄成射线影像。许多生物考古学家之前使用医院的设备拍摄射线影像，但是医院的设备应该用于活人而非死人，除非是在非正常工作时间使用医疗设备，并且支付全款。在田野工作中可以使用手持射线成像机，虽然正如上文所述，出于经费原因，发掘项目并不会大量购置手持射线机。最后，生物考古学实验室中通常配备放大镜和低倍显微镜，这仅仅是为了近距离观察骨骼和牙齿上的细节特征。举例来说，放大镜和低倍显微镜有助于区别死后破坏和围死亡期创伤，还可以观察牙齿上的牙釉质发育不全现象。如果要开展更为复杂的组织学分析，如通过观察骨骼切片鉴定个体的死亡年龄，或是观察病变骨骼的组织学特征从而诊断疾病，那么可能需要扫描电镜等更加精密的显微设备以及技术支持。正如前文所述，这些分析技术的使用取决于设备的可获取性和实际需求；在抢救性考古发掘中，提供经费编写人类骨骼报告的是开发商，这些研究方法对于满足开发商的要求通常是可有可无的。

尽管如此，为此后参与抢救性考古发掘的英国生物考古学家提供射线成像和组织学设备是非常有益的。

（五）标准化的人类遗骸记录、记录表、电子表格和数据库

在详细介绍人类遗骸的分析方法之前，应该先对记录人类遗骸的方法进行概述。在英国的抢救性考古发掘中，在开始全面记录骨骼遗骸之前，先要完成一份评估报告，以便评估人类遗骸潜在的研究价值、其他发现以及预算（English Heritage；2004）。评估报告应该在规划和田野工作完成之后开始撰写，并在数据分析和发布之前完成。英格兰遗产委员会（English Heritage，2004）详细指导了理想的评估报告和详尽的人类骨骼报告所包含的内容（人类遗骸的数量、人类遗骸的保存状况、成年人和未成年人的比例、出现骨骼病变的个体所占的比例、人类遗骸的潜在价值、花费、需要的工作时间、保管准备）。读者可以参阅英格兰遗产委员会（English Heritage，2004）的指导以便获得更多信息。

在布伊克斯特拉和乌贝拉克（Buikstra and Ubelaker，1994）制定的标准出版之前，英国生物考古学家参考布拉斯韦尔（Brothwell，1981）的著作和巴斯（Bass 第一版出版于 1987 年，目前的版本出版于 2005 年）出版的工作手册中对于记录人类遗骸的综合指导，这一时期的生物考古学家并未考虑使用标准的方法采集数据。例如，在鉴定骨骼个体年龄或测量骨骼时使用了不同的方法。自从布伊克斯特拉和乌贝拉克（Buikstra and Ubelaker，1994）确立了"数据采集标准"，越来越多的人已经开始意识到，使用同样的方法记录数据有助于切实可行地对比相同或不同地理环境和年代的骨架。除非生物考古学家有时间和经费记录想要使用的所有数据（这不太可能），否则就必须使用发表的数据，并需要确定这些发表的数据是按照同一种方法（正确地）记录的。布伊克斯特拉和乌贝拉克之后，以之为基础，布里克利和麦金莱（Brickley and Mckinley，2004）针对英国的骨骼遗骸，进一步制定了一份名为《人类遗骸记录标准指导方针》（*Guidelines to the Standards for Recording Human Remains*）的官方文件（图四九）。这份文件不久前经过更新（Mitchell et al.，2017）。此外，由俄亥俄州立大学发起的"全球健康史计划"（详见第一章）为欧洲模块建立了一套

Guidelines to the Standards for Recording Human Remains

IFA Paper No. 7

IFA

Editors: Megan Brickley and Jacqueline I McKinley

图四九　英国生物
人类学和骨骼考古
学会《人类遗骸记
录标准》的封面
（BABAO 授权）

"编码格式"（a coding format），这套编码格式记录了每具骨架中所应记录的数据。该项目在世界上多个地区建立起了显示人类健康历史的大型数据库，就对比分析而言，数据库中的数据足够可靠。

在制定数据采集标准的同时，出于进一步研究（当前的研究变得更为复杂）和存档的考虑，学者也设计了自己的"纸质版"数据采集表、电子表格和数据库。由于时间和篇幅有限，这里无法对这些表格和数据库加以评估。无须赘言，如果遵循了上述指导方针、设计了恰当的数据采集表和数据库，并在需要时增加记录项目，如需要专门观察或测量"标准"之外的项目以便解答特定的研究问题，那么便能够充分记录人类遗骸上的数据。

第三节　骨骼的（宏观和微观）结构和骨骼的功能

在讨论如何辨认一具骨架的组成部分之前，要先介绍骨骼内部和外部、宏观和微观的结构。

（一）骨架的功能有哪些

人类的骨架具有一系列功能（图五○）。骨架是一个起到支撑作用的框架，如果没有骨架，我们就不能站立、坐下、行走、跑动或者做任何事。骨架保护人体脆弱的器官，举例来说，肋骨、胸骨和脊柱包围着肺，而颅骨包围着大脑。骨骼的表面为肌肉、肌腱和韧带提供附着点，这使身体得以移动。骨骼还形成造血细胞，存储钙、磷及红骨髓和黄骨髓。牙齿帮助我们咀嚼日常食物，也能帮助我们

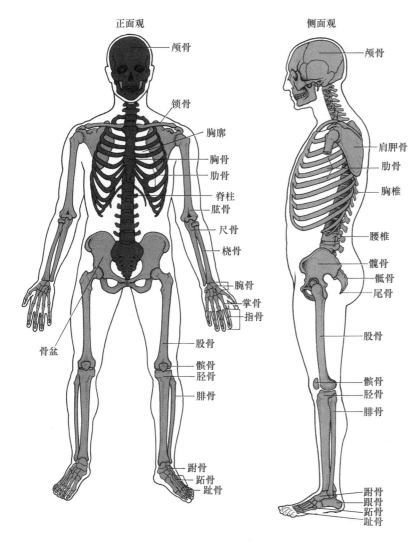

正面观

- 颅骨
- 锁骨
- 胸廓
- 胸骨
- 肋骨
- 脊柱
- 肱骨
- 尺骨
- 桡骨
- 腕骨
- 掌骨
- 指骨
- 股骨
- 髌骨
- 胫骨
- 腓骨
- 骨盆
- 跗骨
- 跖骨
- 趾骨

侧面观

- 颅骨
- 肩胛骨
- 肋骨
- 胸椎
- 腰椎
- 髋骨
- 骶骨
- 尾骨
- 股骨
- 髌骨
- 胫骨
- 腓骨
- 跗骨
- 跟骨
- 跖骨
- 趾骨

图五〇 标注骨骼名称的骨架（伊冯·比德内尔参照 Wilson，1995 重绘）深色区域是中轴骨骼；浅色区域是附肢骨骼

完成特定的工作。由此可见，如果骨骼出现任何形式的紊乱，那么上述任何一种功能均可能被影响。

（二）骨骼和牙齿的组成

骨骼组成了人体中最坚硬的器官，即人体中的连接器官，考古遗址出土的死亡的骨骼包含 40% 的有机物和 60% 的无机物（即不具"生命"特征）。但是，活体的骨骼中，有 20% 的结构是水，剩余部分的 30%～40% 是有机物，40%～50% 是无机物（Wilson，1995）。骨骼中 90% 的有机物是胶原，这是一种为骨骼提供弹力的蛋白质，而骨骼中的无机物主要存在于胶原基质纤维中，以磷酸钙形式出现骨矿物晶体，骨矿物晶体为骨骼提供强度和硬度。在个体去世后，骨骼中的有机组成部分也会死亡，这时骨骼会变得非常"硬脆"。

（三）骨骼、关节和牙齿的类型和结构

1. 骨骼

人类骨架由五种不同的骨骼组成：长骨（如股骨或大腿骨），短骨（如腕骨和跗骨），不规则骨（如构成脊柱的脊椎），扁骨（如肩胛骨和颅顶的骨骼），以及籽骨（如髌骨）（图五一）。长骨由中间的骨干和两端的骨骺组成。不同的骨骼组成了中轴骨骨骼（颅骨、包括末端骶骨在内的脊柱、胸骨以及肋骨）和附肢骨骼（上肢骨、下肢骨和骨盆）。成年人的骨架通常共有206块骨骼，虽然人们的颈部和腰部可以出现额外的肋骨（颈肋和腰肋），人们的脊柱也可以额外多出脊椎（通常在脊柱下部），人们甚至可能天生缺少一些骨骼（即某人出生时就缺少某一特定的骨骼）。

图五一　短骨、长骨、籽骨、不规则骨和扁骨的实例（斯图尔特·加德纳授权）

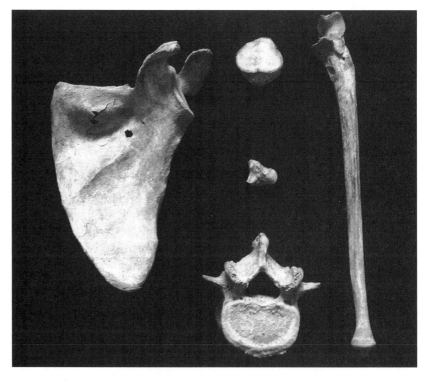

一块典型的长骨由许多"层"构成（图五二）。在骨骼活着的时候，最外层被称为骨外膜，这是一层纤维膜。骨外膜保护骨骼，为肌肉和肌腱提供附着点，骨外膜还供给血液。被软骨包围的滑液关节、被硬膜包围的颅内骨骼（硬膜是颅骨与大脑之间三层膜的最外面一层），以及脊椎与脊髓之间没有骨外膜。骨外膜之下是致密的骨密质或骨皮质。骨密质之下、位于长骨中心的是骨髓腔，骨髓腔内含黄（脂肪）骨髓。位于长骨两端的是骨松质（cancellous/trabecular/spongy bone），骨松质表面积很大，内部充满了能够生成红细胞的红骨髓。不同骨骼所含骨密质和骨松质含量不同，举例来说，脊椎含有大量骨松质和很薄的骨密质，而股骨的骨密质比脊椎要厚很多，其骨松质则相对较少。

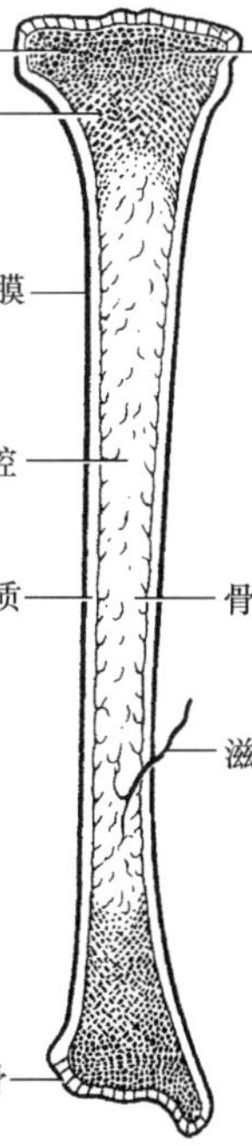

图五二 典型长骨的截面

（伊冯·比德内尔参照Wilson，1995重绘）

（1）显微结构

骨密质内含的显微结构名为哈佛氏系统（Haversian systems）（图五三）。哈佛氏系统又称骨单位，每一个哈佛氏系统或骨单位内含一个中央哈佛氏管（central Haversian canal），中央哈佛氏管内含神经、血管和淋巴管。淋巴系统是人体循环系统的分支（Wilson，1995）。淋巴管中的淋巴会带走身体组织中的废料、有害物质和微生物，将其集中在淋巴结中（大小不同的淋巴结分布在身体各处），淋巴结完成排污并处理掉废料之后，淋巴会回到血液中去。哈佛氏管被数层骨板环绕，每层骨板之间的空间被称为骨陷窝，骨陷窝包含淋巴和骨细胞。骨小腔连通骨陷窝和哈佛氏管内的淋巴管，从而使骨细胞从淋巴中获得营养物质。每一个哈佛氏系统之间隔着数层间骨板，而伏克曼管（Volkmann's canals）将每一个哈佛氏系统连通起来。

（2）骨细胞

骨细胞有三种类型，成骨细胞、破骨细胞和骨细胞。正如前文所述，骨细胞存在于哈佛氏系统内，骨细胞参与骨骼最终的矿化，限制骨骼中钙和磷的流动，并最终维持骨骼的结构。成骨细胞存在于骨外膜中，成骨细胞可以形成不成熟的新骨，成骨细胞有六个月的生命周期可以成骨（最终有10%～15%的成骨细胞演变成骨细

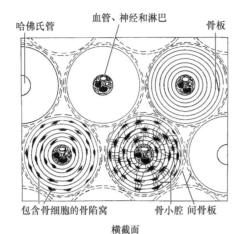

哈佛氏管　　血管、神经和淋巴　　　骨板

包含骨细胞的骨陷窝　　　骨小腔　间骨板

横截面

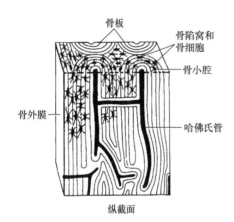

骨板

骨陷窝和
骨细胞

骨小腔

骨外膜

哈佛氏管

纵截面

图五三　骨骼的显微影像

（伊冯・比德内尔参照 Wilson，1995 重绘）

胞）。成骨细胞最初形成的骨被称为类骨质，即未进入矿化阶段的骨。破骨细胞在骨骼表面、骨外膜之下及骨髓腔四壁吸收或摧毁骨骼；破骨细胞存在于被称为豪西普陷窝（Howship's lacunae）的小型陷窝之中。对于健康的人来说，成骨细胞和破骨细胞会维持平衡的比例（在人的一生处于动态）。但是对于患病的人来说，如在患有骨质疏松的人中，破骨现象会多于成骨现象，其实际结果会是骨量的减少，骨量减少最终会导致骨折。最开始形成的骨被称为编织骨，如胎儿发育的骨骼、骨折愈合时形成的新骨及最初病变的骨骼，然而编织骨最终会被成熟的板层骨取代。编织骨充满孔隙（多孔），结构不统一。板层骨比编织骨强健、结构更为一致、孔隙较少。

（3）关节

一具骨架不同部位的骨骼通过关节组合在一起，关节共有三种典型的结构（细节详见 Wilson，1995；图五四）。第一种关节是滑液关节，自由活动的滑液关节按照其运动模式或关节形状又可以被细分为球窝关节（如髋关节）、铰链关节（如肘关节）、滑动关节（如手部腕骨之间的关节和脚部跗骨之间的关节）、枢轴关节（如脊椎最上面的两块脊椎，即第一颈椎和第二颈椎），以及鞍状关节（如手掌与大拇指根部之间的关节以及颞下颌关节，即下颌骨和颅骨之间的关节）。第二种关节是纤维关节或固定关节，这种关节不能移动，如颅骨（骨缝相接）的骨骼和上下颌骨齿槽内的牙齿。第三种关节是可以稍微移动的软骨关节，这类关节包括脊椎之间的关节和骨盆前部的关节（耻骨联合面）。

关节表面覆盖有软骨，软骨也是一种连接组织，其内包含成软骨细胞、破软骨细胞和关节软骨细胞，这些细胞的功能和相对应的骨细胞功能一致。透明软骨包裹着骨骼末端的关节和脊椎的椎体，而纤维软骨则构成了脊椎椎间盘的一部分（Wilson，1995）。纤维组织构成了肌鞘，肌鞘自骨骼上附着的肌肉延伸成为肌腱，而韧带是由纤维软骨组成的，韧带将骨骼连接在一起（如下肢的胫骨和腓骨）。骨架上附着的肌肉可分为随意肌和横纹肌两类，之所以称为随意肌是因为这类肌肉的收缩和舒张是由意识控制的（不同类型的肌肉、肌肉附着的骨骼、肌肉的运转详见 Stone et al.，1990）。身体软组织需要依附在骨架上，以使人们站立和坐直，而缺少关节、肌肉、肌腱和韧带，或是缺少这些器官联合运转，人体便无法移动（图五五）。在生物考古学中，人们经常忘记"我们的"骨架曾经是活着的，会呼吸的，有肉体包裹的，并且会动，能意识到这一点对于理解疾病对骨骼的影响至关重要。

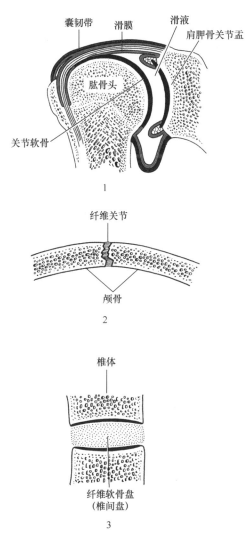

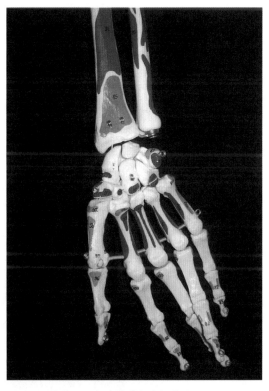

图五四　不同类型的关节
1. 滑液关节　2. 纤维关节　3. 软骨关节
（伊冯·比德内尔参照 Wilson，1995 重绘）

图五五　标注了肌肉的前臂和手部骨骼
红色代表肌起端（origin of muscle）；蓝色代表肌止端（insertion of muscle）（夏洛特·罗伯茨授权）

（4）血液和神经供给

动脉和静脉的血液可以非常充足地供给骨骼，数量众多的血管为人体所有部位的典型骨骼输送着富含氧气的血液。从骨骼上特定部位的小孔可以看出血管进出骨骼的迹象，如胫骨后上部的小孔。一旦进入骨骼，输送血液的血管便分支成为更小的小动脉和毛细血管，而将血液输出骨骼的静脉和微静脉最终会流回心脏。神经伴随着血管进入骨骼，关节、扁骨和脊椎处的神经较多。

（5）方位名词

描述骨骼的方位名词有许多，所有研究人类遗骸的人都应该熟悉这些名词。方位名词包括：近端（proximal，靠近中心）、远端（distal，远离中心）、前（anterior）、后（posterior）、颅侧（cranial）、背侧（dorsal）、外（external）、内（internal）、下（lower）、上（superior）、外侧（lateral，远离正中矢状切面）、内侧（medial，靠近正中矢状切面）、腹侧（ventral）、颅外（ectocranial）、颅内（endocranial）。

2. 牙齿

（1）类型

上下颌齿槽内的牙齿在正常情况下有四种类型：门齿（incisors）、犬齿（canines）、前臼齿（premolars）和臼齿（molars）（图五六），虽然乳齿（milk or deciduous teeth）不包含前臼齿。门

图五六　不同类型的牙齿
上——乳齿（从左至右：门齿、犬齿和臼齿）；下——恒齿（从左至右：门齿、犬齿、前臼齿和臼齿）（蒂娜·雅各布授权）

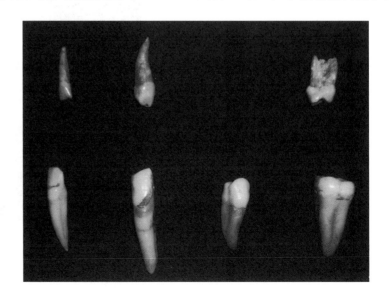

齿切割食物，犬齿撕裂食物，而前臼齿和臼齿碾碎、研磨食物。正常情况下，乳齿共有 20 颗，上颌和下颌齿槽各有 10 颗，每一侧包括 2 颗门齿、1 颗犬齿和 2 颗臼齿。恒齿（permanent teeth）会取代乳齿，成年人的恒齿在正常情况下共有 32 颗（上颌和下颌齿槽各有 16 颗），每一侧包括 2 颗门齿、1 颗犬齿、2 颗前臼齿和 3 颗臼齿。但是，人们有时可能会出现额外齿或者牙齿先天缺失的现象，如现今人群的第三臼齿（"智齿"）经常缺失，而乳齿在恒齿萌出之后可能会保留在原来的位置（见 Hillson，2014；以及 Irish et al.，2016 中的相关章节）。

（2）结构

牙齿最基本的结构包括牙冠和牙根，不同类型的牙齿可能有一个或多个牙根（图五七）。牙齿外层的牙釉质包裹着其内的牙本质，牙本质内有髓腔（pulp cavity），髓腔内有血管和神经。牙骨质和牙周膜（periodontal ligament）将牙齿固定在上下颌骨的齿槽中。牙釉质几乎全部由无机物构成（96%～97%；Hillson，1986），牙釉质包含成釉细胞（enamel cells / ameloblasts），成釉细胞由一种叫作釉柱（prisms）的显微结构组成；牙釉质内部的增量结构（incremental structure）可以被用作鉴定个体的死亡年龄并指示牙齿承受"压力"。牙釉质之下的牙本质多由无机物构成，但也有少量的有机成分（大约 18%），这些有机成分主要是胶原。牙本质包含成牙本质细胞（dentine cells / odontoblasts）、被称为牙本质小管（dentinal tubules）的显微结构以及增量结构。此外，三分之二的牙骨质是由无机物构成的，其内含有成牙骨质细胞（cement cells / cementoblasts）和增量结构。

（3）方位名词

和骨骼一样，也有相应的方位名词被用来描述牙齿。牙齿的方位名词包括：唇面（labial，朝向嘴唇的那一面，特指犬齿和门齿）、颊面（buccal，朝向脸颊的那一面，特指前臼齿和臼齿）、舌面（lingual，朝向舌头的那一面）、近中面（mesial，靠近正中矢状切面的那一面）、远中面（distal，远离正中矢状切面的那一面）、咬合面（occlusal）、牙冠

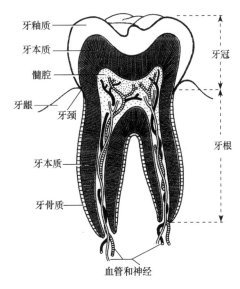

图五七　典型牙齿的截面
（伊冯・比德内尔参照 Wilson，1995 重绘）

图中标注：牙釉质、牙本质、髓腔、牙龈、牙颈、牙本质、牙骨质、血管和神经、牙冠、牙根

（crown，牙龈之上、覆盖牙釉质的部分）、牙颈［neck，牙冠之下缩紧的部分，也被称作釉牙骨质界（cemento-enamel junction or CEI）］、牙根（root，牙冠和牙颈之下、齿槽之内、被牙骨质覆盖的部分）。

第四节　开始分析一具骨骼：辨认人类的骨骼和牙齿（包括破碎的样本）

　　生物考古学家旨在采集有关个体性别和死亡年龄的特定信息，并通过测量特定项目、观察非测量性状、辨认疾病证据来记录骨骼和牙齿上指示正常变异的特征。但是，辨认每一个墓葬中保留的人类骨骼和牙齿，并在实验室中将骨架按照解剖位置摆开是第一项工作。实验室内应该备有易于获取的解剖学参照骨架，以便为辨认骨骼和牙齿提供参考，实验室内还应该备有一份合适的、含有解剖学细节的文档，如 Abrahams et al.（2002），White（2012），White et al.（2005）以及 Bass（2005），未成年人的骨骼遗骸可以参阅 Scheuer and Black（2000a）和 Van Beek（1983），牙齿可以参阅 Hillson（1986，1996a）。应该辨认出骨骼和牙齿的部位，并辨认出骨骼和牙齿是左侧还是右侧（对于牙齿来说，还要辨认出是上颌牙齿还是下颌牙齿）。当然，有些骨骼和牙齿的部位和左右侧比较容易辨认，而破碎的骨骼有时较难辨认，但是了解牙齿和骨骼截面的形态有助于辨认破碎的骨骼（图五八、图五九）。

　　在辨认骨骼时应该思考如下几点问题。

　　1）是否是人类骨骼？

　　2）哪种类型的骨骼？

　　3）哪块骨骼？

　　4）左侧还是右侧？

　　找到标志性的解剖学特征，如血管和神经孔（图六〇），肌肉附着处，或者其他某一骨骼和牙齿上凹凸不平的特征非常重要。

　　辨认牙齿时思考的关键问题有以下几个。

　　1）是否是人类的牙齿？

　　2）乳齿还是恒齿？

　　3）哪一种类型的牙齿？

　　4）上颌牙齿还是下颌牙齿？

　　5）门齿、前臼齿还是臼齿？左侧还是右侧？

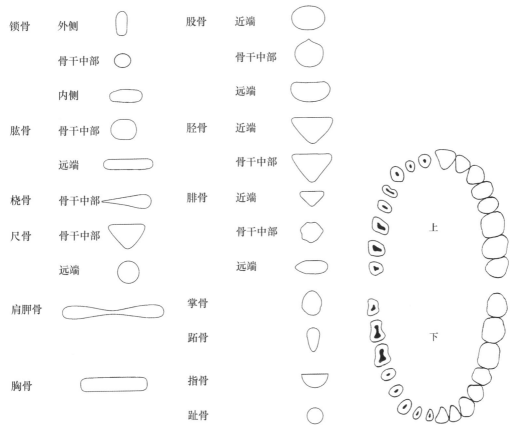

锁骨	外侧		股骨	近端	
	骨干中部			骨干中部	
	内侧			远端	
肱骨	骨干中部		胫骨	近端	
	远端			骨干中部	
桡骨	骨干中部		腓骨	近端	
尺骨	骨干中部			骨干中部	
	远端			远端	
肩胛骨			掌骨		
			距骨		
胸骨			指骨		
			趾骨		

图五八　有助于辨认骨骼碎片的骨骼部位及其横截面轮廓
（夏洛特·罗伯茨原创，伊冯·比德内尔重绘）

图五九　有助于辨认不同磨耗牙齿的横截面轮廓
（伊冯·比德内尔参照 Van Beek，1995 重绘）

上

下

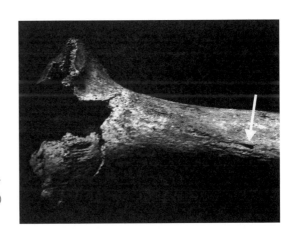

图六〇　通过肌肉附着处、血管和神经口辨认破碎的骨骼（胫骨近端）
（夏洛特·罗伯茨授权）

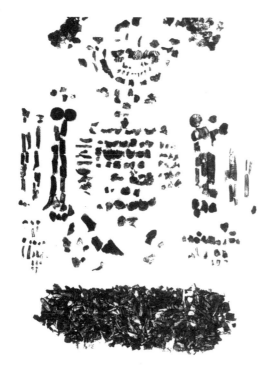

图六一 火葬人类遗骸：诺福克郡斯庞山盎格鲁-撒克逊墓地（编号1665：青年女性；插图底部是无法辨认的骨骼）

（版权：诺福克环境历史委员会，诺福克博物馆和考古中心）

火葬的人类骨骼往往非常破碎（图六一、图六二），正如麦金利（McKinley，2006）指出的那样，这或许解释了为什么直到最近一段时间，相较于土葬遗骸，火葬遗骸的研究非常欠缺（但是Schmidt et al.，2015提出了不同观点）。但是，得益于麦金利开展的大量关于火葬遗骸的研究（McKinley，2013），生物考古学家似乎不太"害怕"研究这一具有挑战性的"样本"。火葬遗骸的碎片大小不一，火葬过程、火化后收集和埋葬骨灰的方式、考古发掘及发掘后的处理均会影响碎片的大小（McKinley，1994b）。本质上，生物考古学家分析的骨骼碎片是"死后"的一系列活动造成的，这些碎片不一定代表沉积之后紧接着形成的碎片大小。辨认火葬的骨骼碎片往往充满挑战，尽管骨架中较小的骨骼通常保存完

图六二 英格兰东约克郡发现的铁器时代火葬人类骨骼

（鸣谢：约克骨骼考古中心）

整（如指骨和趾骨）。在古代，一具遗骸经过火化，平均会剩余50%或更少的骨灰被埋葬；在被埋葬的骨灰中，可能被辨认出是牙齿还是骨骼的骨灰只有30%～50%（McKinley，2006b）。此外，骨灰的重量可能暗示着火葬之后一具原始尸体可能被保存下来的比例。通过分析大约5000例英国不同时代的火葬遗骸，可知一名成年人骨灰的重量可能为57～3000克，而两名成年人的合葬墓可能会有超过2000克的骨灰，尽管许多双人合葬火葬墓骨灰的重量要远小于这一数值（McKinley，2006b）。如果骨灰的重量大于3000克，那么该火葬墓可能是多人合葬，但是骨灰中可能会包含动物骨骼。因此，总体来说，重量不能明确指示火葬墓中埋葬的个体数量。骨骼碎片的数量实际上可能和火葬后收集骨灰的时间长短有关，而收集骨灰所用时间的长短可能和死者的地位和受拥戴的程度有关（McKinley，2006）。

有时，未经焚烧或经过焚烧的人类遗骸中可能混有动物骨骼，能否区分这些动物骨骼和人类的骨骼极为重要。相对来说，如果具备良好的人体解剖知识，便能够较为容易地辨认两者的区别，但是破碎的动物骨骼可能比完整的动物骨骼更加难以辨认，因而动物骨骼参照收藏以及辨认动物骨骼的使用手册是必备的（例如Schmid，1972；Cohen et al.，1996；Hillson，1996b）。此外，区别人类骨骼和动物骨骼组织学差异和射线成像差异的方法也有许多（例如Owsley et al.，1985；Chilvarquer et al.，1991；Dominiquez et al.，2012；Hillier et al.，2007）。人类和动物单个骨骼的形态在本质上较为相似，但是不同物种同一部位骨骼的不同部分有着不同的比例（图六三）。用来辨认人类骨骼和动物骨骼的特征包括：人类与动物骨骼和牙齿的截面形状不同；动物骨骼的骨密质通常更加致密、孔隙更少；人类骨骼和动物骨骼骨密质的显微结构不同（如哈佛氏管的直径不同）。与此同时，人类骨骼和动物骨骼在射线影像中的特征不同，如骨松质的模式不同。在生物考古学中，辨别人类骨骼和动物骨骼的常见错误包括将人类胎儿的骨骼错认为未成年的家猪、兔子或者狗的骨骼，以及将人类手脚的骨骼错认为熊的掌骨或者猪、羊的趾骨。除了考古遗址出土的遗骸，在法医鉴定这一必须正确辨认人类和动物遗骸的领域中，也存在着区分人类骨骼和动物骨骼的问题，正确辨认火化的人类和动物骨骼也非常重要，这是因为火化的动物骨骼可以反映埋葬仪式——动物骨骼可能是火葬堆祭品的一部分。

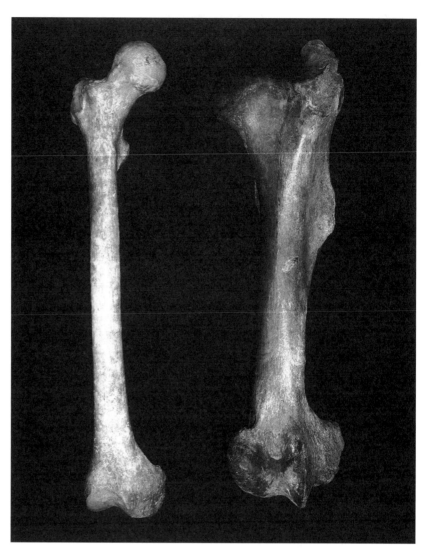

图六三 对比人类
的股骨（左）和马
的股骨（右）
（夏洛特·罗伯茨授
权）

　　记录时，通常在骨骼示意图上将每具骨架保存下来的骨骼涂
黑，牙齿则被记录在有对应记号的表中（图六四）。应该对每具骨
架保存的骨骼和牙齿进行统计，并填写一份清单。Brickley（2004a，
2017）、Connell（2004；Antoine，2017b）、McKinley（2004b，2004 c；
McKinley et al.，2017）均对统计骨骼、牙齿、火化的人类骨骼、脱节
的骨骼、多个骨架混杂的遗骸［如藏骨堂（ossuary）或灰坑］进行了
指导，此外，Ubelaker（2002）中介绍混杂遗骸分析方法的章节也非
常有用（如同一类型、同一侧的多个骨骼）。完成了骨骼和牙齿统计
之后，便可以估算最小个体数。通过统计现存的骨骼和牙齿，找出数

量最多的骨骼或牙齿，这便是最小个体数。在最小个体数计算的最终步骤之前，需要考虑下列变量：骨骼显示出的个体死亡年龄（成年人还是未成年人）、生物性别（如果可以鉴定的话）、骨骼的大小和类型、左侧还是右侧、骨骼显示出的病变，如组成某一关节的多个骨骼如果出现类似的骨关节炎病变，则可能属于同一个个体。这里举一个简单地确定最小个体数的例子，如果一处墓地出土了 50 个完整的左侧股骨和 55 个右侧股骨，那么最小个体数为 55 人。当然，估算破碎骨骼的最小个体数时，过程要更为复杂，举例来说，多块股骨碎片实际上可能属于一例完整的股骨。重要的是避免出现解剖重复，不要用骨骼碎片计算出比原有完整骨骼还多的数量。

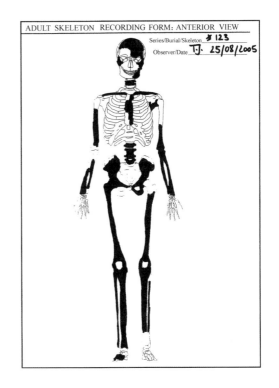

图六四　一张显示不完整骨架的示意图（蒂娜·雅各布授权）

第五节　性　别　鉴　定

人们初次见到一个人时，最先注意到这个人的主要特征可能是：这个人是男性还是女性，多大年纪，有多高。这些都是生物考古学家在研究任何一具骨架时，最先想要探究的基本问题。

（一）性别能告诉我们的信息

生物考古学家需要的第一个信息通常是骨骼遗骸显示出的生物性别。鉴定个体的性别（以及死亡年龄）是建立样本人群古人口结构的第一步。目前已有许多鉴定性别的方法，与此同时，新的方法也不断出现，从而提高鉴定的准确性，并为特定人群的性别鉴定提供更有针对性的方法（参见 Brickley，2004b；Brickley et al.，2017）。通过研究有档案记载、性别和年龄已知的骨骼收藏，生物考古学家采集了大量数据并建立了研究方法。使用最为频繁的骨骼收藏有罗伯特·特里骨骼收藏（美国华盛顿哥伦比亚特区史密森尼学会）、哈曼·托德骨骼收藏（Hamann Todd）（美国俄亥俄州克利夫兰自然历史博物馆）、科英布拉已识别的骨骼收藏（葡萄牙科英布拉大学人类学系）和路易斯·洛佩兹骨骼收藏［葡萄牙里斯本自然历史博物馆（Natural History Museum, Lisbon）］，这些都是20世纪早期收集的骨骼（见第一章中的介绍），此外还有斯皮塔菲尔德18～19世纪基督教堂出土的、现藏于伦敦自然历史博物馆的骨骼收藏（Molleson et al., 1993）。将从这些骨骼收藏中采集到的信息用于考古遗址出土的人类骨骼时，必须要假定骨骼上用来鉴定个体性别和死亡年龄的特征形态从来没有改变过，与此同时，还要假定这些骨骼人群生前摄入的食物、行为和生活环境和现在的人群一样。这很明显是不可能的，正如米尔纳等（Milner et al., 2000）强调的那样，这些骨骼收藏是"经过挑选的样本"。举例来说，人们摄入的食物总是随着时代而变化，因此古代人群的生长速度可能和当今人群的生长速度很不一样。然而，由于从这些骨骼收藏中采集到的数据是唯一可用于鉴定考古遗址出土人类骨骼性别和死亡年龄的依据，因此我们别无选择，但是我们必须认识到这些问题。

由于有些年龄鉴定方法只能用来鉴定性别已知的骨骼个体，因此明确骨骼个体的性别能够使我们采用多种方法鉴定成年人的年龄（详见下文）。骨骼个体的性别对于估算身高也很重要。个体的性别还有助于揭示研究对象的健康模式、探讨男性和女性疾病发病率的差异（Grauer et al., 1998）。一般来说，女性具有更健康的免疫系统（Stinson, 1985；Ortner, 1998），因此女性能够更好地抵御疾病，当然古代男性和女性的社会分工不同，这一差异使得男女两性所面对的工作危害和工作环境不同（例子见 Larsen, 1998；Roberts, 2007）。古代男女两性摄入的食物可能也不相同，由于食物结构的营养程度会影响人体免疫系统的功能，因此不同的食物结构会影响男女两性患有特定疾病的可能性（现今人群的研究案例见 Dufour et al., 1997）。大量针对现今人群的研究揭示了男女两性之间许多不同的生活方式和疾病差异（例子见 Pollard et al., 1999a；Lane et al., 2000）。此外，当今西方国家女性的平均寿命比男性长，而有证据显示，男性不像女性那样经常看医生，这可能是导致某些疾病在男性中高发的原因（Courtenay, 2000）。这些采集自现今人群的数据对于揭示古代疾病很有帮助。

人的性别在母体怀孕时就已经确定。性别是指"将个体划分为'女性'或'男性'的特定基因和荷尔蒙组成，以及由此发育而来的第二性征"（Pollard et al., 1999b）。具有两条X染色体（XX chromosomes）的个体是女性，而具有一条X染色体和一条Y染色体（XY chromosomes）的是男性。但是，这一染色体（chromosome）组合模式存在许多变异，如非典型染色体模式（atypical chromosomal patterns）、性别焦虑（transexualism）和间性（intersexuality）。对于男性来说，骨骼和整体强壮程度等男性特征的发育主要取决于睾丸分泌的睾酮（testosterone）。对于女性来说，雌激素（oestrogen）不影响发育，因此如果个体的染色体是XX，那么这个人就是女性并且会发育成女性。由于睾酮催生男性特征，因此睾酮决定着两性差异；如果个体不具有睾酮，那么胎儿的细胞就会沿着女性（卵巢，ovarian）的轨迹发育（Saunders, 2000）。

成年人和未成年人骨骼上表现出的特征和性状可能会随着个体的年龄、生活方式和生活环境不断改变。举例来说，青年男性的骨骼通常表现出更多的女性特征，而老年女性的骨骼可能表现出更多的男性特征（Walker, 1995）。此外，如果仅有几具（甚或一具）骨架，尤其还是在骨架不完整的情况下，那么鉴定性别的时候必须非常谨慎，避免曲解观察到的骨骼性状。对于某一特定的小样本，那些普遍被认为是男性特征的骨骼性状在该小样本人群中可能代表着女性。如果骨架数量众多，这一问题便得以缓解，因为这时便可以将指示性别的骨骼特征按照变化程度进行排序。这意味着显示出男性或者女性特征的骨骼会出现在特征变化序列的任意一端，而那些男女两性特征不明的骨骼则出现在变化序列的中部，如果这些特征不明的骨骼更接近变化序列的任意一端，那么就说明个体更倾向于那一端所代表的性别。非典型染色体模式、易性癖和间性可能会影响那些普遍公认的、可以指示生物性别的骨骼特征的表现形态（Sofaer, 2006），尽管在生物考古学研究中这一观点尚未被彻底、严谨地研究过。

一具骨架的生物性别可以被分为基本的六类：无法通过肉眼观察法鉴定性别的未成年人、无法鉴定性别的成年人、男性、疑似男性（即骨骼特征更像男性而非女性）、女性、疑似女性（即骨骼特征更像女性而非男性）。在分析采集到的性别数据时，生物考古学家有时会把男性和疑似男性，或者女性和疑似女性这两类合并为一类，以便得到更理想的研究样本量。

（二）生物性别（sex）和社会性别（gender）

此处需要强调，生物性别和社会性别的概念是不同的，社会性别一词在现代语言中逐渐被用来代指生物性别。生物性别指的是两性之间的生物学差异，而社会性别指的是建立在两性生物学差异上的社会文化的差异，这种社会文化差异贯穿个体的一生。一个生物学上的男性或女性往往会是社会意义上的男性或女性，即他们的行为举止符合其所处社会对于男性和女性的期待。然而这一情况当然存在例外。有时一个人可能属于某一生物性别，但是其想法和行为举止却更像另一个生物性别的人。在生物考古学研究中，学者已经强调了区分使用生物性别和社会性别这两个术语的必要性，这是因为这两个术语指代着一个人的两个不同方面（Walker et al.，1998；也见 Sofaer，2006；Kirchengast，2015）。目前，已有生物考古学研究分别将骨骼遗骸的生物性别、社会性别以及墓葬中的随葬品联系在一起（如女性和首饰，男性和武器）。有的研究揭示了这两种联系之间的差异（例子见 Effros，2000），尽管正如乌科（Ucko，1969）很久以前就强调过的一样，在解释墓葬随葬品含义时必须非常谨慎。

（三）未成年人

鉴定未成年骨架，即未满 18 岁的骨架的生物性别非常困难，因此不建议对未成年骨架进行性别鉴定（Saunders，2000；Scheuer et al.，2000a）。这是因为骨骼上指示男性或者女性的特征变化直到青春期才会显现（鉴定骨架的青春期年龄见 Shapland et al.，2013）。但是，鉴定青春期晚期（16～18 岁）骨架的性别还是比较可能的。目前已有数篇发表的文章通过观察未成年骨架特定的骨骼特征进行性别鉴定，如骨盆（Holcimb et al.，1995；Luna et al.，2017）和颅骨（Molleson et al.，1998；Loth et al.，2001）的特征，尽管许多生物考古学家不会尝试鉴定未成年骨架的性别。

人类牙齿牙冠的测量数据可能也会指示个体的性别；犬齿牙冠的测量数据是最有用的（Hillson，1996a），虽然有些研究指出，恒齿牙冠大小的相对测量数值比绝对测量数值更适合研究两性异形

（sexual dimorphism）（Saunders et al.，2000）。Y 染色体有助于牙釉质和牙本质的生长，而 X 染色体仅有助于牙釉质的生长（Mays et al.，2000）。参照性别已知的未成年骨架的牙齿，判定未成年个体性别的成功率不尽相同（例子见 De Vito et al.，1990）；男性和女性牙齿尺寸的差异实际上非常小（Hillson，1996a）——成年男性和成年女性牙齿尺寸的平均差异小于 1 毫米，未成年男性和未成年女性牙齿尺寸的平均差异还要小于这一数值。测量牙齿（和骨骼）会产生观察者误差（intra-observer error）和观察间误差（inter-observer error），这可能会影响牙齿尺寸鉴定性别的准确性。尽管如此，借助三维形态计量分析测量骨骼和牙齿的新方法可能有助于使用牙齿尺寸鉴定性别（例子见 Deleon，2007）。总而言之，未成年骨架性别鉴定的一个解决之道可能在于测量特定的项目并进行整体分析，以便显示出两种类别——这两种类别可能代表男性和女性（Mays et al.，2000）。此外，通过对比成年人和未成年人正在发育的牙冠，或许可以鉴定未成年骨架的性别，但是可用作参照的现代或有档案记录的考古学未成年骨骼收藏极少。通过测量牙齿鉴定性别的另一个问题在于，许多影响人体生长发育的因素均可以影响牙齿的大小，如营养状况。因此，一个严重营养不良的儿童不一定按照其年龄应有的速度生长发育。因此，其牙齿的测量数据便不能正确反映其性别。

近几年来，越来越多的研究借助古代 DNA 分析进行未成年骨架的性别鉴定，其结果证明古代 DNA 分析是一个非常有用的方法；古代 DNA 分析也可以用来鉴定破碎的成年人骨骼和火葬骨骼的性别，对于这一类遗骸，没有任何其他可能的方法对其进行性别鉴定。古代 DNA 分析通过检测 X 和 Y 染色体中釉原蛋白基因（amelogenin gene）携带的特定 X 和 Y 染色体序列进行性别鉴定（Skoglund et al.，2013）。布朗（Brown，2000）描述了 DNA 的扩增，并附有一张图像显示 DNA 片段在不同性别中的尺寸差异，即两条长度不同的片段为男性，而一条片段则为女性——见图六五。库尼亚（Cunha et al.，2000）使用 DNA 分析鉴定了葡萄牙中世纪女修道院墓地中一名儿童（男孩）的性别，Mays et al.（2001）和Faerman et al.（1998）分别使用 DNA 分析鉴定了英国罗马时代和以色列发现的所谓的杀婴受害者的性别。当然，通过古代 DNA 研究骨骼遗骸有许多困难之处（Brown，2000），如古代 DNA 未能保存、古代 DNA 被外源 DNA 污染、经费以及研究设备限制等，但

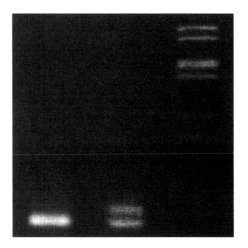

图六五 扩增X、Y染色体上釉原蛋白基因中DNA的实验研究：两条片段表明个体为男性，一条片段表明个体为女性

（凯里·布朗授权；详细的说明文字见Brown，2000中的图5）

是如果克服了上述困难，使用古代DNA分析鉴定性别有助于将未成年人囊括在一处墓地的人口结构分析中，并且有助于研究古代不同性别儿童的健康情况。

（四）成年个体

鉴定成年个体的性别要比鉴定未成年个体的性别容易很多，这是因为一具成年个体骨架的所有骨骼已经经由青春期发育成熟。通常使用颅骨和骨盆鉴定成年骨骼个体的性别（图六六、图六七）。鉴定中应该以骨盆而非颅骨的鉴定结果为主，其原因在于女性骨盆为适应分娩而出现的形状和特征明显区

1
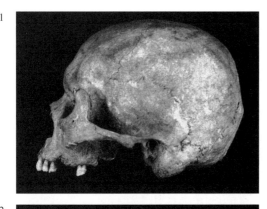

2
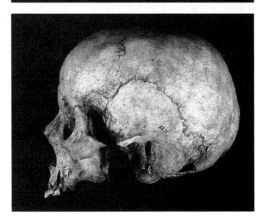

图六六 男性和女性的颅骨
1. 男性 2. 女性
（夏洛特·罗伯茨授权）

1
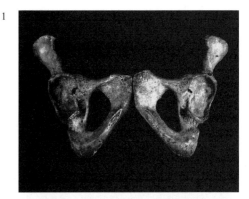

2
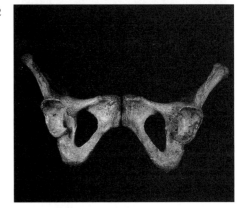

图六七 男性和女性的骨盆
1. 男性 2. 女性
（夏洛特·罗伯茨授权）

别于男性的骨盆。

骨盆和颅骨上具体需要记录的特征详见 Mays et al.（2000）、Brickley（2004b；Brickely et al.，2017）、Buikstra et al.（1994）和 Bass（2005）；需要注意的是，使用分娩瘢痕（parturition scars）鉴定性别是不可取的（Cox，2000a；也可参见最近发表的关于分娩瘢痕的综评：Ubelaker et al.，2012；Maas et al.，2016；McFadden et al.，2018）。总的来说，女性骨盆比男性骨盆的容量更大、夹角更大，这是为了顺利地产下胎儿。位于骨盆前部的耻骨是鉴定个体性别最经常使用的骨骼，但是在埋藏过程中，骨位的耻骨往往破损。而颅骨上更明显、更粗壮的特征则反映了肌肉量更多的男性在整体上比女性更强健；颅骨上的这些特征同时反映了个体所摄入的食物，粗糙的食物需要更多的咀嚼，这会增加咀嚼肌肉的使用。同样，男性的骨架通常体积更大、更加粗壮，因此如果测量同一人群中男性和女性的骨架，那么男性的骨架会比女性的更大（虽然可能会有例外）。因此，可以通过测量特定的项目鉴定一例骨架的性别，如股骨头的直径。通过测量鉴定性别可能有利于鉴定破碎骨骼个体的性别，或者有助于验证骨盆和颅骨性别鉴定的结果（见 Bass，2005 中对于测量项目的介绍）。但是，用来鉴定男性和女性的测量项目的数值范围同样取自现今性别已知的骨骼个体，而这些现今骨骼人群的生活方式和食物结构等影响身体生长发育和最终体型大小的因素与考古遗址出土的骨骼人群大有不同，使用现今骨骼人群的测量数值鉴定考古遗址出土的骨骼人群或许不太合适（同样参见 Gonzalez et al.，2011 中使用几何形态测量分析鉴定性别的内容）。其他使用测量手段鉴定性别的方法有判别分析法（discriminant function analysis），这是一种将多个测量项目数据输入电脑程序中，得出个体可能的性别的鉴定方法（例子见 Giles，1963，这项研究使用颅骨上的 8 个测量项目获得了 84% 的成功率；此外，Schulter-Ellis et al.，1985 使用骨盆上的测量项目获得了 95%～97% 的成功率）。仅采用颅骨的形态观察和骨架的测量数值来鉴定一例骨架的性别是不可取的；如果一例骨架的骨盆未能保存或保存不完整，那么就不应该将个体的性别明确无误地归入某一类中。同样应该注意的是，通过观察骨盆得出的性别鉴定结果可能和通过观察颅骨得出的鉴定结果不一致。对于火葬的骨骼来说，骨盆通常无法保存，因而无法被用来鉴定性别，因此通常使用颅骨来鉴定火葬骨骼个体的性别。但是，对于任何一个遗址来说，仅能够鉴定出一小部分成年火葬个体的性别。例如，诺福克郡斯庞山遗址出土的成年火葬个体中，仅鉴定出 38.4% 的个体的性别（McKinley，1994a）。由于火葬会致使骨骼出现不同程度的收缩，因此通过测量鉴定火葬个体的性别同样也困难重重。

其他指示生物性别的指标可能被间接地用来鉴定骨骼个体的性别。举例来说，如果死者身着衣物，那么参照这一历史时期的文化习俗便可以得知死者是男性还是女性。随葬品也可能指示生物性别，尽管放置在墓葬中的随葬品可能反映的是社会性别（参见前文）；胎儿或儿童可能会和女性个体埋葬在一起（见图六八；但是有时胎儿或儿童也会和男性个体埋葬在一起）；木乃伊化的遗骸可能保存有外部生殖器官，这有助于鉴定个体的性别；此外，遗骸上出现的、多见于某一性别人群的特定疾病可能指示个体是男性还是女性（如风湿性关节炎更多见于女性个体）。棺材上的铭牌可能证实死者的身份。最后，埋葬习俗也可以反映出某一墓葬更可能是女性或是男性，如宗教墓地（修道院墓地埋葬男性个体，女修道院埋葬女性个体）和与战争冲突有关的墓地。举例来说，2013 年发现于杜伦的两座包含 17 世纪"苏格兰士兵"的万人坑理论上应该埋葬的是男性死者，而实际上也确实埋葬着男性死者（Gerrard et al.，2018）。但是，这一类假设不总是成立的。

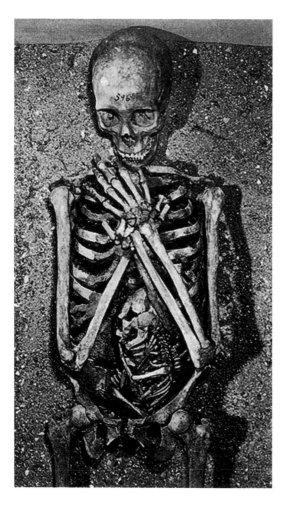

图六八　一具女性骨架的腹部有一具儿童的骨架：中世纪晚期，丹麦阿贝尔霍尔特（Abelholt）（皮娅·本尼克授权）

第六节　死亡年龄鉴定

（一）死亡年龄告诉我们的信息

生物考古学家几十年来力求准确地鉴定出人类遗骸的死亡年龄。但是，当我们研究骨骼遗骸时，我们研究的是个体死亡时的生物年龄（biological age）而非实际年龄（chronological age），同时，我们应该牢记，人们在生物学上衰老的速度不尽相同。虽然我们旨在鉴定骨骼个体的年龄（通常鉴定的是年龄范围），但是我们永远无法明确地得知特定的年龄对古代人群的含义（见 Gowland，2006 中关于古代个体身份中年龄方面的综述；也见 Roksandic et al.，2001）。某一特定的年龄更可能和重要的生物或文化事件有关，如进入青春期，或者开始承担工作，而在西方文化中，具有重要意义的年龄数字可能在古代没有任何特殊意义。

如果一例骨架保存相对完整，且死亡年龄相对较年轻，我们就有可能鉴定出一个相对准确的死亡年龄。鉴定未成年骨架（未满 18 岁）的死亡年龄比鉴定成年骨架的死亡年龄更为容易。这可以从众多鉴定成年个体死亡年龄的方法与鉴定未成年个体死亡年龄方法的对比中看出来。我们知道有些疾病在某些年龄段的人之中更为常见，因此了解死者的死亡年龄有助于解释疾病模式。举例来说，骨质疏松更多见于老年女性之中，而麻疹和百日咳等疾病通常在儿童中传播。骨骼个体的死亡年龄和性别数据有助于我们重建骨骼人群的人口结构（详见下文）。

（二）影响人体生长发育的因素

影响人体正常生长发育的因素有许多，但是食物的营养和健康状况很大程度上是促进或减缓生长发育的主要变量。食物的营养和健康状况不可避免地与人生中的重大事件相关联。生计方式和生产技术的改变可能会影响食物的生产和加工方式，政治动荡会波及食物供给和日常食物，毁林等环境的恶化会影响人类的整体健康和安居，洪水和干旱等自然灾害会直接或间接影响不同人群之中个体的生长发育。举例来说，现今荷兰男性是世界上最高的群体，这主要得益于荷兰财富的增长和食物营养的提升（Maat，2005），但是最近的研究指出，荷兰男性的身高可能是在自然选择和环境因素的联合作用下形成的（Stulp et al.，2015）。有些疾病还可能导致人体异常生长，如那些影响脑垂体和甲状腺的疾病。举例来说，如果长骨两端的骨骺在应该愈合的时候不愈合（甲状腺问题造成的），人就会长得异常的高（巨人症）。另外，人们可能在遗传倾向性的影响下正常地发育成或高或矮的身高，如生活在非洲赤道地区身材矮小的俾格米人（pygmy populations），此外，在遗传倾向性的影响下一个家族中的人可能都会达到一定的身高。

（三）未成年个体的年龄鉴定

用来形容那些外观上尚未完全成年化的骨骼遗骸的术语有许多，这些术语有少年（juvenile）、未发育完全的人（immature）、亚成年人（sub-adults）和未成年人（non-adults）。考虑到这一节的目的，此处将使用未成年人这一术语。

由于所研究遗骸本质上存在的差异，相较之土葬的骨骼样本，鉴定火葬个体死亡年龄可选择的方法很有限（见 Brickley，2004c 和 Buckberry et al.，2017 中的综述）；土葬和火葬骨骼个体的差异表现在，焚烧堆遗迹中的火葬骨骼无法被完全采集以及火葬骨骼的破碎程度。对于火葬的未成年个体遗骸而言，齿槽中尚未萌出的牙冠能够保存下来，与此同时，也可能观察到遗骸骨化中心的生长和愈合，这两种数据均可以用来鉴定个体的死亡年龄（McKinley，2000b）。在诺福克郡斯庞山盎格鲁－撒克逊时代火葬墓地的研究中，McKinley（1994a）在一定范围内几乎鉴定出了所有的火葬遗骸的性别和年龄（如小婴儿、婴儿、大婴儿、小孩子、孩子、大孩子等）。

1. 骨骼的生长和发育

未成年骨骼遗骸的年龄依据其牙齿的形成和萌出，以及骨骼的生长、发育和成熟进行鉴定（可获取的西欧未成年骨骼个体数据的综述见 Rissech et al.，2013）。骨骼在膜内（颅顶的骨骼和面颅骨）、软骨内（颅底的骨骼、脊椎、肢骨、上肢带骨和下肢带骨）或者通过两种形式混合（锁骨、颅骨骨缝处的骨骼）完成生长。这两种形式的骨骼生长又被称为膜内骨化（intramembranous ossification）和软骨内骨化（endochrondral ossification）。籽骨（如髌骨）是在肌腱中生长的。那些最初的膜内和软骨内的雏形最终被类骨质或者新生成的编织骨取代，通过成骨细胞成骨。胎儿总共有 806 个初级骨化中心（即成骨中心），在出生时骨化中心减少到 450 个，最终这些骨化中心愈合成为成年个体骨架中的（正常情况下）206 块骨骼。

一个正常的长骨具有一个初级骨化中心，这个初级骨化中心在出生前开始生长并形成长骨的骨干，而位于长骨两端或其他部位的次级骨化中心（骨骺）主要在出生之后开始生长。腕骨和颅骨中不具有次级骨化中心。但是，在考古学背景中，即便新生成的骨化中心被发现并被发掘，单独存在的骨化中心也很难被鉴定出属于哪一块骨骼（Scheuer et al.，2000b）。尽管如此，如果使用射线照片研究未成年木乃伊个体，仍可以辨认出这些处于正确的解剖学位置并被软组织包围的骨化中心。骨骺和骨干之间被骺板（epiphyseal plate）分隔，这一结构有利于骨骼长度的增加，但是每块骨骼的骨骺在一定年龄终会和骨干愈合。骨骺和骨干愈合之时也是骺板骨化之时。干骺端指的是长骨骨干接近骺板的部位，骨骼长度的增长主要发生在干骺端。骨骼的宽度同样也会通过增加新骨而增加（成骨细胞的活动）。

　　一例骨架中的每一块骨骼在特定的年龄阶段均有一个主要的初级骨化中心，以及同样在特定的年龄阶段出现、愈合的骨骺。Scheuer et al.（2000a）详细介绍了初级骨化中心和骨骺出现以及愈合的年龄阶段。但是，这本书中所使用的数据主要采集自相对晚近的骨骼人群，而古代人群的骨骼生长和现代世界各地人群的骨骼生长可能大有不同（例子见 Nyati et al.，2006 近来的研究）。一个关于骨化中心的例子可以参见成年个体和未成年个体股骨的示意图，以及男性和女性骨骼骨化中心出现时间的示意图（图六九、图七〇）。一例骨架的骨骺愈合大约从 11 岁或 12 岁开始（手肘），直到 17 岁或 19 岁时膝关节处的骨骺愈合后结束（Lewis，2007）。骨骺愈合时间的数据是通过观察年龄已知个体的射线影像和骨骼愈合而得到的，但是需要强调的是，通过这两种渠道获得的骨骼生长时间差异很大，其原因在于记录数据的方式不同。女性个体的骨骺较男性个体的骨骺愈合早一至两年，而正如上文讨论的那样，如果出现了某一影响人体正常生长发育的因素，骨骼的生长总体上会被推迟。除了骨骼骨化中心的出现和愈合外，我们还可以通过测量骨骼本身的尺寸鉴定年龄。举例来说，除去骨骺的长骨长度也能有助于我们鉴定未成年个体的死亡年龄（Humphrey，2000）；长骨骨干的长度尤其有助于鉴定胎儿骨骼的年龄。

　　将一例骨架中骨骼生长的状态与年龄已知的骨骼人群的骨骼生长数据进行对比，就可以推测所观察的骨架的死亡年龄（例子见 Hoppa，1992 和 Ribot et al.，1996 中关于中世纪英格兰人群骨

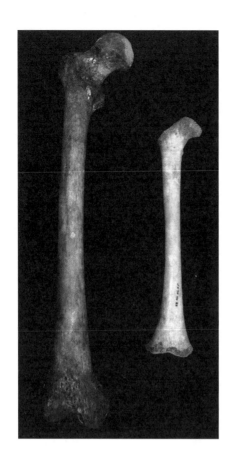

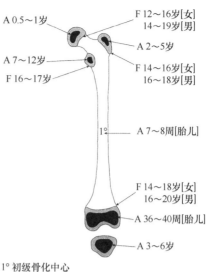

A 0.5~1岁
A 7~12岁
F 16~17岁
F 12~16岁[女]
14~19岁[男]
A 2~5岁
F 14~16岁[女]
16~18岁[男]
1°
A 7~8周[胎儿]
F 14~18岁[女]
16~20岁[男]
A 36~40周[胎儿]
A 3~6岁

1° 初级骨化中心
A 出现
B 愈合

图六九　成年人（左）和未成年人（右）股骨的对比；未成年人股骨的骨骺未出现愈合现象（蒂娜·雅各布授权）

图七〇　股骨骨骺的愈合顺序
（伊冯·比德内尔参照 Scheuer et al.，2000a 重绘）

骼生长的研究；Steyn et al.，1996 中对南非铁器时代人群的研究；Saunders et al.，1993a 中对 19 世纪加拿大人群的研究；以及 Roberts et al.，2016 中通过对比一位处于弱势地位的青少年的牙齿形成、萌出和骨骼生长，发现依据骨骼生长状态鉴定出的死亡年龄比依据牙齿鉴定出的死亡年龄小）。许多生物考古学研究指出生活在古代的儿童比生活在现代的儿童矮小（例如 Humphrey，2000）。但是，有研究将骨骼生长（骨骼长度）和牙釉质发育不全等指示"压力"的骨骼变化相结合，其结果指出这两者之间没有关联，这些研究进一步指出，在生长发育阶段经受压力的儿童摆脱压力之后会快速地赶上正常的生长；在这种情况下，个体的生长速度会是正常生长速度的三倍（Tanner，1981；见 Lewis，2007）。尽管如此，需要明确的一点在于，与我们所研究的考古遗址出土的人类骨骼人群相比，那些有死亡年龄记录的骨骼人群往往是年代相对晚近的人群，他们来自不同的地区、有着不同的基因遗传，他们摄入的食物不同，生活方式也不尽相同（而有些地区甚至缺少可用的现生人群的数据）。因此在鉴定一例骨架的年龄时，所使用的参照数据最理想应该来自与其"背景"相似的骨骼人群。读者可以翻阅 Humphrey（2000）、Saunders（2000）和 Scheuer et al.（2000b）中的参考文献，查找以往研究过的众多现代和考古遗址出土的人群的骨骼生长和发育数据。

2. 牙齿的生长

鉴定稍大一些的儿童和青少年的年龄，可以测量骨干的长度、观察骨骺的出现和愈合，还可以观察牙齿的生长。但是，骨骺一旦开始愈合，长骨骨干的测量就不能再被用于年龄鉴定。牙齿的生长是一个更加准确地鉴定未成年个体年龄的方法，这是因为在个体生长过程中，牙齿受食物结构不合理和疾病等"环境因素"的影响较小（见 Cardoso，2006b 中最近进行的针对有档案记载的葡萄牙未成年人群的研究；另一种观点见 Liversidge，2015）。在埋藏环境中，牙齿也比骨骼保存得较好一些，同时，有别于骨骼时断时续的生长，牙齿的生长从胚胎起开始一直持续到青春期和成年阶段的初期（Scheuer et al.，2000b）。

牙齿生长的数据多数来自现生人群牙齿的射线影像，一少部分数据是通过研究年龄已知的儿童骨骼得出的。牙齿在齿槽中最初的生长（矿化）、牙冠的完全形成、牙根的完全形成和末端闭合，以及牙齿的萌出需要历时多年（事例参见图七一）。学界普遍认为，由

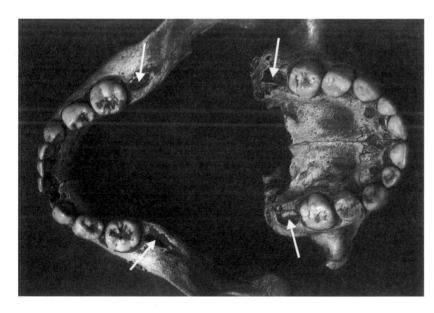

图七一　未成年骨骼个体的牙齿发育；上颌骨和下颌骨中已各有 10 颗乳齿萌出，而四颗第一恒白齿的齿槽已经可见（箭头处）（夏洛特·罗伯茨授权）

于牙齿萌出的时间可能会受到环境因素的影响，使用牙齿不同部位完全形成的时间鉴定年龄比使用牙齿萌出的时间鉴定年龄要更准确。牙齿萌出时间和顺序的数据通常指的是牙齿露出牙龈。另外需要强调的一点是，牙齿萌出时间的数据是通过观察现生人群的牙齿放射影像得出的，因此这些牙齿露出齿槽或牙龈的模式与考古遗址出土人群牙齿露出齿槽或牙龈的模式没有直接联系。此外，已有发表的文献指导人们如何通过观察牙齿中指示生长的显微组织来鉴定未成年骨骼个体的年龄（例如 Fitzgerald et al.，2008）。

正如我们所知的，人类具有两套牙齿，第一套是乳齿（共有 20 颗），乳齿随后会被恒齿取代（共有 32 颗）；在牙齿生长的过程中，人们当然会同时具有乳齿和恒齿。多数牙齿在齿槽骨中生长，之后会萌出齿槽，再之后牙根形成且牙根末端会闭合。牙齿中最先形成的部分是齿尖上的牙釉质，牙釉质最终会覆盖整个牙冠，而牙冠牙釉质之下的牙本质会在之后形成（牙本质同样也构成牙根）。胎龄 14～16 周时乳齿开始形成（Hillson，1996a），至 3～4 岁时完全形成。恒齿（除了上颌第二门齿之外的其他门齿）在胎儿出生后 3～4 个月开始生长，至 3 岁时第一臼齿的牙冠完全形成，4～5岁时门齿的牙冠完全形成，犬齿和第一前臼齿的牙冠在 6 岁时完全形成，而第二前臼齿和第二臼齿的牙冠在 7 岁时完全形成。每颗牙齿牙根在牙冠形成后的 2～4 年后闭合（Hillson，1996a）。至17～20 岁时，除了第三臼齿外的所有恒齿完成生长，第三臼齿通常在年近 30 岁的时候开始生长，也可能根本不生长（见图七二中恒齿的示意图）。正如骨骼一般，女性个体的牙齿比男性个体的牙齿早生长 1～2 年。

Van Beek（1983）、Hillson（1996a）和 Scheuer and Black（2000a）介绍了每颗牙齿不同的生长时间和顺序，而 Ubelaker（1989）中参照 Schour and Massler（1941）绘制的牙齿生长时间和顺序的图表，以及 Moorrees et al.，（1963a，1963b）中的数据是生物考古学研究中最常被使用的数据集成。已经发表的世界上不同人群牙齿生长时间和顺序的数据有许多，但是在理想状态下，最应该选择那些与所研究的考古样本最为相似的人群的数据作为年龄鉴定的参照（参见 Lewis，2007 中的插表 3.1）。食物、疾病、亲缘关系及社会地位可能会影响牙齿生长的正常速度，而上述每一种因素在现生人群中都存在差异。此外，研究指出，使用不同的方法鉴定同一批骨骼人群可

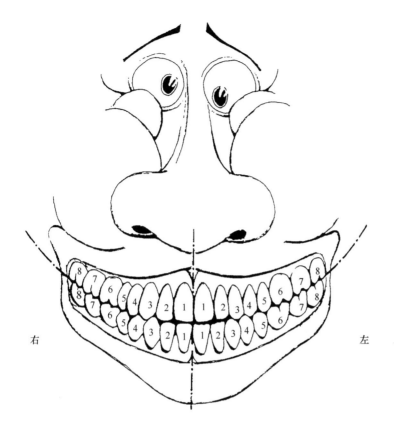

右　　　　　　　　　　　　　　　　　　　　左

图七二　上颌和下颌恒齿的示意图
1、2表示门齿，3表示犬齿，4、5表示前白齿，6~8表示白齿（伊冯·比德内尔参照Van Beek，1995重绘）

能会得到不同的鉴定结果（Saunders et al.，1993b）。一篇最近发表的文章也证实了使用基于现生人群的牙齿生长数据鉴定考古遗址出土的儿童的年龄存在很大缺陷（Halcrow et al.，2007）。在一篇鉴定泰国史前儿童年龄的研究中使用现今美国马萨诸塞州与俄亥俄州和泰国学龄儿童恒齿生长数据，鉴定得到的年龄结果不同。

（四）成年个体的年龄鉴定

Buikstra and Ubelaker（1994），Cox（2000b），Jackes（2000），O'Connell（2004；2017）和Bass（2005）大致介绍了鉴定成年骨骼个体年龄所需要记录的特征，Garvin and Passalacqua（2012）也对成年个体的年龄鉴定做过综述研究。成年骨骼个体通常可以被分入三个年龄组：青年（20~35岁）、中年（36~49岁）和老年（50岁以上）（Buikstra et al.，1994；也见 Falys et al.，2011 中关于成年个体的年龄分组）。相较于未成年个体更为细致的年龄组划分，成年个体的年龄分组更为宽泛，这反映了现有鉴定成年个体年龄的方法得出的鉴定结果准确性较低。正如前文所述，使用多种方法鉴定年龄已成趋势（例子见 Saunders et al.，1992；Bedford et al.，1993），但是这样同样存在争议，如果所有鉴定年龄的方法本身具有缺陷，那么将这些方法综合起来所得出的年龄范围比只使用一种方法所得出的年龄范围误差更大。当然，一些研究指出，现行的年龄鉴定方法往往低估已知大于 70 岁的骨骼个体的年龄，而会高估已知小于 40 岁的骨骼个体的年龄（参见 Molleson et al.，1993 中的研究）。

前文已经指出，鉴定成年个体年龄的方法有许多，总体来说在鉴定青年个体时，极大可能会比鉴定老年个体获得相对更准确的鉴定结果。牙齿随后的生长阶段（即第三臼齿的萌出）至迟会发生在 20～30 岁，同时，部分骨骺会在 20 岁以后愈合（如颅骨底部的基底缝、锁骨胸骨端、脊椎椎体的边缘、髂骨的髂脊及肋骨头）。许多人也使用牙齿咬合面的磨耗程度来鉴定成年个体的年龄（图七三），但是需要强调的是，牙齿咬合面的磨耗速度和食物成分的软硬，或者个体是否使用牙齿作为辅助工具有关。因此，应该使用适合所研究的骨骼人群的牙齿磨耗方法来鉴定年龄。举例来说，使用 Brothwell（1981）中通过观察英国新石器时代至中世纪骨骼人群所得出的牙齿磨耗图表来鉴定世界上其他地区骨骼人群的年龄是不可取的，除非可以确定这两组人群的食物结构和其他影响牙齿磨耗的因素是一样的或者相似的。通过研究盎格鲁－撒克逊时期（中世纪早期）英格兰骨骼人群（Miles，2001，最初发表于 1962），另一种对比三颗恒臼齿的相对磨耗速度的年龄鉴定方法被建立起来。这一方法假定第一恒臼齿在 6 岁左右萌出，那么至 12 岁第二恒臼齿萌

图七三　未经磨耗的牙齿（左）和严重磨耗的牙齿（右）箭头所指处对比了两副不同下颌骨中的同名牙齿（斯图尔特·加德纳授权）

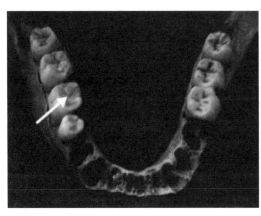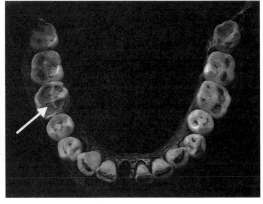

出时，第一恒臼齿经过了6年的磨耗；当第三臼齿在18岁左右萌出时，第一恒臼齿经过了12年的磨耗，而第二恒臼齿经过了6年的磨耗。这样一来，就可以建立一个校准牙齿磨耗的生物钟（Mays，2010a）。理想情况下，若要鉴定任一骨骼人群的年龄，那么所研究的样本中必须具有至少20副恒臼齿已经萌出的儿童的牙列，才能使用这一方法，尽管在现实中这个方法可能是唯一一个可用于小样本的年龄鉴定方法。

其他鉴定成年个体年龄的方法包括颅骨关节即颅骨骨缝（颅内缝和颅外缝）的愈合。随着年龄的增长，颅骨骨缝最终会愈合。可以对比所研究的颅骨骨缝的能见度与发表的描述说明、插图和影像资料。在所有鉴定成年个体年龄的方法中，颅骨骨缝的愈合恐怕是最不准确的（Meindl et al.，1985；Masset，1989；Key et al.，1994）。鉴定成年个体的年龄还可以观察骨盆前部耻骨联合面（Brooks et al.，1990）、髂骨与骶骨（脊柱最底部）连接处的耳状面（Lovejoy et al.，1985；Buckberry et al.，2002；Falys et al.，2006）及第四肋骨胸骨端（Loth et al.，1989；Russell et al.，1993）的退行性变化。随着年龄增长，耻骨联合面和耳状面的最初起伏不平的表面会出现退行性变化，耻骨联合面会由沟峰交替的形态演变为一个平滑的表面（图七四）。肋骨胸骨端随着年龄增长会形成一

图七四　青年人（左）和老年人（右）的耻骨联合面（斯图尔特·加德纳授权）

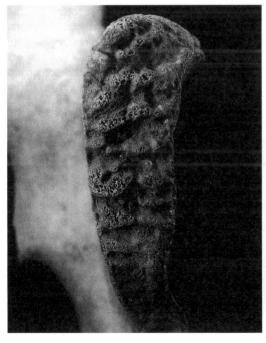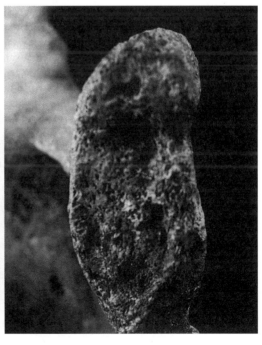

个较深的"U"型凹陷，凹陷的边缘会变得不规则。利用耻骨联合面和肋骨胸骨端的形态鉴定年龄需要已知鉴定对象的性别（现有可用于参照的不同年龄的耻骨联合面和肋骨胸骨端的模具）。利用耳状面鉴定年龄可以参照描述说明和影像资料，且无性别差异。使用耳状面鉴定考古遗址出土骨骼个体年龄的优势在于，不同于耻骨联合面和肋骨胸骨端，一例骨架的耳状面通常在埋藏环境中保存较好。但是，上述所有鉴定成年个体年龄的方法均存在主观性，在记录时会产生观察者误差和观察间误差，以及其他的问题（具体案例参见 Mays，2015）。

骨关节炎的出现（滑液关节的退行性变化）、骨质疏松（骨量的流失）及肋骨和颈部软骨的骨化可能会大体上指向一个老年个体，但是上述所有变化在青年个体中也会出现。举例来说，如果一个人从事繁重的体力劳动，这个人就有可能较早地出现骨关节炎，而患有风湿性关节炎的青年个体可能会出现并发的骨质疏松。任何时候都不应该单独使用骨关节炎和骨质疏松来鉴定死亡年龄。

此外，还可以借助射线影像观察骨架特定部位骨骼（尤其是锁骨、肱骨和股骨）、使用显微镜观察骨骼和牙齿切片等方法鉴定成年个体的年龄。使用显微镜鉴定成年个体的年龄需要观察骨骼的切片中骨单位、骨单位片段和板层骨的数量，骨骼的切片通常取自股骨骨密质（骨骼显微图像的描述说明见本书第五章第三节）。随着年龄的增长，骨单位和骨单位片段的数量会增加，板层骨的数量会减少（Robling et al.，2008）。虽然使用骨骼切片鉴定成年骨骼个体年龄的显微技术比肉眼观察鉴定年龄要准确许多，但是显微技术具有破坏性，并且很耗时，这项技术需要熟悉显微镜、牙齿和骨骼保存状况的专家进行操作。与此同时，食物和疾病会改变骨骼和牙齿显微组织与年龄有关的指标。除了牙齿磨耗以外，牙齿中还有其他特征会随着年龄变化。Gustafson（1950）介绍了6种随着年龄变化的牙齿特征：牙齿磨耗、牙周炎、（牙齿磨耗引起的）继发性牙本质生成、牙根牙本质的半透明化、牙根周围牙本质的沉积及牙根的吸收（更多细节见 Hillson，1996a）。上述特征每出现一个计作一分，之后总分会被转化成死亡年龄。研究指出，牙根透明度可能最能指示年龄（图七五），在法医学应用中，使用牙根透明度鉴定年龄得出的结果误差不超过 7 岁（Lucy et al.，1994；Sengupta et al.，1998；Whittaker，2000）。与此同时，牙骨质生长线也可以准确地指示年龄

（Wittwer-Backofen et al.，2004；Blondiaux et al.，2006；也可参见 Bertrand et al.，2015，这篇文章指出牙骨质显示的年龄与骨干显示的骨骼年龄不同）。有的研究也关注未成年个体牙齿中指示年龄的显微结构（Fitzgerald et al.，2008）。最后，利用射线成像技术鉴定年龄需要观察股骨头、肱骨头和锁骨的骨密质和骨松质在射线影像中的含量（Sorg et al.，1989）。随着年龄增长（同样随着活动的增加），骨松质中的骨量会减少，与此同时，骨密质会变薄，但是使用这一方法必须特别谨慎地区分死后埋藏环境导致的骨密质和骨松质的变化。

对于成年个体的火葬遗骸来说，已经萌出的牙齿的牙釉质在火葬过程中会开裂，而骨盆和肋骨中可以指示年龄的部位通常无法保存至研究阶段。无论何种情况，肋骨一般难以保存。因此，在鉴定成年个体火葬遗骸的年龄时，通常通过观察颅骨骨缝的愈合给出一个宽泛的年龄范围。因此，尽管有可能使用牙齿生长线进行年龄鉴定（如前文所述），但成年个体火葬遗骸的年龄鉴定比成年个体土葬遗骸的年龄鉴定更加不准确。

需要注意的是，对于大多数生物考古学家来说，使用显微镜和放射影像鉴定成年骨骼个体的年龄通常很难，因此这两种方法很少被实际应用，尤其在英国的抢救性考古发掘中应用极少。

图七五　已知60岁个体的牙根透明度（箭头所指处），使用牙根透明度鉴定法估算其年龄为54.8岁（戴夫·露西授权）

（五）挑战

很明显，不论是鉴定未成年骨骼个体还是鉴定成年骨骼个体都充满挑战，尤其是考虑到所使用的年龄鉴定的方法最初所依据的数据，主要的问题在于：最初制定方法采集的数据和方法本身对于鉴定研究对象是否适合、适用？实际上，这些鉴定年龄的方法反映的是其所依据的骨骼人群的年龄构成。与此同时，控制所有影响古代人群生长发育的变量在任何时候都是难以办到的。由于个体间生活方式和食物的差异，甚至同一人群中不同个体的生长速度都是不一样的。因此，尽管采用了合适的参照数据和鉴定方法，所得到的年龄鉴定结果可能还是不准确。另外，在记录指示年龄的骨骼特征时，还会产生观察者误差和观察间误差，尤其是在记录某一部位骨骼的细微变化或是获取测量数据时。此外，许多用以鉴定成年个体的方法得出的是宽泛的年龄范围，尤其是在鉴定老年个体时。

但是，使用贝叶斯统计分析技术（Bayesian statistical method）鉴定死亡年龄有助于生物考古学家在鉴定未成年和成年骨骼个体时获得一个更为准确的年龄（例子参见 Konigsberg et al., 2013；Buck et al., 1996；Lucy et al., 1996；Aykroyd et al., 1999；Gowland et al., 2002, 2005；Schmidt et al., 2002；Hoppa et al., 2002；Chamberlain, 2006；Milner et al., 2012）。关于贝叶斯统计分析在考古学中的应用参见 Buck（2001）。

第七节　重建一处墓地出土人类骨骼的古人口结构

一旦鉴定出所研究人群中每一个体的死亡年龄和性别，就可以借助这些数据研究人群的死亡率，即人们最可能死亡的年龄段、男性或女性更可能死亡的年龄段。但是，应该牢记的是，我们研究得到的死亡率是一群死亡个体的死亡率，而不是正常生存人群的死亡率。因疾病或创伤去世的人会被埋入墓地，经考古发掘，墓地中埋葬的死者成为我们研究的骨骼人群，但是这一部分骨骼人群不能代表同时期生活着的所有人。Waldron（1994）和 Wood et al.（1992）充分讨论了在研究人类骨骼遗骸时面临的骨骼人群的代表性这一问题。正如 Waldron（1994）所指出的那样，用以研究的骨骼人群可能仅仅是曾经生活着的人中的很小一部分。任何一个人群的所有死者不会都被埋葬，那些被埋葬的死者的遗骸不可能都保存完好等待发现，那些被发现的遗骸中的很小一部分才可能被发掘并采集。那么这些被采集、研究的人类遗骸多大程度上能够代表曾经全部活着的人？曾经活着的社会成员全部都被埋葬在这个墓地中吗？当时社会的人口密度是多少？在墓地使用期间，社会人口增长或减少的速度有多快？当时社会的人口出生率是多少？当时社会的历史中出现过人口流入或流出的现象吗？或许因他杀或杀婴等暴力行为致死的受害者，以及死于某种疾病的病患被安葬在其他地方。同样的，在某些社会中的某一特定时期，未成年人的遗体会被丢弃在主要墓地之外的地方（如罗马帝国的婴儿，参见第三章）。因此，因暴力或某种疾病死亡的遇难者和未成年人不会被安葬在社会成员使用的墓地中，而研究所得的某一社会的死亡率就会缺失这一部分群体。

上文提及的鉴定未成年骨骼个体性别和成年骨骼个体死亡年龄的种种局限性意味着缺失数据和误差数据势必会出现。鉴定成年骨骼个体年龄中出现的问题虽已广泛被学术界所接受，统计分析方法的新发展也因此出现（见上文以及 Chamberlain，2006）。由于传统的研究方法往往会低估老年骨骼个体的年龄并高估青年骨骼个体的年龄，一种认为古代所有人都早逝的观点因此形成，尽管一部分古代人总是能够活到老年，伦敦斯皮塔菲尔德基督教堂墓地出土的老年个体即可证实这一现象（Molleson et al.，1993）。如果统计维多利亚及更早时代教堂庭院墓地和罗马时代的墓碑（图七六），也可以得出古代所有人都早逝的类似观点，虽然至少在西方世界，活到老年的人数有所增加。在研究古人口结构时必须考虑到上述问题，以及不同考古遗址骨骼遗存保存程度的差异和总体上缺失未成年人骨架等问题（Bello et al.，2006）。

尽管存在诸多局限性，但是古人口结构可以反映某一人群的死亡率，并有助于探究特定年龄阶段以及两性之间可能的死因。古人口学可以使我们了解某一人口的规模和结构，以及人口的动态流动（Chamberlain，2001），但是由于数据缺失或误差，以及缺少遗址的考古学背景数据，古人口学研究困难重重。虽然人类骨骼遗骸是我们研究古代人口的最主要的来源，考古遗址中的其他资料以及同期的历史文献也有助于探究当时的人口规模。有助于探究人口规模的资料包括：文字记载的历史数据，一个典型的例子是成书于 11 世纪的英格兰《末日审判书》（*Domesday Book*），这是一本人口调查记录，通过汇总教堂和墓碑上的记载，统计了晚育、婚姻和死亡等数据；记载了聚落特征，包括房屋和窖穴的数量和大小；获取食物的周边环境的特

图七六　北约克郡东威顿的一处墓碑，其上记载着一位 18 世纪中期的老年死者（夏洛特·罗伯茨授权）

征和承载量（环境可以承载的人数）；并提供了可能和我们古代祖先生活在相似的环境中的现生人群的民族志研究数据。一个纯粹通过维多利亚时期英格兰历史文献来研究死亡率的案例介绍了使用这一方法复原死亡率的详细信息（Woods et al., 1997）。这一研究通过采集614个区域的死亡数据，揭示了区域间死亡率的差异和1860～1890年主要死亡原因的变化，并明确指出，在维多利亚时期的英格兰，哪一区域会影响居住其中的人的生活质量和死因。另一个有关死亡原因和死亡人数的数据集来自《伦敦死亡统计单》（London Bill of Mortality），《伦敦死亡统计单》记载了17世纪中期至19世纪受洗和死亡的人数、年龄和死因（参见 Roberts et al., 2003 对这些数据的分析）。当然，对于多数考古发掘的墓地来说，并不具备这种详细的文献记载。

当然，影响古人口结构的因素有许多，包括食物、居住环境（Budnik et al., 2006）、社会地位、气候、人口流入和流出、生物性别以及职业。这些因素可能均会影响人们的实际寿命和预期寿命。举例来说，一项针对现今西班牙南部一小片区域的研究指出，与生活在城市地区的人群相比，生活在农村地区的男性和女性的死亡率均下降了14%（Ocana-Riola et al., 2006）。

判断移民是否会对所观察的人口结构产生影响是很困难的，导致人口迁徙的因素有许多，而移民很大程度上取决于个人决定（Chamberlain, 2006）。寻求就业、改善生活环境以及逃离战争区域等获得更好生活的机会是人口流动的动因。这种人口迁徙会依次影响人口迁入和迁出地区的人口结构。很明显，如同当今中低收入国家一般，古代社会中的许多婴儿也会早早死于急性病，如那些影响呼吸道和肠胃消化道的疾病，而古代的生育风险势必导致许多女性、胎儿、早产儿和新生儿死亡（如同考古学研究中所见）。人口结构或许可以解释这些"事件"。此外，所谓的"死亡危机"（times of crisis mortality）出现时，即战争或饥荒等特殊致死原因出现时，某一人群人口结构的稳定性可能会被改变（Chamberlain, 2006）。

某一人群的人口结构可以通过生命表（life tables）、死亡率分布和死亡曲线（mortality profiles and curves）及存活曲线（survivorship curves）来反映。死亡率是死亡人数和总人口数之间的比例，而死亡率分布显示的是人们死亡的年龄、男性和女性死亡年龄的差异、不同年龄段死亡人数的差异及（如果数据理想的话）不同社会经济地位的人死亡年龄的差异（图七七）。存活曲线反映的是每一年龄组存

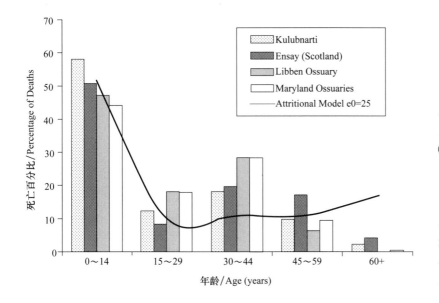

图七七 死亡率分布 四批考古遗址出土 人类骨骼样本的特 定年龄段死亡率 （数据引自 Ubelaker, 1974；Lovejoy et al., 1977；Greene et al., 1986；Miles, 1989； 参照 Chamberlain, 2006 中的图 4.3, 安 德鲁·张伯伦授权 复制）

活人数所占该年龄组总人口的比例，此比例从最小年龄组的 100%
依次递减。存活曲线反映了人存活至特定年龄的概率（图七八）。
生命表是一个反映人口死亡事件的数学工具（Chamberlain，2001，
2006），这张表提供了某一人群的死亡率和存活率的详细信息，以及
人们死于特定年龄的概率和预期寿命（图七九）。

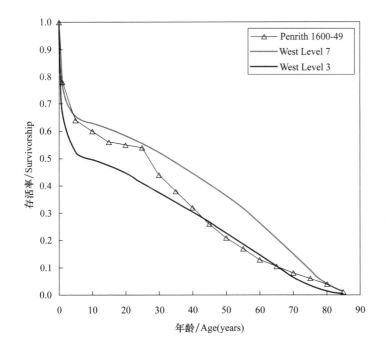

图七八 存活曲线 英格兰坎布里亚郡 彭 里 斯（Penrith） 17 世纪人群的生命 表与（西方）模型 生命表（model life table）的对比 （数据引自 Coale et al.，1983；安德鲁· 张伯伦授权复制）

图七九 生命表
基于希尔和胡塔多（Hill et al., 1995）发表的存活率数据计算出北艾克（Northern Ache）女性的数据：x 表示 5 岁年龄区间的起始年龄；L_x 表示每个年龄区间内每人存活的平均年数；T_x 表示当前和剩余年龄区间内平均存活年数的总和；I_x 表示存活率；d_x 表示死亡比例；q_x 表示死亡概率；e_x 表示剩余的平均寿命（平均预期寿命）（参照 Chamberlain, 2006 中的表 2.2，安德鲁·张伯伦授权复制）

x	I_x	d_x	q_x	L_x	T_x	e_x
0	1.00	0.27	0.27	4.34	37.35	37.35
5	0.73	0.09	0.12	3.45	33.01	44.97
10	0.64	0.04	0.05	3.13	29.57	45.91
15	0.61	0.02	0.03	2.99	26.43	43.40
20	0.59	0.03	0.06	2.86	23.44	39.86
25	0.56	0.01	0.02	2.75	20.58	37.09
30	0.54	0.04	0.07	2.62	17.84	32.78
35	0.50	0.01	0.01	2.50	15.22	30.19
40	0.50	0.03	0.07	2.40	12.71	25.58
45	0.46	0.04	0.10	2.21	10.31	22.27
50	0.42	0.02	0.05	2.04	8.11	19.35
55	0.40	0.05	0.13	1.86	6.07	15.24
60	0.35	0.07	0.19	1.57	4.20	12.11
65	0.28	0.03	0.11	1.32	2.60	9.41
70	0.25	0.11	0.45	0.97	1.31	5.27
75	0.14	0.14	1.00	0.35	0.35	2.50
80	0.00	0.00		0.00	0.00	0.00

总而言之，古人口学研究是生物考古学中热门的领域，尽管各种研究指出古人口学数据存在诸多问题。但是，近些年来的研究指出，如果能够解决数据的弊端（解决弊端的方法已经出现），古人口学研究将迎来一个光辉的未来（Milner et al., 2008；Chamberlain, 2006）。具体来说，利用分子生物学方法鉴定未成年骨骼个体的性别、借助贝叶斯统计分析成年个体年龄及使用稳定同位素分析研究人群的迁徙均有助于更加精确地反映古代人群人口结构。随着时代发展，新生产工具可用于捕猎和屠宰动物，农业的发展能够生产更多的食物，以及工业革命的发生，都使人口数量骤增。另一种观点认为，人口的增长得益于文化变化（正如 Chamberlain, 2006 中的讨论）。但是，近百年来农业集约化、医学和手术的进步（尤其是在西方社会）使得人们活得更久，尽管那些影响心脏等器官的退行性疾病会危害人们的寿命。女性的寿命比男性长，且女性婴儿的死亡率

比男性婴儿低。研究数据还表明，社会阶层较高的男性和女性在总体上预期寿命更长，而任何一个国家的不同地区人群的预期寿命存在差异（例子参见 Buchan et al.，2017）。但是，一个有趣的事实是，社会阶层较低的女性可能比社会阶层较高的男性寿命更长（Tsuchiya et al.，2005），与此同时，"活下去的希望"会影响预期寿命的长短（见 Carmel et al.，2007 中的一个以色列的研究案例）。

第八节　同一人群内部和不同人群间的骨骼正常变异

在观察人类遗骸、记录个体与群体间的差异（和生物距离）时，有两方面需要考虑：采集测量数据以及骨骼和牙齿上正常的形态变异（分别获取自测量和非测量分析，即生物距离研究）——参见 Pilloud and Hefner（2016）。骨骼和牙齿上的形态差异属于正常的变异，而非疾病或其他机理造成的。实际上，骨骼和牙齿上出现的测量和非测量性状可以将族属未知的个体归入某一"参照"族属，一个远超过或远低于正常出现率的性状通常指示着较近的生物亲缘性。

（一）采集测量数据（测量性状分析）

采集骨骼和牙齿上的测量数据是自生物考古学家开始研究考古遗址出土的人类遗骸时就从事的研究。尽管许多早期的工作通过分析颅骨形状致力于将人们划分成不同的"种族"，测量分析在历经极大发展之后有助于判定：不同地区、不同时代的考古遗址出土的人类遗骸人群内部和不同人群之间身高等尺寸上的差异；人群演化；人群间的亲缘关系；人类行为对骨骼形态的影响。如上文所述，测量分析还被用来鉴定成年骨骼个体的性别和未成年骨骼个体的年龄。采集和分析数据的方法、参与研究的工作人员的研究传统、生物考古学家开展工作的年代（如 20 世纪早期、20 世纪中期或者 21 世纪）等方面与最终对数据的解释息息相关（Robb，2000）。

采集单一测量数据、采集两种测量数据后计算出指数（如反映颅型的颅骨指数），或者使用多元变量分析（采集多个测量数据进行集中分析，以便发现其中的关系）在生物考古学研究中均很常见。在测量骨架时会遇到很多困难。三维几何形态测量分析等技术的发展在某种程度上已经克服了这些困难，尤其是对于那些能够使用这些技术设备的人来说（研究案例见 O'Higgins，2000；DeLeon，2007；Ivan Perez et al.，2007；Hallgrimsson et al.，2008）。上文提及的使用传统手段和设备测量骨骼遗骸的方法极易产生观察者误差和观察间误差。这是说，一例骨架的测量可以由一个人在一天之内完成，而同一个人在另一天测量同一例骨架会得到不同的测量结果（观察者误差）。同样，不同的人测量同一例骨架也会得到不同的测量结果（观察间误差）。检验观察者误差和观察间误差是很有必要的。尽管一些综合性的教科书介绍了骨骼和牙齿上用来测量的测点（例如 Brothwell，1981；Buikstra et al.，1994；Hillson，1996a；Brothwell et al.，2004；Zakrzewski，2017；Bass，2005），但是如果未能被准确地标记和测量这些测点，误差也会出现。如果测量数据不够准确，那么将不同骨骼人群的测量数据进行比较就毫无意义。其他需要充分认识的问题包括：应该采集多少测量项目以及能够采集多少测量项目？不同的教科书给出的数量不同，但是计划探究的问题（或者验证的假设）是决定采集多少测量项目的主要依据，此外，还应该考虑采集足够的测量数据，以便在骨架被重新埋葬后，依然保存有充分的记录，以还原一例骨架中骨骼和牙齿。正如前文提及，由于已有非常专业的教科书涵盖了测量分析，因而这本书此处并不会介绍所有可能进行的测量项目。此外，也有学者对于数据的使用（如 Pietrusewsky，2008）和基于这些数据可选择的分析类型做过详细的研究。简而言之，测量分析正在变得更加复杂和精密，在某种程度上正在产出反映人群变异的极具价值的信息。下文将介绍一些这方面的研究案例。

1. 颅骨

颅骨总是测量分析研究的重点，对颅顶形状的分析反映了早期体质人类学家试图重建"种族"的历史（即"一种目前已经过时的、有关种族形态和类型的概念"——Pietrusewsky，2008）。这些早期研究将人群划分到反映颅骨形态的不同组别，这样获得的数据，在现在看来几乎没有任何价值。当然，二战之后，作为了解人类变异的主要概念，通过分析颅骨研究"种族"逐渐式微（Robb，2000），而近几十年来，学术研究也逐渐抛弃了"机械地采集传统数据后给出空洞的解释"这一模式（Robb，2000）。强调理解影响颅骨形状的基本过程、反映人类适应性和行为在生物考古学研究中逐渐受到追捧。尽管如此，在法医人类学领域中，"种族"或者更应该被称作"祖先"，是试图识别罪案受害者时需要记录的诸多特征中的一项，正如我们所了解的，祖先特征通常见于颅骨。祖先也是警察公布的《失踪人员名单》中记录的特征之一。传统上有三个祖先分类："蒙古人种"（Mongoloid）（包括中国、日本和美洲原住民在内的亚洲人群）、"尼格罗人种"（Negroid）（非洲人群和非裔美国人）及"高加索人种"（Caucasoid）（欧洲、印度、美洲和北非人群），而每个分类中均存在人群差异，每个分类的区别特征为独特的颅骨和面部特征（例子参见 Buck et al.，2004）。但是，随着历史发展，在某些地区，人群迁徙带来的全球性的人群混合以及在环境对颅骨的影响下，这三种类型的颅骨截然不同的形态变得不那么明显（Berg et al.，2015）。

借助数学工具研究颅骨形状在较晚的时候出现，这一方法尤其强调多元变量分析（此处指的是多个测量项目）。多元变量分析重点关注人群差异、不同测量项目之间的关系，以及解释在内在或外在因素影响下出现的分组。多元变量分析包括判别分析（鉴定性别和"种族"）和聚类分析（cluster analysis），这些方法通过分析个体的形态特征判定个体所属的祖先分类，并以树状图显示人群的祖先关系（Pietrusewsky，2008；也可参见 Hefner et al.，2014）。多元变量分析假定如果一组颅骨的各个测量项目显示出类似的维度，那么这组颅骨一定具有基因相似性；两组颅骨的测量维度越接近，这两组人群的亲缘关系就越接近。大多数的多元变量分析研究针对的是成年个体的骨骼遗骸，这是因为许多测量特征属于第二性征。但是，也有几例研究未成年骨骼个体的多元变量分析显示出了个体间的亲缘差异，在未成年骨骼个体的多元变量分析中，需要采集的数据包括特定测量项目以及其他法医学中鉴别未成年个体的观察项目。

一项对日本 53 组不同人群超过 2000 例颅骨的测量是分析人群之间亲缘关系的绝佳案例（Hefner et al.，2014）。这项研究表明，通过采集 29 个项目，2000 例颅骨可以被划分为两个截然不同的分组。第一组包括史前绳文时代人群（prehistoric Jomon）和现代阿伊努人（modern Ainu groups）（遗传学和其他骨骼研究支持这一分组结果），而第二组包括公元前 300 年以后生活在日本的人。第二组人群与现代日本人具有亲缘关系，这说明现代日本人是历史上迁入日本列岛的移民，他们取代了绳文时代的原住民及其后代。通过颅骨测量分析可知，第一组绳文时代人群和现代阿伊努人与邻近的太平洋人群没有亲缘关系。另一项案例通过测量颅骨上的 16 个测量项目，研究从公元前 4000 年至公元前 1900 年中 6 个不同历史时期的 10 个埃及人群的亲缘关系（Zakrzewski，2007）。这项研究的目的在于通过判断这群人属于埃及原住民还是迁入的移民来探讨埃及国家形成的过程。这项研究的结果显示，埃及人群总体上具有延续性，这一结论支持了本土发展说，尽管尼罗河谷曾经出现了少量的人群迁徙。

许多研究指出，不仅遗传作用会影响颅骨的形状和大小，而且包括气候、食物和疾病在内的非遗传环境作用也会对颅骨形态产生影响（有关讨论见 Larsen，2015）。举例来说，由于颅骨的可塑性极强，食物结构改变引起的咀嚼机制的变动会导致颅面部测量性状的显著改变。随着人类历史的发展，农业起源和近代高度的食物加工，人类摄入的食物变得更加绵软，人类颅骨的强健程度也因此降低，颅长也因此变短（Larsen，2015）。因此，如果在生物考古学研究中进行颅骨测量分析，解释数据时就很有必要考虑出土颅骨的考古遗址的背景资料（也见 Nobak et al.，2016）。

因此，颅骨的大小和形状可能在一定程度上反映着人群摄入的食物的类型是粗糙的还是柔软的。确实，Mays（2000）在研究颅骨指数（颅长和颅宽）指示的颅骨形状时就强调了这一点。Mays 观察发现，直至 1960 年，考古学家在解释一处考古遗址物质文化的改变时，往往归因于人口迁入，在这些研究中，颅骨分析被用来鉴定那些"入侵"的人群，即如果在一骨骼人群中发现了一例有别于常态的颅骨形状，那么这例有着特殊颅型的人便会被断定是"外来的人"或移民。此后，这种研究方法被抛弃，考古学家认识到物质文化的改变并非因为移民的作用，而是物质文化在延续的人群中演进而形成的。举例来说，一项关于英国新石器时代过渡至青铜时代的研究就重点关注了颅骨形状的变化，通过颅骨指数，这项研究指出，新石器时代至青铜时代居住在英国的人，其颅型从"长颅"变为"圆颅"。事实上，在新石器时代至青铜时代的过渡阶段，气候、食物或生计方式并未出现改变，同时，新出现了随葬有典型陶器（烧杯）和金属器的墓葬类型，这表明在新石器时代晚期，有移民迁入英国。近些年来，由于人们逐渐熟知现代基因遗传学在重建人类历史中的重要性，古代人口迁徙和通过颅骨测量研究族属出现复兴（Mays，

2000）。利用稳定同位素分析追踪人类的迁徙日益多见，如同古代DNA分析、颅骨非测量性状的观察（详见下文），这项技术同样使得研究人员重新审视了颅骨测量分析对于研究人口迁徙的利用价值，并强调结合多种手段研究人类的历史和演进（案例参见 Leach et al.，2010）。由于颅骨测量性状和生物化学的基因编码有紧密的联系，生物考古学家在开展相关研究时更加受到鼓舞。

2. 身高

估算成年骨骼个体的身高是考古学研究中的另一个备受关注的领域，估算成年骨骼个体的身高主要通过测量完整长骨的长度或者计算一例骨架从头到脚所有骨骼的长度的总和。在估算身高时，我们可能会遇到这样的问题：随着时间发展，英国全国、某一地区或某一区域人群的身高会出现变化吗（图八○）？生物考古学家使用两种方法估算身高：数学方法和解剖学方法。数学方法备受生物考古学家关注，Trotter and Gleser（1952，1958）和 Trotter（1970）可能是被引用和使用最多的估算身高的方法。如同年龄和性别鉴定的方法一样，估算身高时非常有必要使用最契合所研究的考古"人群"的数据作为参照（不同的观点见 Mays，2016 对英国人身高的研究）。Trotter 和 Gleser 依照美国第二次世界大战和朝鲜战争中阵亡将士遗骸和特里收藏中的骨骼遗骸（20 世纪早期）建立了估算身高的回归方程，尽算这些方程使用起来较为简单，但其在考古遗址出土人类骨骼中的适用性却饱受质疑。Trotter 和 Gleser 的回归表按照个体的性别和祖先关系提供了计算身高的方法，尽管这一回归表的标准误差相对较大（Petersen，2005）。尽管如此，英国不具有更加合适的可用来估算身高的数据，或许身高研究本身就是一种估算，参照

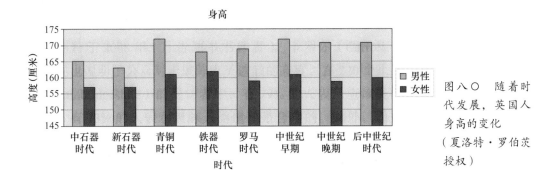

图八○ 随着时代发展，英国人身高的变化（夏洛特·罗伯茨授权）

数据是否合适也不是很重要。由于借助数学方法依照长骨长度来分析身高会产生误差，近些年来不少研究建议采集长骨长度作为身高的指标，而非通过长骨长度的计算得出身高。

解剖学方法（Fully，1956）需要测量从颅骨最高点到跟骨最低点所有骨骼部位的长度，并算出总和。很遗憾，考古遗址出土的骨架通常因破碎严重而无法使用这一方法，而这一方法在有的葬俗背景下（英国的屈肢葬）也无法应用。尽管如此，一项研究通过测量墓坑中骨架的长度、借助线性回归方程并使用解剖学方法对一例骨架进行了身高估算，并将三种方法所得的结果进行了对比。其结果表明，通过测量墓坑中骨架的长度复原解剖身高是最准确的身高估算方法，而通过数学方法估算身高是不可取的（Petersen，2005）。其原因在于使用数学方法会出现不可避免的误差。另一篇较新的文章通过改进 Fully 最初建立的解剖学方法，将其应用于身高已知的骨架上，发现95%的个体的身高估算误差可以被控制在4.5厘米以内（Racter et al.，2006）。

未成年个体的身高无法被估算，尽管长骨骨干的长度可以指示未成年人的生长速度（Lewis，2007）。火葬遗骸的身高是很难被估算的，这是因为骨骼在焚烧过程中会出现不同程度的收缩和变形，即便在计算中考虑骨骼的收缩率也难以对身高进行估算（McKinley，1994a）。对于破损严重的土葬遗骸来说，通过测量长骨两端的直径，并假定长骨长度和长骨两端的直径之间具有固定关联来计算长骨长度。这种方法不适用于火葬遗骸，原因是焚烧过程中骨骼会收缩。此外，火葬遗骸中极少见到保存程度满足测量直径要求的关节面。

人的身高反映着个体骨骼生长过程中的营养状况，但是身高也可能和基因遗传（个体身高的遗传构成）、贫困等环境因素有关（Steckel，1995）。环境和食物压力可能是影响身高的最重要的因素，尤其是在童年和青春期长骨生长的黄金时期出现的环境和食物压力。因此，资源获取不平等、繁重的体力劳动、疾病、生计方式的改变以及城市生活环境可能均会导致某一历史时期、某一地区人群的身高相对于预期身高出现降低。举例来说，Lewis（2002）通过研究长骨骨干长度，揭示了城市化和工业化对中世纪英格兰未成年个体生长的干扰。Gunnell et al（2001）同样也发现了中世纪英格兰人群中长骨较短的人死亡年龄较早。

3. 病理现象

牙冠大小和身高的测量值可以反映人群内部的遗传关系、人群之间的亲缘关系及人类进化的结果（更多细节见 Hillson，1996a），测量对记录和分析人类骨骼遗骸上的病理现象也有重要意义。举例来说，生长压力可导致牙釉质发育缺陷，测量牙釉骨质界至牙釉质发育缺陷之间的距离可以揭示生长压力出现的时间（Moggi-Cecci，1994；Reid et al.，2000；King et al.，2005）。King et al.（2005）研究了18～19世纪伦敦斯皮塔菲尔德基督教堂墓地和伦敦福利特街圣布莱德教堂（St Bride's，Fleet Street）墓地出土的两组人群。其结果表明，相较于死亡年龄较晚的个体，死亡龄较早的个体牙釉质发育不全出现的时间更早，这意味着健康问题缩短了个体的寿命。另一个案例研究了约克中世纪晚期人群的骨折愈合情况 。这项研究使用射线影像技术观察了骨折愈合后产生的角度变形。通过与现代经过保守治疗（即非手术治疗）的骨折案例的射线影像数据进行对比，揭示了中世纪骨折治疗的成功性（Grauer et al.，1996；Roberts，1988b）。通过测量齿槽骨收缩的程度（细节见 Hillson，1996a）还可以研究牙周病，而作为古病理学研究中描述过程的一部分，对病理现象进行的基本测量可以反映出疾病过程对骨骼和牙齿的影响程度。例如，Lukacs（1989）和 Roberts（2017）介绍了系统性记录龋齿的方法 。

（二）记录非测量性状（Saunders et al.，2008；Scott，2008；Irish et al.，Scott，2016）

"非测量性状"指的是通过肉眼观察其出现与否和大小的特征（Hillson，1996a；也可参见 Mann et al.，2016）。非测量性状的记录最初见于17世纪（Tyrrell，2000），对考古遗址出土骨架骨骼和牙齿上的非测量性状进行记录已有数十载。非测量性状的研究方法来自动物实验，由于非测量性状具有遗传性，这一方法被用来推断墓地出土人群的家族关系和"族属"。Berry and Berry（1967）对与基因遗传有关的颅骨非测量性状进行了描述性研究，开辟了非测量性状在考古遗址出土人类骨骼上的研究先例（也见 Hauser et al.，1990）。

由于非测量性状的研究花费甚小，容易操作，还能够应用于破碎的骨骼个体（Tyrrell，2000），在1960～1970年，生物考古学家对利用这一方法研究人群的热情日益高涨，并最终在1990年正式确立了非测量性状这一研究领域（研究案例参见Saunders，1989）。Finnegan（1978）也发表了一份关于颅后骨非测量性状的描述性研究，但是颅后骨的非测量性状似乎不太适合用来研究人群的生物距离，这是因为颅后骨易受人类行为的影响而出现重建和形态改变（Tyrrell，2000）。

近些年来，更多的研究记录了恒齿上的非测量性状，这是因为牙齿受"环境"影响较小（Turner et al.，1991；Scott et al.，1997；也可参见Matsumara et al.，2014；以及Irish et al.，2016中的相关章节）。基于现代人群的研究显示，恒齿上的非测量性状与基因遗传联系紧密（参见Lewis，2007；Scott et al.，1997）。美国亚利桑那州立大学制作了显示30多个恒齿非测量性状的参考模型（Turner et al.，1991），这个恒齿参考模型已经成为生物考古学研究中最常被使用的记录系统。Hillson（1996a）在其著作中也提及了这一恒齿非测量性状的参考模型。恒齿的非测量性状被记录为存在或不存在，同时也要记录性状的发育程度。牙齿非测量性状的生物距离分析主要基于蒙古人种、高加索人种等大人群中常见牙齿特征的集合。举例来说，铲形门齿在美洲原住民和亚洲人群中多见，表明美洲原住民起源于东北亚（西伯利亚），暗示了东北亚移民跨越白令海峡路桥到达阿拉斯加（Larsen，2015）。关于牙齿非测量性状的研究有很多。其中，Irish（2006）研究了埃及新石器时代至罗马时代人群的36个牙齿非测量性状。这项研究发现，随着时代发展，埃及人群可以被归为同一组，总体上表现出了人群的延续性。另一个研究记录了30个牙齿非测量性状在黎凡特南部多森（Dothan）青铜时代晚期遗址（公元前1500～前1100年）和拉奇什（Lachish）铁器时代遗址（公元前701年）大约500例骨骼个体中的出现。这项研究旨在验证黎凡特南部地区从青铜时代至铁器时代的过渡是由外来人群入侵导致的，但是牙齿非测量性状的研究结果显示，两个时期的人群具有延续性，这说明在没有外来移民影响的情况下，物质文化也会发生改变（Ullinger et al.，2005）。正如Hillson（1996a）在其著作中指出："似乎可以确定的是至少一部分牙齿非测量性状的出现受到遗传构成的显著影响……"同时，基于这一结论，生物考古学领域中关于牙齿非测量性状的研究日益增加。读者可以参见Scott and Turner（1997）中关于牙齿非测量性状中见到的牙齿形态变异的详细介绍。

　　按照其解剖学结构，可以将骨骼的非测量性状（图八一）分为五类（见 Tyrrell，2000 中的表 1）：动脉性状（arterial）（如乳突孔）、静脉性状（venous）（如髁管）、神经性状（neural）（如颏孔）、骨缝性状（sutural）（如冠状缝星点骨）和功能性状（functional）（如下颌圆枕）。其中，由于越来越多的生物考古学研究关注人类活动和行为导致的骨骼变化，功能性状显得尤其重要，而人们也逐渐认识到一些颅后骨的非测量性状对于研究人类活动和行为的意义。令人遗憾的是，我们对于骨骼非测量性状出现的本质及其对遗传性的指示缺乏足够的了解。骨骼非测量性状的出现率还存在年龄和性别差异，骨骼非测量性状还具有不对称性，不同非测量性状的出现还存在关联。记录非测量性状（如同记录测量性状一样）可能会产生观察者误差和观察间误差，同时还需要根据所要探究的问题选取适当的非测量性状进行记录。但是，非测量性状在不同人群中的统计项目非常繁杂，单是颅骨便有超过 200 个用于研究的非测量性状（Larsen，2015）。对于火葬遗骸来说，由于遗骸收集不完整以及本身的破碎程度，记录所有的非测量性状是不可能的，但是火葬颅骨上的缝间骨和不愈合的额中缝是可以被辨认出来的（McKinley，1994a）。颅骨（Ishida et al.，1993）和颅后骨（如 Oygucu et al.，1998）非测量性

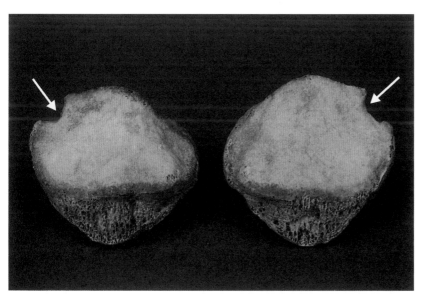

图八一　股肌切迹（vastus notch），髌骨上的一个非测量性状

（夏洛特·罗伯茨授权）

状的研究有很多，一些研究结果显示出某一非测量性状高于正常的出现率。举例来说，Larsen et al.（1995）发现，14 例颅骨中有 9 例颅骨（64.3%）的额骨存在额中缝不闭合现象（metopism），正常情况下额中缝不闭合的出现率低于 10%，这说明额中缝不闭合的高频与人群的基因构成明显相关。墓地考古学和历史学资料也揭示出个体之间存在紧密的亲缘关系，两项研究的结果相吻合。当然，非测量性状在生物距离的研究中起到了重要作用，同时，将非测量性状与生物分子考古学（古代 DNA 和稳定同位素）等其他研究方法相结合，或许可以支持人群亲缘关系和迁徙这一论点（研究案例见 Hubbard et al.，2015）。

第九节　在考古学背景下分析和解释数据

（一）分析和解释数据的方法

正如前文所述，我们应该时刻牢记骨骼数据是从一部分去世的人群中采集的，因此需要考虑这部分去世的人在多大程度上能够代表当时全体活着的人。Waldron（1994）、Wood et al.（1992）以及 20 世纪 90 年代早期以来的许多学者均已指出，哪些骨骼可以被我们研究，被研究的骨骼在多大程度上能够代表当时全体活着的人，会受到许多因素的影响。可以通过观察骨骼和牙齿某一部分的特征（如疾病或者测量项目），观察整块骨骼和整颗牙齿，或者观察骨架的一部分来进行数据分析。此外，还可以通过研究一处墓地出土人骨中不同亚组人群的特征，一处墓地出土全部人骨的特征，或者综合不同墓地出土人骨的特征进行数据分析。骨骼遗骸的保存程度取决于墓葬是单人葬、多人葬还是仅埋葬肢体的一部分；在那些仅埋葬一部分肢体的墓葬中，可以分析单独存在的某一骨骼部位上某些特征的出现率；而对于单人或多人墓葬来说，就有可能统计出骨骼个体中保存的骨骼和牙齿上的某些特征的出现率。

不论骨骼人群的数量大小，研究一群骨骼人群最先得到的基本信息是骨骼所代表的最小个体数。通过鉴定骨骼部位的左右，可以得出出现最多的左侧或右侧骨骼部位的数量，这个数量就是最小个体数。之后，可以统计出男性、女性、疑似男性、疑似女性、成年及未成年（无法鉴定性别）骨骼个体的数量，并计算出死亡年龄分布和性别比例。最后，需要采集骨骼和牙齿上的测量数据、非测量性状及病理现象。仅仅交代 50 例骨骼个体出现脊柱感染病变，不能真实地反映出脊柱感染的出现率，除非已知 50 例骨骼个体均保存有全部脊椎并可以进行记录。在统计某一观察项目的出现率时，需要根据观察对象，统计出所观察的某一部位骨骼和牙齿的总数，以及保存有这一部位骨骼和牙齿的骨骼个体的数量。但是，由于考古遗址出土的骨骼通常破碎严重，任何研究得出的出现率一般会比真实的出现率低。读者可以参见 Robb（2000，表 2）中有关数据分析方法的综述。

目前，标准化的关系数据库和电子表格已被用来记录骨骼数据，统计软件包也被用来分析数据并检验数据的"显著性"，即验证发现的规律。生物考古学多采用三种数据分析的方法（Robb，2000）：汇总数据并揭示其规律的描述性和探索性分析，从统计显著性角度检验规律有效性的推理分析。统计显著性指的是随机波动导致某一结果出现的概率小于 5%（English Heritage，2004）。求出算数平均数（以及概率）、全距、标准差，研究出某一测量项目、非测量性状或病理现象的观察体数量，并使用图表形式呈现统计结果，可以反映出某一骨骼人群的基本信息。验证观测值的有效性必须进行统计检测，正如前文、Robb（2000）和 English Heritage（2004），以及 Fletcher and Lock（1991）、Shennan（1997）和 Madrigal（1998）等通论性的教科书对此进行的介绍。观测值也可以引入社会地位（高或低）、生计方式（采集狩猎或是农业）、生活环境（城市或农村）等变量，以便更好地探讨和解释数据。

（二）考古学背景对于数据解释的重要性

在解释数据时，充分考虑出土骨骼遗骸的考古学背景极其重要。这一被称为"生物考古学"或"生物文化"的方法首先采集骨骼数据，之后结合考古学和历史学资料解释数据中的规律。举例来说，如果要研究指示食物缺乏的骨骼变化，生物考古学家就需要通过查找文献记载、分析遗址出土的动植物遗存及借助稳定同位素分析的数据去了解所研究的骨骼人群生前的生计方式、所食用（或不食用）的食物类型，如所食用的食物来自海洋资源还是陆地资源等。如果一例骨架出现感染性疾病的病理现象，那么研究的重点则是生活环境（如人口密度）、卫生条件或者是否存在人口迁徙的证据，迁徙的人群可能会携带感染性疾病。只有充分了解古代人群的生活，才能够理解古代人群的骨骼遗骸反映有关古代人群的信息。

第十节 总 结

本章介绍了研究人类遗骸的实验室环境，包括专门的工作场所和所需要的设备。在研究人类遗骸之前，了解骨骼的结构和功能是开展骨骼遗骸研究工作的基础。除此之外，本章还介绍了鉴别骨骼和牙齿的方法及区分人类和动物骨骼、牙齿的方法。本章讨论了性别和死亡年龄鉴定、古人口结构的重建、骨骼和牙齿测量和非测量数据，并介绍了相关的参考文献；与此同时，还强调了考古学背景信息对数据解释的意义；最后介绍了呈现和分析数据的方法。

第十一节 学 习 要 点

- 一个合理布置的实验室环境在最广义上应该包括专门用来分析人类遗骸的工作场所和设施。
- 标准化的数据采集是很有必要的。
- 在研究人类骨骼和牙齿之前，了解骨骼和牙齿的正常结构至关重要。
- 能够鉴定骨骼和牙齿及其碎片、能够区分人类和动物的骨骼是研究的第一步。
- 在大多数情况下，即便存在可能，鉴定未成年骨骼个体的性别也是极其困难的。
- 成年骨骼个体的性别鉴定相对较为容易，其鉴定主要依据骨盆形态。
- 成年骨骼个体的年龄鉴定较为困难，而未成年骨骼个体的年龄鉴定在牙齿保存的情况下，则相对容易。
- 不断有新方法用于鉴定成年骨骼个体的年龄，如使用统计学分析。
- 生物考古学和法医人类学家参照 19 世纪末至 20 世纪初的近代骨骼收藏制定了分析方法，但是这些方法可能不适用于生物考古学所研究的骨骼人群。
- 年龄和性别数据可以构建人口结构。

- 影响人们衰老的因素有许多，包括人体内在的因素和（最广义上）"环境"中的外在因素。
- 测量和非测量分析记录骨架上出现的正常变异，这些正常变异可被用来研究不同地区、不同时代人群内部和人群之间的"差异"（如身高），这些正常变异还会被用来研究人群的亲缘关系并探究人口迁徙的证据。
- 应该采用专门的、系统的方法分析年龄、性别、测量和非测量数据，以便确保不同人群之间数据对比的可靠性。
- 考古学背景是解释数据的关键。

第六章 数据的记录和分析（二）：古病理学

疾病或创伤影响着许多人，其发病从来都不是一个偶然事件……疾病或创伤的发病率是对基因遗传……人们所处的气候、生产食物的土壤及共处的动植物的反映。人们日常的工作……食物结构、所选择的住宅和服装、社会结构、甚至民俗和神话传说均会影响疾病或创伤的出现（Wells，1964）。

第一节 绪 论

第五章对采集骨骼遗骸上（性别、死亡年龄和正常变异）最基础的数据、重建个体的生物学"影像"进行了综述。了解古代人群面对的健康问题需要借助不同方面的证据加以解释。我们可能无法获得有关古代人群免疫系统的信息，而免疫系统的强弱决定着个体是否会患病。但是，DNA 分析目前可以检测人体内对某一疾病的抗病基因和易感基因（Barnes et al.，2011）。目前，一个与免疫系统强弱有关的问题得到了激烈的讨论，即由于居住在过于干净的环境中，儿童缺少与微生物接触的机会，儿童无法获得足够强大的免疫系统来保护身体免受疾病侵害。举例来说，生长在城市中的儿童比生长在农场中的儿童更有可能患有哮喘，这是因为生长在农场中的儿童在幼年时期便暴露在大量的微生物之中（Hamilton，2005）。一个研究古代人群的案例从另一个角度也反映了免疫系统的问题。Larson（1994）指出，在 15 世纪晚期克里斯托佛·哥伦布和其他航海家到达美洲时，将全新的疾病带给了从没有接触过这些疾病的美洲原住民，这对美洲原住民的健康产生了巨大影响。由于原住民的免疫系统不熟悉欧洲的病原体，他们快速地患病并死亡。因此，强大的免疫系统是影响大量疾病作用于骨骼和软组织的关键变量。

古病理学一词指的是研究古代疾病的学科。作为生物考古学的分支学科，马克·阿曼德·鲁弗在 1910 年（Aufderbeide et al.，1998）将古病理学定义为研究古代人类和动物遗骸上表现出来的疾病的科学。古病理学研究骨骼上的"非正常变异"，试图描绘出全球范围内数千年来疾病的起源与进化。古病理学的本质决定了这一学科是一个综合多种分析手段和多个学科数据的整体性研究（Buikstra et al.，2012）。古病理学研究极大地补充了快速发展的进化医学（Nesse et al.，1994；Elton et al.，2008；Zuckerman et al.，2012；Roberts，2016）。

目前，世界卫生组织将健康定义为"一种身体上、精神上和社会上的幸福完满状态，不仅仅是没有疾病或体弱"。这一定义自 1948 年 4 月 7 日生效以来，还没有被改动过。但是，我们应该认识到，我们祖先对于健康和疾病的感知可能和我们的有很大差异，而我们祖先对于疾病的治疗可能和当今英国的医疗手段不同。举例来说，随着不同时代医学知识的进步，人们对疾病为何会出现在自己生活的社会有不同的理解。在罗马时代，人们通常认为疾病的出现是因为神灵不悦或人体内四种体液不平衡。人体内有黄胆汁、黏液、黑胆和血液四种体液，如果一种或多种体液过量或缺少，人就会生病。古罗马人认为四种体液分别与自然界中的元素（火、水、土地和大气）相联系，每种体液具有独特的特性（分别是炙热和干燥、寒冷和潮湿、寒冷和干燥、炙热和潮湿）。举例来说，罗马时代的治疗手段也很有趣："在一个对外部充满不解的世界里，人们非常有理由使用任何可能的手段维持健康"（Jackson，1988）。因此，神、女神、魔鬼和魔法均被用于治疗疾病。某些地区的温泉也被认为有益健康。例如，人们认为硬水可以治疗结核病，而饮用软水可以治疗膀胱结石（Jackson，1988）。草本疗法广泛用于创伤的治疗和手术中的麻醉，同时，英格兰出土的数例罗马时代的颅骨上留有手术钻孔（头部穿孔）的证据（参见 Roberts et al.，2003）。此外，罗马时代的骨折治疗与现代急诊室骨折的疗法类似。在公元前 5 世纪，古希腊医生希波克拉底介绍了使用垫布和绷带缠绕，并利用黏土和淀粉固定骨折部位的疗法（Withington，1927），他的诸多著作影响了罗马和后世的医疗体系。

尽管古代人群对于疾病出现原因的理解和治疗手段可能随着时间而改变，但是可以确定的是，世界上任何一个现代社会中，没有人能够不经历疾病，健康地过完一生。这对古人来说也一样。正如第五章中所介绍的那样，古人口结构反映的是死去的那一部分人，即死于疾病或者创伤的人。正如 Brown et al.（1996）指出："个人和群体遭受的疾病就和死亡一样，是不可避免的。"由于疾病影响着古代人群正常生活的能力，最终又会影响古代人群生活的社区、社会或者国家的发展，因此了解人类历史的关键在于评估人类祖先面临的健康问题。有一种论点认为，通过古代人群的骨骼遗骸研究他们的健康状况是生物考古学研究中最重要的一部分，这是因为研究古代人群的健康可以使我们了解这群人是如何发展的。举例来说，14 世纪的英格兰，黑死病致使大量人口死亡——平均三分之一的人口死于黑死病，不同地区的死亡率自 20% 至 60% 或 70%。这最终势必会影响当时的社会和经济系统，同时也会降低存活下来的英格兰人的健康和幸福程度（Platt，1996；Ziegler，1991）。但是，生物考古学的研究数据也开始揭示出黑死病的积极一面（DeWitte，2014；类似的结论还可参见 Steckel et al. 待发表的文章中对 6 世纪查士丁尼瘟疫的研究）。

尽管如此，我们应该明确"健康和疾病是衡量人群利用生物和文化资源适应环境的尺度"（Lieban，1973）。人类具有很强的适应环境变化的能力，以及改变自身机能求得生存的能力，这些能力被形容为"人类最令人惊奇的方面"（McElroy et al.，1996）。当然，在黑死病等极具破坏性的流行病中幸存下来的人群具有极强的适应能力。历史上不同时期，人类还出现过基因和生理适应。基因适应通过长时间的自然选择在人群层面上出现，而生理适应则在个体的一生之中出现（McElroy et al.，1996）。此外，人类还可能出现心理和情感适应，这一类适应性使得个体获得积极的感受和幸福感。一些例子显示了人类适应环境、规避疾病的机制：为了预防疾病，避免供水设施附近出现垃圾；烹煮食物以杀死微生物；在高海拔地区穿着温暖的衣物，并避免皮肤暴露在阳光之下。举例来说，在秘鲁，人们使用多层毯子和衣物严实地包裹婴儿；母亲还会在温暖的室内环境中照顾婴儿，并将婴儿放置在育儿袋中、背在背上（Tronick et al.，1994 引自 McElroy et al.，1996），这些行为属于文化适应。高海拔地区人群发育出更强的肺功能以使身体获得更多的氧气，并（通过血红蛋白）增加为人体输送氧气的红细胞的数量，属于生理适应。基因适应可见于终生生活在高海拔地区的人群中，这些人四肢较短、发育缓慢，且具有较大的肺活量。我们还应该认识到，诱发疾病的微生物也会突变、也会适应环境，以便在人群中成功地传播疾病，如近几十年来的结核病病原体的突变（Coninx et al.，1998；也可参见 Didelot et al.，2016）。

第二节　古代疾病的证据来源

古代疾病的证据来源有许多。首要证据包括考古遗址出土的人类遗骸（例子参见图八二），而对于英国来说，最重要的证据是骨骼遗骸（木乃伊化的遗骸上的疾病证据参见 Aufderheihe，2000）。由于许多疾病仅仅影响人体的软组织，我们能观察到的疾病很有限。因此，麻疹、百日咳、水痘、腮腺炎等多见于儿童的疾病，以及霍乱、疟疾、瘟疫和天花等其他既危害儿童也危害成年人的疾病，是无法通过肉眼在骨骼上鉴定出来的。但是，可以借助其他手段发现这些疾病。举例来说，科学进步使得人们通过化学 DNA 分析检测到了骨骼遗骸中

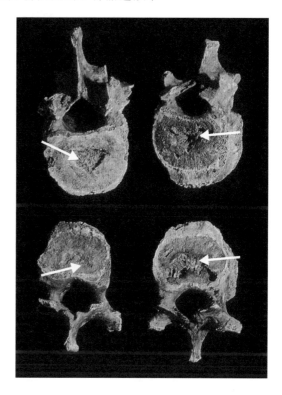

的疟疾（Sallares et al.，2001；Lalremrutat et al.，2013）和瘟疫（Weichmann et al.，2005；Bos et al.，2011）等只危害软组织的疾病（参见第七章的论述）。重建古人口结构是另一种发现只危害软组织的疾病的方法。举例来说，Margerison and Knusel（2002）和 Gowland and Chamberlain（2005）研究了伦敦皇家铸币厂（Royal Mint）14 世纪黑死病墓地人群的人口结构（图八三）。Gowland and Chamberlain（2005）使用贝叶斯统计分析揭示了黑死病影响下的人口结构。DeWitte（2009，2010）也研究了黑死病对男性和女性个体死亡率差异和牙周病发病率的影响（DeWitte，2012）。

反映古代疾病的次要证据包括文献记载和艺术（如绘画和雕塑）作品

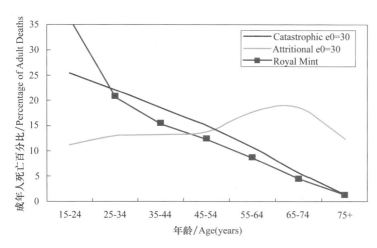

图八二　出现病变的骨骼：施莫尔结节（Schmorl's nodes）（箭头所指处）（杰夫·维奇授权）

图八三　一处黑死病墓地（伦敦皇家铸币厂）的死亡率分布与递减性死亡率分布、灾难性死亡率分布的对比（安德鲁·张伯伦授权）

图八四　记载疾病
的历史文献资料
格里森（Glisson）
1651 年出版的《佝偻
病论文》（A Treatise
Of The Rickets）的
标题页（伦敦惠康
图书馆（Wellcome
Library）授权）

图八五　反映疾病
的艺术作品
法国教堂中 16 世纪
约伯（Job）雕塑的
正面显示有梅毒溃
疡（syphilitic ulcers）
（伦敦惠康图书馆
授权）

（图八四、图八五）。一个出土人类骨骼的考古遗址可能会有同时代
的记载疾病的文献或其他指示疾病的相关证据，但是这种情况非常
少见。由于没有哪一类证据本身就足以解释古代人群生前所面对的
健康问题，如果有指示疾病的次要证据，那么或许可以将骨骼上的
疾病数据与这些次要证据相结合，得出一个更为全面的有关古代健
康的画面。古病理学证据可能与历史文献的记载相左。尽管鉴定骨
骼上的疾病并不总是简单明了，文献记载也可能存在偏差，并且可
能反映的是作者本人的倾向和观点（参见 Mitchell，2012；Barnett，
2014）。人们也可能倾向于记载、展示那些博人眼球的（极为少见的）
疾病："对死亡率、容貌，或对社会和经济有极大影响的疾病可能引
起社会最大限度的关注"（Roberts et al.，2005）。此外，当阅读到历
史文献中记载的疾病的体征和症状时，必须要非常谨慎以避免将其
解释为错误的疾病。举例来说，咯血的人可能患有肺癌、结核病或
慢性支气管炎。对于疾病发病率，大量历史文献和艺术作品均证实
了中世纪欧洲麻风病肆虐的事实，然而骨骼遗骸上显示的证据并不

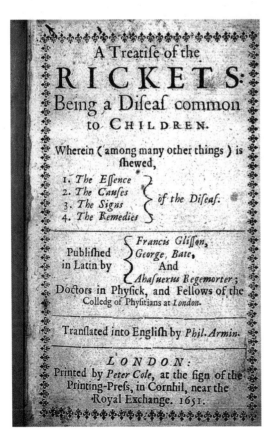

支持这一观点，尽管正如下文即将论述的，通过骨骼这一首要证据鉴定疾病往往困难重重。研究那些与我们祖先生活环境类似的、依然停留在传统生活状态下的人群对于理解古代健康和疾病以及健康、疾病与生活方式的关系很有益处（这种研究被称为医学人类学——参见 McElroy et al.，1996；Panter-Brick et al.，2001）。尽管这些保留传统生活方式的人群在现代社会中往往生活在边缘环境中（如极地或是沙漠环境），他们和我们祖先生活的时空相距甚远，但是他们可能和我们祖先有着相似的生活。

第三节　研究骨骼疾病的方法

想要诊断并解释骨骼上指示疾病的证据，就必须从临床研究入手。也就是说，我们需要了解某一疾病是如何作用于骨骼的，最好是在缺乏治疗的情况下（如抗生素出现以前），我们还需要了解某一疾病对患者的影响，尤其是患者的症状。以风湿性关节炎为例，风湿性关节炎是一种影响关节和周围软组织的慢性感染疾病。人体的滑液关节，尤其是手和脚部的关节、肩关节、肘关节、腕关节、膝关节和颈椎，均会成为病灶。受累关节的关节面和边缘会出现侵蚀。关节周围的韧带和肌腱也会被影响，而有的关节会出现不完全脱位（关节位置的骨骼脱离正常位置）。如果一例骨架出现这一模式的骨骼病变，那么便可以（谨慎地）诊断这例骨骼个体患有风湿性关节炎；这种诊断方法需要假设随时间推移，骨骼的病理变化始终如一、未曾改变，而药物治疗（如果患者曾有过药物治疗）也不会影响临床研究显示的骨骼的病理变化。临床研究的数据表明，有风湿性关节炎的患者身体虚弱，伴随有贫血、体重减轻、肿胀、关节僵直、疼痛和变形、身体机能下降及骨质疏松。因此，通过借鉴临床数据，我们就可以尝试构建一幅景象，描绘疾病对个人以及对群体的影响（参见 Mays，2012 中非常有用的论述）。

需要明确的是，骨骼遗骸提供给我们的疾病证据仅包括慢性疾病，即那些最初是急性、而后变为慢性的疾病。实际上，我们研究的出现病变的骨骼个体其实是人群中那些健康的个体，尽管这些个体都是死去的人。那些因从未接触某一疾病而不具备足够的免疫系统的人，往往死于疾病的急性发作期，这些人可能在骨骼产生病变反应之前就已经死亡（因此，他们的骨骼上不会存在指示疾病的证据）。因此，从骨骼上无法区分患有急性病的人和健康的人，尽管可以借助古代 DNA 分析检测骨骼中可能存在的疾病病原体（研究案例参见 Haas et al.，2000）。但是，慢性、出现愈合迹象的骨骼病变则表明个体具有足够强大的免疫系统应对疾病的急性发作期，这使得这些个体能够存活至疾病的慢性发作期，并出现慢性骨骼病变。这一观点被称为"骨学悖论"（osteological paradox）（Wood et al.，1992；DeWitte et al.，2015）。因此，一例没有任何骨骼病变的个体可能意味着个体死于那些只作用于软组织的疾病，即由于疾病不作用于骨骼，因此未能出现骨骼病变；一例没有任何骨骼病变的个体还可能意味着个体患有会作用于骨骼的疾病，但是未及骨骼出现病变，个体便已死亡。在解释骨骼上的疾病证据时，需要考虑的可能性很多，任何可能性均会被个体内在的脆弱性和疾病易感性影响（古代人群的脆弱性和疾病易感性是无法得知的）。在研究骨骼上的疾病证据时，我们试图记录骨骼个体的健康历史，即他们生前经历的病痛。近些年来，生物考古学家开始接纳"健康和疾病发育起源假说"（Developmental Origins of Health and Disease Hypothesis），并意识到幼年时期经历的"压力"会使个体在以后的人生中更容易出现心脏病等健康问题（Barker，1994；Gowland，2015）。我们几乎不能推断死者的死因，除非死者身上有一处未愈合的刀伤。此外，如果骨骼病变是慢性的，并出现了愈合迹象，我们则无法推测个体首次患病的时间。

记录骨骼上指示疾病的证据需要观察成骨和破骨的迹象，对观察到的迹象做出完整的描述，并在恰当情况下进行影像记录（图八六、图八七）。这样做的好处在于，如果发现最终的诊断有误，其他的生物考古学家便能够重新对描述记录进行评估（尤其是骨骼被再一次埋葬、无法再一次对其进行研究时）。如第五章所述，成骨细胞会生成骨骼，而破骨细胞会破坏骨骼。在人的一生中，在成骨和破骨的正常平衡下，骨骼始终处于重建过程中，但是如果疾病干扰了成骨和破骨作用的平衡，成骨或者破骨现象就可能超出正常范围，这些异常的成骨或者破骨现象可以在骨骼上观察出来。

举例来说，随着年龄增长，个体出现骨质疏松症，骨的流失超过了骨的生成。骨骼上的成骨现象表现为编织骨（形态杂乱的新骨，是骨骼对最初疾病或创伤的反应）或板层骨（形态较有规律、较致密，代表着骨骼的愈合以及疾病的慢性阶段）（图八八、图八九）。编织骨病变可能说明疾病在个体死亡时依然处于活跃期，而板层骨则说明个

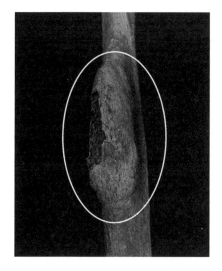 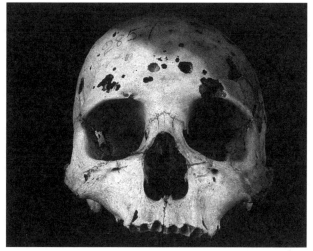

体适应了疾病并进入疾病慢性发病期的愈合阶段。根据个体所患疾病，编织骨和板层骨会分布于骨架各处，而事实上许多不同的疾病会作用于同一处骨骼部位（如麻风病、梅毒、结核病、坏血病和胫部创伤均会引起下肢长骨的成骨）。因此，尽可能完整地采集骨架，并记录骨骼病变的不同类型及其在骨架中的分布非常重要（图九〇）。虽然可以从火葬骨骼上观察出病变现象，但是记录其上病变类型非常困难，火葬骨骼的不完整性使得对其上疾病的诊断非常有限，而统计火葬骨骼上的疾病出现率几乎是不可能做到的（McKinley，1994a）。完成对于骨骼病变的类型及其分布的记录后，便可以考虑一系列可能的（鉴别）诊断结果，并逐一排除到只剩一种诊断结果。

图八六　成骨：骨样骨瘤（osteoid osteoma），一种良性骨肿瘤（夏洛特·罗伯茨授权）

图八七　破骨：颅骨癌症（cancer）（夏洛特·罗伯茨授权）

　　诊断骨骼遗骸上的疾病并非易事。试想一下，你的医生可以使用一整套诊断性检测手段检测人体系统的任何部位。尽管检测结果能够提供大量可用的数据，但医生未必能给出诊断结果，有时则会给出错误的诊断结果（参见 Waldron，1994 中的表 3.2）。试想一下，如果仅仅通过观察人体的一种器官——骨骼，就很容易理解为何诊断骨骼疾病如此困难，尤其诊断考古遗址常见的不完整且破碎严重的骨骼更是如此。采集骨病例数据的参考书目有很多（Buikstra et al.，1994；Roberts et al.，2004；Roberts，2017），如果使用同一种数据采集方法采集同一类数据，就有可能对比分析不同人群的疾病状况。全球健康历史计划的欧洲模块正是一项使用相同的数据采集方法采集同一类数据，对比不同人群疾病的研究（详见第一章）。越来越多的研究借助影像分析、组织学和微量元素分析，以及近几年

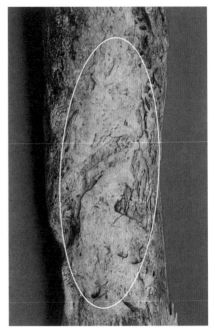

图八八 （左上）处
于活跃期（未愈合）
的成骨现象
（夏洛特·罗伯茨授权）

图八九 （右上）
愈合期（非活跃期）
的成骨现象
（夏洛特·罗伯茨授权）

图九〇 （右侧）
某一疾病的分布模
式——格洛斯特
（Gloucester）中世纪
晚期患有密螺旋体疾
病的个体
（夏洛特·罗伯茨授权）

保存的骨骼　　　　　　　　出现病变的骨骼

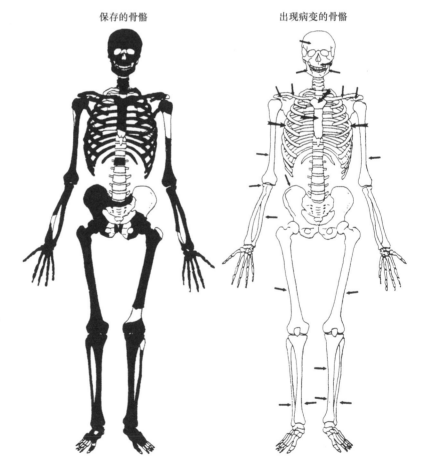

来兴起的古代 DNA 分析技术等更加精密的分析手段来诊断骨骼上的疾病，这些分析手段在第七章中有详细的介绍，并附有案例分析。

正如前文所述，记录、诊断火葬骨骼的疾病有其独有的困难，此外，焚烧过程还会使骨骼变形。这类问题使得火葬骨骼仅能反映非常有限的疾病信息，尤其是在有的病理现象会使骨骼变得更加脆弱、使其更容易在火葬中瓦解的情况下（McKinley，2000b）。但是，通过非常细致的观察，还是能够在火葬骨骼上发现有用的疾病信息。举例来说，McKinley（1994a）指出，在诺福克郡斯庞山盎格鲁－撒克逊时代火葬墓地出土的 2284 例火葬骨架中，大约三分之一的个体存在骨骼病理现象或者正常变异（非测量性状）。发现的疾病包括牙齿生前脱落、龋齿（6% 的个体患有龋齿）、牙结石和牙釉质发育不全等齿科疾病，关节疾病（17% 的成年个体患有关节疾病），新陈代谢疾病，感染性疾病，胆囊结石，以及钙化的淋巴结节（参见图九一中活人体内取出的胆囊结石）。

采集完骨骼上的疾病数据之后，我们便能计算每一种疾病的出现频率或人的患病率（表二和表三），但是正如 Waldron（1994）所言，必须认识到我们所统计出的某一疾病的出现频率并不能完全反映"真相"。首先，我们所研究的任何遗址出土的骨骼人群仅仅是曾经生活着的人群的一部分（图九二）。我们研究的骨骼人群可能不具有代表性，因而可能不能反映人群真实的疾病出现频率。举例来说，埋葬儿童的那一部分墓地或许没能被发掘，患有特定疾病的病患或许被埋葬在其他地方。而另一种常见的现象在于，一处遗址的

图九一　活人体内取出的胆囊结石（夏洛特·罗伯茨授权，已获得患者授权）

表二　英国六处中世纪晚期遗址出土城市人群骨架上观察出的骨折出现频率

遗址	骨折数量	骨骼总数	百分比/%	数据来源
格洛斯特郡黑衣修士	11	1861	0.6	1
苏塞克斯郡奇切斯特	41	1554	2.6	2
约克费希尔盖特圣安德鲁修道院	26	3232	0.8	3
约克墙上的圣海伦	41	4938	0.8	4
伦敦圣尼古拉斯·山伯斯	18	296	6.1	5
苏格兰惠特霍恩	27	9563	0.3	6

注：1=Wiggins et al., 1993；2=Judd and Roberts, 1998；3=Stroud and Kemp, 1993；4=Grauer and Roberts, 1996；5=White, 1988；6=Cardy, 1997。

表三　英国六处中世纪晚期遗址出土城市人群不同骨骼部位上观察出的骨折患病率

骨骼部位	1	2	3	4	5	6
肱骨	0.3	4.2	0.4	0.8	5.3	0.0
桡骨	1.4	3.2	0.8	1.3	8.8	0.5
尺骨	0.5	2.8	0.8	1.5	8.2	0.1
股骨	0.5	0.4	0.2	0.1	3.8	0.5
胫骨	0.5	2.3	0.5	0.7	6.0	0.4
腓骨	0.3	7.2	1.7	0.8	1.1	0.8

注：1=Wiggins et al., 1993；2=Judd and Roberts, 1998；3=Stroud and Kemp, 1993；4=Grauer and Roberts, 1996；5=White, 1988；6=Cardy, 1997。

图九二　发掘一处墓地时，墓地埋葬的全部个体中被用于研究的个体可能占到的比例（伊冯·比德内尔参照 Waldron，1994 重绘）

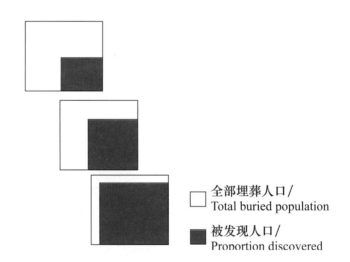

全部埋葬人口/
Total buried population

被发现人口/
Proportion discovered

年代仅能被测定为一个宽泛的时间段，如英国中世纪晚期的年代跨度为 12～16 世纪。因此，强调某些疾病在某一历史时期更为常见是不可能的，因为统计出的是疾病在整个墓地历时几百年出现的频率（图九三）。

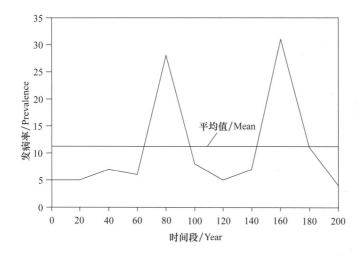

图九三 某一考古遗址出土骨骼样本假设的疾病出现频率，如果缺少精确的测年数据便无法观察出疾病出现频率的峰值

古病理学早期的文献多是研究单一骨骼个体上的某一种疾病。这类研究甚至在当今部分国家中依然存在，包括英国（Mays，1997a）。但是，一直以来学术界都大力强调，研究人群而非个体的健康可以获得更多深入、细致的健康数据（参见最近发表的 Buikstra et al.，2006 中有关古病理学发展史的评议）。研究某一人群的健康，重点在于探讨人群的文化背景，在解释古病理数据时结合可用的考古学、历史学及其他相关数据。近几年来，以人群为研究对象、研究骨骼上反映出来的健康问题在英国明显增多，其中还包括一些抢救性考古发掘中的人类骨骼研究，这可能反映了学术界和抢救性考古发掘中，生物考古学家人数的增多以及更多的经费可用于基本的古病理学研究。但是，即使英国已有许多训练有素的生物考古学家，但是无论是学术界还是抢救性考古发掘，都没有足够的就业岗位来容纳已具备生物考古学必备技能的人（见第八章）。

第四节 古病理学研究的主题

这一节会介绍一些古病理学研究中为探讨古代人群某一生活方面而关注的主题。古代人群的生计方式和食物（采集狩猎人群——图九四、农业人群、畜牧人群、游牧人群）；古代人群的生活空间（城市、农村、海岸——图九五、内陆、岛屿、高地、低地，以及他们的住宅）；古代人群的卫生状况；古代人群所处的气候环境——由季节性和经纬度决定（炎热干燥或者寒冷潮湿）；古代人群的工作和职业（陶工、农民、建筑工人、体力劳动者；图九六）；古代人群是否通过

图九四 澳大利亚
本土的狩猎采集者
（鲍勃·莱顿授权）

贸易或移民迁徙；古代是否存在卫生保健系统——所有上述变量均会影响疾病的出现，而任何人一生中都会生病。上述任何一种情况中的多重影响因素会共同作用使个人或者群体更容易患有某一疾病。我们应该尤其明确的是，婴儿存活至成年的存活率可以反映某一人群对所生活的环境系统的适应能力（Lewis，2017）。未成年个体在生长发育阶段的健康也可能影响他们成年之后的健康状况，这方面的研究近些年来成为生物考古学研究的前沿（研究案例参见 Gowland，2015）。接下来的内容会介绍生活环境、食物、工作、战争冲突及卫生保健系统等不同主题对人群健康的影响。需要重点强调的是，在研究骨骼上的疾病证据时，应该考虑考古学背景中可能存在的每一个主题，或借助其他类型的数据"还原骨骼鲜活的生命"，任何单一类型的证据都无法复原故事的全貌。

当然，这本简短的《人类骨骼考古学》不可能涵盖古病理学所有的研究方向或囊括骨骼遗骸上所有可能被鉴定的疾病，但是其他参考文献提供了更多详细的信息（如 Kiple，1993，1997；Larsen，2015；Aufderheide et al.，1998；Cox et al.，2000 中的章节；Ortner，2003；Roberts et al.，2003；Roberts et al.，2005），Cohen（1989）、Grauer and Stuart-Macadam（1998）、Howe（1997）、Pinhasi and Mays（2008）、Grauer（2012）、Lewis（2017）、Steckel et al.（2019），以及 Steckel and Rose（2002）中的综合性研究案例。在充分研究人类遗骸所显示的疾病时，更需要大量研究古代动物遗骸上的疾病（案例参见 Thomas，2012；Upex et al.，2012）。

（一）生活环境

在现代社会，人们生活在各种地理位置和环境中，每一地区、每一环境均有各自的特点，这些特点会潜在地影响人们的健康。可能包

图九五 外部生活环境，非洲东部海岸桑给巴尔（Zanzibar）岛海滩上的垃圾污染和附近的房屋（凯瑟琳·潘特－布里克授权）

图九六 尼泊尔山区中工作的人（夏洛特·罗伯茨授权）

含损害健康的因素的微环境有三种，但是不同的生活方式下可能有更多类型的微环境。以今天生活在伦敦的人为例，多数伦敦人会住在别墅或公寓中，有特定的工作场所（如办公室、工厂、医院、消防站），当他们穿梭在家和工作场所途中时，会暴露在外部环境中。伦敦人会使用公共交通工具（公交车、火车、地铁），他们拥有私家车或自行车，他们可能也会走路上班。在闲暇时间，他们可能会出现在伦敦某处的酒吧、餐厅、夜店、剧院、健身房中，他们也可能只在某一公园里散散步。现在可试想一下在他们生活的所有环境中（室内环境和室外环境）可能存在的对健康有益和有害的因素。除此之外，还有全球气候变暖和到处与日俱增的环境污染，尤其是在污染管控较为落后的发展中国家（Landrigan et al.，2015）。对于生物考古学家来说，复原古代环境中的每一种暴露因素是非常困难的，但是可以通过研究骨骼遗骸评估某一生活环境对人类的影响。举例来说，如何通过研究我们祖先的遗骸来探索空气污染对健康的影响？许多研究案例都揭示了空气质量对人类健康的重要影响。

　　如果一个人暴露在严重污染的空气中，那么这个人就会吸入包含着颗粒的污染空气，这会引发人体呼吸系统的炎症反应，尤其是面部窦腔和肺部的炎症反应；面部窦腔的骨壁和肋骨就有可能被炎症反应影响。目前，慢性呼吸道疾病是最常见的疾病和致死原因（World Health Organisation，2006），每年有超过三百万人因为环境因素导致的呼吸道感染而死亡。无机气体和有机气体（如二氧化硫、吸烟）、惰性物质（如碳）、致敏颗粒（如花粉）和活体颗粒（如细菌）均可诱发呼吸道疾病。室外空气污染可以追溯到"工业"出现的时期，如欧洲新石器时代制陶业出现时（陶窑烧陶产生的烟雾）产生的空气污染，农业社会中处理农作物时吸入的颗粒物及青铜时代熔炼金属时产生的空气污染。室内空气污染自人们开始居住在掩体内并开始使用明火取暖、做饭便已出现，如居住在洞穴中的人（图九七）。在古代，女性、儿童和病患多数时间都待在室内。虽然人们感觉室外空气污染比室内空气污染严重，但室内空气污染"通常比常见的室外污染严重"（Jones，1999）。举例来说，近来的研究发现，使用公共交通工具通勤的人在交通工具内部遭受的空气污染比不使用公共交通工具通勤的人高。潜在的室内污染源包括尘螨、蟑螂和其他动物，以及容易诱发霉菌生长的湿冷环境；建筑材料、家具及空调系统；缺少通风会加剧空气中的颗粒物；附近工业制造产生的外部

图九七 丹麦莱杰尔（Lejre）一处复原的铁器时代房屋的内部环境（夏洛特·罗伯茨授权）

污染源，以及抽烟和明火中点燃的燃料也可能影响室内空气质量。目前，世界上一半人口（超过 90% 的农村家庭）使用着木头、粪便和农作物秸秆等未经加工的生物质燃料，并通常在明火中焚烧这些生物质燃料；女性和儿童多数时间会待在室内，最容易受到室内空气污染的影响（Bruce et al., 2002）。

已有许多生物考古学研究通过观察肋骨上（研究案例参见 Capasso，1999；Lambert，2002）和上颌窦中（研究案例参见 Boocock et al.，1995；Lewis et al.，1995；Merrett et al.，2000；Roberts，2007；Sundman et al.，2013）的病变证据，揭示了空气质量和人群健康之间的关系。Lambert（2002）分析了美国科罗拉多州西南部六处 1075～1280 年阿纳齐（Anasazi）史前遗址出土的人类遗骸的肋骨，以及亚利桑那州北部和新墨西哥州西北部的两处近代遗址出土的人类遗骸的肋骨。其结果表明，在科罗拉多人群中，呼吸道疾病是一个严重的健康问题。Roberts（2007）最近发表的研究分析了 15 组北美洲、英格兰、荷兰和努比亚的考古遗址出土的骨骼人群的上颌窦炎，上颌窦炎可以指示空气污染（图九八）——这 15 组被选择的人群代表着不同的地理位置、环境和生计方式。该研究的结果显示，不同人群间上颌窦炎的出现率差异极大（图九九），多数遗址中，女性上颌窦炎的出现率大于男性。城市人群上颌窦炎的平均出现率为 48.5%，农村人群上颌窦炎的平均出现率为 45%，采集狩猎人群上颌窦炎的平均出现率为 40%。在城市人群中，男性和女性上颌窦炎的出现率基本一致，但

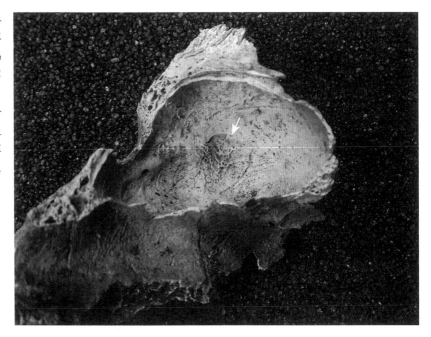

图九八 英格兰杜伦发现的17世纪苏格兰士兵遗骸（编号27A）的上颌窦中形成了新骨
这种新骨表明该士兵曾患有上颌窦炎（鸣谢：安雯·卡菲尔；Gerrard et al., 2018）

图九九 英格兰、荷兰、努比亚和北美洲出土的15组骨骼人群的上颌窦炎（夏洛特·罗伯茨授权）

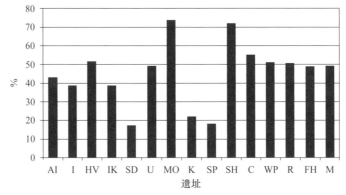

%

遗址

北美（美国）
AI＝阿留申岛
I＝伊利诺伊州
HV＝肯塔基州哈丁村庄
IK＝肯塔基州诺尔原住民
SD＝南达科他州
北美（加拿大）
U＝乌克斯布里奇
MO＝莫特菲尔德
努比亚
K＝库卢博纳蒂

英格兰
SP＝伦敦斯皮塔菲尔德基督教堂
SH＝约克墙上的圣海伦
C＝苏塞克斯郡奇切斯特圣詹姆斯和圣抹大拉的玛丽
WP＝北约克郡沃拉姆·珀西
R＝北安普敦郡朗兹·菲内尔斯
FH＝约克费希尔盖特
荷兰
M＝马斯特里赫特

是在农村人群和采集狩猎人群中，女性上颌窦炎的出现率高于男性。一个特别值得关注的发现是，伦敦斯皮塔菲尔德基督教堂墓地埋葬的人群上颌窦炎的出现率非常低（18%）。作者认为，斯皮塔菲尔德人群较高的社会地位使其在一定程度上免受18~19世纪环境污染的危害，而斯皮塔菲尔德人群的住宅中一般都有用于通风的烟囱，这也在一定程度上降低了环境污染的危害。此外，苏格兰士兵因叼烟斗而在牙齿上形成的磨耗面证实了因吸烟而暴露在空气污染中的现象（Gerrard et al.，2018；图一〇〇），有些出现烟斗磨耗面的牙齿上还发现有尼古丁污渍（Walker et al.，2010）。组织学分析也在这些苏格兰士兵的牙结石中发现了炭或炭烟的颗粒（图一〇一）。

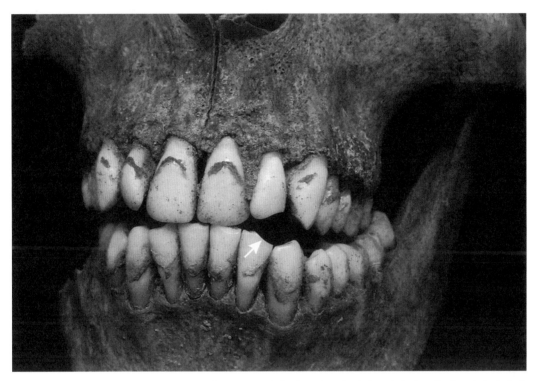

图一〇〇　英格兰杜伦发现的17世纪苏格兰士兵遗骸（编号21）的左侧上颌和下颌的门齿和犬齿均出现磨耗面
磨耗面的形态表明他曾有吸烟斗的习惯（鸣谢：安雯·卡菲尔；Gerrard et al.，2018）

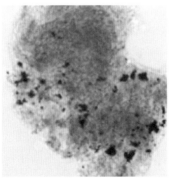

图一〇一　组织学影像显示出，英格兰杜伦发现的一名17世纪苏格兰士兵的牙结石内含有炭微粒或炭烟
［鸣谢：丽莎·麦肯齐（Lisa McKenzie）；Gerrard et al.，2018］

其他指示环境污染的证据包括历史文献，文献记载人们早已意识到环境污染的存在以及长期环境污染对健康的影响。早在公元前 5 世纪，希波克拉底在其《论风、水和地方》一书中便指出健康和空气质量之间的关系（Lloyd，1978），在 17～18 世纪，博纳迪诺·拉玛齐尼（Bernardino Ramazzini）记述了制造污染、诱发疾病的职业，如制陶、采矿和纺织（Ramazzini，1705）。木乃伊遗骸上也发现了患呼吸道疾病的证据。Munizaga et al（1975）发现，由于在布满灰尘的矿井中劳作，12 例 1600 年前的智利木乃伊的肺部存在尘肺 / 矽肺病变（pneumoconiosis/silicosis）；Pabst and Hofer（1998）在新石器时代晚期"冰人"的肺部发现无烟煤，这可能是燃烧炭烟并吸入炭烟颗粒造成的。Pyatt and Grattan（2001）也研究了古代约旦的采矿活动及其对人群健康的潜在影响；Oakberg et al.（2000）分析了以色列一处制铜遗址出土的骨骼遗骸的含砷量，并在从事制铜业的个体中检测到较高的砷（然而 Pike et al.，2002 对这项研究中可能存在的砷的成岩吸收问题提出了质疑）。

古代佝偻病的出现率也可以反映空气污染导致的健康问题。皮肤在阳光下进行化学反应，生成维生素 D。人体中绝大多数的维生素 D 需要通过这种方式获得，另有 10% 左右的维生素 D 需要从食物中获取（通过使用鱼油和动物脂肪）。维生素 D 对于钙和磷的吸收以及人体生长时骨骼形成初期类骨质的矿化至关重要（Elia，2002）。维生素 D 对于形成坚硬和强健的骨骼极为重要。如果皮肤无法合成足够的维生素 D，那么儿童在开始爬行和行走后，骨骼就会出现变形。如果一名婴儿或儿童缺乏紫外线的照射，就会出现维生素 D 缺乏并出现骨骼变形，这种情况在古代遭受污染的环境（烟雾）中很常见。在这种烟雾环绕的环境中，儿童居住在拥挤的住宅中，通常在很小的时候就长时间地负担室内劳作，这些儿童极容易患有佝偻病，如后中世纪时代欧洲的儿童。在 17～18 世纪的英格兰，佝偻病被称作"英格兰病"或"文明社会病"。佝偻病的骨骼病变在 17～18 世纪以前并不常见，但这可能是因为直到最近几年，佝偻病的诊断标准才被细化（Ortner et al.，1998）。成年个体长骨上的弯曲变形可能是个体童年时期患有佝偻病的残留迹象。Ortner and Mays（1998）明确了在诊断佝偻病时需要综合考虑的 10 个主要的骨骼变化特征。另一项针对 19 世纪伯明翰圣马丁教堂（St Martin's-in-the-bull Ring）埋葬城市居民骨骼的研究，发现了 38

例成年和未成年个体（总共有 505 例成年和未成年个体）患有佝偻病（Mays et al.，2006a；Brickley et al.，2007）。伯明翰城市居民佝偻病的出现率高于北约克郡沃拉姆·珀西中世纪农村人群（Ortner et al.，1998）。在沃拉姆·珀西，8 名儿童可能因为生病而常居室内，并因此患上了佝偻病。在一处与伯明翰圣马丁教堂墓地同时代的伦敦斯皮塔菲尔德基督教堂墓地中，Lewis（2002）发现 24 例患有佝偻病的儿童，其中 4 名儿童还同时患有坏血病（维生素 C 缺乏）。喂食预制的婴儿食物、将婴儿包裹在衣物中、将婴儿的活动范围限制在室内可能均增加了伦敦斯皮塔菲尔德人群患有佝偻病的可能性。另一个近来发表的相关研究报道了一名患有佝偻病、坏血病、疑似结核病和磷毒性颌骨坏死的儿童。这名儿童死于 18~19 世纪，被埋葬在英格兰纽卡斯尔附近的北希尔兹（Roberts et al.，2016）。北希尔兹附近的居民有可能从事着污染严重的火柴制造业，暴露在白磷中。

（二）食物

"人如其食。"几千年来确实如此（Pinhasi et al.，2011；Katzenberg，2012）。人类摄取的食物和饮用的水与人体免疫系统的功能统紧密相关，如贫穷、食物结构不均衡的人会更容易生病。关于影响西方世界的各种与饮食有关的健康问题的讨论比比皆是，这些问题显然不比均衡饮食和社会贫困之间的直接联系复杂的多。但是，贫穷会增加营养不良的风险，贫穷的人更容易患有营养不良。日益增加的财富和城市化带来了一系列明显的问题：食物结构不均衡——盐糖超标且缺少膳食纤维的"快餐"，过量饮酒（滥用药物），以及因文化偏好而产生的对食物和体型的焦虑。在中国等快速发展的国家，现代化减少了人们参加体育活动的机会，体育活动的减少会诱发肥胖症（Monda et al.，2007）。因此，在现代社会，食物和生活方式的选择确实对某些健康问题的产生有直接影响。某些凸显的健康问题甚至已经需要政府干预，以提高全民关于食物结构不均衡的危害的意识。

有人指出，在古代，我们的祖先以农业为生计方式，他们食用的是不含杀虫剂的、更安全的食物。确实，古代的食物都是有机生长的，有机食物在当今社会也是一个快速增长的潮流。但是这并不意味着古代没有食物短缺：历史文献中大量内容记载了出现过的食物短缺（如农作物歉收；参见 Dyer，1989）。毫无疑问，古代人群通常有多种食物可以选择，他们的食物结构或许比现代人更均衡，古代人群不容易出现肥胖症或是神经性厌食症。在西方国家，过胖或过瘦已经成为日益凸显的健康问题，发展中国家亦存在着不同的食物摄取的问题。垃圾食品的消费在有的国家日益增加（详见前文），而许多国家存在食物短缺或者无法充分利用现有的食物的现象，这导致了蛋白质－热量营养不良。举例来说，世界上有数百万的学龄前儿童患有蛋白质－热量营养不良（Elia，2002）。

　　一个健康的食物结构有哪些组成部分？食物为我们提供能量，能量平衡取决于通过食物摄入的能量和日常活动消耗的能量之间的差异。一位 55 岁的女性平均每日需要 1940 千卡能量，而一位 55 岁的男性平均每日需要 2550 千卡能量。每日所需的能量由大约 50% 的碳水化合物、35% 的脂肪和 15% 的蛋白质构成（Elia，2002）。发展中国家人群的每日所需能量可能有 75% 是来自摄入的碳水化合物，而脂肪提供的能量不足 15%。总体来说，专家建议我们应该减少脂肪的摄入，同时增加鱼类、全谷物、水果和蔬菜的摄入。但是，不论是否主动选择，从种植、收获、存储、加工、购买、烹煮到食用的过程中，食物的质量和数量对健康都有极大影响。年龄、性别、生活地区和社会地位也会影响人们摄入的食物。生活在北极地区的人和生活在热带地区的人是不会食用同样的食物的，而富有的人可能有更多样的食物选择、可能摄入更多的肉类及更多异域食物。当然，古代的集市贩卖更多的异域食物，现代的超市标榜自己销售各种各样的食物，提供给顾客更多的选择。

　　通过观察骨骼遗骸探讨食物结构的研究很多。这些研究关注一系列的历史时段，包括人们通过狩猎采集获取食物的时期、人们通过驯化动植物获取食物的时期及之后食物生产集约化的时期（研究案例参见 Cohen et al.，2007；Roberts，2015）。狩猎采集的生计方式可以供养人数较少的群体并通常为群体提供一个健康、均衡的食物结构，狩猎采集所获得的食物多种多样、富含膳食纤维，野生植物含有大量矿物质和维生素，狩猎所获的瘦肉（Jenike，2001）与养殖动物提供的较肥的肉形成鲜明对比。狩猎采集人群还定期迁徙，并因此可能比定居的农业人群更健康。农业人群摄入的食物种类比狩猎采集人群少，食物生产比狩猎采集人群更不稳定，农业人群生活在定居的社区；食物生产的增加促使人口增长，因此更多的人口居住在紧邻的固定住宅中，这造成了一系列的健康问题。农业人群更可能通过接触驯化动物而患病（人畜共患病），通常来说狩猎采集人群的居住环境比农业人群的更卫生。工业化为人类带来更多的加工食物、更多的人口及更多的食用对健康有害食物的机会，如摄入更多糖分。除了针对生计方式这一宽泛主题的综合性的研究以外（研究案例参见 Cohen et al.，1984；Cohen 1989；Larsen 2006；Cohen et al.，2007），还有其他通过观察骨骼遗骸探讨某一类食物缺乏或食物过量的研究。

　　龋齿（图一〇二）是一个危害人类数百年之久的疾病，龋齿表现为牙齿牙釉质上（及其下牙本质上）的空洞（Hillson，1996a）。龋齿这一感染性疾病主要是食物中的碳水化合物（糖）在牙菌斑中细菌的影响下发酵导致的。碳水化合物的发酵产生破坏牙齿的酸性物质。摄入的食物或饮用的水中缺少氟、糟糕的口腔健康也会诱发龋齿。近来发表的英国新石器时代至后中世纪时代（公元前4000年至19世纪中期）的龋齿整合数据显示，除了中世纪早期，龋齿的出现率低于之前罗马时代和之后中世纪晚期外，较晚时代糖和精制面粉的摄入与龋齿的增多呈正相关（Roberts et al.，2003；图一〇三；也可参见 Mant et al.，2015）。研究同样也关注龋齿出现率在男性和女性以及不同社会阶层之间的差异。举例来说，一项研究分析了墨

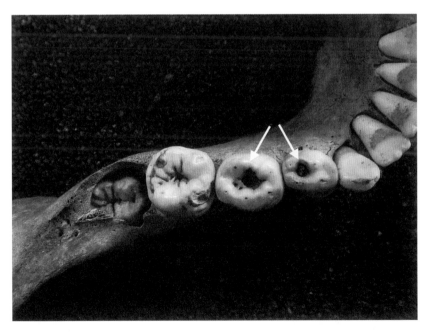

图一〇二　北约克郡弗斯顿（Fewston）后中世纪时代圣米迦勒和圣劳伦斯（St Michael and St Lawrence）教堂墓地中一名幼童的右侧下颌第一乳白齿出现龋病（鸣谢：约克骨骼考古中心）

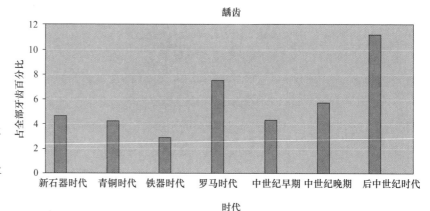

龋齿

图一○三　英国不同年代的龋齿数据（夏洛特·罗伯茨授权）

西哥古典时期（Classic period）（250～900年）玛雅人群龋齿出现率和社会地位之间的关系（Cucina et al., 2003）。其结果显示，精英阶层男性的龋齿出现率最低，但是牙齿生前脱落的出现率最高；这一发现表明精英阶层男性的口腔卫生较差，他们食用相对细软的精制食物。另一项针对泰国东北部班清遗址（Ban Chiang）（公元前2100～公元200年）人群的研究发现，60例骨骼个体中，龋齿的出现率为7.3%（1016颗牙齿中，74颗牙齿出现龋齿），男性的龋齿出现率同样高于女性。混合型的生计方式使得班清人群的龋齿出现率在总体上较低，而男性可能食用了不同于女性的食物，因此诱发龋齿（Pietrusewsky et al., 2002）。班清人群的龋齿出现率比泰国中部遗址霍克帕努蒂遗址人群（Khok Phanom Di）（公元前2000～前1500年）的龋齿出现率低。霍克帕努蒂遗址人群保存完好的牙齿显示出11%的龋齿出现率，但是女性的龋齿出现率高于男性，这可能是由于女性食用了含糖较高的香蕉或椰子树棕榈制成的树棕糖（Tayles，1999）。

另一个可能因为过量摄入某一类食物而出现的疾病是弥漫性特发性骨质增生（diffuse idiopathic skeletal hyperostosis，DISH）。弥漫性特发性骨质增生与肥胖症和迟发型糖尿病有关（Coaccioli et al., 2000；Rogers et al., 2001），同时，基因遗传也可能引起弥漫性特发性骨质增生。近来的一项研究发现，古代许多人群都患有弥漫性特发性骨质增生，这支持了多重因素诱发弥漫性特发性骨质增生的观点（如捕猎海洋哺乳动物的日本猎人和中世纪英格兰僧侣，Oxenham et al., 2006；Rogers et al., 2001）。弥漫性特发性骨质增生的标志性病变出现在脊柱韧带，并导致脊柱韧带融合

（图一〇四），其他骨骼上附着肌腱和韧带的部位也会形成新骨（Rogers et al., 1995）。当今社会，老年男性最容易患弥漫性特发性骨质增生，与此同时，研究发现，由于食用高能量的食物和缺乏运动的生活方式，古代僧侣阶层有着较高的弥漫性特发性骨质增生发病率。Waldron（1993）在伦敦斯皮塔菲尔德后中世纪时代基督教堂墓地发现37名男性和17名女性的骨架出现弥漫性特发性骨质增生，尽管墓地埋葬的人群不应是僧侣，但是他们优越的社会地位或许使他们易患弥漫性特发性骨质增生。Stroud and Kemp（1993）也报道了约克费舍盖特中世纪时代晚期圣安德鲁斯吉尔博庭修道院（Gilbertine Priory of St Andrew）中发现的7例确定患有弥漫性特发性骨质增生的个体和8例可能患有弥漫性特发性骨质增生的个体；Janssen and Maat（1999）报道了荷兰马斯特里赫特圣瑟法斯圣殿（Saint Servaas Basilica in Maastricht）发现的1070～1521年的27名咏礼司铎100%的弥漫性特发性骨质增生出现率。

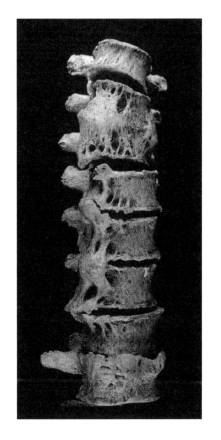

图一〇四　患有弥漫性特发性骨质增生的脊柱（夏洛特·罗伯茨授权）

立陶宛铁器时代至近代早期人群弥漫性特发性骨质增生的出现率也已有人研究，研究人员根据墓葬结构和位置推测出该人群的社会地位（Jankauskas, 2003）。研究结果发现，弥漫性特发性骨质增生随年龄增长而多见，多见于男性，通过与普通城市居民（11.9%）和农村贫困人口（7.1%）相比较发现，弥漫性特发性骨质增生多见于社会地位更高的个体（27.1%）。很明显，弥漫性特发性骨质增生多见于僧侣阶层并有可能和中世纪晚期欧洲僧侣阶层的食物结构有关，但是非僧侣阶层的骨骼个体上也存在弥漫性特发性骨质增生（Roberts et al., 2003）。对比发现，北约克郡沃拉姆·帕西遗址出土的非僧侣农村人群与僧侣阶层弥漫性特发性骨质增生的出现率非常接近。正如Mays（2006）指出，如果沃拉姆·帕西人群的卡路里摄入较低，那么这群人弥漫性特发性骨质增生的出现率也应该很低，但事实并非如此。Julkunen et al.（1971）也指出，虽然现今弥漫性特发性骨质增生患者的体重－身高指数较高，也可能患有肥胖症，但是由于弥漫性特发性骨质增生出现率存在地区差异，因此不能直接将该疾病的出现与肥胖相连。其他研究可能强调了该疾病的其他致病因素，如遗传易感性对弥漫性特发性骨质增生出现的影响。

（三）工作

如同古代社会一样，在当今社会，由于年龄、性别、居住地和社会地位的不同，我们的工作可能也不相同。我们之中的多数人需要通过工作获取住宅、食物和衣物等生活必需品。但是，随着经济地位获得保障，人们越来越多地考虑挣更多的钱用来度假和购买奢侈品。即便如此，在西方国家中，生活（以及健康和安全）标准的提高并没有减少工作中出现的一些健康危害，如工作压力和工伤。那么，我们可以从人类遗骸中采集到哪些反映工作对我们祖先的影响的证据呢？

古代人群工作的初衷是确保获得足够的食物（捕猎、采集和耕种），但是随着社会发展变得更加多元化，诸多复杂社会在本土、区域、国家、国际层面上的贸易往来，带来了各种各样的产品。正如前文所述，几百年前的人们已经意识到工作会带来健康问题，拉玛齐尼（Ramazzini）还被称为"医药行业之父"。虽然我们不能确定工作健康和安全的管理在久远的古代已经存在，但在现代西方国家中，大量有关健康和安全的规章制度表明，人们在确保工作安全上投入了大量的精力（例子参见 http://www.hse.gov.uk/）。尽管如此，我们总是能够耳闻因公受伤和因公患病的报道，如"病态建筑综合征"（sick building syndrome）、重复使力伤害（repetitive strain injury）及羊毛分拣工人易患的炭疽（wool sorters' disease）。

我们的祖先同样也因为自身从事的工作而出现健康问题。我们的祖先与家养的动物接触频繁并可能因此感染疾病，但本书的这一章节对这一潜在的健康危害不做进一步分析（读者可参考 Baker et al.，1980；Brothwell，1991；Swabe，1999；Davies et al.，2005）。工作对健康的危害是否表现在骨骼上取决于多种因素。个体开始从事某一工作的时间会左右骨骼是否出现病变，工作的时间越长，就更有可能出现骨骼病变，如个体在骨骼发育成熟之前便开始从事某一工作，则骨骼出现相应病变的概率增大。工作持续的时间也会影响骨骼病变的出现。人们持续工作几天、几周还是几年？举例来说，人们每天是否会花费数小时磨面、烤面包，人们每周是否会花费两小时清扫家畜的圈舍，人们每年是否会收割一次作物，或者人们是否会从事上述所有工作？试想一下你日常生活中和一生中可能完成的各种工作，很多工作等待我们去完成，而问题是哪些工作会改变我们骨骼的形态？

　　骨骼上有许多特定的变化被认为是人们活动的结果。本质上，骨骼可以适应人类的活动，由于骨骼具有可塑性，在物理应力的作用下骨骼会改变形态（Knusel，2000）。如果个体在年轻的时候便开始从事某一活动，那么骨骼的反应（形态变化）就会更明显。这类骨骼形态变化可能是工作导致的，但是直接将骨骼形态变化与某种工作相联系却有很大问题，这是因为除了"职业"以外，很多其他因素也会导致骨骼出现形态变化。确实，倡导生物考古学家重建人体和四肢的运动职业更为稳妥，这也是目前学术界研究的常态。还需要明确的一点是，年龄增长、肥胖、女性均会增加个体罹患骨关节炎的可能性，关节炎是骨骼中用来指示古代"职业"的主要特征之一（研究案例参见 Bridges，1994。与此不同的观点参见 Waldron，1994；Jurmain，1999；以及 Jurmain et al.，2012 中的综合讨论）。但是，如果个体借助四肢长期从事某一固定活动，就会给关节施加固定模式的应力并导致关节出现骨关节炎（图一〇五）。

　　当今社会中，有的活动毫无疑问会导致特定关节出现骨关节炎，如操作风钻的工人易患肘关节炎，而芭蕾舞者易患踝关节炎，但是人类活动和关节炎之间并不总存在直接联系，即并不是每一个操作

图一〇五　威尔特郡皮西（Pewsey）墓地盎格鲁–撒克逊时代的一例个体肩部出现骨关节炎（osteoarthritis）（左）——对比右侧（夏洛特·罗伯茨授权）

风钻的工人都会患关节炎。举例来说，Waldron and Cox（1989）通过研究斯皮塔菲尔德基督教堂地下墓穴出土的骨骼，并未发现手部关节炎和纺织之间的关联。尽管如此，Stirland（2000）以及 Stirland and Waldron（1997）通过研究都铎王朝战舰玛丽·罗斯号舰船（见第三章）中青年个体的脊柱关节炎，发现了人类活动造成的疾病现象。史料记载，玛丽·罗斯号上共载有 200 名水手、185 名士兵和 30 名火炮手，因此评估活动造成的骨骼病变所得结果显示与这些"职业"有关。这项研究发现，玛丽·罗斯号青年男性和诺福克郡诺威奇（Norwich）中世纪晚期遗址的老年男性有相似的脊柱关节炎出现率，这表明玛丽·罗斯号船员从事的移动重火炮等活动加速了脊柱退行性病变的发展。玛丽·罗斯号船员可能是非终身的职业船员，他们从青春期就开始工作（Stirland et al.，1997）。此外，其他研究通过观察骨关节炎，试图探讨从事农业对人体的影响（研究案例参见 Cohen et al.，1984 中的章节）。

骨骼上其他指示人类活动的变化包括骨骼肌腱和韧带附着处的成骨或破骨现象（enthesophytes）、骨骼形状的改变、左右两侧骨骼出现形状和尺寸的不对称及其他指示特定活动的骨骼变化［见《国际骨骼考古学报》2003 年第 23（2）期专刊］。本书这一章节会介绍骨骼肌腱和韧带附着处的成骨或破骨、左右两侧骨骼的不对称及其他指示特定活动的骨骼变化。在重建古代人类活动的研究中，骨骼肌腱和韧带附着处的成骨或破骨被大量讨论。这些在应力作用下出现在骨骼肌腱和韧带附着处的肌肉骨骼标记是使用特定肌肉或肌肉群的结果（图一〇六）。举例来说，Eshed et al.（2004）观察了黎凡特采集狩猎人群和新石器时代农业人群上肢长骨上的肌腱和韧带附着处的骨骼变化，发现新石器时代农业人群较前一时代狩猎采集人群更大强度地使用上肢长骨。但是，正如 Jurmian（1999）指出的，肌腱和韧带附着处骨骼变化的出现取决于许多易感因素；这些易感因素包

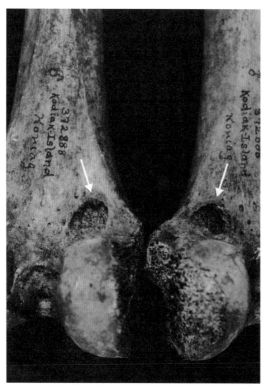

图一〇六　阿拉斯加发现的一名成年男性，因屈伸膝关节和脚的肌肉出现劳损而导致股骨后面出现破骨现象（夏洛特·罗伯茨授权）

括年龄、荷尔蒙分泌、遗传因素、食物结构差异、疾病和活动。举例来说，Weiss（2003）在研究了上肢长骨七处肌肉附着处的骨质变化后，指出年龄在总体上与肌肉附着处骨质变化的出现最具有相关性；换句话说，年龄越大，肌肉附着处的骨质变化就越多。另外，在考虑所有影响肌腱和韧带附着处骨质生长的变量之前，并不具备详细的关于肌腱和韧带附着处骨质的解剖学和临床学基础，同时新的数据记录方法尚待制定（Henderson et al.，2007）。近来，更多有用的研究数据被发表［见《国际骨骼考古学报》2003 年第 23（2）期专刊］，包括通过观察主要肌肉群周围骨质变化的出现模式，研究人类特定的某一种活动。毕竟，人体中有太多肌肉会参与到太多形式的运动中，可能许多运动都导致骨骼上骨骼肌腱和韧带附着处出现骨质变化。尽管如此，研究这一课题，需要克服的主要问题仍在于，如果不能建立肌腱和韧带附着处骨质变化与特定活动间的直接关系，那么单凭骨骼上出现骨质变化的数据是不能反映人类活动的（Jurmain，1999）。

四肢长骨的尺寸和形态的研究借助测量分析和射线影像，观察出使用某一长骨多于其他长骨的现象，从而指示人类的活动或运动。举例来说，一项使用计算机断层扫描观察现今人群上肢长骨的研究发现，"板球运动员主要使用的手臂表现出更明显的肱骨粗壮程度，而游泳运动员的双臂均表现出明显的肱骨粗壮程度"（Shaw et al.，2009b）。研究通常关注人类的上肢，这是因为下肢的不对称性比上肢小、变化比上肢复杂，同时，人类借助上肢完成多种任务，而下肢主要被用于移动（Larsen，1997；Ruff，2008）。Steele（2000）介绍了利手的研究以及如何在骨骼上辨认出利手，与此同时，其他的生物考古学的研究也探讨了利手与人类活动之间的关系。举例来说，Mays（1999）研究了约克费舍盖特圣安德鲁斯教堂出土的男性和女性平民及男性僧侣的肱骨。其结果显示出男女两性平民之间活动的差异，以及男性平民和男性僧侣之间活动的差异。男性僧侣肱骨骨干的强度值较低，这表明男性僧侣不从事繁重的体力劳动。这一类针对考古遗址出土骨骼遗骸的生物力学分析值得投入更多的研究，尽管需要明确的是，包括食物结构、生物性别、年龄、遗传因素、环境（地形）和行为在内的许多因素均可能影响骨骼尺寸和形状的变化（Jurmain，1999）。Jurmain 进一步指出，在解释骨骼尺寸和形状变化模式并试图借此了解骨骼人群的活动时，需要考虑载荷类型、持续时长、幅度、载荷开始和停止的年龄、负荷的骨骼及其部位等。

另一个骨骼上特定的正常变异也有助于我们了解古代人类活动。外耳道内形成的新骨（外生骨疣，exostosis）被认为与长期潜入冷水中有关（图一○七）。Kennedy（1986）指出，生活在寒冷环境中的人群不会潜入冷水中，因此较少出现耳道外生骨疣；生活在温暖环境中、开发海洋或淡水资源以获取食物的人群较常出现耳道外生骨疣。更多近来发表的研究支持了这一观点，尽管也有研究提出不同解释。另一项研究统计了智利北部公元前7000～公元1450年的43处遗址发现的1149例颅骨出现的耳道外生骨疣，发现与设想中一样，耳道外生骨疣的出现和性别以及海岸生活环境之间存在显著关联（Standen et al.，1997）。另一项研究统计了社会地位不同的两群骨骼人群（1～3世纪，罗马）耳道外生骨疣的出现率，其结果显示，女性个体无一出现耳道外生骨疣，而社会地位较高的男性个体较多出现耳道外生骨疣（Manzi et al.，1991）。研究人员认为，男性经常泡温泉，也可能经常泡冷水浴，使得男性的耳道外生骨疣较为多见。最后，一项研究在巴西海岸和内陆27处遗址出土的距今5000年至19世纪中晚期的676例骨骼个体中发现，海岸人群的耳道外生骨疣出现率高于内陆人群，但是不同遗址人群耳道外生骨疣出现率的差异极大（Okumura et al.，2007）；耳道外生骨疣在两性之间不存在显著性差异，这表明巴西男女两性均参与"水中活动"。

图一○七　肯塔基州（Kentucky）诺尔（Knoll）原住民个体耳朵里形成的新骨（耳道外生骨疣）（夏洛特·罗伯茨授权）

巴西其他地区的民族学数据显示，男性和女性均参与捕鱼，支持了这一观点。研究人员认为，风寒、较低的大气气温及因水上活动而暴露在水中综合作用导致巴西海岸人群多见的耳道外生骨疣的出现（Crowe et al.，2010 针对意大利骨骼人群的研究、Kuzminsky et al. 2016 对美国加利福尼亚州骨骼人群的研究及 Mazza 2016 对阿根廷骨骼人群的研究也支持了这一观点）。

无耳道外生骨疣并不一定意味着个体不潜入冷水（或温水）或不暴露在循环风量中。虽然评估骨骼上指示职业或者高强度工作负荷的证据在生物考古学研究中很受欢迎，但是，这类研究充满着挑战。利用多重证据有利于这一研究。

（四）冲突

在传媒时代，有关世界各地冲突的新闻报道似乎充斥着我们的生活。我们听到或看到更多的暴力行为——既有虚构的，也有真实的——暴力画面的禁忌也越来越少。毫无疑问，便利的媒介使得媒体曝光、人们高度关注这些暴力，这导致我们认为自己生活在一个越来越危险的时代中。尽管科技的发展使人类足以施加更具毁灭性的暴力，但是人类遗骸的研究显示，自史前时期，不同强度的冲突便威胁着人类。

通过研究骨骼遗骸，我们能发现哪些古代暴力的信息呢？采取暴力的人或暴力的受害者是青年还是老年，是男性还是女性，在何种情况下会出现暴力？定居人群或狩猎采集人群更易遭受其他群体的侵略吗？古代的武器和保护性衣物是什么样的？古代冲突中存活的概率是多少（侥幸存活的人会被如何对待）？通过研究导致死亡或不导致死亡的创伤，我们能够评估环境（如资源压力）及社会、文化、政治对人类行为的影响（研究案例参见 Larsen，2015；Martin et al.，1998；Buzon et al.，2007；Schulting et al.，2012；Knusel et al.，2014；Martin et al.，2014；Redfern，2017；Afshar et al. 即将出版）。构筑有防御设施的聚落、武器、盔甲、万人坑等墓葬、历史文献、表现暴力的艺术品及民族学证据，有助于我们充分研究古代暴力。暴力从极其久远的时代就开始伴随人类。骨骼上显示群体间暴力的证据包括头部、面部（包括牙折）、颈部、胸部的损伤，以及手部和胳膊上的防御损伤；身体的其他部位也有可能出现损伤，这取决于个体身着何种保护性衣物。斩首、剥皮及食人也有可能反映暴力行为，虽然古代出现这些行为的证据在世界范围内并不多见（参见 Roberts et al.，2005 中的文献综述）。家暴也是暴力行为的一种（"虐待"），但是本书这一章节不对家暴进行讨论（读者可以参见 Redfern，2015）。

　　骨骼遗骸中常见颅骨损伤，且出现颅骨损伤的个体多为男性（案例参见 Walker，1989；Jurmain et al.，1997），颅骨损伤多见于颅骨左侧，这说明受伤个体是在面对面的打斗中被惯用右手的人袭击。面部损伤较为少见，这可能是因为面部骨骼在埋藏和发掘过程中不如颅顶骨骼容易保存。尽管如此，鼻骨骨折已见报道（Walker，1997）。方向、力度及打击的速度，以及所使用武器的大小、形状和打击速度，决定着颅骨骨折的类型及受创的骨骼部位。另外，个体的颅骨形态、头发和头皮在根本上也会影响出现骨折的模式（Gordon et al.，1988）。Boylston（2000）还指出，个体是在运动中还是处于静止状态，是骑在马上还是步行，是否穿戴保护性盔甲，均会影响产生的骨折形态。在解释头部损伤时应该考虑到这些因素，但是在生物考古学研究中，这些因素往往都被忽略。

　　头部损伤有三种类型：锐器伤（sharp injury）、钝器伤（blunt injury）和投射物伤（projectile injury）。锐器伤通常是带利刃的武器造成的。钝器或者跌落造成的钝器伤通常在颅骨上形成凹陷性骨折。投射物伤由武器向人体投射的速度所决定（Novak，2000）。在头部投射物伤中，存在非常明显的射入伤口和射出伤口，以及大面积的骨折。上述三种类型的头部损伤均会造成打击点周围的放射状骨折。在考古学研究中，投射物伤极为罕见（尽管如此，读者可参见 Larsen，2015 中有关投射物伤的讨论）。当然，从燧石箭镞到金属刀剑，可用于制作投射武器的材料随时代发展而改变。Benike（1985）报道了自新石器时代（公元前 4200～前 1800 年）至维京时代（800～1050 年）不同历史时期发现的牢牢插入骨盆、口部硬腭、颈椎和胸骨的武器。北约克郡 1461 年的陶顿战场遗址发掘一处的万人坑中，尽管仅发现了大约 40 例骨骼个体，其中却有许多暴力受害者的遗骸（Fiorato et al.，2000）。Novak（2000）研究了陶顿战场出土骨骼上的创伤（图一〇八）。其中，在 39 例骨骼个体中，13 例个体平均出现两处颅后创伤，多数颅后创伤出现在前臂上；研究人员认为，前臂上的创伤属于防御性损伤。在 28 例颅骨中，9 例颅骨（32%）存在愈合的创伤，而 27 例颅骨有临终创伤的迹象（每例

图一〇八 北约克郡陶顿遗址发现的一例男性颅骨（编号18）上有多处锐器伤和投射物伤（布拉德福德大学生物人类学研究中心授权）

颅骨大约出现 4 处临终创伤）。这些颅骨临终创伤中，65% 属于锐器伤，25% 属于钝器伤，另有 10% 属于投射物伤。多数锐器伤和钝器伤被认为是面对面战斗时来自正面的打击。8 例颅骨共发现 12 处投射物伤，多数投射物伤呈方形；造成投射物伤的可能的武器有箭镞、斧、马刺、战锤、剑及弩的螺栓。通过骨骼上愈合的和没有愈合的创伤还可以明确得知，陶顿战场的士兵是职业士兵。正如我们所了解到的，生物考古学家试图分析造成颅骨创伤的武器类型，而法医科学的研究则有助于我们解释颅骨创伤（研究案例参见 Kanz et al.，2006，以及土耳其发现的罗马以佛索角斗士的头部创伤）。Humphrey and Hutchinson（2001）以及 Tucker et al.（2001）也发现，在肉眼和显微观察下，大砍刀、斧和剁肉刀在新鲜的猪骨上形成的伤口形态不同。当然，伤口可能会愈合也可能不愈合，而区分这两种伤口非常重要，这是因为不愈合的伤口可能会是致命伤。lovell（1997）给出了区分生前、临终和死后创伤的详细方法。

部分关于创伤的研究揭示了创伤对于探讨人群特征的重要性。Walker（1989）分析并比较了加利福尼亚州大陆沿海和南部北海峡岛出土颅骨上的创伤迹象。这些颅骨的年代大致为公元前3500～公元1782 年，大约 20% 的颅骨至少具有一处骨折，出现骨折的男性多于女性，但是总体来说北海峡岛上的居民出现的颅骨创伤更多，这可能是竞争海岛上稀缺的资源所致。另一项研究分析了耶路撒冷加利利瓦杜姆·亚科布城堡（Vadum Iacob Castle, Galilee）出土的5例青年男性的骨骼遗骸。他们是12世纪的十字军戍卫士兵，研究发现他们的颅骨存在多处武器造成的损伤，而其他部位的骨骼也有多处剑和箭镞造成的损伤（Mitchell et al., 2006）。历史文献记载，1179年，侵略者攻克瓦杜姆·亚科布城堡；阵亡士兵被卸去盔甲，他们的遗体和战场上死亡的战马一起被丢在坑里。最后，通过研究智利圣佩德罗·德·阿塔卡马（San Pedro De Atacama）出土的682例颅骨，研究人员发现，自大约公元前200年起，颅骨创伤随着时间推移而增长，直至1400年，颅骨创伤明显减少。颅骨创伤的增加尤其见于男性个体，其增长与大旱、防御性的聚落、人口的增长以及贫困的凸显有关，这些因素均有考古资料的支持。而后环境的改善使颅骨创伤出现骤减，这说明广义上的"环境压力"会导致人群间的暴力（Torres-Ruff et al., 2006）。

　　斩首是另一个指示人群间暴力的证据，斩首在骨骼上表现为颈椎和下颌骨等身体其他部位上的砍痕。虽然在现代社会中存在自己砍掉自己的头这一情况，但是我们通常假定在古代，多数斩首是一个人蓄意施加于另一个人（活人或死者）的体罚造成的（Prichard, 1993）。斩首还包括其他动因，包括个体间相互攻击导致颈部受伤并呈现出斩首的特征，绞刑操作失误，作为战利品或收集圣人遗骨，或是放血（Boylston et al., 2000）。罗马不列颠时代墓葬发现了相对较多的斩首。举例来说，贝德福德郡肯普斯顿（Kempston, Bedfordshire）3～4世纪罗马不列颠时代墓葬出土的92例骨骼中，有12例存在斩首迹象（Boylston et al., 2000）。在所有出现斩首的墓葬中，颅骨均被放置在小腿或脚部。12例被斩首的人中，8例和其他没有被斩首的人一样被埋葬在主墓地中，另外4例被斩首的人被埋葬在环壕围绕的聚落中，研究人员认为这属于"特殊"埋葬方式。12例被斩首的人中，5例个体被安放在棺材里，这些人的颈椎上存在砍痕。研究人员推测在斩首时，这些人或者已经失去活动能力，或者已经死亡，但是有些个体可能死于武装冲突（Boylston et al., 2000）。一篇最近发表的文章研究了约克德里菲尔德平台3世纪早期罗马不列颠时代遗址出土的超过40例被斩首的青年男性个体（图一〇九），一处墓地出现如此集中的斩首实属罕见（Hunter-Mann, 2006）。英国发现的绝大多数被斩首的个体出现在4世纪晚期

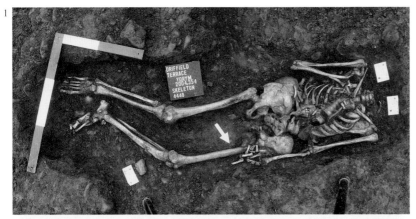

图一〇九　约克德里菲尔德平台发现的第45号骨架
1. 墓坑（注意死者的头部被摆放在骨盆处）
2. 颈椎上的砍痕［这些迹象暗示着斩首（约克考古基金会）］

至5世纪初期的墓地中。约克发现的多数被斩首的个体是从正面被斩首的，加之其年代较早，属于非常少见的发现（也可参见 Muldner et al., 2010）。

（五）获得医疗保健的机会

英国的国家保险体系始于20世纪早期。国家保险体系为绝大多数英国人提供了全科医生的服务体系（general practitioner service，GP）和疾病补助金。1948年，随着《贝弗里奇报告》（*Beveridge Report*）公布，英国成立了国民医疗保健体系（National Health Service，NHS）

（Bartley et al., 1997）。在当今社会，人们对于健康问题出现的原因以及如何预防健康问题的出现有着更多的了解。人们可以通过互联网获得详细的有关健康的信息（如 http://www.nhs.uk/pages/home.aspx）。另外，人们很幸运可以获得有效的药物治疗（1940 年以来的抗生素，以及近些年出现的有效的癌症化疗）和疫苗接种，并可能经历极度精密的手术治疗。尽管接种率不平均，但疫苗接种是极少数惠及每一个英国人的公共健康服务之一（Wilhelm Hagel, 1990）；在其他国家，男孩比女孩更有可能接种疫苗（Borooah, 2004）。很明显，人类基因组计划（Genome Project）有助于研发新的治疗方案（"基因医学"），这包括用正常基因替代诱发疾病基因的"基因治疗"。

虽然并不是每一个国家都具有完善的医疗保健体系，但是世界上大多数人口都活得更久——久到癌症、心脏病等退行性疾病开始危害人类的身体（Charlton et al., 1997）。婴儿死亡率也出现下降，尤其是在西方国家（Pearce et al., 2001；Charlton, 1997）。女性通常比男性的寿命更长，一项 2001 年开展的调查发现，至 2021 年，英格兰和威尔士男性的平均寿命会达到 78.8 岁，而女性的平均寿命会达到 82.9 岁（Anonymous, 2001），但是苏格兰男性和女性的平均寿命要低于英格兰和威尔士的数值。当然，不同地区、同一地区内部、男女两性之间及不同社会阶层人群的平均寿命均不相同（研究案例参见 Shaw et al., 2000；Buchan et al., 2017）。但是，可以公平地说，人们寿命的延长得益于不断改善的药物和手术治疗水平、生活条件，以及更加清洁的生活环境。

尽管已经发现了古代惠及社会总体健康的医疗的证据，但是通过现代民族学中的相关研究可以明确得知，在延续传统生活方式的发展中国家和采用非传统生活方式的发达国家中，不同人群获取医疗保健的机会不均等。举例来说，在畜牧社会中，女性能够获取的医疗保健可能被男性所控制，同时，季节性的迁徙可能也会影响人们寻求医疗保健的机会（Hampshire, 2002）。有的研究发现，孕期健康和儿童健康状况着实糟糕，这能够反映他们获得医疗保健服务的情况，但是是否能够使用洁净的水资源等其他因素也应该被考虑（Foggin et al., 2006）。另外，在当今的英国，尽管社会底层人群和少数族裔获得的基本医疗保健服务要多于社会阶层较高的人群，但是社会底层人群和少数族裔寻求全科医生和门诊等更进一步的医疗保健服务的次数要少于社会阶层较高的人群（Morris et al., 2005）。苏格兰男性尤其不愿意进行定期的医疗保健检查（O'Brien et al.，2005）。

我们的祖先是如何运作他们的医疗保健体系的？他们是否具有医疗保健体系？生计方式不同的社会中有哪些医疗保健措施？男性或者女性会更容易获得医疗救助吗？幼年或老年个体是否比其他年龄段的人获得更多的照顾？不同地区、不同历史时代的医疗保健体系是否存在差异？

根据历史文献记载，药物和手术治疗已存在数百年之久（例子参见 Conrad，1995；Porter，1997；Rawcliffe，1997）。内科医生、外科医生及正骨师等专攻某一特定疾病的其他医务人员，为人们用药行医。虽然有的诊断方法和治疗手段对现代人来说非常陌生，这些诊断方法和治疗手段源自当时社会对疾病出现的认知（参见 Cawthrone，2005），但是有的诊断方法和治疗手段却由来已久。举例来说，检查尿液、血液和粪便，以及测量脉搏，是中世纪时代内科医生非常典型的诊断手段（Rawcliffe，1997），这些诊断手段时至今日仍然被医务人员所使用。

不同的治疗手段也被广泛应用于中世纪时代，包括食疗、用药和通便（通常采用草本疗法——参见 Zias et al.，1993；Ilani et al.，1999；Ciaraldi，2000），放血，烧灼（使用烧红的烙铁烧灼病灶部位），以及沐浴。这些治疗手段的目的均在于恢复人体体液的平衡（见前文绪论部分），但是治疗手段的使用与占星术也有密切联系，如确定一年中治疗身体某处病患的最佳时段。中世纪时代已出现手术治疗，包括正骨、截肢和开颅术，操作手术的外科医生同样也采用放血和烧灼的疗法。大量的证据显示，富有的赞助人曾出资建造医院（图一一〇），尤其是在中世纪晚期（例子参见 Orme et al.，1995）。这些捐建的医院有的是综合性医院，有的则是专门治疗麻风病的医院（Rawcliffe，2006），之后又出现了专门治疗结核病的医院（参见 Bryder，1988）。英格兰在罗马统治时代已出现早期的医院，这些医院为军队服务［如位于哈德良长城豪斯特斯要塞（Housesteads Fort）的医院——Penn，1964；也可参见 Baker，2004］。中世纪晚期伊始，英格兰共有69所医院；中世纪晚期末，英格兰约有700所医院。英格兰中世纪时代的医院不仅治疗穷苦百姓，还具备其他公用。这些医院为旅客、年老的神父、儿童以及落难的人们提供帮助（Rawcliffe，1997）；实际上，有的医院会拒绝接纳重病的患者。有钱的人会在家中接受治疗。英国已发掘了少数医院遗址及其附属的

图一一〇 中世纪晚期的圣抹大拉的玛丽麻风病医院位于诺福克郡的斯普洛斯顿（Sprowston），建于1119年（卡罗尔·罗克利夫授权）

图一一一 丹麦发现的公元前3200～前1800年新石器时代中期骨骼个体钻孔的牙齿（皮娅·本尼克授权）

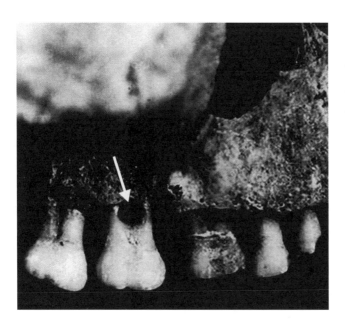

墓地，包括诺丁汉郡纽瓦克市圣莱纳德医院（St Leonard, Newark, Nottinghamshire）（Bishop, 1983）；萨塞克斯郡奇切斯特的麻风病医院（Magilton et al., 2008; Roffey et al., 2012）；约克郡布劳姆的圣吉尔斯医院（St Giles, Brough）（Cardwell, 1995）；伦敦圣玛丽·斯皮塔修道院和医院（Thomas et al., 1997）；以及埃文郡布里斯托市圣巴塞洛缪医院（St Bartholomew）（Price et al., 1998）。

骨骼遗骸上指示治疗疾病和创伤的证据非常少见，这些证据包括截肢、开颅术、使用铜板治疗伤口和感染、牙科（研究案例参见Bennike et al., 1986以及图一一一；Zias et al., 1987; Whittaker, 1993）以及（虽然取决于数据的解释）曾经受伤但是存活下来的个体，这些存活下来的人很明显意味着主动治疗的存在（不同的观点见Roberts, 2000; Lebel et al., 2002; DeGusta, 2002, 2003）。有关英国截肢、开颅术和口腔护理的大致文献综述可以参见Roberts and Cox（2003）。对疾病的手术治疗需要具备人体解剖学知识，但是在欧洲，晚至中世纪时代，人们才开始了解人体解剖学，在15～16世纪，通过莱奥纳多·达·芬奇（Leonardo da Vinci）和米开朗琪罗（Michelangelo）的艺术作品，人体解剖学得以进一步发展。外科医生进一步强调了解人体解剖学对于手术操作的重要性，一位14世纪法国的外科医生曾说："一个不了解解剖学就在人体上开刀的外科医生就如同一个盲人在雕刻木头"（MacKinney，1957）。

虽然在骨骼遗骸中并不常见，但截肢很早就已出现。截肢术通常被用于截掉因战争、做家务或工作意外而严重受伤的肢体，严重感染等疾病的治疗（如麻风病）中也会使用截肢术，此外，截肢术也被用作对轻微罪行的惩罚措施。（埃及）公元前1295～前1186年的第19王朝出现过一次极其恐怖的截肢事件，即为了统计犯人的数量而截断了他们的双手（Brothwell et al.，1963）。出现截肢的骨骼遗骸之所以稀缺，可能是由于人们在截肢的过程中死于大出血，残肢不会出现愈合现象；如果肢体被截断的一端被生物考古学家鉴定为死后破损，那么这一截肢的证据就会被忽略。假肢和拐杖同样也极为少见，但这可能是由于制作假肢和拐杖的材料在埋藏和发掘环节中难以保存，也可能是因为被用作这一功能的其他日常器物未能被辨认出是假肢或拐杖。但是，大量的例子显示，古代存在人造假肢和拐杖，尤其是在中世纪时代（Epstein，1937）。Mays（1996）汇总了旧大陆地区出现的指示截肢的生物考古学数据。此外，Bloom et al.（1996）报道了以色列发现的距今3600年的成年男性个体被截断的手，被截断的残肢表现出明显的愈合迹象。一个独特的例子来自埃及西底比斯（Thebes-West）墓地出土的一例成年女性木乃伊被截去的大脚趾。这名女性被截去的大脚趾被木制的假肢替代（Nerlich et al.，2000；图一一二）。Dupras et al.（2010）报道了埃及发现的直接反映手术治疗的截肢现象。新大陆发现的截肢现象更少，但是Ortner（2003）、Aufderheide and Rodriguez-Martin（1998）和Verano et al.（2000）中记录了部分南美洲发现的截肢现象。Verano发表的截肢证据包括秘鲁100～750年的三个可能出现脚部截肢的人，有意思的是，这些脚部截肢的现象和莫奇卡陶器（Moche ceramic）上描绘的没有脚的人非常契合。

开颅术的历史已有千年之久，早在欧洲新石器时代就已经发现了指示开颅术的证据。公元前5世纪的古希腊医学家希波克拉底最早记述了开颅术（Mariani-Costantini et al.，2000）。为什么要进行开颅？人们给出了许多种解释：为了缓解头痛、癫痫、偏头痛、头部创伤（相

图一一二　埃及
西底比斯公元前
1550～前1300年的
木乃伊，该木乃伊
大脚趾被截除，而
后用木制假肢替代
（安德烈亚斯·内里
奇和阿尔伯特·辛
克授权）

关研究参见最近发表的一篇关于德国发现的新石器时代受创颅骨上存在愈合开颅术的迹象——Weber et al.，2006），为了释放魂魄，以及为了治疗某种疾病。举例来说，Zias and Pomeranz（1992）在以色列发现的公元前2200年一位8～9岁儿童骨骼上，观察到使用开颅术治疗坏血症的迹象，同样在以色列，Smrcka et al.（2003）报道了一位患有脑膜肿瘤的男性个体颅骨上的开颅迹象（1298～1550年）。

　　开颅术需要去除一小部分颅骨，这意味着在生物考古学研究中有很大可能发现开颅术的证据。移除一小部分颅骨会暴露大脑的外膜，这会给感染提供一个"绝佳的"窗口进入大脑，这是开颅术最大的风险之一。现今的神经外科医生会在受控的条件下进行脑部手术，接受手术的病人会被麻醉，还有可能使用抗生素预防并治疗感染，但是我们的祖先可没有这么幸运。如果开颅术没有诱发感染，且没有伤及主要的血管，即使可能会出现脑部损伤（仅凭一例颅骨是难以确诊脑部损伤的），患者也有可能存活下来。事实似乎确实如此，大量被开颅的颅骨存在愈合迹象，这一现象很令人惊奇。有的个体甚至在多次开颅之后依然存活了一段时间，相关的例子上文已提及，另一篇文章还报道了有七处开颅洞出现愈合迹象（Oakley et al.，1959）。目前发现的出现开颅迹象的古代颅骨已有数千例（参见Arnott et al.，2003中的调查统计；Verano，2016统计的秘鲁开颅术；以及Aufderheide et al.，1998）。Piggott（1940）指出，开颅术可能起源于中欧和北欧。生物考古学研究中发现的开颅术可以被分为5种类型，而这些不同的类型在一定程度上反映了用于制作开颅手术工具的材料，开颅术的5种类型包括：刮削（scraped）、挖凿（gouged）、钻锯（bored and sawn）、方孔锯（square swan）和钻孔（drilled）。刮削法在欧洲较为常见，而钻锯和方孔锯多见于南美洲（相关研究参见 Verano，2003；Nystrom，2007）。Roberts and McKinley（2003）在其英国开颅术的研究中，报道了新石器时代（公元前 4000～前 2000 年）至后中世纪时代（16 世纪以后）发现的 62 例出现开颅的颅骨——图一一三。62 例开颅的颅骨中，多数属于中世纪早期或盎格鲁－撒克逊时代（5～11 世纪），多数为男性个体（64.5%）。43 例颅骨上未发现任何指示开颅原因的迹象，但是 8 例颅骨存在明显的颅骨创伤。最有趣的发现在于，新石器时代至后中世纪绝大多数历经开颅的个体是以"正常"的埋葬习俗下葬的，说明自始至终这些个体总体来说没有被区别对待。仅有一例铁器时代开颅颅骨的埋葬方式可能与祭祀有关，另有一例出土开颅颅骨的中世纪早期墓葬叠压一处罗马时代的山庄。

图一一三　诺福克郡奥克斯伯勒（Oxborough）发现的一例罗马时代开颅的个体（杰奎琳·麦金利授权）

　　如同开颅术和截肢，长骨骨折的治疗也见于历史文献和艺术作品中，同样也还是公元前 5 世纪的希波克拉底最早记述了长骨骨折的治疗；此外，在一些发展中国家，人们尝试使用传统疗法治疗骨折（Huber et al.，1995）。古代治疗长骨骨折的必要步骤包括骨折复位，即掰开骨折长骨的两端并将其摆回正确的位置，以及使用夹板固定骨折部位（固定直至愈合），这些步骤也被用于现今长骨骨折的治疗。采用传统生活方式的人群可能使用芦苇、竹子、树皮或者黏土来固定骨折的四肢，而熟石膏和其他用于固定骨折的材料较晚才开始出现。使用夹板和螺丝钉固定经过开放手术的肢体在现今也很常见。希波克拉底推荐使用衬垫和绷带包裹骨折部位，并使用黏土和淀粉将其固定；希波克拉底建议骨折病患食用健康、均衡的饮食。草本疗法也被应用于骨折和伤口的治疗，包括将聚合草（knitbone）和三色堇（bonewort）与蛋白混合，蛋白包含的蛋白质有利于骨骼愈合（Bonser，1963）。如同假肢一般，用于固定的夹板可能是用有机物质制成的，日常生活中常见的物品可能也被用于充当夹板——这使得在考古发掘中，这一类夹板没能被辨认出来。但是，目前发现了极少的古代夹板（相关研究参见 Elliot-Smith，1908；图一一四）。一例公元前 5000 年的木乃伊前臂上发现了用亚麻绷带固定的树皮制成的夹板。评估骨折愈合的程度也能便于我们推测古代人群治疗骨折的技术（相关研究参见 Roberts，1988a，1988b；Grauer et al.，1996；Neri et al.，2004；Mitchell，2006；Redfern，2010）。举例来说，Roberts（1988b）发现，英国罗马时期和中世纪时代早期的骨折比之后时代的骨折恢复得更好。Mitchell（2006）指出，地中海东部生活在十字军东征时期的人群下肢长骨的螺旋骨折愈合良好，这说明手术成功地治愈了这些病患。

骨骼遗骸上其他直接反映医疗的证据包括用来治疗感染的伤口或创伤的铜合金板。瑞典、比利时和英格兰中世纪时代均发现了这类铜合金板。Hallback（1976～1977）报道了瑞典发现的中世纪时代晚期固定在肱骨上的铜合金板，而 Janssens（1987）也报道了瑞典发现的 16～17 世纪肱骨上的铜合金板。英格兰伯克郡雷丁市（Reading，Berkshire）发现的一例中世纪晚期骨骼（Wells，1964；图一一五）及最近报道的圣抹大拉的玛丽麻风病医院墓地（Gilchrist et al.，2006）也发现了铜合金板。这两例铜合金板覆盖在用来治疗皮肤病的酸模叶子上；当时的人们可能在本质上分不清皮肤病和麻风病引发的皮肤病变。英格兰的墓地还发现了另外三例铜合金板（Gilchrist et al.，2006）：埃塞克斯郡斯特拉福德·朗索尼的圣玛丽墓

图一一四　埃及发现的包裹前臂骨骼的树皮夹板
（夏洛特·罗伯茨授权）

图一一五 雷丁中世纪晚期圣抹大拉的玛丽麻风病医院墓地发现的包裹肱骨的铜板（夏洛特·罗伯茨授权）

地（St Mary，Stratford Langthorne）（大约 1230~1350 年）发现的有两块铜合金板的男性个体（Barber et al.，2004），伦敦圣玛丽·斯皮塔医院发现的有一块铜合金板的男性个体（Gilchrist et al.，2006），以及约克郡庞蒂弗拉克特克吕尼修道院（Cluniac Priory at Pontefract）发现的两例男性个体也有铜合金板。瑞典（Hallback，1976~1977）和英国（Wells，1964）发现的铜合金板同样也反映了生前的疾病和创伤。另一使用铜合金板的案例出现在约克菲舍盖特圣安德鲁斯墓地发现的 13~14 世纪男性个体的膝关节处（Knusel et al.，1995）。圣安德鲁斯墓地发现的铜合金板边缘存在穿孔，这些穿孔可能是用来穿针引线将两块铜合金板固定在一起的。这些发现的铜合金板表明，我们的祖先和我们一样充分认识到铜在抵御感染中的治疗作用（Festa et al.，2012）。

在病痛面前，古代人群很明显不会只是被动地坐着受罪，骨骼遗骸上已发现了古代医疗保健的证据，虽然相对来说这类证据非常少。近些年来，身体损伤和看护研究的发展（骨骼个体的生平，osteobiographies）可能有助于我们更好地探究某一特定人群是否会得到看护和救治（Tilley et al.，2017）。但是正如我们了解到的，在英国，获得看护的程度和质量存在区域差异，而不同性别、不同年龄、不同社会地位的人获得的看护也不尽相同，这使得获得看护的可能性存在不平等。此外，获得医疗保健的可能性在不同生计方式的社会中可能也是不同的，由于农业社会多为定居，相对于狩猎采集社会临时的居址和频繁迁徙的生活方式，农业社会可能具备更多的资源和设施以照顾病患。

第五节　总　　结

　　如同任何一个研究人类遗骸的学科，古病理学即研究考古遗址出土人类遗骸的疾病的学科，是一个将人类遗骸上发现的疾病证据置于其所处的考古学背景中、借助多学科交叉手段的综合性研究。如前文所述，尽管有许多局限之处，古病理学研究依然为探讨人类祖先的健康和幸福提供了有益的切入点。通过不同主题的研究，古病理学揭示了人类生活方式对健康的影响，以及反过来古代人类的健康对社会运转的影响。

第六节　学　习　要　点

- 所有生活在古代的人和生活在现代的人一样，在一生中的某些时刻均会经历病痛。
- 疾病会影响身体机能的正常运转或是否运转。
- 古病理学是一门借助多种分析手段的多学科交叉的综合性研究。
- 许多疾病并不会影响骨骼形态。
- 我们只能通过人类遗骸上的病变探究古代人群生前遭受的病痛，只有在极少数情况下可以探究致死原因。
- 基于人群的研究是了解古代人群健康和幸福的关键，但是探究骨骼个体的生平能够使我们获得更加细致的信息。
- 不论是现代还是古代，人们对疾病出现的理解决定着治疗疾病的方法。
- 人类遗骸是反映古代疾病的首要证据来源。
- 反映古代疾病的次要证据来源包括艺术作品、历史文献、医学人类学的观察数据，这些次要证据有助于解释古代疾病。
- 疾病的诊断需要通过观察成骨现象、破骨现象及骨骼病变在骨架中的分布来进行。
- 不同疾病可能会导致类似的骨骼病变。
- 古病理学解释数据时必须考虑骨学悖论。
- 标准化的骨骼病例数据采集至关重要。
- 古病理学研究应该被置于考古学背景之下，并通过生活环境、食物结构、工作、冲突和获得医疗保健的可能性等主题进行研究。

第七章　数据的记录和分析
（三）：自然科学

研究问题的意义决定着使用科学手段得出信息的价值（Pollard，2001）。

第一节　绪　　论

考古遗址出土人类遗骸的研究多半会使用非侵入式、相对简单明了且便宜的分析方法。由于遗骸（软组织）的性质，更多更精密的分析手段会被用于研究保存有软组织的古尸（见 Aufderheide，2000 中的相关调查），这种情况目前也多见于骨骼遗骸。然而，许多生物考古学家，尤其是参与抢救性发掘的生物考古学家，并不一定有时间、专业技能或是经费来开展这些精密的研究，但是多年以来，更多数量和更多种类的技术手段被应用于人类遗骸的研究中，以便获得更详细、更有用的关于古代人类生活的数据。当然，人们普遍认为生物考古学研究正在飞速发展，而资助机构乐于资助新的分析手段（媒体也乐于报道新的分析手段）。需要注意的是，"在学会走路之前不应该急着跑"，在对骨骼、牙齿和其他软组织造成不可替代的破坏时，我们应该非常谨慎，并确保这样做是有价值的。预备解决某一研究问题或验证某一假设，并将数据置于考古学和社会背景下进行分析，毫无疑问是进行破坏性分析的必备前提。骨骼样本的保管负责人同样也应该了解申请采集骨骼样本的研究课题是否具有潜在的价值，并具有可以遵循的授权采样的协议。正如前文所述（第二章），过去十年以来，人类遗骸的伦理道德规范已经发表，其中也涉及了破坏性采样（Apabe，2013）。生物考古学研究中破坏性分析的骤增已经激起了人们关于伦理道德的讨论，这一讨论仍将继续。

这一章的内容包含了人类骨骼遗骸的组织学、放射成像、生物分子以及年代测定的研究方法，并介绍了相关的研究案例、局限性以及未来研究的方向。这一章会介绍所用的手段，但是不会涉及如何备制实验样本的细节。读者可以阅读通论性文章获取有关这一部分的详细内容，这一章还会关注自然科学方法在更好地了解健康和疾病模式方面的应用。

第二节　组　织　学

组织学分析手段能够观察人体组织的显微结构。组织学分析手段最初出现于 19 世纪，被用来研究骨骼化石的显微结构（Schultz，2001）。使用组织学分析手段，需要充分了解人体组织的正常显微结构，以便区分考古遗址出土骨骼和牙齿显微结构正常和非正常的变异（参见 Wakeley et al.，1989 中使用扫描电镜观察肋骨和脊柱的研究案例；图一一六）。

使用组织学方法研究骨骼遗骸的原因有很多，应用案例有：研究骨骼的死后变化（相关研究参见 Hackett，1981；Garland，1987；Garland et al.，1988；Bell，1990；Schultz，2001）；评估生物分子的保存状况（相关研究参见 Schultz，2001；Haynes et al.，2002）；通过观察骨骼和牙齿判断个体的死亡年龄（相关研究参见 Aiello et al.，1993；Hillson，1996a；Robling et al.，2008；Renz et al.，2006；Chan et al.，2007）；区分动物和人类的骨骼（相关研究参见

图一一六　使用扫描电镜观察北安普敦郡朗兹发现的一例盎格鲁－撒克逊时代个体的腰椎切片，发现疑似由骨质疏松造成的微裂隙（圆圈标出处）（夏洛特·罗伯茨授权）

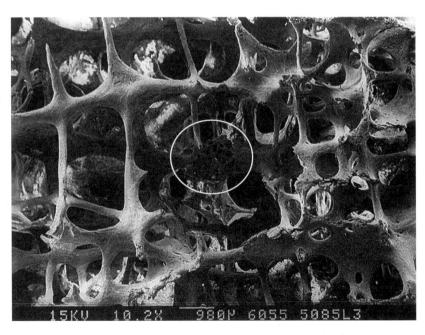

Owsley et al., 1985）；诊断疾病（相关研究参见 Aaron et al., 1992；
Schultz, 2001；Strouhal et al., 2004）；研究人类活动对骨骼形态
的影响（相关研究参见 Lazenby et al., 1993）；通过分析牙结石等
某一特定组织重建食物结构（相关研究参见 Dobney et al., 1988；
Boyadjian et al., 2007；以及最近发表的 Gerrard et al., 2018，这
篇文章研究了 17 世纪苏格兰士兵骨骼遗骸的牙结石，发现了谷
物和绿叶蔬菜，见图一一七、图一一八）；研究牙齿的微磨耗形
态（相关研究参见 Hillson, 1996a；Perez-Perez, 2003；Mahoney,
2006；图一一九）；以及观察钻牙（dental drilling）和开颅术等外
科手术的微痕（相关研究参见 Bennike et al., 1986；Stevens et al.,

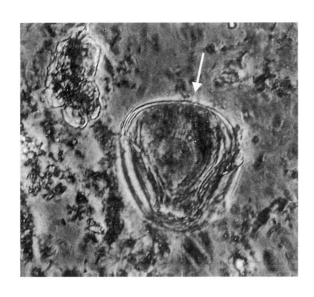

图一一七 （左侧）组织学影像显示出中世
纪人类牙结石中保存的花粉颗粒
（基斯·多布尼授权）

图一一八 （左下）组织学影像显示出人类
牙结石中的多层结构
（基斯·多布尼授权）

图一一九 （右下）苏丹努比亚（Sudanese
Nubia）南森巴（Semba South）发现的一
名麦罗埃时期（Meriotic period）（公元前
100～公元 500 年）成年男性骨架的白齿微
磨耗形态：大量牙齿划痕和一些凹点显示
了难咬、粗糙的食物结构，这一类食物需
要口腔的剪切力进行足够的咀嚼
（帕特里克·马奥尼授权）

1993；Seidel et al.，2006）。尽管组织学方法可以为解释骨骼上的数据提供更多的细节，但是生物考古学家学习这一方法的机会却非常有限，而且组织学研究手段也具有破坏性——在使用组织学研究手段之前，应该明确使用这一研究手段的原因和目的（参见 APABE，2013）。另外，组织学研究手段耗费的时间和经费也会使许多生物考古学家望而却步（参见 Aufderheide，2000 中对不同研究手段的花费的评估）；显微镜本身的费用、操作显微镜的费用（维护、技术支持）、制备样本的耗费及所花费的时间会使许多了解组织学优点的人也不会使用这一技术。

组织学中用来研究骨骼和牙齿的分析技术有很多，这包括一系列的硬件设备：透射光显微镜（transmitted light microscopy，TLM）、扫描电镜（scanning electron microscopy，SEM）、透射电子显微镜（transmission electron microscopy，TEM）、共聚焦反射扫描激光显微镜（confocal reflecting scanning laser light microscopy，CRSM）。当需要更近距离地观察骨骼和牙齿时，生物考古学家同样也使用传统的放大镜，因为传统的放大镜往往非常有用。另一个组织学研究方法——显微射线成像（microradiography）将在下一节论及（射线成像）。

透射光显微镜是最常使用的组织学研究方法，透射光显微镜通过使用光学显微镜，在低倍放大下，将骨骼和牙齿成像为一个很薄的断层（Bell et al.，2000；Pfeiffer，2000）。扫描电镜能够在高达 1000 倍的高倍数放大下，形成样本表面的三维成像。扫描电镜也可以通过背向散射模式分析样本中的元素、检验样本矿化的程度，如分析病变骨骼的元素和矿化程度（Bell et al.，2000）。相较于扫描电镜，透射电子显微镜的放大倍数更高，并且能够成像内部骨细胞的结构（Bell et al.，2000）。共焦反射扫描激光显微镜近几年才开始应用于观察样本的某一特定部位并捕捉电子影像，最终形成三维成像。共焦反射扫描激光显微镜可以精确到微米或亚微米的级别（Bell et al.，2000）。Schultz（2001）指出，古组织学（palaeohistology）对诊断疾病可以提供更加可靠的诊断信息，目前已有许多研究利用古组织学观察骨骼上特定疾病的病变特征。其中，利用古组织学观察到的考古遗址出土骨骼遗骸上的疾病包括佩吉特氏病、氟中毒、佝偻病、坏血病、贫血、骨质疏松、感染性疾病和肿瘤；最重要的是，利用古组织学观察到的骨骼病变的显微结构有助于疾病的诊断。

举例来说，Schultz and Roberts（2002）在英格兰中世纪时代晚期麻风病病患胫骨骨骼切片中观察到了被称为"polsters"（衬垫）和"grenzstreifen"（边缘条纹）的显微结构，尽管这两种显微结构没能完全成形。尽管 polsters 和 grenzstreifen 通常见于患有密螺旋体疾病的骨骼，但是麻风病也可以导致这两种通过组织学观察发现的显微结构（Blondiaux et al.，2002 通过研究法国发现的 2 例 5 世纪的麻风病病患的骨骼也得出了这一结论）出现。在一篇最近发表的文章中，Von Hunnius et al（2006）使用组织学手段分析了英格兰赫尔裁判法院遗址发现的中世纪时代晚期因性交而感染梅毒的病患的骨骼切片，也支持了通过观察两种显微结构诊断密螺旋体疾病的方法。Von Hunnius et al.（2006）指出，polsters 和 grenzstreifen 有助于"在骨骼切片中大致辨认梅毒病变"（Von Hunnius et al.，2006），但是这两种结构在显微镜下呈现的大小和形状千差万别。此外，许多疾病，包括麻风病和雅司病或地方性梅毒等其他密螺旋体疾病，均可能导致上述两种显微结构的病变，因此，这两种显微结构并不能直接指示性交传播的梅毒。

扫描电镜已被广泛应用于古病理学。举例来说，在距今 2000 年的骨骼个体的肋骨切片中发现的石化的镰状细胞（Sickle cell）有助于诊断个体所患贫血的类型以及颅骨骨骼病变的病因（图一二○；

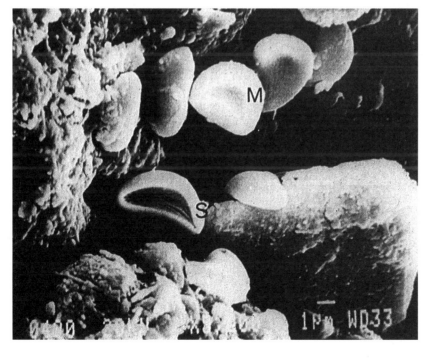

图一二○ 使用扫描电镜观察一具 2000 多年的骨架，在其肋骨切片中发现了的镰状细胞（S 所指处）（乔治·马特授权）

Maat et al.，1991）。扫描电镜也被广泛应用于骨骼创伤的研究中。Hogue（2006）使用扫描电镜和光学显微镜来研究美国密西西比发现的一例 1640～1814 年青年男性颅骨上的砍痕，试图推测造成砍痕的工具。这项研究使用石片、石刀、两种不同的金属刀和三种不同的蔗刀砍击颅骨模型以制造砍痕。这例密西西比青年男性颅骨上的砍痕以及颅骨模型上的砍痕均被制成模具，并在显微镜下进行观察。石片和加热过的蔗刀可能是造成密西西比青年男性颅骨上砍痕的工具，显微分析同样也指出这名男性曾被剥去头皮。Smith et al.（2007）使用扫描电镜进行了另一项实验性研究，即使用新鲜的动物骨骼作为样本，分析石质投掷兵器在骨骼上形成的创伤。这项研究的结果显示，显微观察（和肉眼观察）可以发现燧石制成的投掷兵器在骨骼上形成创伤。此外，这项研究还在骨骼中发现了嵌入的燧石碎片。

显微技术同样也被应用于新陈代谢疾病的研究中。在显微成像中，脊椎骨松质水平梁和垂直梁变细以及骨松质出现的微裂隙被认为与骨质疏松有关，这意味着这些显微结构可能用于诊断生物考古学研究中的骨质疏松（Roberts et al.，1992；Brickley et al.，1999）。另一项研究借助显微技术辨认出伯明翰一处后中世纪时代墓葬中出土婴儿骨骼上的坏血病病变（Brickley et al.，2006）。这项研究使用扫描电镜更近距离地观察了坏血病导致的点蚀状样变，并且成功区分了坏血病导致的点蚀状样变和儿童正在生长的骨骼上正常的多孔样变。Brickley et al.（2007）也使用了扫描电镜的背向散射模式来研究伯明翰后中世纪时代成年骨骼个体的骨软化（osteomalacia）病变特征（图一二一）。Brickley 等在这些成年骨骼个体上发现了短时间内快速形成的有缺陷的新骨，这些新骨显示出矿化不完全的特征；通过对比可知，这些成年骨骼个体上的病变与一例现代正在临床治疗的髋骨骨软化病变一致。

Blondiaux et al.（2002）最近几年间接使用组织学分析手段研究了健康和疾病的相关问题。这一研究借助显微分析观察了年龄已知个体的 120 颗牙齿和法国北部 8 处考古遗址出土的 128 颗牙齿（来自 110 例骨骼个体，其中 16 例个体患有结核病），试图鉴定个体的死亡年龄，并评估结核病对牙根牙骨质中"年轮"形态的影响。其结果表明，结核病会对牙骨质中"年轮"的形态产生影响。其他研究通过观察牙釉质上的威尔逊带（Wilson's bands）来评估

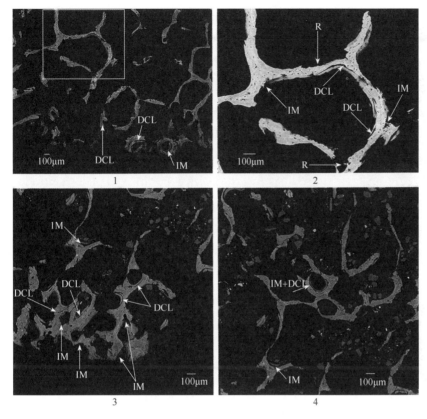

个体的健康状况。威尔逊带指的是牙釉质在"压力"导致的发育紊乱影响下出现的显微缺陷。Fitzgerald et al.（2006）分析了罗马伊索拉·萨克拉（Isola Sacra）（2～3 世纪）发现的 127 例未成年骨骼个体的 274 颗乳齿。其结果发现，威尔逊带的高发可能集中在两个时期：第一个时期是出生后 2～4 个月，第二个时期是出生后 6～9 个月；这一结果与历史文献中记载的婴儿断奶和喂养辅食的时间相符。

第三节　射线成像

射线成像是第二种最常被用来研究人类遗骸的科学技术。威廉·康拉德·伦琴（William Conrad Roentgen）于 1896 年最早发现了 X 射线（X-rays），X 射线可以在胶片上生成骨骼等被摄物体的射线影像，X 射线被发现后很快被应用于埃及发现的人类和动物的木乃伊。和组织学一样，操作 X 射线的方法有很多。平片射线成像（plain film radiography）是生物考古学中最常应用的射线

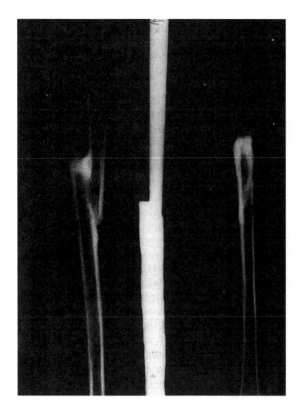

成像技术（图一二二），而显微射线成像、计算机断层扫描、专门用来诊断骨质疏松的双能 X 射线骨密度仪（dual-energy X-ray absorptiometry, DEXA）和能量色散低角度 X 射线散射仪（Energy Dispersive Low Angle X-ray Scattering, EDLAXS）同样也被应用于骨骼遗骸的研究当中（尽管 Brickley（2000）在其生物考古学中所见骨质疏松的诊断综述中指出，能量色散低角度 X 射线散射仪自身存在很多问题）。上述每一种研究手段都可以进行骨骼、牙齿和软组织内部的成像分析，而有些技术还能显示组织中矿物质含量的细节。现有的便携式平片射线成像和计算机断层扫描仪可以被携带到"实地"，不论是博物馆、考古发掘现场，还是在骨骼遗骸无法被运送到别处进行研究的情况。

图一二二 平片射线成像：两种视图显示出腓骨上愈合的骨折，折断的两端出现重合（夏洛特·罗伯茨授权）

平片射线成像可以生成骨骼的二维、原真大小的影像。骨骼与其他人体组织的密度不同，使得穿过骨骼或组织的 X 射线程度不同。这也就是为什么射线仪器的参数设置会根据人体不同骨骼的大小和密度而改变。平片射线成像的缺点在于，骨骼遗骸的死后破坏会影响射线成像，三维的"物体"会被压缩成二维的影像，X 射线可能会破坏骨骼的 DNA 并使得被 X 射线照射过的骨骼无法再被应用于古代 DNA 分析（相关研究参见 Frank et al., 2015），平片射线成像可能无法捕捉细微的成骨现象。平片射线成像的优点在于，这是一个相对便宜的研究手段，博物馆和大学通常具有相关设备和设施，平片射线成像不会破坏骨骼，平片射线成像可以显示（在个体死亡时）尚未祸及骨骼外部、仅出现在骨骼内部的病理现象和骨折。举例来说，Rothschild and Rothschild（1995）使用了放射影像和肉眼观察分析了 128 例被确诊为癌症的骨骼个体所表现出的癌症病变。放射影像诊断出了 33 例个体的癌症病变，而肉眼观察仅诊断出了 11 例。

显微射线成像也生成二维影像，显微射线成像通过拍摄骨骼和牙齿的切片，在玻璃板上生成接触式射线影像（contact radiograph）。显微射线成像可以显示出骨骼矿化的程度，可以被用来诊断疾病、评估死后变化（相关研究参见 Garland，1987；Blondiaux et al.，1994，2002）。计算机断层扫描可以生成骨骼、牙齿甚或是木乃伊等"物体"的断层影像。这些转化为电子格式的断层影像可以显示被摄物体每1～10毫米厚度的细节，最后，电脑可将这些断层影像制作成一个整体的三维影像。在古尸研究中，计算机断层扫描日益成为有用的分析手段（Aufderheide，2000）。当然，计算机断层扫描的花费与平片射线成像差距很大，正如 Aufderheide（2000）指出，出于经费考虑，"在强烈的动机驱使下，学者更可能选择使用计算机断层扫描这一具有潜在价值的诊断手段"。

射线分析可以应用于生物考古学中的多个领域并为之提供信息：死后变化和破坏，区分人类和动物的骨骼（相关研究参见 Chilvarquer et al.，1991），成年个体和未成年个体死亡年龄鉴定（相关研究参见 Walker et al.，1985；Sorg et al.，1989；Beyer Olsen，1994），创伤和疾病（相关研究参见 Roberts，1988；Grauer et al.，1996；Boylston et al.，2005；Mays，2005a），以及人类行为和职业对骨骼形态的影响（相关研究参见 Wescott et al.，2006）。

借助射线影像研究的疾病有很多，包括齿科疾病、关节疾病、感染性疾病、创伤、新陈代谢疾病、内分泌疾病和肿瘤。举例来说，直接使用平片射线成像确诊牛津郡中世纪时代阿宾登修道院（Abingdon Abbey）发现的风湿性关节炎（Hacking et al.，1994），以及确诊柴郡中世纪晚期诺顿修道院（Norton Priory）发现的患有佩吉特氏病的成年女性（Boylston et al.，2005）。尽管骨骼的死后变化会影响诊断结果，在假定射线影像显示的古代骨骼和现代骨骼变化相同的情况下，将骨骼遗骸的病变特征与临床描述和临床射线影像进行对比，便能够得出疾病的诊断结果。另一个借助射线影像研究疾病的案例是葡萄牙南部16～19世纪嘉勒修女会（Clarist）修道院藏骨堂的脊柱研究。在这项研究中，放射影像和肉眼观察均诊断出两组脊柱患有布鲁氏杆菌病，布鲁氏杆菌病是一个由动物传染给人类的疾病，食用被感染的乳制品或者频繁地接触山羊和绵羊有可能使人类感染布鲁氏杆菌病（Curate，2006）。Mays et al.（2006a）也报道了伯明翰圣马丁教堂墓地发现的婴儿和儿童佝偻病（维生素 D 缺乏）在平片射线成像中显示的病变特征。平片射线成像显示的佝偻病病变特征包括形态不规则的骨小梁、骨密质和骨髓腔的界限不明显、生物力学的改变。正如前文所述，平片射线成像可以显示肉眼无法观察到的病变，而在一位生活在 18 世纪伦敦的 31 岁女性的骨骼上，平片射线成像显示出了可能由转移瘤（metastases or "secondaries"）造成的多处破骨病变（Melikian，2006）。

　　骨质疏松通常指的是随着年龄增长而出现的骨量减少，使用平片射线成像和双能 X 射线骨密度仪观察骨骼遗骸来研究骨质疏松已引起人们的关注。平片射线成像研究骨质疏松通常选择第二掌骨，并测量第二掌骨中点处的骨干宽度和骨髓腔宽度；之后计算出骨密质的总量。在 Lves and Brickley（2005）中，研究人员发现，第二掌骨骨密质的减少和人体其他部位骨小梁集中处骨量的减少有密切联系。Mays（2005b）使用同样的方法，发现林肯郡安卡斯特（Ancaster）3~4 世纪的一位女性在绝经后出现明显高于现代数据的骨量减少。此外，使用双能 X 射线骨密度仪的放射吸收模式可以测定骨骼中的矿物质含量和骨密度，并诊断骨质疏松（Lves et al.，2005）。Mays（2006b）使用双能 X 射线骨密度仪研究了中世纪时代挪威人群骨质疏松症的出现率，并将研究所得的数据与北约克郡沃拉姆·帕西中世纪晚期墓地人群进行了对比。这项研究指出，现代临床和生物考古学的数据均支持骨质疏松症在挪威更为常见，这可能和更为寒冷的气候以及更为坚硬的地面（覆盖冰雪）有关。

　　另一个广为应用的射线影像技术是计算机断层扫描，计算机断层扫描现在已被用于研究骨骼和尸体，其研究的范围包括开颅术（Weber et al.，2006）、创伤（Pernter et al.，2007；Ryan et al.，2006）、随年龄增长而出现的形态改变（Macho et al.，2005）、反映运动和行为的生物力学及心血管疾病（Thompson et al.，2013）。举例来说，Ruhli et al.（2002）使用计算机断层扫描分析了 3 例颅骨上原因不明的病理现象。其中 2 例颅骨的病理现象为生前出现的，另 1 例颅骨出现的形态变化为死后形成的。在生物考古学研究中，计算机断层扫描可能最常被应用于生物力学的研究中（相关研究参见 Ruff，2008；Shaw et al.，2009a，2009b；Ogilvie et al.，2011；Mackintosh et al.，2013），在生物力学的研究中，计算机断层扫描通常被用来研究与生计方式有关的人类活动和体力劳动对骨骼的影响。由于相关的发表文献众多，这里仅介绍几个研究案例 Sladek et al.（2006a，2006b，2007）。使用计算机断层扫描，通过与早期青铜时代对比，更好地研究了下奥地利（lower Austria）、波希米亚（Bohemia）和莫拉维亚（Moravia）地区铜石并用时代晚期（the Late Eneolithic，公元前2900～前2300年）聚落的缺失。考古学家此前已对聚落的缺失提出了并不令人满意的解释，考古学家认为，畜牧经济和铜石并用时代人群频繁的迁徙（即逐水草而出现季节性的迁徙）导致了这一地区缺乏聚落。然而，使用计算机断层扫描股骨（151例）、胫骨（130例）以及肱骨（67例）后，并未发现期青铜时代和铜石并用时代晚期两组人群的肢骨断面存在任何形状差异，这说明从青铜时代到铜石并用时代的过渡具有连续性，由此推测人群的迁徙模式是相同的。但是，青铜时代和铜石并用时代男性和女性的肢骨形态却存在差异，这反映了不同的社会性别具有不同的行为模式。这项研究是在其他的解释不能令人满意的时候，通过生物考古学研究来解决考古学问题的一个绝佳的例子。

当然，随着科技发展，计算机断层扫描不仅仅总能为当今医生治疗病人提供详细的信息，也能为生物考古学家所用。举例来说，Ryan and Milner（2006）使用高分辨率的计算机断层扫描观察了美国伊利诺伊州发现的一例距今700年前的胫骨上的硅质岩箭镞。这项研究鉴定出了箭镞的形状和大小、人体内骨小梁的反应及箭镞可能的射入方向。实际上，这名被射伤的女性小腿插着箭镞存活了很长一段时间。高分辨率的显微计算机断层扫描被越来越多地应用于观察骨骼正常和非正常形态改变的研究中（Ruhli et al.，2007；图一二三）。Macho et al.（2005）借助显微计算机断层扫描观察了北安普敦郡朗兹·弗内尔发现的20例中世纪早期的骨骼个体，以评估使用传统方法进行死亡年龄鉴定得出的结果是否与骨小梁显微结构变化显示出的死亡年龄结果相一致。其结果表明，传统的肉眼观察法并不可靠，其他研究也指出了这一问题（研究案例参见 Molleson et al.，1993；伦敦斯皮塔菲尔德基督教堂墓地出土的老年骨骼个体的年龄被低估、青年骨骼个体的年龄被高估）。

图一二三 一例骨折肱骨的显微计算机断层扫描（Kuhn et al., 2007）

1.肉眼特征——白线显示了显微计算机断层扫描（μCT所指处）和组织学（H所指处）样本采集的部位 2.重建三维显微计算机断层扫描（μCT）——左侧为骨密质，右侧为骨折骨痂（callus）（编织骨），箭头所指为骨痂内的血管；刻度为10毫米 3.二维显微计算机断层扫描（2DμCT）切片显示出左侧的骨密质和右侧的骨痂（灰度值影像；刻度为10毫米）4.偏振光显微影像（polarised light microscopic image）；左侧为骨密质，右侧为骨折骨痂。箭头所指为骨密质中吸收的骨陷窝；大约放大25倍（爱思唯尔授权重印）

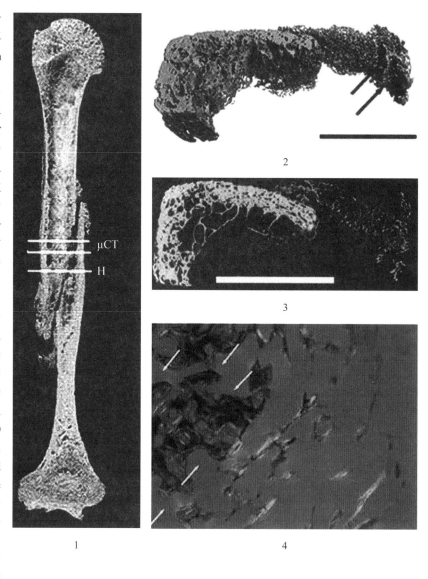

μCT

H

1

2

3

4

第四节　生物分子研究

古代生物分子的研究在过去 25 年中突飞猛进，尤其是在《人类骨骼考古学》首次出版时，生物分子研究已成为考古学尤其是生物考古学不可或缺的一部分（见 Brown et al., 2011）。这一节将着重介绍稳定同位素（Katzenberg, 2008；Brown et al., 2011）和古代 DNA 分析（相关研究参见 Stone, 2008；Brown et al., 2011；Matisoo-Smith et al., 2012；Hagelberg et al., 2015），虽然生物考古学研究的遗骸中还检测出了其他的生物分子，如结核分枝杆菌（相关研究参见 Gernaey et al.，2001），以及被越来越多发现的蛋白质（Cappellini et al.，2014，Warinner et al.，2014）。多年以来，微量元素分析（trace element analysis）也被大量应用在生物考古学研究中，尽管微量元素分析在重建古代食物结构的研究中已被稳定同位素所取代。周围埋藏环境中的微量元素被骨骼吸收，致使骨骼中微量元素的含量不能反映个体生前微量元素的真实含量（以及食物类型），是一个已经被研究人员经常讨论（相关研究参见 Waldron，1983；Pate et al.，1988）并将被持续讨论的难题（相关研究参见 Sandford et al.，2000；Pike et al.，2002；Burton，2008）。

（一）稳定同位素分析

1. 食物结构

正如"人如其食"所反映的，食物是生命存活的基础，一个健康的食物结构可以打造健康的身体和强大的免疫系统。当今和古代世界各地的人群有着不同的食物结构，不同的食物结构反映了哪些食物被生产，以及生产特定食物的环境类型（如当今世界 90% 的大米产自亚洲）。在生物考古学研究中，为了探究食物结构的基本构成，通常需要对牙齿和骨骼所含的碳和稳定氮同位素的值进行检测。近几年来，研究人员也开始研究氢、硫和锌（相关研究分别参见 Reynard et al.，2008，Britton et al.，2016，Jaouen et al.，2016）。越来越多的研究将同一骨骼个体的指示食物结构的稳定同位素数据与齿科疾病相结合（Petersone-Gordina et al.，2018）。稳定同位素研究可以区分不同类型的食物（如海洋食物、陆地食物、肉食、植食），而研究结果也较少受到成岩作用的影响（Katzenberg，2008）。但是，稳定同位素研究仍然存在困难之处，如目前尚未充分了解摄入食物转化为人体组织一部分背后的生物化学机理（Katzenberg，2008）。

这里首先汇总碳氮稳定同位素分析背后的基本原理。骨骼遗骸中（骨胶原和牙本质胶原）被采集和分析的碳和氮多数来自摄入食物中的蛋白质；检测所得的比值能够反映成人死前饮食中骨胶原蛋白的长期平均水平，但是对于牙本质来说，检测所得的比值反映的是牙齿形成时期的食物结构；牙本质能够反映个体短期食物结构的改变（Beaumont et al.，2016）。碳氮稳定同位素分析只需要几毫克的骨骼，最好是使用厚实的股骨骨密质（Richards，2004），如果进行了牙本质增量分析（incremental dentine analysis），便可以从所选牙齿的牙根牙本质中采集少量的样本（Beaumont et al.，2016）。分析骨骼样本所得出的两种碳同位素的比值可被用来重建古代食谱：^{12}C 和 ^{13}C。^{12}C 和 ^{13}C 的比值可以反映个体主要食用 C_3 类植物（如小麦、大米和块茎）还是 C_4 类植物（如粟黍和玉米），C_3 类植物和 C_4 类植物光合作用的方式不同（Katzenberg，2008）。氮同位素的比值还有助于区分海洋、淡水和陆地食物结构。两类氮同位素的比值，^{14}N 和 ^{15}N 同样有助于区分海洋和陆地食物结构。陆地植物的 ^{15}N 等级低于海洋植物（Larsen，1997），同时，炎热地区的 ^{15}N 等级比寒冷地区高。通过检测食物和人类骨骼遗骸中的 ^{12}C 和 ^{13}C 的比值以及 ^{14}N 和 ^{15}N 的比值，将所得比值与已知的标准数值进行对比。如果读者想要了解更多细节，可以阅读 Faure and Mensing（2005）。因此，使用稳定同位素分析便可以区分出古代人群的食物类型（图一二四），尽管直到最近仍然无法研究出具体食用的哪种食物。虽然传统的全分析法（bulk analysis）是稳定同位素分析的基础，但是近几年来，利用特定化合物同位素分析（compound specific analysis）研究摄入食物的组成部分有助于揭示古代人群食物组成的细微变化（相关研究参见 Webb et al.，2015）。牙本质增量分析是最近一项使用稳定同位素食谱分析解决考古学问题的方法。牙本质增量分析可以更详细地揭示

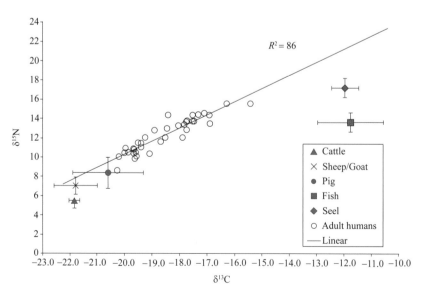

图一二四　奥克尼纽瓦克湾（Newark Bay）人类和其他动物的 $\delta^{13}C$ 和 $\delta^{15}N$ 值显示出，各类食物结构中海洋和陆地食物所占的不同比例；一些人 50% 以上的食物来自海洋

（麦克·理查兹授权；Richards et al.，2006）

个体死亡前的食物结构，例如对死于 19 世纪爱尔兰大饥荒、后被葬于爱尔兰基尔肯尼济贫院（Kilkenny workhouse）的 20 例个体恒齿牙根牙本质的研究，该研究反映了牙本质增量分析在重建食物结构中的应用（Beaumont et al.，2016）。这项研究发现了从土豆到玉米的食物结构转变以及个体长期经受的营养压力。这项研究表明 23 岁以下的成年和未成年骨骼个体经受压力的时间可以通过检测得出。牙本质增量分析还被用于杜伦发现的 17 世纪苏格兰士兵遗骸的研究中（Gerrard et al.，2018）。多个苏格兰士兵的氮值在死前出现增长，反映了个体经受的营养和健康压力（图一二五）。尽管稳定同位素分析多使用牙釉质和骨骼，但是头发样本，尤其是古尸的头发，也可以用于稳定同位素分析（相关研究参见 Roy et al.，2005）。Knudson et al.（2007）分析了秘鲁南部两处考古遗址中发现的头发，发现秘鲁南部人群食用海产和玉米等 C_4 类植物，这项研究同样也揭示了季节性食物结构的差异。

在美国，骨骼和牙齿的稳定同位素分析被大量应用于研究玉米农业是何时、在何地出现的，以及普及的程度（相关研究参见 Katzenberg et al.，1995；Hutchinson et al.，2006）。不同地理区域和社会地位的不同与食用玉米之间的关系是研究的重点（见 Larsen，2015）。在美国，不同性别个体所食用的玉米同样存在差异（如在中美洲的科潘（Copan），男性比女性食用更多的玉米——见 White et al.，1993）。

同位素研究也被用于探讨个体摄入的是海洋食物还是陆地食

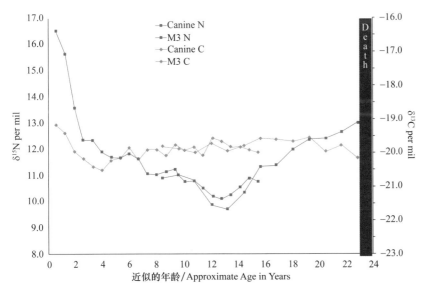

图一二五　将英格兰杜伦发现的 17 世纪青年苏格兰士兵（编号 12）牙本质胶原中的碳氮同位素比值以其年龄绘制成数据图，数据图显示出氮值的增加和碳值的减少，这说明他在人生的最后几个月经历了营养和健康压力〔鸣谢：朱莉娅·博蒙特（Julia Beaumont）和珍妮特·蒙哥马利（Janet Montgomery）；来自 Gerrard et al.，2018〕

物，尤其是在欧洲，如克罗地亚发现的尼安德特人遗骸（Richards et al.，2000a）。研究人员发现，绝大多数尼安德特人摄入的蛋白质来自动物，这说明尼安德特人最有可能捕猎动物而非食用死去动物的尸体。在葡萄牙，研究人员发现新石器时代人群比中石器时代人群食用更多的驯化动植物（Lubell et al.，1994），而在中石器时代和新石器时代早期的乌克兰，渔猎和植物采集构成了主要的食物来源，其中鱼类的摄入在新石器时代出现增加（Lille et al.，2000）。Lille et al.（2003）进一步研究了乌克兰的古代食谱，发现在中石器时代之前，动物蛋白质和鱼类等淡水资源构成了主要的食物结构。

在希腊，Papathanasiou（2003）研究了新石器时代海洋资源在沿海遗址和内陆遗址所占比重，结果发现海洋资源在两种类型的遗址中均占很小的比重。针对保加利亚古代人群食谱的研究也发现了类似的现象，如一项针对公元前5～前2世纪黑海海岸古希腊殖民地一处墓地出土的人类骨骼（Keenleyside et al.，2006）的研究，以及针对一项新石器时代瓦尔纳I期（Varna I）和铜石并用时代杜兰库拉克（Durankulak）两处青铜时代墓地的研究（Honch et al.，2006）。Keenleyside 等发现，公元前5～前2世纪黑海海岸人群的食物结构混合了陆地和海洋资源，不同性别、年龄和墓葬类型中个体的食物结构差异不大。尽管这群人的居住地接近海岸，但是令人意外的是，他们食物中的海洋资源却不是很多。Honch 等也发现了类似的现象，尽管瓦尔纳和杜兰库拉克人群生活在黑海沿岸，但他们主要食用陆地资源。宗教信仰可能也会影响人群的食物结构，这一现象见于一项针对西班牙中世纪的穆斯林和基督徒遗骸的研究中（Alexander et al.，2015）。稳定同位素分析还揭示了不同年龄个体之间的食物结构差异（Turner et al.，2007）；研究发现努比亚库鲁布纳提（Kulubnarti）中世纪时代遗址发现的儿童摄入的蛋白质和植物资源少于成年人。意大利罗马伊索拉·萨克拉发现的1～3世纪的骨骼遗骸也显示出食物结构的年龄差异（Prowse et al.，2005）。在伊索拉·萨克拉人群中，人们随着年龄的增长会食用更多来自海洋的精致食物以及橄榄油，而未成年人的食物主要是植物类食物。

近几十年来，使用稳定同位素分析重建食谱的研究在英国也大量出现。这里将按照编年顺序罗列相关案例研究。使用稳定同位素分析萨默塞特郡切达高夫洞穴遗址（Gough' Cave）发现的人类骨骼，发现高夫人群摄入高比例的肉类食物，其肉食来源主要包括鹿和野牛（Richards et al., 2000b）。Richards and Mellars（1998）研究发现，生活在苏格兰奥朗赛岛（island of Oronsay）的中石器时代人群食用含有高海洋蛋白质的食物。此外，Schulting and Richards（2000）使用稳定同位素分析了威尔士卡尔代岛发现的人类遗骸，揭示了一种基于陆地和海洋资源的混合食谱，但在新石器时代，卡尔代岛人群停止食用来自海洋的食物。在铁器时代，约克郡威顿·斯莱克人群摄入了高比例的动物蛋白质，该地并未发现明显进口海洋物产的现象，高等级（战车）和低等级墓葬中埋葬的个体之间没有食物结构上的差异（Jay et al., 2006）。使用稳定同位素分析多塞特郡多切斯特庞德伯里罗马不列颠时代营地埋葬的人类遗骸，研究人员发现营地内罗马时代早期人群的食物结构较为混杂，但是不摄入任何海洋资源，而在罗马时代晚期，不同社会地位的人有着不同的食物结构，较为富有的个体食用相似的食物，包括海产品（Richards et al., 1998）。在牛津郡泰晤士河畔多切斯特昆福德农场（Queenford Farm, Dorchester-on-Thames）发现的罗马时代晚期遗址中，女性个体摄入的动物和鱼类蛋白质少于男性，这可能是口味偏好、家庭需求或者社会观念造成的（Fuller et al., 2006a）。使用稳定同位素分析牛津郡伯瑞斯菲尔德盎格鲁－撒克逊时代墓地出土的人类骨骼，发现不同社会群体的食物结构不同，但是男女两性之间的食谱没有差异（Privat et al., 2002）。Mays（1997b）使用稳定同位素分析研究了英格兰北部中世纪晚期贫民与僧侣阶层的食物结构，发现他们主要食用来自陆地的食物资源，但是海洋资源是重要的蛋白质来源。这项研究还发现僧侣食用的海产比平民多，同时，与预期一致，海岸人群的食谱包含更多海产。最后，使用碳氮稳定同位素分析伯明翰圣马丁教堂后中世纪时代墓地出土人类遗骸的骨骼和牙齿样本，发现该人群食谱中的蛋白质主要来自陆地资源，而较高的氮值则反映了食谱中的淡水鱼类和杂食动物（可能为家猪）（Richards, 2006）。一项针对约克人群跨时代的食谱研究（自罗马时代至19世纪早期）发现，不同时代人群的食物结构存在差异，其中最重要的变化在于11世纪人群食谱中出现的大量海洋鱼类（Muldner et al., 2007）。研究人员指出，这可能是教会推行的禁食规定所导致的。

碳、氧和氮稳定同位素还能反映古代婴儿喂养母乳和断奶的时间和持续时长（参见考古遗址出土人类骨骼的氮稳定同位素数据反映的断奶模型，图一二六；同时参见 Tsutaya et al., 2015）。当儿童

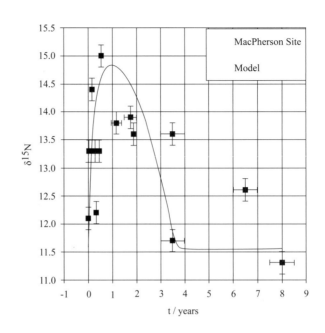

图一二六　氮稳定同位素分析建立的断奶模型
［Millard，2000；使用的数据来加拿大安大略（Ontario）麦克弗森遗址（MacPherson）中的易洛魁（Iroquoian）村庄（Katzenberg et al.，1993）；安德鲁·米勒德授权复制］

断奶、开始依赖新的食物时，其食物结构必然会发生改变。母乳喂养的婴儿碳同位素的比值较高，碳同位素比值的变化可以用来研究婴儿食用固体食物的时间。喂养母乳的婴儿具有较高的氧和氮值，这可以反映出断奶的持续时长（Fuller et al.，2006b）。举例来说，断奶的儿童不再摄入乳蛋白，转而从固体食物中获取蛋白质，这一食谱变化会导致氮值的下降（Larsen，2015；Schurr，1997），母乳喂养的婴儿和母亲的营养级别的不同（母乳喂养婴儿的营养级别更高）造成了上述差异。儿童时期通常还会出现氮同位素比值的整体下降，这反映了其他食物替代母乳是一个逐渐的过程，而非突然地改变食谱。研究婴儿断奶和食物结构转变的生物考古学文章已有很多。举例来说，危地马拉公元前700～公元1500年人群的碳和氧同位素比值反映出婴儿在2岁之前就开始食用固体食物，但是他们仍然在之后很长一段时间内摄入母乳（Wright et al.，1998）。另一项研究检测了19世纪加拿大安大略美丽城（Belleville）婴儿骨骼的氮同位素值，发现婴儿在5～14个月大的时候开始断奶，历史人口分析数据也支持这一研究结果（Herring et al.，1998）。氮和氧稳定同位素分析揭示了埃及达赫莱绿洲（Dakhleh Oasis）罗马时代婴儿相似的断奶模式（250年——Dupras et al.，2001）。这项研究发现，断奶过程开始于婴儿6个月大的时候，并持续到3岁结束。Richards et al.（2002）研究发现，英格兰北约克郡沃拉姆·帕西遗址的婴儿在

2 岁或早于 2 岁的时候开始断奶。此外，随着婴儿减少摄入营养等级较高的母乳，营养等级较低的断奶食物出现（Fuller et al.，2003）。一些研究也通过氮同位素分析揭示了牙釉质发育不全和断奶年龄之间的关系；另一些研究指出了氮同位素值的下降、断奶、被动免疫的丧失及死亡率之间的关系（Herring et al.，1998）。很明显，稳定同位素分析能够在很大程度上反映包括断奶过程在内的古代食物结构，在可见的未来，稳定同位素分析仍是生物考古学的一部分。

2. 人群的来源和迁徙

牙齿中锶（Bentley，2006；图一二七）、铅（Carlson，1996）和氧（White et al.，1998）稳定同位素也被用来研究古代人群的来源和迁徙。锶的等级反映了一个地区的地质（以及生长的食物），氧反映了气候和饮用水（Darling et al.，2003；Darling et al.，2003；Budd et al.，2004；Evans et al.，2010）。锶、氧和铅是重建个体在牙齿形成时期居住地状况的基础（研究案例参见 Gerrard et al.，2018），虽然骨骼或牙齿中同位素数值的形成机理及这些数值如何反映个体接触土壤和水中同位素的含量（Montgomery et al.，2006）还有待进一步研究。

为什么要研究古代人群的迁徙？当今社会，人们可能为了逃避危险（战争地区）、饥荒和疾病，为了获得医疗救助，或是为了过上更好、更安全、更健康的生活而移居别处、寻找工作。同时（长途跋涉会导致人所在环境巨大、显著的气候和文化变化）并不是所有迁徙都会带来好的结果，人们也可能沦落至贫穷，生活在糟糕的

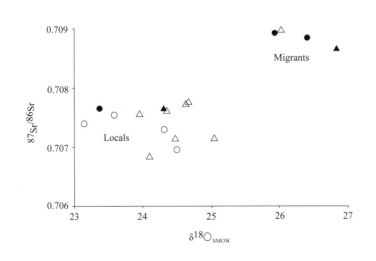

图一二七　瓦努阿图（Vanuatu）特奥马（Teouma）（公元前两千纪）人群牙釉质中锶、氧同位素：圆圈代表女性；三角代表男性——左下角的聚类为当地居民，右上角的聚类可能是移民，这名移民的胸膛放置了三例当地人的颅骨（引自 Bentley et al.，2007，亚历克斯·本特利授权复制）

生活环境中并有一个不健康的食物结构，遭受外界的敌意，暴露在污染中，以及面对资源的压力。如同中世纪晚期和后中世纪时代的英格兰（相关研究参见 Goldberg，1992），在当今许多发展中国家，人们为了就业从农村向城市移民，他们可能暂时居住在城市中，也可能永久性定居，但是是否具备从农村向城市移民的能力取决于个体的经济和社会地位。迁徙会影响人类的健康。当今社会，旅游使得病原体的传播速度比以往更快（Houldcroft et al.，2017）。人群在市场和贸易中的交流可能会将新的疾病传染给那些此前从未接触过此类疾病的人，这类人只有极少或毫无免疫能力（Swedlund et al.，1990；Larsen et al.，1994；Sellet et al.，2006）；人们可能也容易感染上迁入地区常见的疾病（Mascie-Taylor et al.，1988）。举例来说，在当今的澳大利亚，人群迁徙更有可能导致健康水平下降（Larsen et al.，2004）。另外，研究发现，人群迁徙会改变某一疾病的地理分布。一项针对 1972、1997 年难民潮对巴基斯坦西北边境省份疟疾影响的研究指出，250 万阿富汗难民的流入和帐篷搭建的村落环境改变了疟疾的空间分布（Kazmi et al.，2001）。当然，一个地区内的人群可能从北向南迁徙，也可能从南向北迁徙，可能从高地向低地迁徙，也有可能从低地向高地迁徙，更有可能从农村向城市迁徙。

除了同位素分析之外，还可以通过研究考古学背景发现古代人群从一处迁徙至另一处的现象，但是仅通过一种证据指示人群迁徙是不合理的。例如，人群中出现了一种此前从未出现的疾病，或者当地人和外来者之间的敌意可能导致个体间暴力的增加、并致使创伤频现。又如，现今的英国不太可能出现疟疾、镰状细胞贫血、地中海贫血和氟中毒，除非某人曾前往疟疾高发的国家或来自非洲或地中海，或来自土壤和水中大量含有氟的国家。现今的英国，不同的生活方式可能会使更多的移民遭受营养不良、肥胖或糖尿病（食用与以往不同的高脂肪和高热量食物）、精神疾病、癌症及职业病等"压力"。在考古学研究中，我们能观察到骨骼和牙齿上指示人群间正常变异的非测量性状（相关研究参见 Coppa et al.，2007）、身高差异、外来的陪葬品、非本地风格的建筑，这些现象可能表明墓地中埋葬着不同的人群（当地人和外来者）。历史文献和游记也可能证实移民的存在。在认识到上述所有指示人群迁徙的不同类型的证据后，生物考古学家更多地通过比较牙齿中反映个体生长地区和迁入地区的同位素特征来探讨人群迁徙。但是需要明确的是，任何墓地人群中均可能包含永久居民、暂住居民和本地居民，墓地人群也有可能包含移民的后代。

　　因此，氧和锶同位素有助于鉴定出某一人群中的第一代移民，并揭示这些移民童年的生活区域（Budd et al.，2004）。最常使用的是锶同位素（Montgomery et al.，2006；也可参见 Buzon et al.，2007；Knudson et al.，2007），也可以使用铅同位素。铅同位素值可以反映出个体在牙齿形成时期（来源地）以及日后生活或工作时（如从事与铅相关的行业，使用铅制的物品（铅板或铅容器），饮用铅制水管中的水，或者暴露在含铅的空气中）是否被暴露在含铅的环境中。骨骼中的锶能够揭示死者临终前几年的居住地，与此同时，牙釉质中的锶能够揭示死者早期童年时代的居住地（Grupe et al.，1997）。锶和铅通过土壤、水源和植物进入动物和人体内。多数同位素储存在人体的骨骼和牙齿中，但是人体骨骼吸收这些同位素的时间和方式尚不完全明了（Grupeetal.，1997；Montgomery et al.，2006）。越来越多的研究使用同位素分析来解决考古学问题。举例来说，Montgomery and Evans（2006）分析了苏格兰外赫布里底路易斯岛（Isle of Lewis）发现的骨骼遗骸中铅和锶同位素的含量，发现在 1000 年时，移民抵达路易斯岛，虽然这些移民从何而来尚不可知。Montgomery et al.（2005）分析了北约克郡西赫斯勒顿（West Heslerton）中世纪早期（5～7 世纪）遗址中骨骼遗骸的铅和锶同位素含量；一小部分史前墓葬也被发掘研究。其结果表明，墓地中埋葬着两组明显不同的人群，其铅和锶同位素数据显示的结果存在差异。锶同位素显示出一组当地人群和一组非当地人群，但是铅同位素数据却无法完全区分当地人群和非当地人群，这是罗马时代以后使用铅的"文化行为"所致。另一个相似的研究分析了位于英格兰诺森伯兰郡巴姆伯格城堡中世纪早期遗址出土人类遗骸的锶和氧同位素，发现超过 50% 的个体并非生长在巴姆伯格，部分个体来自遥远的斯堪的纳维亚（Groves et al.，2013）。巴姆伯格城堡附近的杜伦市发现的 17 世纪苏格兰士兵遗骸同样也包括来自英国以外的移民（图一二八；Gerrard et al.，2018）。另一项针对一个不同的区域和时代（英格兰南部的罗马时代）的研究分析了汉普郡温切斯特朗克西尔斯（Lankhills）罗马时代晚期墓地人群的氧锶等级，以检验墓地中是否埋葬着当地居民和匈牙利移民两批人群。其结果证实了墓地埋葬着两批人群，但是非当地居民实则来自欧洲

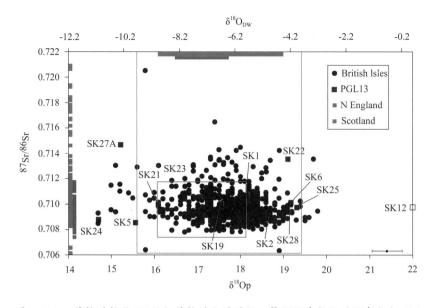

图一二八　英格兰杜伦 17 世纪苏格兰士兵的锶、氧同位素数据（黑色）与 584 份已发表的英国人类遗骸锶、氧数据的覆盖图（Evans et al.，2012）
顶部的条形图代表着苏格兰（蓝色）和英格兰北部（红色）降雨和地下水中 δ[18] 氧的值，数值引自 Darling et al.（2003）。左侧的条形图为苏格兰（蓝色）和英格兰北部（红色）锶同位素的比值，数值引自 Evans et al.（2010）对环境中锶同位素的调查结果。相同颜色的箱型图表示可能的范围，箱型图还有助于将不准确的氧同位素值校准到饮用水的数值。右下角为苏格兰士兵 δ[18]O_p 数据的误差条（TEM，1σ）。由于缺少编号 Sk12 个体的氧同位素数据，该个体被标示为图中右侧的开符号（鸣谢：安德鲁·米勒德；取自 Gerrard et al.，2018）

多个不同地区（Evans et al.，2006）。研究人员同样也开始将指示人群迁徙的同位素数据与人群健康相结合（相关研究参见 Roberts et al.，2012：英格兰豪尔发现的中世纪时代梅毒；以及 Kendall et al.，2013：伦敦发现的中世纪黑死病）。

　　欧洲其他地区锶、氧和铅同位素等级的研究已解决了某些考古学问题。人们分析了奥地利和意大利边境发现的新石器时代"冰人"牙齿和骨骼中的铅，锶和氧同位素数值（Muller et al.，2003）。其结果表明，冰人来自距其发现地东南 60 千米的区域，在青年时期移居到最终发现他遗骸的地区。大量研究分析了德国墓地出土的人类遗骸。Grupe et al.（1997）分析了巴伐利亚南部贝尔·贝克遗址（Bell Baker）69 例个体的骨骼和牙齿样本，发现 25% 的个体并不是本地居民，这些外来人群通过西南方向的迁徙到达贝尔·贝克遗址。另一项研究聚焦德国西南部发现的距今 7500 年的（Linearbandkeramik

文化——LBK文化）的、该地最早的农业人群（Bentley et al., 2002）。这项研究发现，该人群存在大量移民现象，女性个体通常来自外地，同时，这项研究还发现了外地人群、墓葬方向及缺少LBK文化特征的器物（鞋植形锛：一种细长的磨光石器）之间存在的关联；外来居民的锶值高于埋葬地的锶等级。研究人员指出，外来居民的部分食物来自高地，他们可能是采集人群，这说明采集人群在该地延续至LBK文化时期。Bentley et al.（2003）还发现在德国韦兴根（Vaihingen）新石器时代村落中，埋葬在环壕中的人和埋葬在聚落内的人表现出不同的锶同位素比值，埋葬在环壕中个体的锶同位素比值有别于当地锶的等级。最后，Schweissing and Grupe（2003）发现在巴伐利亚多瑙河畔的诺伊贝格（Neuberg, Donau）罗马时代要塞墓地中，30%的个体是来自巴伐利亚东北部的外来人群。借助同位素研究人类迁徙在世界其他地区并不常见，但是有两项研究值得在此处特别说明。罗马伊索拉·萨克拉（1～3世纪）出土的61例骨骼遗骸的氧同位素值表明，三分之一的个体并非出生在伊索拉·萨克拉（Prowse et al., 2007）。研究人员认为，这些人可能来自亚平宁山脉一带（Apennine Mountain）（距罗马1000千米）。在南美洲，秘鲁蒂瓦纳科遗址（Tiwanaku）和陈陈（Chen Chen）遗址出土人类遗骸的锶同位素比值显示，两个遗址均埋葬有外来人口，因此存在殖民的迹象（Knudson et al 2004）。

很明显，运用稳定同位素数据研究生物考古学家、历史学家和历史学家工作中遇到的古代食谱和人群迁徙问题仍然具有极大潜力。

（二）古代DNA（aDNA）

古代DNA分析是生物分子考古学的另一个分支，过去30年来，提取、扩增人类遗骸中古代DNA序列的技术水平不断发展，这引起了媒体的极大关注。分子生物学技术的发展使得这一研究手段能够被用来研究考古遗址出土的包括古代人类在内的遗骸，并解决考古学问题（见Brown et al., 2011；Matisoo-Smith et al., 2012；Harkins et al., 2015；Hagelberg et al., 2015；Hofreiter et al., 2015）。近几年来，古代DNA分析被用来研究牙结石（图一二九），这类研究使用（牙齿上大量出现的）牙结石重建口腔中的微生物组，探究这些微生物组对人类健康和疾病的影响，并显示出巨大潜力（DeWhirst

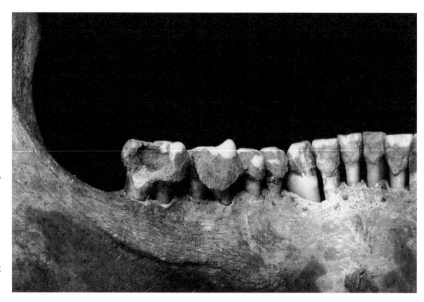

图一二九 英格兰杜伦17世纪苏格兰士兵（编号22）左侧下颌牙齿的牙结石。牙结石的出现说明这名男性的口腔健康很糟糕。他的第二臼齿还有龋病（鸣谢：安雯·卡菲尔；取自 Gerrard et al.，2018）

et al.，2010；古代 DNA 分析：Preus et al 2011；Adler et al.，2013；Warinner et al.，2014；Weyrich et al.，2015）。

细胞是所有生命体的基本构成单位，一位成年人由一万亿细胞组成（Turnbaugh et al.，1996）。每一个细胞内都含有一个细胞核，细胞核内有多对染色体，每一条染色体内都含有一个核 DNA 分子，核 DNA 分子包含基因编码；细胞核外部有线粒体 DNA。有机体的基因组可以显示 DNA 编码内的全部遗传信息，或者一对染色体内完整的 DNA 序列。值得一提的是，旨在鉴定人类 DNA 中所有基因的人类基因组计划在 2003 年结项，这一研究项目发现了组成人类 DNA、存储遗传信息的 30 亿化学碱基对序列（针对基因数据的研究还在继续）。

DNA 中的个体单位被称为核苷酸（nucleotides），核苷酸包括 A、C、G 和 T 四类，每一类核苷酸的结构稍有不同（Brown，2001）。每一个 DNA 分子中的核苷酸相互连接、组成一个长序列。核苷酸序列显示一个 DNA 分子的主要特征，核苷酸序列的一部分是含有生物数据的基因，这些生物数据代表着有机体的特征（人类的 DNA 含有 8 万个基因，Brown，2001）。1953 年，沃森（Watson）和克里克（Crick）发现了 DNA 的结构，他们的发现"开辟了生物科学的新纪元"（Brown，2000）。越来越多的研究成功提取了生物考古学遗骸中的线粒体 DNA（探索人类和迁徙模式之间的关系）和核

DNA（鉴定生物性别、诊断疾病）。大量文献综述系统地介绍了生物考古学中古代 DNA 研究的发展，读者可以阅读这些文章了解更多的细节（Stone，2008；Brown et al.，2011 的第二章；Matisoo-Smith et al.，2012；Hagelberg et al.，2015）。后文将简要介绍古代 DNA 研究的早期历史。

1985 年，Paabo 在距今 2400 年的埃及木乃伊上发现了首例人类古代 DNA。之后的 1989 年，Hagelberg et al. 在英格兰出土的 5500～300 年前的骨骼遗骸中发现了首例扩增的线粒体 DNA。之后，为了探究追溯生命历史的范围和研究方法（重点在于古代 DNA），1993～1998 年，英格兰和威尔士自然环境研究委员会（Natural Environmental Research Council of England and Wales）资助了 18 个古代 DNA 研究项目。这些研究动物、人类和植物遗存的多学科交叉项目获得了 190 万英镑的资助。在这一阶段，人们尚不知道古代 DNA 在不同环境和不同历史年代是如何保存的。例如，外源 DNA 污染等问题长期困扰许多研究人员（参见 Gilbert et al.，2006 中关于污染途径的讨论）。由于多年馆藏带来的潜在的外源 DNA 污染，有的研究人员不愿意研究馆藏骨骼遗骸的古代 DNA，他们更倾向于自己在考古发掘中采集骨骼样本，以避免污染。针对某些研究的另一个批评在于，几乎所有的研究都关注某一个或几个骨骼或古尸遗骸，通常还本着检验"古代 DNA 是否保存、是否能用来研究"这一单一目的。

一项研究调查了已发表的使用古代 DNA 鉴定疾病的文章（Roberts et al.，2008），其结果显示出人们对于认识到并严格遵循所制定的标准研究步骤存在许多争论。由于古代 DNA 需要采集骨骼和牙齿样本，属于破坏性研究，因此越来越多的人认为在破坏更多人类遗骸之前，应该申明研究古代 DNA 的难点和局限（相关研究参见 Cooper et al.，2000 罗列的古代 DNA 研究需要达到的标准；DeGusta et al.，1996 讨论了古代 DNA 分析在骨骼收藏中的应用）。如果没有需要解决的科研问题或需要检验的假设，那么就不应该进行古代 DNA 研究。也不应该使用尚未成熟的研究程序和技术手段。这并不是意味着我们应该完全忽视这些探究人类历史的主要技术发展：这些技术手段为我们提供了更多、更详细的、以往从不曾获得的数据。

但是，现在的研究重点在于评估不同环境中古代 DNA 的保存程度。已有发表的文献表示了对此类研究的警惕，这些文献指出，由于热带地区的古代 DNA 保存较差，因此从热带地区等采集人类遗骸的样本用以古代 DNA 分析是没有意义的（Kumar et al.，2000 涉及了热带印度；Reed et al.，2003 涉及了热带斯里兰卡），与此同时，采集馆藏骨骼的样本也是没有意义的（Barnes et al.，2006）。对于古代病原体的 DNA 来说，来自外部环境中的微生物的污染是实实在在的威胁（Gilbert et al.，2005）。确实，甚至已经发表的文献都在争论古代 DNA 数据的原真性及古代 DNA 是否在世界不同地区都能够保存（相关研究参见 Gilbert et al.，2005；Zink et al.，2005）。可能一处墓地中的某一例骨骼个体保存有古代 DNA，但是另一例骨骼个体的古代 DNA 却无法保存，或者一例骨骼个体的某一块骨骼保存有古代 DNA，但是其他部位的骨骼未能保存有古代 DNA。上述两种情况表明，一处遗址内和一处墓葬中不同的埋藏环境会影响骨骼和牙齿中古代 DNA 的保存。因此，预测是否保存有能够提取和扩增的古代 DNA 是很困难的，虽然人们逐渐意识到骨架中特定部位的古代 DNA 比其他部位保存得好（如颞骨岩部——Hansen et al.，2017）。DNA 测序技术同样也有所发展：目前大量应用的下一代测序技术（Next Generation Sequencing）能够检测出样本中保存的所有 DNA 序列（Linderholm，2015）。此后又出现了靶向 DNA（targeting DNA），如检测特定病原体的 DNA。实际上，靶向 DNA 技术提供了大量有用的信息；靶向 DNA 不仅有助于我们解决宏大复杂的问题，还有助于识别外源污染的 DNA。

许多研究探讨了生物考古学遗骸中古代 DNA 的保存状况，Waite et al.（1997）研究了人为加热情况下牛骨中 DNA 的稳定性，Banerjee and Brown（2004）研究了高温下 DNA 的保存状况，Haynes et al.（2002）通过肉眼观察和组织学分析评估了骨骼的保存程度，分析了古代 DNA 的保存状况；Haynes et al.（2002）发现，如果骨骼在肉眼观察和组织学分析下均保存完好，那么古代 DNA 一般也会保存。Bouwman et al.（2006）进一步介绍了鉴别人类骨骼中的原真古代 DNA 序列和现代污染 DNA 序列的方法，而 Pruvost and Geigl（2004）讨论了实时 PCR（real-time PCR）在识别原真古代 DNA 和外源污染 DNA 序列中的作用。Brown（2000）指出，采样技术的提高可以减少污染；确实，在其 1992 年发表的文章中，Brown 和 Brown 为考古学家列举了如何在发掘现场进行样本采集的详细步骤。举例来说，在发掘现场使用无菌手套应该成为惯例，以便在采集古代 DNA 样本时控制污染（Brown，2000）。

虽然古代 DNA 研究存在各种问题，目前研究人员已经通过分析人类遗骸上的古代 DNA 解决如下问题：鉴定未成年个体、保存程度较差的成年个体、火葬遗骸的生物性别；个体之间的亲缘关系（图一三〇）；人群的迁徙；是否患有某种疾病（图一三一）；以及人类进化的模式。但是，由于焚烧尸体的温度过高以及蛋白质的流失，即高于 300℃，经过充分氧化的火葬骨骼通常难以保存有 DNA（研究案例参见 Hansen et al., 2017）。更多基于人群并解决某一考

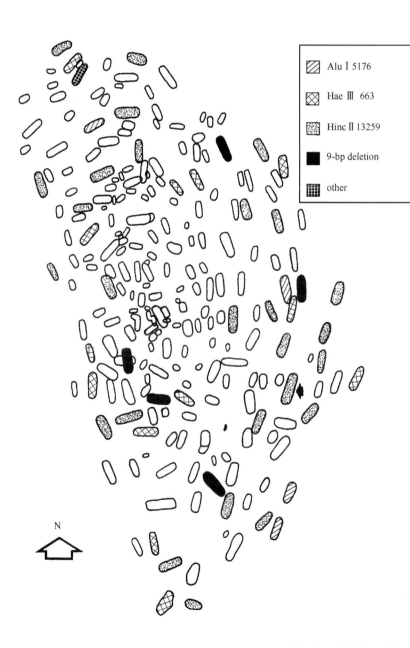

图一三〇 诺里斯农场（Norris Farm）人群线粒体 DNA（mtDNA）谱系的空间模式；箭头所指的墓葬埋葬了两例携带 Hinc Ⅱ-13259 标记的个体，这表明这两例个体存在亲缘关系（引自 Stone et al., 1993，经安妮·斯通授权复制）

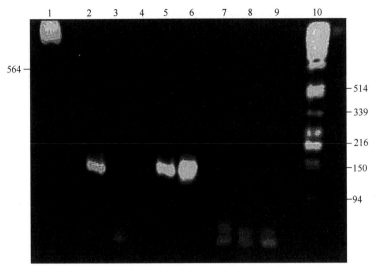

图一三一　结核病的古代 DNA 分析结果；样本测序与已知结核病测序的对比（阿比盖尔·鲍曼授权）

Lane 1.　λ 噬菌体 DNA（该 DNA 序列经限制性内切酶 HinD Ⅲ切割，以便为大小已知的 DNA 片段提供"梯子"），使图像易于解释

Lane 2.　非结核性古代 DNA（提取自伦敦东史密斯菲尔德 14 世纪鼠疫墓地埋葬的个体）

Lane 3.　不透明标记，即引物（primer）二聚体（dimer）（由于没有可用于扩增的 DNA，因此引物必须自我复制）；样本来自伦敦后中世纪时代墓地埋葬的骨骼

Lanes 4～6.　结核病的古代 DNA（伦敦法灵顿街墓地（Farringdon Street）发现的三例后中世纪时代个体）

Lanes 7～9.　不透明标记，即引物二聚体（由于没有可用于扩增的 DNA，因此引物必须自我复制）——一个阴性对照

Lane 10.　λ 噬菌体 DNA（该 DNA 序列经限制性内切酶 PstI 切割，以便大小已知的 DNA 片段提供"梯子"），使图像易于解释

注意：图中两侧的数字代表碱基对内基因片段中条带的长度

古学问题的研究日益增多。此外，还有许多研究通过采集当今人群的 DNA，探讨人群间的亲缘关系和全球范围内人群迁徙的途径，而古代人群的线粒体 DNA 越来越多地被用来追溯人群的迁徙和人群间的亲缘关系（相关研究参见 Alzualde et al.，2006；Mooder et al.，2006；Shinoda et al.，2006；Gao et al.，2007；Gilbert et al.，2007；Kemp et al.，2007；Wang et al.，2007；Lacan et al.，2013；Gunther et al.，2018）。一些考古学研究借助多学科的证据，而非只偏重一项研究，如线粒体 DNA、牙齿和骨骼非测量性状、锶、铅和氧稳定同

位素及其他前文提及的变量，均能综合起来探究人类的迁徙。

过去25年中出现了大量病原体的古代DNA研究（Wilbur et al.，2012）。这些研究侧重于：诊断那些仅危及软组织的疾病（相关案例参见Lalremrutata et al.，2013关于疟疾的研究；Fricker et al.，1997关于大肠杆菌的研究；Raoult et al.，2000和Weichmann et al.，2005关于鼠疫的研究）；鉴定没有可见病变个体所患有的感染性疾病（相关案例参见Jankauskas，1999关于结核病的研究）；诊断非特异的病理现象（相关案例参见Haas et al.，2000关于结核病的研究）；验证通过其他依据给出的疾病诊断结果（相关案例参见Baxarias et al.，1998和Mays et al.，2002关于结核病的研究；Mutolo et al.，2011关于布鲁氏杆菌病的研究）；以及检测诱发疾病的特定有机体（相关案例参见Zink et al.，2004关于结核病的研究）。结核病毫无疑问是古代DNA最经常研究的疾病（相关研究参见Salo et al.，1994；Gernaey et al.，2001；Mays et al.，2003）。近几年来，研究人群开始检测细菌的种属（相关研究参见Mays et al.，2001，详见下文）和感染性疾病的菌株（相关案例参见Bouwman et al.，2012对英国利兹发现的北美结核菌株的研究；Muller et al.，2014对英国不同时间和地点株的研究），与此同时，特定细菌的古代基因组也被测序（相关案例参见Schuenemann et al.，2013对于麻风病的研究；Bos et al.，2014对于结核病的研究；Bos et al.，2011对于黑死病的研究）。

首例使用古代DNA分析软组织和骨骼中感染性疾病（结核病）的研究发表于20世纪90年代早期（Spigelman et al.，1993；Salo et al.，1994），之后又涌现了大量的相关文章，这些文章主要侧重于研究某一例或某几例骨骼和木乃伊，但是之后的研究开始关注"人群"（Faerman et al.，1997；Mays et al.，2001；Fletcher et al.，2003a，2003b）。Mays et al.（2001）对多个骨骼个体的结核病进行了研究，他们研究了发现于约克郡沃拉姆·帕西中世纪时代晚期农村遗址的出现结核病病变的骨骼。理论上来说，在农村生活环境下，人们与家畜接触频繁，牛结核病应该会在这些人群中传播，但是通过古代DNA分析，检测到的却是人与人之间传播的结核病。Zink et al.（2004）通过研究埃及的人类骨骼遗骸，发现结核杆菌的非洲种在古代和当代均肆虐埃及。有趣的是，通过分析结核病的现代基因组，已经有可能推翻动物将结核病传染给人类这一理论；似乎人与人之间传播的结核病是最早出现的（Brosch et al.，2002），这一观点或与可以解释 Mays et al.（2001）中得出的数据。

古代 DNA 还被用于分析其他疾病，有的研究较为成功，（这些研究）包括：麻风病（Taylor et al.，2000，2006；以及 Roberts et al.，2002 中提到的一些文章）；密螺旋体疾病（Bouwman et al.，2005；von Hunnius et al.，2007）；疟疾和鼠疫（详见前文）；以及 1918 年西班牙大流感（Reid et al.，1999）。但是，需要明确的是，即便能够成功提取并确定某一病原体的古代 DNA，也不能说明这个人患有某一疾病（或者死于某一疾病），这是因为这个人可能只是病原体的携带者，并不会出现任何症状。

忽略上述研究过程和数据解释中的种种困难，使用古代 DNA 分析诊断疾病的主要优势在于诊断那些不会导致骨骼病变的疾病。古代 DNA 分析还有助于验证疾病的诊断结果，并能够揭示疾病真实的出现率。此外，古代 DNA 分析还有助于诊断那些骨骼病变出现之前便已死亡的个体的疾病（虽然较难选择分析对象）。与此同时，古代 DNA 分析还能提供有关感染性疾病有机体菌株的信息（详见前文）。目前，古代 DNA 分析的方法已经得到发展、获得了更多原真的 DNA 数据，一些研究真正地为了解疾病历史做出了贡献。但是，古代 DNA 分析必须遵循标准化的方法步骤，所发表的文献必须全面地介绍所使用的方法。对于古代 DNA 分析使用的样本数量，我们应该采取保守的态度、尽可能少地使用样本，使用古代 DNA 分析解决的研究问题是无法通过其他研究解决的。遵守规范破坏性采样相关的道德伦理对于保护和尊重我们那些曾经活着的祖先极为重要。目前已有迹象表明人们已经开始重视道德伦理问题，包括认识到通过传统生物考古学研究手段采集到的骨骼数据的价值（Morris，2017），这反映在研究人员对于研究样本、经费和发表高质量文献激烈的竞争上。

第五节　人类遗骸的年代测定

"年代测定是整理所有考古资料的关键"（Greene，2000）。对考古学遗址和考古发掘所得的材料进行测年的方法有很多（参见 Aitken 1990 中对年代测定所做的全面综述），但是"似乎没有哪一种通用的技术手段能够测定出（可能年代）完整的年代范围"

（Hedges，2001）。本书这一节将重点介绍使用放射性碳测年（^{14}C）测定人类骨骼的年代；放射性碳测年是考古学研究中最常使用的测年技术，放射性碳测年对考古学的发展有极大的促进作用（Taylor，2001）。读者可以通过阅读 Bowman（1990）了解放射性碳测年更多的细节。尽管 Hedges（2001）指出，大约95%的考古学数据来自放射性碳测年，这一方法依然存在问题（Greene，2000）。^{14}C 的时间尺度为4万～6万年前至大约300年前，但是这一时间尺度末端的年代测定存在局限性（Taylor，2001）。此外，放射性碳测年难以从生前食用大量海洋资源的人类骨骼样本中获取理想的测年数据（Bayliss et al.，2004）。这一情况多见于中世纪晚期英国的考古研究中，尤其在测定性病梅毒患者的骨骼样本时无法获得精确的测年数据，考古学研究推测该性病梅毒患者生活的年代早于哥伦布发现新大陆。这使得英国发现的性病梅毒数据无法为解决新旧大陆之间一个非常重要的学术讨论做出贡献。

20世纪40年代，威拉德·利比（Willard Libby，非 William）在美国发现了放射性碳测年这一个测定绝对年代的方法，这一发现彻底改变了人们对于史前社会的了解。^{14}C 衰变的速率已知，所有具有生命的有机体均会吸收 ^{14}C，但是有机体（包括人类）死亡后，^{14}C 便不会再被吸收。因此，检测骨骼中的放射性碳的含量在理论上能够确定该骨骼个体死亡了多久（Greene，2000），虽然实际操作并不是这么简单。相较于加速器质谱这一现代版本的放射性碳测年，目前已较少使用常规放射性碳测年；加速器质谱所需要的骨骼样本更少［加速器质谱需要500毫克至5克骨骼样本，而常规放射性碳测年需要100～500克骨骼样本（Aitken，1990）；有的加速器质谱甚至只需要不到100毫克骨骼样本（Taylor，2001）］，因此，加速器质谱放射性碳测年的破坏性更小。最新一代的加速器质谱仪器比常规放射性碳测年或旧版加速器质谱仪器的精度更高（此为 Andrew Millard 于2018年2月告知）。通过提取、检测骨骼中含有的蛋白质——骨胶原——获得年代数据。但是，放射性碳的年龄应该是一个可能的年代范围，而非绝对的年代。放射性碳测年所得的年代以一个标准的形式表示：未经校准的年代表示为 BP（距今；今是指1950年）。未经校准的年代还存在无法避免的计数误差（unavoidable counting error），实验室可以估算出这一计数误差，以 ± 后加年数表示；这显示了一个测得年代在 ± 年数范围内的概率（Greene，2000）。这一初步未经校准的数据是根据利比研究出的 5568 年半衰期（half-life）计算出的，即研究样本 ^{14}C 衰变速率。之后，参照校准曲线（calibration curve）对未经校准的年代进行校准，校准曲线是依据树木树轮样本的测年结果制定的。这一方法在本质上假定生命体内的 ^{14}C 和大气中的 ^{14}C 是平衡的。

使用考古遗址出土的人类遗骸进行年代测定是为了确定墓主人的生存年代，或是为了确定某一个或某一群墓葬、墓地及不同类型埋葬行为的年代（"保管"；相关研究参见 McKinley et al.，2014）；英国史前时期的墓地多见不同类型的埋葬行为，这些史前墓葬的年代多通过墓葬的位置和特征来界定。人类遗骸的年代测定有助于确定一处墓地内不同地层和考古学分期的年代并对其进行解释（研究案例参见圣玛丽·斯皮塔墓地的测年研究——Connell et al.，2012），人类遗骸的年代测定还能够确定出现特定疾病的骨骼个体的年代，这一测年数据能够将患病个体置于某一疾病历史的研究中，如性病梅毒。虽然放射性碳测年通常能够提供一个精确的测年数据，但是这一技术不会自动取代传统的测定相对年代的方法，如观察层位关系和器物类型。举例来说，墓葬中发现的随葬品（陶器、钱币）和指示时代风格的葬具通常可以指示墓葬的年代。后中世纪时代墓葬中发现的棺材铭牌可能包含死者的死亡年代，与此同时，分析墓葬出土织物的风格也可以界定墓葬的年代，而对织物进行科学分析也能够测定绝对年代。墓向也能够指示墓葬的年代。例如，苏格兰惠特霍恩修道院（Whithorn Priory）的墓地按照墓向，被划分为三个考古学分期的十个阶段。这十个阶段年代为 13 世纪至 1450 年（Hill，1997，引自 Gilchrist et al.，2005）。另外，某一墓葬可能存在直接的近代历史文献记载，如历史文献记载伦敦东史密斯菲尔德鼠疫墓地的遇难者于 1348 年下葬（Grainger et al.，2008）。但是文献并不总是可信的，放射性碳测年能够推翻文献的记载。当然，历史上的特定时期还发生过其他的灾难，如都铎王朝战舰玛丽·罗斯号于 1545 年驶出英格兰南部海岸之后沉没（Stirland，2000）；这一记载自然表明了船上船员的死亡日期（以及在这一案例中，一个确定的死亡原因）。

获得精确的放射性碳测年数据对于确定墓地分期至关重要。确定墓地分期有助于界定墓地的使用过程。确定墓地分期还能够反映在墓地使用时期内，是否存在特定年龄或性别的人群在某一时段集中埋葬的现象。测年还有助于我们了解患有特定疾病的人何时被埋葬在墓地中，以及他们是否被埋葬在墓地的某一特殊位置。如果能够通过古代 DNA、稳定同位素、测量和非测量分析鉴定出墓地埋葬的外来人群，那么结合墓地的测年数据还可以推测出外来人群何时对本地人口产生重要影响。但是，墓地分期的测年数据在通常情况下并不完全，这使得评估某一疾病随着时间的增多或减少等研究无法进行（Waldron，1994）。"重要"人物的墓葬年代也可以被测定。举例来说，六个位于欧洲的测年实验室得出的数据表明，1991年欧洲阿尔卑斯山发现的"冰人"的年代为公元前 3300～前 3200年（Spindler，1994）。获得精确的放射性碳测年数据对于确定某一疾病最早出现的时间，以及促进某一疾病起源和进化的讨论也非常重要。举例来说，放射性碳测年确定了当时世界上最早的骨骼结核病出现于公元前 5800±90 年（新石器时代早期）的意大利（Canci et al.，1996）。此外，欧洲发现的患有性病梅毒的骨骼个体越来越多，这有利于讨论新旧世界的梅毒。这类讨论的关键在于年代明确的骨骼。近来，May et al.（2003）报道了埃塞克斯发现的两例可能存在密螺旋体疾病的前哥伦布时代（即早于 1492 年）的骨骼。这一发现证实了密螺旋体疾病在克里斯托佛·哥伦布及其船员驶向新大陆之前便已存在于旧大陆；由于旧大陆已经存在密螺旋体疾病，因此哥伦布及其船员不可能在 1492 年返回旧大陆后将其传染给旧大陆居民。实际上，大西洋两岸均发现了有明确测年数据的、存在密螺旋体疾病且早于 1492 或 1493 哥伦布远航的骨骼个体（研究案例参见 Dutour et al.，1994；更多更详细的讨论见 Powell et al.，2006）。

第六节　总　　结

这一章我们了解了多种研究人类遗骸的方法，这些方法可以使我们更好地了解古代人群。很明显，这些方法的使用日渐增多，这最初可能是由于生物考古学家意识到使用这些方法可以解决"宏大的"学术问题，并获得使用之前传统的分析技术无法获得的答案。其次，尤其是在英国，特定类型的研究显而易见更有可能获得经费的资助（这对于开展许多必要的传统研究项目很不利），因此经费委员会对资助项目的选择也驱使许多学术机构的工作人员使用科学分析手段。目前的考古学研究更倾向于开展生物分子的研究。但是，需要指出的是，学术机构之外、任职于抢救性发掘机构的生物考古学家通常不需要申请这一类型的经费以履行他们为开发商撰写骨骼报告的工作义务。当然，上文介绍的许多方法本质上都具有破坏性，因此研究人员（以及保管骨骼的工作人员）需要明辨破坏性分析的合理性（见 APABE，2013）。但是，使用上文介绍的研究方法毫无疑问是很有前景的，这些方法能使我们了解到以前不曾了解的、有关我们古代祖先生活的世界的某一方面。

第七节　学习要点

- 借助组织学、放射影像、生物分子研究及放射性碳测年研究人类遗骸能够极大地帮助我们了解古代社会。
- 上文介绍的所有研究方法均各自具有优缺点。
- 破坏性分析方法仅在传统分析手段无法解决研究问题时才可以被使用。当然，破坏性研究项目必须力图解决考古学问题或者验证某一假设。
- 有的分析过程会耗费大量的经费和时间，而其实验的过程和之后的数据分析也存在困难。
- 平片射线成像可能是生物考古学中最常使用的科学技术手段，其原因在于平片射线成像不具有破坏性并且费用较低。
- 稳定同位素和古代 DNA 分析越来越多地应用于生物考古学中，其中，稳定同位素更为多见，这是因为相较于古代 DNA 分析，稳定同位素的实验设备更容易配备，其实验的成本更低；经费机构也更倾向于稳定同位素分析，因此这一趋势可能会继续存在。
- 在生物考古学研究中，放射影像、组织学和生物分子研究已被成功地应用于疾病、创伤、死亡年龄、性别鉴定、死后破坏、食物结构、手术、人群迁徙和人群亲缘关系的研究中。

第八章 人类骨骼考古学的未来

"重新埋葬人类遗骸的问题就像地平线远处永不消散的云层……对我们之前所做的研究进行回顾并在还有机会的时候明确哪些方面需要投入更多的科研力量是很有必要的"（Brothwell, 2000）。

第一节 绪 论

《人类骨骼考古学》一书快速地带领读者回顾了人类骨骼考古学的学科史、人类骨骼考古学涉及的道德伦理问题、古代的埋葬习俗、影响人类遗骸保存状况的因素及最终影响生物考古学家所研究的人类遗骸状况的因素。读者可以从中了解如何发掘、处理、保护和保管人类遗骸，以及这些工作过程最终对人类遗骸保存状况造成的影响。此外，本书强调了基本的分析对于解释古代疾病有着极大意义，基本的分析包括骨骼的鉴定、性别和年龄鉴定、通过测量和非测量性状的观察发现的正常骨骼变异。本书还介绍了研究疾病的主题分析法，包括居住环境、食物结构、工作、冲突及获得医疗保健的可能性，而组织学、射线影像学、生物分子分析和年代测定等自然科学技术也被用于研究人类遗骸。

很明显，全球化视角的生物考古学催生了大量的优秀研究，其中许多研究是在英国进行的。同样明显的一点在于，人类骨骼考古学在考古学研究中已居于更为主导的地位，这或许可以充分反映考古学界现有大量受过训练的生物考古学家，即更多的人能够胜任人类骨骼的研究工作，同时，更多的人在游说将生物考古学作为考古学的核心组成部分。采用生物考古学手段研究人类遗骸——将生物学和考古学数据相结合——对于理解观察到的骨骼形态至关重要；在生物考古学研究中，仅仅对于人类遗骸本身进行研究已不再被人所接受。生物考古学家在工作时应该时刻考虑遗址的考古学背景，以便能够将骨骼数据与考古学研究的数据充分结合。此外，在生物考古学研究中，开展尝试验证某一假设或解决某一研究问题的研究驱动型工作极为重要，这一类工作可以使我们更多地了解我们祖先的生活，同时填补知识的缺环。在生物考古学中，类似于世界健康历史等基于大数据的研究项目立意高远，其研究结果毫无疑问会极大地影响人们对于古代人群的理解，并有助于对比世界不同地区、不同年代人群的健康数据，这一对比研究以往是不可能做到的。

尽管笔者认为我们现在正处于一个能够使我们在更大程度上影响考古学的难以置信的绝佳位置，但是，我们生活在一个并不完美的世界中，有许多问题仍然需要解决，有许多方面还需要改进。

第二节　资　　源

正如第二章所述，生物考古学的研究对象（人类遗骸）是我们了解过去的窗口，目前对于人类遗骸的管控似乎日渐增多。但是，用以规范从发掘、保管到破坏性分析等涉及人类遗骸的工作步骤的指导方针已被完善。这些指导方针应该能够促使人们以符合伦理规范且心怀敬意的方式对待我们祖先的遗骸。目前英国的博物馆和其他机构保管的人类遗骸有很多，数量各异。大学保管的人类遗骸为生物考古学家们的科研和教学工作提供了大量极具价值的资源。大学保管的人类遗骸有助于教育不同程度的学生关于我们祖先因长期适应环境而出现的适应性变化——为当今人们了解我们是谁提供一个至关重要的时空视角。此外，研究骨骼遗骸能使我们了解个体之间和人群之间骨骼形态的差异。充满敬意、心怀关爱地保留和保管骨骼个体对于获得人类历史的相关信息至关重要。由于研究方法和分析技术的发展，我们对人类历史的了解也在不断变化。但是，我们仍然急需一个集合英国所有馆藏人类遗骸数据的数据库（Roberts et al., 2011）。一个中心数据库极其有利于选择那些可用于解决新的研究问题、验证有关过去的假设的骨骼，并且有助于分担保管机构中处理人类遗骸的工作压力（Roberts et al., 2011）。随着文化、媒体和体育部（2005）指导文件的发布，博物馆受到鼓舞，已开始对所有人公开其馆藏人类遗骸的信息。

在英国，重新埋葬人类遗骸的现象越来越多，有时，不与生物考古学家讨论保留、保管人类遗骸的价值便将遗骸重新埋葬。因此，生物考古学家和考古学家之间需要一个更好的对话机制，与此同时，生物考古学家和保管人员也应该保持沟通，尤其是与那些未能认识到保留人类遗骸的意义的博物馆保管人员，尽管用来保管人类遗骸的空间以及缺乏专业库房保管知识可能会是个问题。有的人类遗骸收藏急需改善保管条件和环境，与此同时，还需要对馆藏人类遗骸的破坏性研究采样进行更多的论证。此外，不仅仅是专业人士，所有有关当事人之间也应该对保留和重新埋葬英国考古发掘的人类遗骸进行更多的讨论。在有的情况下，重新埋葬人类遗骸或许是恰当的，但仍有待商榷。在获得许可的情况下，重新埋葬仅能在正式的埋葬场所进行，但是正式的埋葬场埋葬当今的活人尚且空间紧张。其实火葬并不是一个现实的选择，有些古代人群可能憎恶火葬。

如果能够充分交流、讨论上文所述的问题，并达成共识，那么我们应该能站在更有利的位置进一步推进生物考古学研究，尤其是在英国。

第三节　数据的采集和分析

生物考古学家努力通过制定公认的数据采集标准来解决数据采集中出现的问题，尽管我们仍旧需要说服所有的生物考古学家使用公认的数据采集标准（详见第一章）。有些生物考古学家并不知道现存的数据采集标准，有些生物考古学家觉得使用这些标准限制太多，同时，有些生物考古学家就是不愿意做别人告诉他们做的事！但是，能够达成共识、使用统一的数据采集标准，以便获得"人群"之间充分和有价值的比较数据，这对于所有的生物考古学家（考古学家）都是有利的。当然，这不妨碍生物考古学家有需要采集额外的数据。

在英国，参与抢救性发掘的生物考古学家的工作质量明显有了极大提高，1990 年《第 16 号政策规划声明》（PPG16 号文件）出台 [也可参见 2010 年出台的《第 5 号政策规划声明》（*Policy Planning Statement 5*）]，这份文件取代了 1990 年的文件；还可以参见社区及地方行政部（Department for Communities and Local Government）2012 年出台的文件，抢救性发掘中用来进行生物考古学研究的经费也有所增加。《第 16 号政策规划声明》被用以规范英格兰和威尔士地方委员会在规划过程中涉及考古发掘的种种行为。这提高了考古发掘的质量，并最终提高了其他参与研究或抢救性发掘的生物考古学家所研究数据的质量。但是，问题仍然存在，许多生物考古学数据成为大多数人往往难以见到的"灰色"文献。找到"灰色"文献（以及"灰色"文献包含的内容）可能通常较为困难，但在需要的时候，所有的骨骼评估报告和综合报告应该能够获取。事实上，历史环境档案馆（Historic Environment Records，HER）[前遗址和纪念碑档案馆（Sites and Monuments Records）]和相关博物馆（通常距考古遗址最近的博物馆）也会保留发掘和研究的副本和记录，这些副本和记录可以在档案室中找到[如考古数据服务中心（Archaeology Data Service）http://archaeologydataservice.ac.uk/；绿洲（Oasis）http://oasis.ac.uk/pages/wiki/Main]。如果无法获取这些文献，我们开展比较研究以及发现有关人类祖先认识的知识缺口的能力便大打折扣（不论是关于时代还是关于埋葬习俗和地区的知识缺口）。为了推进英国生物考古学的发展，我们需要做更多的工作以便在线或者印刷出版"灰色"文献。

正如第七章所述，近些年来大量出现的发表文献明显反映了自然科学对于研究食物结构、人群迁徙、个体和人群的亲缘关系以及疾病的巨大推进作用。毫无疑问，自然科学会继续推进这方面的研究，尤其是大型经费机构想要资助与自然科学相关的研究。但是，正如本书多处论述的那样，我们必须意识到自然科学研究的破坏性。尽管多年以来，自然科学研究所必要的样本量不断减少，但是越来越多的研究人员从事生物分子研究，出于未来研究的考虑（未来现有研究手段的进步、新的研究方法出现），我们需要尊重、保护我们的研究对象。我们的研究对象代表着曾经活着的人（我们的祖先），这一点我们不能忘记。不幸的是，偏重自然科学研究不利于开展基于传统数据采集的研究，也不利于传统数据采集方法在生物考古学中的应用，然而传统数据采集方法却是参与抢救性发掘的生物考古学家的日常工作。如果生物考古学家能够说服英国（和其他地区）提供经费的机构同时开展传统的研究和自然科学研究，会是一件好事。在世界其他地区，这一矛盾尚不凸显。

第四节　教学和研究议程

尽管我们已经了解了很多我们祖先生活的方方面面，但是我们仍然需要探究、推进生物考古学的许多研究课题。这些研究课题包括：改进未成年骨骼个体的性别鉴定方法、成年个体的死亡年龄鉴定（参见第五章）；鉴别不同性别、年龄、经济地位或社会地位人群的健康差异；探究不同气候和环境对古代人群的影响；以及评估人群迁徙的效应（参见第六章）。此外，需要开展更多严谨的研究，以探究那些指示工作压力的骨骼变化是否能够被可靠地记录，并能够用来研究古代人群的工作强度。动物携带的疾病对人类的影响同样急需更多的研究。笔者认为，在未来，医学人类学对解释古病理学数据将发挥比以往更重要的作用。

正如上文以及第七章所述，自然科学会持续在生物考古学研究中发挥重要作用，因此需要开展更多的研究，以便了解成岩作用对不同地区、不同时代的骨骼、牙齿、活体组织中古代 DNA 保存程度（以及外源 DNA 污染）的影响。此外，成岩作用对骨骼、牙齿、活体组织中古稳定同位素值的影响也需要进行更多的研究。了解成岩作用对古代 DNA 和稳定同位素的影响最终有利于避免对无价的、不可替代的人类遗骸造成不需要的、未经充分考虑的破坏。显而易见，研究手段也需要实现高标准，并确保有价值的数据能够和其他研究人员和其他实验室的数据进行比较。但是，需要重申的是：为英国馆藏人类遗骸建立数据库是最重要的一项工作，数据库的建立有助于生物考古学家在试图解答学术问题时能够选择研究对象。虽然用于建立数据库的经费在本书第一版出版时还没有到位，但是数据库的建立迫在眉睫。关于生物考古学的教学，下文将介绍生物考古学高等教育的机会。但是，生物考古学家能够、也确实让更多的人了解到了生物考古学研究。这也是响应近些年来出现的政策发展，即将一项研究在学术界以外的"影响力"囊括在英国大学研究实力的评估体系中（http://www.ref.ac.uk/about/whatref）。由于公众自身对考古学和人类遗骸的巨大兴趣（详见第二章有关公众参与的论述），在与公众的交流中，生物考古学家尤其占据有利位置。举例来说，目前已经举办了许多涉及人类遗骸和相关主题的展陈，以及与人类遗骸有关的学校课程、工作坊和公益讲座（同样详见第二章）。近几年来出现了一些公众参与度较高的项目。举例来说，来自包括生物考古学在内的不同学科的学者参与了一项名为"人如其食"的项目，这一项目旨在通过探讨古代的食物选择，鼓励公众讨论并反省自身的现代饮食习惯（http://www.leeds.ac.uk/yawya/about/）。另一个项目旨在评估考古学对于改变现代人对死亡和临终的看法、促进人们讨论自身的死亡和临终关怀中起到的作用（考古学与临终关怀 http://www.bradford.ac.uk/life-sciences/arch-sci/research/continuing-bonds/）。博物馆展陈对于促进公众参与尤其重要，如最近结束的巡展"骨架：那些埋葬的骨骼"（http://www.

wellcomecollection.org/visit-us/skeletons-our-buried-bones）和"骨骼科学"（杜伦大学），其中，"骨骼科学"是为5~11岁学龄儿童及更大一点的学生设计的教学资源（http://www.skeletonsscience.weebly.com）。"骨骼科学"还包括将考古学，尤其是考古学中的"骨骼科学"介绍给敬老院的老人。开展公众广泛参与的生物考古学活动对生物考古学和公众两方皆是有益的，而活到老学到老也益处多多。正如生物分子考古学所做的工作那样，将前沿科学带给公众尤其可以证明生物考古学家所从事工作与生者是息息相关的。研究疾病千年来的起源与进化尤其与生者相关，这项研究对进化医学也意义重大（参见 Nesse et al., 1994）。研究疾病起源与进化包括发现细菌菌株并探讨菌株随时间的变化（这项研究能否揭示抗生素抗药性），以及研究古代常见的、现代依然危害人类的疾病（如结核病、佝偻病、食物结构不均衡引起的营养缺乏，齿科疾病）——我们从中学到了什么？当今社会中危害健康的因素当然也存在于古代社会，如人群迁徙、气候变化、空气污染、贫穷、特定的职业、不卫生的环境等，生物考古学有可能揭示这些因素。正如前文提及，我们或许可以通过研究古代的健康危害，从而试图避免未来仍旧出现这些危害。正如古病理学会的格言宣称："让死人来启示活人"（http://www.paleopathology-association.wildapricot.org/）。

第五节　高等教育和就业机会

20世纪90年代以及21世纪以来，本书的作者夏洛特·罗伯茨致力在两所大学的考古学系中设立了生物考古学的硕士研究生教育课程；随后多年来，更多英国大学设立了生物考古学研究生课程。早在1983年，本书的作者夏洛特·罗伯茨开始从事生物考古学研究时，英国只有五所大学雇佣生物考古学家教授生物考古学课程。现在，超过20所大学聘用生物考古学家，这些生物考古学家多数受聘于考古学系。他们开设的生物考古学课程培养了大批具备分析考古遗址出土人类遗骸的技能的研究生，这又导致了培养的研究生多于就业岗位或大学招收的博士名额。这一现象并不乐观，但是却反映了英国大学意识到研究生们喜欢生物考古学，因此设立这样的课程有利于增加大学的收益。越来越多的生物考古学课程也改变了高等教育的经费支出。但是，教授这类生物考古学课程需要做到经济有效。

生物考古学研究方向的毕业生仅有有限的就业前景，对于本科学生来说，目前不太可能在抢救性发掘项目中找到研究人类遗骸的工作，也不太可能申请到攻读博士学位的资格；目前普遍要求拥有硕士研究生学历，尽管多数硕士研究生往往极少具有分析考古遗址出土人类遗骸、撰写报告、参加抢救性发掘的经验。但是，生物考古学硕士研究生最有可能的职业道路是参与抢救性发掘或是继续攻读博士学位。博士奖学金也非常有限，多数博士研究生都是自费学习。尽管通过博士学习能够为之后博士后研究储备必要的技能并扩充学识，但是博士后研究岗位仅限于那些前途最光明、最具有主观能动性的学生。博士后的经费一方面可以来自一项经费申请中任命的博士后研究助理，另一方面来自个人成功申请到的博士后研究基金。相对来说，授予个人的博士后研究基金赋予生物考古学家更多的工作自主性，从而使他们获得更多的经验，这有利于他们在业界的就业前景。尽管如此，大量的生物考古学博士研究生意味着获得博士后经费的机会非常稀缺。对于英国极少数幸运获得经费资助的博士后来说，一方面可以通过寻找专职教学的岗位，另一方面，更多见的是寻找教学和科研并重的岗位，以便在高等教育机构中谋求生物考古学岗位。生物考古学所有级别岗位的竞争均极其激烈，很多生物考古学家无法找到心仪的岗位。但是，生物考古学研究生具备许多可以转化的技能，他们不仅可以在考古学领域内寻找工作，还可以在抢救性考古发掘中研究人类遗骸，或是留在学术领域，他们也可以从事其他各类工作。

实际上，英国生物考古学的快速发展是令人艳羡的，但也是有代价的，缺少工作机会便是代价之一。希望整个考古学科能够充分承认生物考古学对考古学做出的重要贡献，尤其是过去25年以来的英国生物考古学对考古学的贡献，以便未来能够出现更多的生物考古学就业机会。但是，有人告知笔者，相较于其他类型的遗址，多数抢救性考古发掘公司较少发掘墓地中的人类遗骸。这会限制英国生物考古学就业岗位的数量，尽管目前对于墓地的抢救性考古发掘比笔者开始从事生物考古学时有所增加。不容乐观的是，由于大学设立了大量的授课型生物考古学硕士课程，这些课程每年培养许多研究生，生物考古学的就业市场目前已经严重饱和。

英国的生物考古学受害于自身的成就，但是英国的生物考古学前途光明，并不断展现着自身对于本国以及国际考古学的价值。过去25年以来，英国的生物考古学如同浴火重生的凤凰，成为考古学研究和考古抢救性发掘中主要的组成部分。

词 汇 表

加速器质谱（accelerator mass spectrometry）：一种检测带电离子质荷比的分析技术；用于检测 ^{14}C 的富集，从而判断墓葬的年代。

丙酮（acetone）：一种无色、具有流动性、易燃的溶剂。用于制造塑料、化学品、药物和纤维。

胶黏剂（adhesive）：一种将两个物体粘连在一起的化合物。

尸蜡（adipocere）：人类尸体脂肪中无法溶解的脂肪酸残留物。

气溶胶（aerosol）：气体中悬浮的液体微粒。

来世（afterlife）：死后存在的延续。

过敏性肺泡炎（allergic alveolitis）：因人体对吸入的气溶胶微粒产生免疫反应而出现的肺部肺泡炎症，常见于特定的职业（如"农民肺"）。

肺泡（alveoli）：肺部的气囊或空腔，进行气体交换的主要部位。

牙釉蛋白（amelogenin）：牙齿正在生长的牙釉质中含有的蛋白质。

截肢（amputation）：切除四肢或附肢。

贫血（anaemia）：红细胞、血红蛋白（对于血液含氧非常重要）及红细胞压积减少至低于正常标准数量。

厌氧（anaerobic）：缺少氧气。

麻醉（anaesthesia）：局部或整体失去身体的感知能力，或因药物而失去感知能力。

祖先（ancestry）：人类代代相传的谱系。

神经性厌食症（anorexia nervosa）：因恐惧发胖而无法进食的心理障碍。

无烟煤（anthracite）：坚硬的亮黑色煤。

煤肺病（anthracosis）：煤灰进入肺部引起的肺部疾病。

炭疽（anthrax）：通过土壤中的孢子传染给动物和人类的感染性疾病。

人类学（anthropology）：研究人类的学科。

抗生素（antibiotic）：一种抑制或终止微生物（细菌、真菌和原生动物）生长的化学药品。

抗体（antibody）：为应对抗原而在血液中生成的蛋白质。

抗原（antigen）：一种刺激抗体生成、形成免疫反应的物质。

植物考古学（archaeobotany）：研究古代植物遗存的学科。

考古学（archaeology）：通过物质遗存研究人类历史的学科。

动脉的（arterial）：与动脉（从心脏向外输送血液的肌型血管）相关的。

动脉（artery）：从心脏向外输送血液的血管。

窒息（asphyxiation）：因呼吸受限而出现的血液缺氧。

评估报告（assessment report）：一份在抢救性考古发掘过程中撰写的出土遗骸的初步报告，提供遗骸基本的数据并指明未来潜在的研究方向。

原子（atom）：元素中显示该元素化学性质的最小组成部分。

原子质量（atomic mass）：原子核中质子和中子的数量。

原子数量（atomic number）：一个原子的原子核所包含的质子数量。

（DNA 核苷酸中的）碱基（bases）：包括腺嘌呤（adenine，A）、鸟嘌呤（guanine，G）、胸腺嘧啶（thymine，T）和胞嘧啶（cytosine，C）；构成 DNA 分子中的双螺旋。

（DNA 中的）碱基对（base pair）：两条连起来的碱基。碱基对对于 DNA 分子的自我复制至关重要；碱基对仅能通过腺嘌呤和胸腺嘧啶连接或鸟嘌呤和胞嘧啶连接形成，并构成 DNA 分子。

贝叶斯（Bayesian）：概率论和统计学中的一种方法，依据先验分布来计算参数的后验分布。

胆汁（bile）：一种苦涩的绿色或棕黄色碱性液体，由肝脏分泌并储存在胆囊中；胆汁有助于乳化、吸收脂肪。

生物考古学（bioarchaeology）：通过结合考古学背景来研究、解释考古遗址出土人类遗骸的学科。

生物质燃料（biomass fuel）：一种起初取自生物或生物副产物的可再生燃料（如木材、动物粪便）。

生物分子（biomolecular）：生物中天然存在的化合物，主要由氢、碳、氧、硫、磷和氮构成。

黑死病（Black Death）：因鼠疫菌引发的细菌感染而形成的大流行病，这种大流行病经跳蚤通过大鼠传播给人类（即腺鼠疫，表现为淋巴结节肿大和淋巴结炎），也可以在人类之间传播（即肺鼠疫，一种迅速恶化并极易传染的肺炎）。

放血（bloodletting）：一种古老的医疗手段，利用水蛭或通过划破血管、拔火罐排出身体内的血液。

正骨师（bone setter）：复位、固定骨折和脱臼的人。

牛海绵状脑病（bovine spongiform encephalopathy，BSE）：一种由名为朊病毒的感染源引发的牛类退行性神经疾病。患病牛类脑组织退化并变成海绵状；行为出现异常，并失去肌肉控制力。人类食用患病的牛肉会感染克-雅病，克-雅病是牛海绵状脑病的变异类型。

牛结核病（bovine tuberculosis）：一种由牛分枝杆菌引发的感染性疾病，主要在动物中传播。

布鲁氏杆菌病（brucellosis）：一种由布鲁氏菌属引发的、从动物传染给人类的感染性疾病，人类因食用被感染的牛奶或与动物频繁接触而感染布鲁氏杆菌病。布鲁氏菌能够侵入皮肤。

石堆（cairn）：人工堆积的石堆，可能标明一处墓葬、一座山峰或一条路径。

钙化（calcified）：因流入钙而硬化的组织，通常由慢性炎症引发。

钙（calcium）：一种大量存在的化学元素，对生物至关重要。

牙结石（calculus）：牙齿上钙化的残留物（牙垢或牙菌斑）。

校准（calibrate）：验证测量仪器是否处于其指定精度的过程。

骨松质（cancellous）：一种低密度、低强度但大面积出现的骨骼，内含红骨髓。

癌症（cancer）：由人体异常且不受控制的细胞分裂引发的新生物或肿瘤。

咏礼司铎（canon）：天主教会中神职的一种。

毛细血管（capillaries）：直径为5～10毫米的小血管，连接微静脉（连接毛细血管和静脉的小直径血管）和小动脉（连接动脉和毛细血管的小直径血管）。

碳水化合物（carbohydrate）：所有有机化合物，包括糖类中的蔗糖。

龋齿（caries）：牙齿上出现的感染性疾病。

软骨（cartilage）：一种高密度、高韧性的结缔组织。

软骨关节（cartilaginous joint）：一种由表面覆盖软骨的相邻骨骼组成的关节。

环壕遗址（causewayed enclosure）：被一个或多个岸、沟环绕的圆形或椭圆形区域，有多种用途，如聚落或祭祀遗址，见于英格兰中部和南部地区。

烧灼（cautery）：使用工具烧、烙或留下瘢痕，以杀死异常组织。

凯尔特（celt）：说凯尔特语的人；属于印欧人群的一支，在罗马时代之前定居在英国、法国、西班牙以及中欧和西欧的其他地区。

凯尔特语（celtic）：印欧语系的一支，包括盖尔语（Gaelic）、威尔士语（Welsh）和布雷顿语（Breton）。

藏骸所（charnel）：一种用来存放出土人类骨骼的地下室或建筑，通常在教堂墓地过于拥挤（为了给新的墓葬腾出空间）或在教堂扩建挤占墓地时，将之前埋葬的人类骨骼挖出、存放在藏骸所中。

化疗（chemotherapy）：使用化学物质（如抗生素）治疗疾病的手段。

硅质岩（chert）：一种不纯净的黑色或灰色品种的石英，看起来像燧石。

水痘（chicken pox）：一种由病毒（带状疱疹）引起的极易传染的疾病，表现为身体上出现的皮疹。

叶绿素（chlorophyll）：植物中的绿色色素，吸收太阳的能量以进行光合作用。

霍乱（cholera）：一种由霍乱弧菌引发的急性感染性疾病，是当今亚洲地区的地方性流行病；表现为严重的腹泻、呕吐和肌肉痉挛。

胆固醇（cholesterol）：所有动物的细胞膜中包含的一种液体或脂肪。

染色体（chromosome）：生物体细胞核内一种包含 DNA 的结构，一种细胞自我复制的遗传结构。

慢性的（chronic）：持续长时间的。

慢性支气管炎（chronic bronchitis）：一个或多个支气管出现炎症（支气管是输送氧气进出肺部的较大的通道）。

丘马什（chumash）：（历史上和现今）居住在加利福尼亚州南部海岸地区的美洲原住民。

古柯（coca）：一种可以提取可卡因的古柯属植物。

胶原（collagen）：一种纤维蛋白。

殖民者（殖民地）（colony）：一群前往远离故土的另一个国家定居、却与故土保持联系的人（目前较多使用海外领土或附属国等术语）。

计算机断层扫描（computed tomography，CT）：一种利用电脑程序捕捉穿透人体的 X 射线，从而生成人体结构断层影像的成像方法。

疾病概念（concepts of disease）：某一文化中反映症状、病因和治疗之间关系的因果网络。

共聚焦（confocal）：反射扫描激光显微镜。

结缔组织（connective tissue）：人体内四种组织之一；包括骨骼和软骨。

神圣化（consecrated）：将某事物作为圣物，或宣称某事物的神圣性。

保护（conservation）：保护或防止出现变化、缺损或破损的行为。

加固剂（consolidant）：一种用来加固或稳定骨骼的物质。

接触式射线成像（contact radiograph）：显微射线成像的最终结果。

抢救性考古发掘（contract archaeology）：在政府或私人机构签署的法律协议下进行的考古发掘工作，旨在进行现代建设时保护文化遗产。

铜合金（copper alloy）：一种金属混合物，铜与锌、锡或铅的混合物。

铜冶炼（copper smelting）：加热、融化金属矿后，提炼、分离想要获得的铜等金属熔体的过程。

骨密质（cortex，cortical）：外层骨骼，位于骨膜之下。

火葬（cremation）：焚烧尸体的行为。

克 - 雅病（Creutzfeldt-Jakob disease，CJD）：一种由朊病毒引发的、危害人类和部分动物的脑疾病。包括散发型（无缘无故患病）和获得型两种。医疗过程中的感染可能会诱发获得型克 - 雅病。克 - 雅病的变异类型见于青年人之中，食用感染了牛海绵状脑病（详见上文）的牛肉被认为是病因。

弩（cross-bow）：一种在弩臂上装载弩弓并发射投射物的武器。

文化遗产（cultural patrimony）：对美洲原住民等某一人群来说，具有延续的历史、传统和文化核心价值的器物或文化，不属于任何个人。

拔罐（cupping）：在玻璃容器内形成的真空；加热玻璃容器内的空气后，将玻璃容器放置在患者的皮肤上；随着容器内空气温度的下降，形成一种真空状态。在拔罐之前，先对患者的皮肤进行刮擦，以便真空状态下形成的压力差能够吸出血液。

保管（curate）：照管。

人口学（demography）：研究人口动态的学科。

牙本质（dentine）：一种被牙釉质和牙骨质（将牙齿固定在齿槽中）覆盖、包裹中心髓腔的构成牙齿的主要物质。

后代（descendant）：从早期形式衍生而来的事物。

糖尿病（diabetes）：表现为尿液分泌过量的各类紊乱。

糖尿病（diabetes mellitus）：一种因胰岛素缺乏而出现的碳水化合物代谢紊乱，表现为烦渴、多尿、尿中含糖过量。

二聚体（dimer）：一种由两个名为单体的次单元构成的化学或生物实体。

脱氧核糖核酸（DNA）：人体细胞内含有遗传信息的分子。

DNA 复制（DNA replication）：两个原始 DNA 链生成的新 DNA 链，每一个 DNA 链都是 DNA 模板。DNA 复制完成后，会出现两个新的 DNA 分子，每一个新的 DNA 分子由一个新 DNA 链和一个原始 DNA 链组成。

双螺旋（double helix）：DNA 分子结构，表现为相互缠绕的双链旋梯结构，糖基和磷酸构成旋梯的两侧，碱基或氢键将糖基和磷酸相连构成磷酸二酯键。

双能 X 射线骨密度仪（dual-energy X-ray absorptiometry，DEXA）：一种利用轻度辐射测量骨密度和骨量的成像技术，用于诊断骨质疏松。

基督教会的（ecclesiastical）：与基督教会和基督教神职人员有关的。

大肠杆菌（E. coli，Escherichia coli）（不是 Escheria）：一种在正常情况下

寄生在肠胃道中的细菌；部分大肠杆菌的菌株会引起腹泻。

防腐（embalm）：使用防腐剂延缓尸体腐败。

胚胎（embryo）：动物生长的早期阶段。

移居外地（emigration）：从一个地方搬离，前往另一个地方定居。

牙釉质（enamel）：一种硬、薄、半透明的物质，几乎全部由钙盐构成，包裹牙本质。

牙釉质发育不全（enamel defects / hypoplasia）：因膳食不均衡或童年疾病引发的、在牙釉质形成时期出现的牙釉质厚度缺陷。

地方性梅毒（endemic syphilis）：一种由密螺旋体属细菌引发的慢性感染性疾病，常见于当今世界的干旱地区；通过童年时期的身体接触传播，并非通过性交传播。

内分泌（endocrine）：与人体内分泌腺有关，内分泌腺向血液中分泌荷尔蒙。

内镜（endoscope）：用来检查身体内部的一个小而灵活的软管。

能量色散低角度 X 射线散射仪（Energy Dispersive Low Angle X-ray Scattering, EDLAXS）：一种生成矿物波谱、显示所含矿物类型和数量的分析技术。

酶（enzyme）：活细胞生成的复合蛋白，是特定生物化学反应的催化剂。

癫痫（epilepsy）：表现为短暂脑功能障碍的各类综合征。

骨骺（epiphysis）：长骨外扩的末端，由次级骨化中心发展而来，最终和长骨的主要部分愈合，其他类型的骨骼也有骨骺。

伦理（ethics）：研究人类行为的道德价值以及规范人类行为的规则和原则的哲学，被公认为正确的社会、宗教或者民事准则。

族群（ethnicity）：拥有共同特征的人类群体，如使用同一语言的群体。

民族志（ethnography）：文化人类学的分支，旨在对人类文化进行科学描述。

优生学（eugenics）：鼓吹通过各种形式的干预，尤其是选育，来优化人类遗传特征的社会哲学。

去除肉体（excarnation）：去除死者的肉体。

曝尸（exposure of body）：在死者死后将其尸体暴露在恶劣天气中。

直肢葬（extended burial）：死者平躺，上肢和下肢伸直并与身体平行。

联邦（federal）：政府的一种组织形式。

受精（fertilisation）：在有性生殖的过程中，男性和女性的配子融合形成的受精卵。

导光纤维（fibre optic）：使用柔性纤维传导光。

纤维软骨（fibrocartilage）：由相互平行、厚且致密的胶原束组成的软骨。

纤维（fibrous）：含有纤维的人体组织。

屈肢葬（flexed burial）：类似胎儿在母体中的姿势，膝盖向上抬至胸膛，双手放在颏部。

燧石（flint）：存在于白垩岩中的不纯净、不透明的灰色石英。

氟年代测定法（fluorine dating）：通过检测随葬品含氟的等级来判定其年代，其原理在于墓葬随葬品会吸收地下水中的氟。是一个测定相对年代的技术。

氟中毒（fluorosis）：通过进食或饮水而摄入过量的氟。常见于世界部分地区，如印度的某些区域。

胎儿（foetus）：哺乳动物在生长后期形成的、能够显示出成熟动物所有可辨认特征的胚胎。人类胎儿是指从怀孕两个月末至出生之间的胚胎。

采集狩猎者（forager）：依靠搜寻食物生存的人。

胆囊（gall bladder）：一个附着在肝脏上的肌囊，用来储存胆汁，并在消化食物时将胆汁注射入肠胃道中的十二指肠。

胆囊结石（gall stone）：由胆囊或胆管中的胆固醇、胆汁色素或石灰盐形成的小而硬的结石。

配子（gamete）：一种能够受精的生殖细胞（如卵子）。

胃溃疡（gastric ulcer）：一种因细胞死亡而出现的胃部局部缺陷。

基因（gene）：负责遗传、自我复制的生物单元，位于特定染色体中的确定位点。

基因库（gene pool）：一群有性繁殖的生物群体所包含的遗传信息集合。

家系（genealogy）：某一祖先的一个或一群直系后代，一个显示个体或群体之间关系及其后代的图表。

遗传（genetic）：与基因有关的，或与某事物的起源有关的。

基因治疗（gene therapy）：改变某一基因的治疗手段；通过改变个体的基因构成，最终可能达到治疗疾病的目的。

遗传密码（genetic code）：一个 DNA 分子的核苷酸序列，内含蛋白质合成的信息。

人类基因组计划（genome project）：2003 年结项；一项旨在鉴定人类 DNA 中的全部基因、并揭示构成人类 DNA 的化学碱基对序列的研究。

属（genus）：生物学分类的一项，一个科可以分为许多属，属下包含一个或多个种。

生石膏（gypsum）：水合硫酸钙，即一种白色或轻微着色的矿物质，见于沉积岩和黏土之中，主要用于制作石膏和水泥。

血红素（haem）：一种复合有机红色色素，内含血红蛋白，血红蛋白中含有亚铁。

血红蛋白（haemoglobin）：一种包含血红素和珠蛋白的蛋白质，珠蛋白使红细胞表现为红色；血红蛋白对于血液为身体组织输送氧气至关重要。

出血（haemorrhage）：血管破裂导致大量出血。

利手（handedness）：偏好使用一只手而非另一只手。

汉坦病毒（hantavirus）：布尼亚病毒科下的一个属，引发出血热和肺炎等流行病。

硬水（hard water）：一种含有大量钙或镁等溶解盐的碱水。

石木柱圆圈遗址（henge）：一个被岸或沟围绕的圆形区域，通常包含一圈石柱或木柱，年代为新石器时代至青铜时代。

组织学（histology）：研究动植物组织的显微结构、组成和功能的学科。

组织胞浆菌病（histoplasmosis）：一种由名为组织胞浆菌的真菌引发的肺部感染性疾病。鸟类和蝙蝠的粪便中含有组织胞浆菌的孢子。

整体论（holistic / holism）：一种认为整体优于各个组成部分的观点。

人科（Hominid）：人科内所有的灵长类，包括现代人类（智人）及此前灭绝的人类。

人亚科（Homininae）：人科中的亚科，包括智人及其部分灭绝的近亲、黑猩猩和大猩猩。人亚科包括了与猩猩亚科（红猩猩属是唯一现生的猩猩亚科）分化后出现的所有人亚族、黑猩猩亚族和大猩猩族。

同质的（homogenous）：包含相似或同样的组成部分或元素，具有同样的性质。

激素（hormone）：一种由内分泌腺分泌的化学物质，通过血液传输进入特定人体组织并产生特定作用。

腐殖（humic）：土壤中的有机物，会使土壤变成深棕色。

腐殖酸（humic acid）：腐殖质的主要构成部分之一。腐殖酸呈深棕色，是土壤中有机腐殖质的主要构成部分。

湿度（humidity）：潮湿和湿润的状态。

透明软骨（hyaline cartilage）：一种常见的软骨类型，由内含少许结缔组织的半透明基质组成。

髂嵴（iliac crest）：骨盆外侧的边缘。

移居本地（immigration）：来到出生地以外的某一地区或国家定居。

免疫（immunity）：生物抵抗疾病的能力，如生成自身的抗原。

独立复制（independent replication）：在古 DNA 研究中，两个或多个实验独立进行并得出同样的数据。

本土的（indigenous）：自然起源或出现，本地的。

杀婴（infanticide）：杀死婴儿的行为。

土葬（inhumation）：被埋葬（埋入土中）的遗体。

埋葬（inhume）：安葬。

髋骨（innominate）：骨盆。

杀虫剂（insecticide）：一种杀死昆虫的物质。

胰岛素（insulin）：一种由胰腺生成并分泌至血液中的蛋白质激素，能够控制血糖含量。

墓葬（interment）：同墓葬（burial）。

雌雄间性（intersex）：特征介于男性和女性之间的个体。

清单（inventory）：一个详细的列表，开列清单。

同位素（isotope）：化学元素的一种，有着相同原子序数、不同原子质量的化学元素。

亲缘关系（kinship）：一种血缘关系；有着共同的特征或共同的起源。

λ 噬菌体 DNA（lambda DNA）：双链 DNA 分子。

板层骨（lamella）：一层较薄的骨骼。

纬度（latitude）：赤道以南或以北角距的夹角。

水蛭（leech）：节环动物门（一个包含许多物种的门，是生物学分类中的一级）中的一个亚纲，包括吸血的水蛭。

麻风病（leprosy）：一种由麻风杆菌引起的慢性细菌感染，病变于末梢神经和皮肤。

钩端螺旋体病（leptospirosis）：由钩端螺旋体属细菌引发的感染性疾病，该细菌存在于被患病动物排出的尿液污染的水、食物和土壤中。

韧带（ligament）：呈带状、柔韧的纤维结缔组织，可以限制关节活动；韧带将不同的骨骼连接在一起（如胫骨和腓骨）。

直系的（lineal）：某一祖先的直线后代。

肝吸虫（liver fluke）：一种大量滋生于肝脏和胆管内的寄生虫。

经度（longitude）：本初子午线（穿过英格兰格林尼治、连接南北的一条虚构的 0° 经线）以东或以西角距的夹角。

莱姆病（Lyme disease）：一种由伯氏疏螺旋体细菌引发的急性感染性疾病，通过蜱传播给人类，引发皮肤、关节和神经系统的病变。

淋巴（lymph）：近乎无色的液体，包含人体组织中主要的白细胞。

淋巴系统（lymphatic system）：密集的毛细血管网络，通过淋巴将人体内的组织液输送给人体的静脉血液循环。

淋巴结（lymph node）：沿着人体淋巴血管分布的豆状组织块，通过杀死细菌、中和毒素，保护人体免受感染。

疟疾（malaria）：一种由疟原虫属的原生动物引发的感染性疾病，疟原虫属寄生于红细胞内，通过按蚊传播。

毛利人（Maori）：新西兰原住民。

骨髓（marrow）：由结缔组织构成的富含脂肪的网络，填充骨骼中的空腔。

胶带纸（masking tape）：有黏性的胶带。

麻疹（measles）：极易传播的病毒感染，常见于儿童中，主要病变于呼吸道，表现为皮疹。

膜（membrane）：一层很薄的组织，覆盖人体组织的表面和空腔，或分隔人体的空间和器官。

脑膜（meninges）：覆盖在大脑和脊髓表面的三层膜［硬脑膜、蛛网膜（arachnoid mater）、软脑膜（pia mater）］。

代谢性疾病（metabolic disease）：代谢紊乱。

代谢（metabolism）：生物体内进行的化学过程的总和，使生物生长、产生能量、消除废料等。

转移（metastasis）：疾病扩散，尤指癌细胞从人体的某一部位转移到另一部位。

微晶（microcrystalline）：由晶体结构组成。

微米（micron）：等同 10^{-6} 米的长度单位。

微生物（micro-organism）：指所有微小的生物，如细菌、原生动物或病毒。

显微射线成像（microradiography）：在细粒度胶片上生成细小物体（如骨骼和牙齿的切片）的射线影像，以便对其进行后续的显微分析。

显微镜（microscope）：一种使用一个透镜或组合透镜生成物体放大影像的光学仪器。

显微镜学（microscopy）：使用显微镜进行观察。

微磨耗（microwear）：对牙齿表面的微观划痕和凹坑进行研究，使用牙齿咀嚼食物或使用牙齿作为工具会在牙齿表面形成微观划痕和凹坑。

偏头痛（migraine）：一种通常伴随着恶心、肠胃不适以及光源刺激双目的周期性头痛症状。

矿物（mineral）：所有天然存在、以晶体形式为特征、拥有同质化学成分的固态无机物。

矿化（mineralisation）：填充矿物质。

线粒体 DNA（mitochondrial DNA）：存在于细胞器中的线粒体。

分子生物学（molecular biology）：从分子水平研究生物学。

分子（molecule）：化合物最小的组成部分，含有化合物所有的化学特性。

单体（monomer）：小分子，可以通过化学键与其他小分子相连组成聚合物。

形态学（morphology）：研究生物形态和结构的生物学分支。

死亡（mortality）：处于死亡状态。

腮腺炎（mumps）：一种急性病毒性传染病，多见于儿童，主要病害部位是口腔中的唾液腺。

肌肉（muscle）：由成束的细长细胞构成的一种身体组织，能够通过收缩和舒张使身体器官或部位运动。

突变体（mutant）：出现突变（变化、改变）的动物、生物或基因。

分支菌酸（mycolic acid）：部分细菌细胞壁内的饱和脂肪酸。

真菌病（mycosis）：由真菌引起的感染性疾病或其他疾病。

麻醉药品（narcotic）：吗啡、鸦片等任何能使人出现麻木和昏迷的药物；目前在临床上用于缓解疼痛，有时也被用于产生愉悦，但是长期使用会成瘾。

泡碱（natron）：一种包含水合碳酸钠的白色或黄色矿物，出现于盐碱沉积物和盐湖中。

尼安德特（Neanderthal）：通常认为属于智人的一支［尼安德特人（*H. sapiens neanderthalensis*）］；也指文化分期中的旧石器时代中期，以及与莫斯特石器工业（石片石器）有关的大多数文化分期。

线虫（nematode）：线虫纲中所有不分节的蠕虫。

肿瘤的（neoplastic）：所有异常的新生组织（或肿瘤）。

神经的（neural）：与神经系统中的神经有关。

中子（neutron）：构成原子的众多基本粒子之一。

神经外科（neurosurgery）：专攻神经系统的外科分支。

游牧（nomad）：从某一地点迁往另一地点寻找牧草和食物的人。

核 DNA（nuclear DNA）：人体细胞核中的 DNA，遗传自父母双方。

核苷酸（nucleotide）：DNA 分子的基本单位，由糖基、磷酸和任意一种 DNA 碱基构成（DNA 碱基共有四种：腺嘌呤、鸟嘌呤、胸腺嘧啶和胞嘧啶）。

赭石（ochre）：指包含氧化铁、硅和铝的不同类型的天然稀土，被用作黄色或红色染料。

雌激素（oestrogen）：主要由卵巢和胎盘分泌的所有类固醇激素。

矿（ore）：一种包含矿物的岩石，从中可以提炼一种或多种金属。

细胞器（organelle）：细胞中具有特定功能的亚结构，被自身的类脂膜包围。

有机（organic）：与活体动植物有关的，或来自活体动植物的。

鸟疫（ornithosis）：一种在鸟类中传播的病毒感染，偶然会经由鸟类传染给人类。

骨化（ossified）：变成骨骼。

骨关节炎（osteoarthritis）：一种非炎症、退行性的关节疾病，表现为软骨的初步退化。

骨软化症（osteomalacia）：成年人所患的维生素 D 缺乏，表现为骨骼矿化不完全或矿化延迟，通常导致脊柱、肋骨和骨盆畸形。

骨单位（osteon）：骨密质结构中的基本单位，包含哈佛氏管和同心骨板。

骨质疏松（osteoporosis）：骨骼密度异常稀少。

异教徒（pagan）：信仰基督教、犹太教或伊斯兰教以外宗教的信众。

佩吉特氏病（Paget's disease）：一种慢性骨骼疾病，表现为炎症、过度的骨转换和破骨、骨骼畸形。

旧石器时代（Paleolithic Period）：距今 250 万年前、以石器的出现为标志的时代。

胰腺（pancreas）：一个细长的大型器官，位于胃部之后，分泌胰岛素和含有消化酶的胰液。

棕榈糖（palm sugar）：从特定品种的棕榈树的汁液中提取的糖。

大流行病（pandemic）：一种流行的感染性疾病，在某一大陆等大范围内的人群之间传播。

寄生虫（parasite）：一种寄生在宿主身体内或身上，并从宿主处获取养分的动植物。

分娩（parturition）：与生育有关。

带墓道的墓葬（passage grave）：由一条石板构筑的通道和一间墓室组成的墓葬，其上通常覆盖覆土。常见于新石器时代的欧洲。

被动免疫（passive immunity）：通过接受他人输送的抗体得到保护，如儿童通过母亲获得抗体。

畜牧业（pastoralism）：农业的一种，包括畜养家畜和移动的特点，即畜群定期移动以获得牧草。

泥炭沼泽（peat bog）：由腐烂的植物（泥炭）构成的潮湿、酸性的海绵状地表。

临终（perimortem）：在死亡时间前后。

牙周病（periodontosis）：牙周组织的退行性紊乱，表现为牙周组织的破坏。

渗透性（permeability）：能够被液体渗透。

杀虫剂（pesticide）：一种用来杀死昆虫和啮齿动物等害虫的化学品。

哲学（philosophy）：对存在、认识以及合理行为的理性分析。

磷酸盐（phosphate）：磷酸中含有的所有盐分。

磷（phosphorus）：磷酸盐和生物中含有的非金属元素。

光合作用（photosynthesis）：通过叶绿素吸收光能，将二氧化碳和水合成为有机物。

色素（pigment）：动植物中生成特征性颜色的物质，如植物中的叶绿素。

胎盘（placenta）：多数哺乳动物怀孕期间在子宫内形成的血管器官，为胎儿提供氧气和养分，并将胎儿产生的废料送入母体的血液循环中。

鼠疫（plague）：一种由鼠疫菌引起的严重的急性或慢性感染性疾病，有着很高的病死率。

牙菌斑（plaque）：食物残渣、唾液蛋白和死亡细胞在牙齿上形成的柔软薄膜，为细菌生长提供了培养基。

尘肺（pneumoconiosis）：因肺部永久性沉积大量颗粒物而引发的所有肺病（如煤肺病）。

肺炎（pneumonia）：肺部炎症，伴随着渗出性病变和实变。

肺炎（pneumonitis）：肺部炎症。

花粉（pollen）：种子植物产生的一种细粉状的物质。

聚合物（polymer）：天然存在的或合成的化合物，由简单的单元重复连接组成的大分子构成。

死后（post-mortem）：死亡之后。

引物（primer）：作为 DNA 复制起始点的一条核苷酸链。

朊病毒（prion）：感染性蛋白质因子；一种尚未完全了解的感染性病原体。

抛射武器（projectile weapon）：一种被设计用来抛射的武器。

俯身葬（prone burial）：脸朝下埋葬。

蛋白质（protein）：所有分子量较大的含氮化合物，所有生物的基本成分。

质子（proton）：原子核中所含的一种稳定的正电荷原子粒子。

鹦鹉热（psittacosis）：鸟疫的一种。

青春期（puberty）：性腺功能活跃、第二性征开始出现的时期。

耻骨联合（pubic symphysis）：在骨盆带前部连接两个髋骨的关节。

腐败（putrefaction）：分解。

火葬堆（pyre）：一堆可燃物，如木材。

贵格会教徒（Quaker）：教友派信徒，乔治·福克斯在 1650 年前后建立的一个基督教派别，其核心教义是内心之光。

石英（quartz）：多数岩石中含有的一种坚硬、有光泽的矿物，尤其存在于砂岩和花岗岩中。

种族（race）：依据特定地理位置、基于多种属性而被划分为特定类别的人群，如皮肤、眼睛和头发的颜色，以及面部和鼻子的形状。

辐射（radiation）：通过射线、粒子或电磁波辐射或传播的能量。

射线影像（radiograph）：通过辐射特制的感光照相胶片或底片而形成的影像。

射线成像（radiography）：生成射线影像。

重新埋葬（reburial）：在考古发掘结束之后再次埋葬发掘出土的尸体。

骨折复位（reduction）：骨折的骨骼两端还原至正常位置。

宗教改革（Reformation）：16世纪欧洲出现的宗教和政治运动，最初试图改革罗马天主教会，并以建立基督教会结束。

回归分析（regression）：分析或检测一个（因）变量和另一个或多个（自）变量之间的关系。

相对湿度（relative humidity）：空气中的水汽含量，表示为空气中水汽压与相同温度下饱和水汽压的百分比。

归还人类遗骸（repatriation of human remains）：将人类遗骸送还至其起源地。

重复使力伤害（repetitive strain injury）：表现为重复运动压力的一系列衰竭性疾病。

树脂（resin）：固态或半固态的无定形化合物，从特定植物的分泌物中直接获取。

限制性内切酶（restriction enzyme）：一种在特定的识别核苷酸序列（限制性位点）上切割双链DNA的酶。

可逆性（reversibility）：能够回到初始状态。

风湿病（rheumatism）：见于结缔组织的炎症、退行性代谢紊乱，如风湿性关节炎。

佝偻病（rickets）：婴儿和儿童所患的维生素D缺乏，表现为骨化异常和骨骼畸形。

树液（sap）：一种在植物内循环的含盐或糖的矿物溶液。

扫描电镜（scanning electron microscope）：一种借助电子生成物体高分辨率影像的显微镜。

脊柱侧凸（scoliosis）：（多种病因引起的）脊柱向两侧弯曲。

坏血病（scurvy）：表现为贫血、海绵状牙龈以及出血的维生素C缺乏。

季节性（seasonality）：与一年之中特定季节有关或出现在一年之中的特定季节。

转移瘤（secondary）：见转移（metastasis）。

世俗的（secular）：尘世的事物，与神圣的事物相对。

籽骨（sesamoid bone）：肌腱内形成的骨骼（如髌骨）。

两性异形（sexual dimorphism）：同一物种的男性和女性个体在外表上的显著差别。

鞋楦形锛（shoe-last adze）：一种石器（也被称作斧）。

干缩人头（shrunken head）：用来展示的人类的首级。

病态建筑综合征（sick building syndrome）：通常由工作场所或住所的通风、供暖和空调缺陷引发的多种疾病。

镰状细胞（sickle cell）：镰状细胞贫血中标志性的形态异常的红细胞。镰状细胞多见于疟疾频发的地区，如撒哈拉以南的非洲。

泥沙（silt）：泥、黏土等的细泥土。

渣（slag）：一种在冶炼、精炼金属时产生的熔融物质。

天花（smallpox）：一种由大天花或小天花病毒引起的急性、极易传染、致命的感染性疾病，表现为发烧和皮疹。

软水（soft water）：不含或极少含有镁或钙离子的水。

溶剂（solvent）：一种能够溶解其他物质的物质。

西班牙大流感（Spanish influenza）：1918年出现的、由致命的甲型流感病毒引发的大流感。

泥炭藓（sphagnum）：泥炭藓属包含的所有苔藓，存在于温带沼泽中，温带沼泽含有能够吸附大量水分的树叶。泥炭藓层层堆积、腐败后形成泥炭。

夹板固定（splinting）：一种用来限制受伤身体部位活动的固定支架，尤其用来固定骨折的骨骼。

孢子（spore）：一种能够在不利环境中长时间传播并保持活性的生殖结构。

胸骨（sternum）：胸骨。

激素（steroid）：脂溶性有机化合物。

社会羞辱（stigma）：一种识别符号或社会耻辱。

地层学（stratigraphy）：研究岩石或土壤层位的组成和相对位置以探究岩石或土壤层位历史的学科。

生计方式（subsistence）：维持生活的手段。

窒息（suffocate）：通过剥夺氧气致使他人死亡。

颅缝（cranial suture）：颅骨上的接合处。

包裹（swaddling）：在古代使用长条状的亚麻或其他织物包裹新生儿。

滑膜关节（synovial joint）：人体中最常见、最能够自由活动的关节；典型的滑膜关节包括分泌滑液以保持关节润滑并为关节输送养分的滑膜、包裹关节以支撑并保护关节的纤维关节囊、覆盖关节表面的透明软骨。

绦虫（tapeworm）：绦虫纲中所有的条带状扁虫寄生虫。

分类学（taxonomy）：生物的科学分类。

肌腱（tendon）：粗线状或带的白色、非弹性胶原组织，可以将肌肉附着在骨骼或其他人体部位上。

睾酮（testosterone）：睾丸分泌的类固醇激素。

破伤风（tetanus）：破伤风细菌的孢子通过伤口进入人体后产生神经毒素，进而引发的一种急性感染性疾病。

地中海贫血（thalassaemia）：因构成血红蛋白的某一珠蛋白链存在遗传缺陷而出现的一类遗传性贫血。地中海贫血导致血红蛋白分子出现异常。地中海贫血多见于地中海人群。

甲苯（toluene）：一种无色、具有挥发性、易燃的液体，从石油和煤焦油中提取而来，被用作溶剂以及多种化学品的生产中。

微量元素分析（trace element analysis）：使用化学技术检测岩石、陶器、骨骼、牙齿等物体中微量元素的含量；通常被用来确定原料的来源。

性别焦虑（transexualism）：当前生物性别与出生时的生物性别不一致。

透射电子显微镜（transmission electron microscopy）：一种利用电子束穿透超薄样本或切片、并与样本相互作用的显微技术。

透射光显微镜（transmitted light microscopy）：所有从目标样本对立面投射光源的显微镜。

开颅术（trepanation）：使用环钻工具以外的任何工具在颅骨上穿孔的外科切割。

环钻术（trephination）：使用环钻工具（或圆筒锯、圆筒钻）在颅骨上穿孔的外科切割。

密螺旋体疾病（treponemal disease）：由密螺旋体属细菌引发的感染性疾病。

营养级（trophic level）：生物在食物链中所处的位置。

结核病（tuberculosis）：一种由结核分枝杆菌和牛分枝杆菌引发的、危害人类和其他动物的感染性疾病。

肿瘤（tumour）：一种细胞增殖不受控制且不断恶化的新生长的组织。

骨灰瓮（urn）：一种瓶状容器，通常用来盛放火化死者的骨灰。

疫苗（vaccine）：一种用来接种的经过灭活、减毒的微生物，通过刺激抗体生成以形成对某一疾病的免疫力。

性病梅毒（venereal syphilis）：一种由密螺旋体属细菌引发的慢性感染性疾病，通过性交传播。

静脉（vein）：向心脏输送血液的血管。

静脉的（venous）：与静脉相关的。

微静脉（venules）：将毛细血管中的血液输送给静脉的小型血管。

速度（velocity）：运动、动作或运行的速度；快速性；迅速性。

区（vicus）：罗马时代政府机构周围的省级民用定居点，通常作为军用驻防。

别墅（villa）：罗马时代的乡间别墅，由庭院周围的农场建筑物和居住区组成。

病毒（virus）：一种极小的感染病原体。

礼器（votive）：用于献祭、给予、还愿、奉献的器物。

断奶（wean）：用其他营养替代母乳。

体重﹣身高指数（weight-height index）：体重指数。

鞭虫（whipworm）：鞭虫属中呈鞭状的多种线虫寄生虫，寄生在动物的肠道中。

百日咳（whooping cough / pertussis）：一种由百日咳杆菌引发的感染性疾病，表现为呼吸道黏膜炎和咳嗽。

缝间骨（wormain）：颅骨骨缝（关节）之间孤立的骨骼。

X 射线（X-ray）：一种高能辐射。

雅司病（yaws）：一种由密螺旋体属细菌引发的慢性感染性疾病，在童年时期通过身体接触传播，并非通过性交传播。

人畜共患病（zoonosis）：任何能通过介体在野生或驯化动物和人类之间传播的感染性疾病。

解剖学术语

Acetabula —— 髋臼

Alveolus —— 牙槽

Anterior —— 前

Articulation —— 关节

Auditory ossicles —— 听小骨

Biped —— 两足的

Boss —— 结节

Buccal —— 颊面

Calcaneus —— 跟骨

Canal —— 管

Capitate —— 头状骨

Carpal —— 腕骨

Caudal —— 尾侧

Cervical vertebra —— 颈椎

Clavicle —— 锁骨

Coccyx —— 尾骨

Condyle —— 髁突

Coronal —— 冠状的

Coronal axis —— 冠状轴

Cranial —— 颅侧

Crest —— 嵴

Cuboid —— 钩骨

Deep —— 深

Diaphysis —— 骨干

Distal —— 远端

Distal —— 远中面(齿列)

Distal hand/foot phalange —— 远节指
骨 / 趾骨

Dorsal —— 背侧

Ectocranial —— 颅外

Eminence —— 隆起

Endocranial —— 颅内

Epicondyle —— 上髁

Epiphysis —— 骨骺

Ethmoid —— 筛骨

External —— 外

Facet —— 面

Femur —— 股骨

Fibula —— 腓骨

Fibular —— 腓侧

Fontanelle —— 囟门

Foramen —— 孔

Fossa —— 窝

Fovea —— 凹

Frontal —— 额骨

Groove —— 沟(长而深)

Hamate —— 钩骨

Hamulus —— 钩状突

Head —— 头

Humerus —— 肱骨

Hyoid —— 舌骨

Ilium —— 髂骨

Incisal —— 切面

Incus —— 砧骨

Inferior —— 下

Inferior nasal concha —— 下鼻甲

Intermediate cuneiform —— 中间楔骨

Intermediate hand/foot phalange —— 中
节指骨 / 趾骨

Internal —— 内

Interproximal —— 邻面

Ischium —— 坐骨

Labial —— 唇面

Labiolingual —— 唇舌的

Lacrimal —— 泪骨

Lateral —— 外侧

Lateral cuneiform —— 外侧楔骨

Line —— 线

Lingual —— 舌面

Lumbar vertebra —— 腰椎

Lunate —— 月骨

Malleolus —— 踝

Malleus —— 锤骨

Mandible —— 下颌骨

Maxilla —— 上颌骨

Meatus —— 道

Medial —— 内侧

Medial cuneiform —— 内侧楔骨

Median plane —— 正中矢状面

Mesial —— 近中面（齿列）

Mesiodistal —— 近远中的

Metacarpal —— 掌骨

Metatarsal —— 跖骨

Nasal —— 鼻骨

Navicular —— 足舟骨

Neck —— 颈

Notch —— 切迹

Occipital —— 枕骨

Occlusal —— 咬合面

Orthograde —— 直立行走的

Os coxae —— 髋骨

Palatine —— 颚骨

Palmar —— 掌面

Parietal —— 顶骨

Patella —— 髌骨

Pelvic girdle —— 骨盆

Perpendicular axis —— 垂直轴

Phalange —— 指骨 / 趾骨

Pisiform —— 豌豆骨

Plantar —— 趾面

Posterior —— 后

Process —— 突

Pronograde —— 四足俯行的

Proximal —— 近端

Proximal hand/foot phalange —— 近节
指骨 / 趾骨

Pubis —— 耻骨

Quadruped —— 四足的

Radial —— 桡侧

Radius —— 桡骨

Rib —— 肋骨

Ridge —— 脊

Sacrum —— 骶骨

Sagittal —— 矢状的

Sagittal axis —— 矢状轴

Scaphoid —— 舟骨

Scapula —— 肩胛骨

Shaft —— 骨干

Shoulder girdle —— 上肢带骨

Sinus —— 窦

Sphenoid —— 蝶骨

Spine —— 棘

Stape —— 镫骨

Sternum —— 胸骨

Subcutaneous —— 皮下的

Sulcus —— 沟（长形的凹陷）

Superficial —— 浅

Superior —— 上

Suture —— 骨缝

Talus —— 距骨

Tarsal —— 跗骨

Temporal —— 颞骨

Thoracic vertebra —— 胸椎

Thorax —— 胸廓

Tibia —— 胫骨

Tibial —— 胫侧

Torus —— 环面

Transverse —— 横向的

Transverse plane —— 横切面

Trapezium —— 大多角骨

Trapezoid —— 小多角骨

Triquetral —— 三角骨

Trochanter —— 转子

Tubercle —— 结节

Tuberosity —— 粗隆

Ulna —— 尺骨

Ulnar —— 尺侧

Ventral —— 腹侧

Vertebra —— 椎骨

Volar —— 掌面

Vomer —— 犁骨

Zygomatic —— 颧骨

致谢：解剖学术语由孙晓璠提供。

参 考 文 献

Aaron J, Rogers J, Kanis J, 1992. Paleohistology of Paget's Disease in two medieval skeletons [J], *American J Physical Anthropology*, 89: 325-331.

Abrahams P H, Marsk S C, Hutchings R T, 2002. *McMinn's colour atlas of human anatomy*, 2nd edition [M]. London: Mosby Limited.

Abrahams P H, Logan B M, Hutchings R T, et al., 2008 *McMinn's the human skeleton* [M]. London: Mosby Limited.

Adams M, Reeve J, 1993. *The Spitalfields Project. Volume 1 - The Archaeology. Across the Styx*, CBA Research Report 85 [M]. York: Council for British Archaeology.

Adler C J, Dobney, K, et al., 2013. Sequencing ancient calcified dental plaque shows changes in oral microbiota with dietary shifts of the Neolithic and Industrial revolutions [J], *Nature Genetics*, 4: 450-455.

Advisory Panel on the Archaeology of Burials in England (APABE), 2013. *Science and the Dead: A Guideline for the destructive sampling of archaeological human remains for scientific analysis* [M]. http://www.english-heritage.org.uk/publications/ science-and-dead/science-and-dead.pdf.

Advisory Panel on the Archaeology of Burials in England (APABE), 2017. *Guidance for best practice for treatment of human remains excavated from Christian burial grounds in England*. 2nd edition [M].

Afshar Z, Roberts C A, Millard, A R. In press Interpersonal violence among the prehistoric inhabitants living on the Central Plateau of Iran: A voice from Tepe Hissar [J], *Anthropologischer Anzeiger.*

Aiello L C, Molleson T, 1993. Are microscopic ageing techniques more accurate than macroscopic ageing techniques [J]? *J Archaeological Science,* 20: 689-704.

Aitken M J, 1990. *Science-based dating in archaeology* [M]. London: Longman.

Aldhouse-Green S, Pettitt P, 1998. Paviland Cave: contextualizing the 'Red Lady', 72 [J], *Antiquity*, 75: 6-772.

Alexander M M, Gerrard C M, Gutierrez A, et al., 2015 Diet, society, and economy in late medieval Spain: stable isotope evidence from Muslims and Christians from Gandia, Spain [J], *American J Physical Anthropology*, 156, 263-273.

Alfonso M P, Powell J, 2006. Ethics of flesh and bone, or ethics in the practice of paleopathology, osteology, and bioarchaeology, in V Cassman, N Odegaard, J Powell (eds), *Human remains: guide for museums and academic institutions* [M]. Lanham, Maryland: Altamira Press, 5-19.

Alzualde A, Izagirre N, Alonso S, et al., 2006. Insights into the 'isolation' of the Basques: mtDNA lineages from the historical site of Aldaieta (6th-7th centuries AD) [J], *American J Physical Anthropology*, 130: 394-404.

Anderson T, 2000. Congenital conditions and neoplastic disease in palaeopathology, in M Cox & S Mays (eds) [M], 199-225.

Andrews, G, 1991 *Management of Archaeological Projects 2* [M]. London: English Heritage.

Anonymous, 2001. Population review of 1999, England and Wales [J], *Health Statistics* Quarterly, 9(2).

Antoine D, 2017a. Curating human remains in museum collections: broader consideration and a British Museum perspective, in A Fletcher, D Antoine & J D Hill (eds), *Regarding the dead: human remains in the British Museum* [M]. London: British Museum Research Publication 197, 3-9.

Antoine D, 2017b. Recording and analyzing the human dentition, in P D Mitchell & M Brickley (eds) [M] 2017,10-13.

Arnott R, Finger S, Smith C U M (eds), 2003. *Trepanation: history, discovery, theory* [M]. Lisse: Swets and Zeitlinger.

Arriaza B, Pfister L-A, 2006. Working with the dead. Health concerns, in V Cassman, N Odegaard, & J Powell (eds) [M] 2006a, 205-221.

Atkinson R J C, 1965. Wayland's Smithy [J], *Antiquity*, 39: 126-133.

Aufderheide A C, 2000. *The scientific study of mummies* [M]. Cambridge: University Press.

Aufderheide A, & Rodríguez-Martín C, 1998. *The Cambridge Encyclopedia of Human Palaeopathology* [M]. Cambridge: Cambridge University Press.

Aykroyd R G, Lucy D, Pollard A M, et al., 1999. Nasty, brutish, but not necessarily short: a reconsideration of the statistical methods used to calculate age at death from adult human skeletal age indicators [J]., *American Antiquity*, 64: 55-70.

Bahn P, 1984. Do not disturb? Archaeology and the rights of the dead [J], *J Applied Philosophy* 1, 213-226.

Bahn P, 2002. *Written in bones. How human remains unlock the secrets of the dead* [M]. Newton Abbot: David and Charles.

Baker J, Brothwell D, 1980. *Animal diseases in archaeology* [M]. London, Academic

Press.

Baker P, 2004. *Medical care for the Roman army on the Rhine, Danube and British frontiers in the 1st, 2nd and early 3rd centuries AD* [M]. Oxford: John and Erica Hedges.

Banerjee M, Brown T A, 2004. Non-random DNA damage resulting from heat treatment: implications for sequence analysis of ancient DNA [J], *J Archaeological Science*, 31. 59-63d.

Barber B, Bowsher D, 2000. *The Eastern cemetery of Roman London. Excavations 1983-1990*, Monograph Series 4 [M]. London: Museum of London Archaeological Service.

Barber B, Chew S, White W, 2004. *The Cistercian abbey of St Mary Stratford Langthorne, Essex: archaeological excavations for the London Underground Limited Jubilee Line Extension Project*, Monograph Series 18 [M]. London: Museum of London Archaeological Services.

Barber E W, 1999. *The mummies of Ürümchi* [M]. London: Macmillan.

Barker D J P, 1994. *Mothers, babies and health in later life* [M]. Edinburgh: Churchill Livingstone.

Barley N, 1995. *Dancing on the grave. Encounters with death* [M]. London: John Murray.

Barnes, I Thomas, M G, 2006 Evaluating bacterial pathogen DNA preservation in museum osteological collections [J], *Proceedings of the Royal Society B*, 273: 645-653.

Barnes I, Duda A, Pybus O G, et al., 2011 Ancient urbanization predicts genetic resistance to tuberculosis [J], *Evolution*, 65, 842-848.

Barnett R, 2014. *The sick rose. Disease and the art of medical illustration* [M]. London: Thames and Hudson.

Bartley M, Blane D, Charlton J, 1997. Socioeconomic and demographic trends 1841-1991, in J Charlton & M Murphy (eds), *The health of adult Britain 1841-1994. Volume 1* [M]. London: The Stationery Office, 74-92.

Barton N, 1999. The late glacial colonisation of Britain, in J Hunter & I Ralston (eds) *The archaeology of Britain. An introduction from the Upper Palaeolithic to the Industrial Revolution* [M]. London: Routledge, 13-24.

Bass W M, 2005. *Human osteology. A laboratory and field manual* [M]. 5th edition. Columbia, Special Publication No 2. Missouri: Missouri Archaeological Society.

Bass W M, Jefferson J, 2003. *Death's acre. Inside the legendary 'Body Farm'* [M]. London: Timewarner.

Baxarias J, Garcia A, Gonzalez J, et al., 1998. A rare case of tuberculosis gonoarthropathy from the middle ages in Spain: an ancient DNA confirmation study [J], *J Paleopathology*, 10, 63-72.

Baxter P J, Brazier A M, Young S E J, 1988. Is smallpox a hazard in church crypts [J]? *British J Industrial Medicine*, 45, 359-360.

Bayliss A, Shepherd Popescu E, Beavan-Athfield N, et al., 2004. The potential significance of dietary offsets for the interpretation of radiocarbon dates: an archaeological significant example from Medieval Norwich [J], *J Archaeological Science*, 31, 563-575.

Beaumont J, & Montgomery J, 2016. The Great Irish Famine: identifying starvation in the tissues of victims using stable isotope analysis of bone and incremental dentine collagen [J], *PLOS ONE*, https://doi.org/10.1371/journal.pone.0160065.

Bedford M E, Russell K F, Lovejoy C O, et al., 1993. Test of the multifactorial aging method using skeletons with known ages-atdeath from the Grant Collection [J], *American J Physical Anthropology*, 91, 287-297.

Bell L, 1990. Palaeopathology and diagenesis: an SEM evaluation of structural changes using backscattered electron imaging [J], *J Archaeological Science*, 17, 85-102.

Bell L, Piper L, 2000. An introduction to palaeohistology, in M Cox & S Mays (eds). *human Osteology in archaeology and forensic science* [M]. London: Greenwich Medical Media, 255-274.

Bello S M, Thomann A, Signoli M, et al., 2006. Age and sex biases in the reconstruction of past population structures [J], *American J Physical Anthropology*, 129, 24-38.

Bennike P, 1985. *Palaeopathology of Danish skeletons: a comparative study of demography, disease and injury* [M]. Copenhagen: Akademisk Forlag.

Bennike P, 2002. Vilhelm Møller-Christensen: his work and legacy, in C A Roberts, M E Lewis, K Manchester (eds), *The past and present of leprosy: Archaeological, historical, palaeopathological and clinical approaches* [C]. Oxford: Archaeopress, 135-144.

Bennike P, Fredebo L, 1986. Dental treatment in the Stone Age [J], *Bulletin History of Dentistry*, 34, 81-87.

Bentley R A, 2006. Strontium isotopes from the earth to the archaeological skeleton: a review [J], *J Archaeological Method and Theory*, 13, 135-187.

Bentley R A, Pric T D, Lüning J, et al., 2002. Prehistoric migration in Europe: strontium isotope analysis of early Neolithic skeletons [J], *Current Anthropology*,

43, 799-804.

Bentley R A, Krause R, Price T D et al., 2003. Human mobility at the early Neolithic settlement of Vaihingen, Germany: evidence from strontium isotope analysis [J], *Archaeometry*, 45: 471-486.

Bentley R A, Alexander R, Buckley H R, et al., 2007. Lapita migrants in the Pacific's oldest cemetery: isotopic analysis at Teouma, Vauatu [J], *American Antiquity*, 72: 645-656.

Beresford M, Hurst J G, 1990. *Wharram Percy deserted medieval village* [M]. London: Batsford.

Berg G E, Ta'ala S C (eds), 2015. *Biological affinity in forensic identification of human skeletal remains* [M]. Boca Raton, Florida: CRC Press.

Berger M, Wagner T H, Baker L C, 2005. Internet use and stigmatised illness [J], *Social Science and Medicine*, 61: 1821-1827.

Berry A C, Berry R J, 1967. Epigenetic variation in the human cranium [J], *J Anatomy*, 101: 361-379.

Bertrand B, Robbins Schug G, Polet C et al., 2015. Age-at-death estimation of pathological individuals: A complementary approach using teeth cementum annulations [J], *Int J Paleopathology*, 15, 120-127.

Bethell P H, Carver M O H, 1987. Detection and enhancement of decayed inhumations at Sutton Hoo, in A Boddington, A N Garland, R C Janaway (eds), *Death, decay and reconstruction. Approaches to archaeology and forensic science* [M]. Manchester: Manchester University Press, 10-21.

Beyer-Olsen E M S, 1994. Radiographic analysis of dental development used in age determination of infant and juvenile skulls from a medieval archaeological site in Norway [J], *Int J Osteoarchaeology*, 4: 299-303.

Bienkowski P, 2007. Care assistance [J], *Museums Journal*, 3: 18.

Binder M, Roberts C A, 2014. Calcified structures associated with human skeletal remains: Possible atherosclerosis affecting the population buried at Amara West, Sudan (1300-800 BC) [J], *Int J Paleopathology*, 6: 20-29.

Bintliff J, Sbonias K (eds), 1999. *Reconstructing past population trends in Mediterranean Europe (3000 BC-AD 1800)* [M]. Oxford: Oxbow Books.

Bishop M W, 1983. Burials from the cemetery of the hospital of St Leonard, Newark, Nottinghamshire [J], *Transactions of the Thoroton Society*, 87: 23-35.

Blackwell D L, Hayward M D, Crimmins E M, 2001. Does childhood health affect chronic morbidity in later life [J]? *Social Science and Medicine*, 52: 1269-1284.

Blondiaux J, Duvette J-F, Vatteon S et al., 1994. Microradiographs of leprosy from osteoarchaeological contexts [J], *Int J Osteoarchaeology*, 4: 13-20.

Blondiaux J, Dürr J, Khouchaf L, et al., 2002. Microscopic study and X-ray analysis of two 5th-century cases of leprosy, in C A Roberts, M E Lewis, K Manchester (eds), *The past and present of leprosy: archaeological, historical, palaeopathological and clinical approaches* [C]. Oxford: Archaepress, 105-110.

Blondiaux J, Alduc-Le Bagousse A, Niel C et al., 2006 Relevance of cement annulations to paleopathology [J], *Paleopathology Association Newsletter*, 135: 4-13.

Bloom A I, Bloom R A, Kahila G et al., 1995. Amputation of the hand in the 3600-year-old skeletal remains of an adult male: the first case reported from Israel [J], *Int J Osteoarchaeology*, 5, 188-191.

Boddington A, 1996. Raunds Furnells. The Anglo-Saxon church and churchyard [M]. London: English Heritage.

Bond J M, Worley F L, 2006. Companions in death: the roles of animals in Anglo-Saxon and Viking cremation rituals in Britain, in R Gowland & C Knüsel (eds), *The social archaeology of human remains* [M]. Oxford: Oxbow, 89-97.

Bonser W, 1963. *Medical background to Anglo-Saxon England* [M]. London: Wellcome Institute for the History of Medicine.

Boocock P, Roberts C A, Manchester K, 1995. Maxillary sinusitis in medieval Chichester, England [J], *American J Physical Anthropology*, 98, 483-495.

Borooah V K, 2004. Gender bias among children in India in their diet and immunisation against disease [J], *Social Science and Medicine*, 58: 1719-1731.

Bos K I, Golding G B, Burbano H A et al., 2011. A draft genome of Yersinia pestis from victims of the Black Death [J], *Nature*, 478: 506-510.

Bos K I, Harkins K M, Herbig A et al., 2014. Pre-Columbian mycobacterial genomes reveal seals as a source of New World human tuberculosis [J], *Nature*, 514: 494-497.

Bouwman A S, Brown T, 2005. The limits of biomolecular palaeopathology: ancient DNA cannot be used to study venereal syphilis [J], *J Archaeological Science*, 32: 703-713.

Bouwman, A S, Chilvers E R, Brown K A et al., 2006. Brief communication: identification of the authentic ancient DNA sequence in a human bone contaminated with modern DNA [J], *American J Physical Anthropology*, 131: 428-431.

Bouwman A S, Kennedy S L, Muller R et al., 2012. Genotype of a historic strain of *Mycobacterium tuberculosis* [J], *Proceedings National Academy of Science*, 109: 18511-18516.

Bowman S, 1990. *Radiocarbon dating* [M]. London: British Museum.

Bowron E, 2003. A new approach to the storage of human skeletal remains [J], *The Conservator*, 27: 95-106.

Boyadjian C H C, Eggers S, Reinhard K, 2007. Dental wash: a problematic method for extracting microfossils from teeth [J], *J Archaeological Science*, 34: 1622-1628.

Boyle A, Keevil G, 1998. 'To the praise of the dead, and anatomie': the analysis of post-medieval burials at St Nicholas, Sevenoaks, Kent, in M Cox (ed), *Grave concerns. Death and burial in England 1700-1850, CBA Research Report 113* [M]. York: Council for British Archaeology, 85-99.

Boylston A, 2000. Evidence for weapon-related trauma in British archaeological samples, in M Cox & S Mays (eds), *Human osteology in archaeology and forensic science* [M]. London: Greenwich Medical Media, 357-380.

Boylston A, Ogden A, 2005. A study of Paget's disease at Norton Priory, Cheshire. A medieval religious house, in S R Zakrzewski, M Clegg (eds), *Proceedings of the 5th Annual conference of the British Association for Biological Anthropology and Osteoarchaeology* [C]. British Archaeological Reports International Series 1383. Oxford: Archaeopress, 69-76.

Boylston A, Knüsel C J, Roberts C A, 2000. Investigation of a Romano-British rural ritual in Bedford, England [J], *J Archaeological Science*, 27: 241-254.

Bradbury J, Jay M, Scarre C et al.,2015. Making the Dead Visible: Problems and solutions for "big" picture approaches to the past, and dealing with large "mortuary" datasets [J], *J Theoretical Archaeology*, 23: 561-591.

Bradbury J, Scarre C (eds), 2017. *Engaging with the dead: exploring changing human beliefs about death, mortality and the human body* [M]. Oxford: Oxbow Books.

Bradley R, 1992. The excavation of an oval barrow beside the Abingdon causewayed enclosure, Oxfordshire [J], *Proceedings of the Prehistoric Society*, 58: 127-142.

Bradley R, 1998. *The passage to arms. An archaeological analysis of prehistoric hoard and votive deposits.* [M] Oxford: Oxbow.

Bradley R, Gordon K, 1988. Human skulls from the Thames, their dating and significance [J]. *Antiquity*, 62: 503-509.

Brickley M, 2000. The diagnosis of metabolic disease in archaeological bone, in M Cox, S Mays (eds), *Human osteology in archaeology and forensic science* [M] . London: Greenwich Medical Media, 183-198.

Brickley M, 2004a. Compiling a skeletal inventory, in M Brickley, J I McKinley (eds), *Guidelines to the standards for recording human remains* [M]. Reading: Institute of Field Archaeologists, Paper 7 (available on line: http://www.babao.org.uk), 6-8.

Brickley M, 2004b. Determination of sex from archaeological skeletal material and assessment of parturition, in M Brickley, J I McKinley (eds), *Guidelines to the standards for recording human remains* [M]. Reading: Institute of Field Archaeologists, Paper 7 (available on line: http://www.babao.org.uk), 23-25.

Brickley M, 2004c, Guidance on recording age at death in juvenile skeletons, in M Brickley, J I McKinley (eds), *Guidelines to the standards for recording human remains* [M]. Reading: Institute of Field Archaeologists, Paper 7 (available on line: http://www.babao.org.uk), 21-22.

Brickley M, 2017. Compiling a skeletal inventory: articulated human bone, in P D Mitchell, M Brickley (eds), *Updated guidelines to the standards for recording human remains* [M]. Reading: CIFA and BABAO, 7-9.

Brickley M, Howell P G T, 1999. Measurement of changes in trabecular structure with age in an archaeological population [J], *J Archaeological Science*, 24: 765-772.

Brickley M, McKinley J I (eds), 2004. *Guidelines to the standards for recording human remains* [M]. Reading: Institute of Field Archaeologists, Paper 7 (available on line: http://www.babao.org.uk).

Brickley M, Ives R, 2006. Skeletal manifestations of infantile scurvy [J], *American J Physical Anthropology*, 129: 163-172.

Brickley M, Ives R, 2008. *The bioarchaeology of metabolic bone disease* [M]. London: Academic Press.

Brickley M, Buckberry J, 2017. Undertaking sex assessment, in P D Mitchell & M Brickley (eds), *Updated guidelines to the standards for recording human remains* [M]. Reading: CIFA and BABAO, 33-34.

Brickley M, Miles A, Stainer H, 1999. *The Cross Bones burial ground, Redcross Way, Southwark, London. Archaeological excavations (1991-1998) for the London Underground Limited Jubilee Line Extension Project*, Monograph 3 [M]. London: Museum of London Archaeological Services.

Brickley M, Buteux S, Adams J et al., 2006. *St Martin's uncovered. Investigations in the churchyard of St. Martin's-in-the-Bull Ring, Birmingham, 2001* [M]. Oxford: Oxbow Books.

Brickley M, Mays S, Ives R, 2007. An investigation of skeletal indicators of vitamin D deficiency in adults: effective markers for interpreting past living conditions and pollution levels in 18th- and 19th-century Birmingham, England [J], *American J Physical Anthropology*, 132: 67-79.

Bridges P S, 1994. Vertebral arthritis and physical activities in the prehistoric United States [J], *American J Physical Anthropology*, 93: 83-93.

Briggs C S, 1995. Did they fall or were they pushed? Some unresolved questions about bog bodies, in RC Turner & RG Scaife (eds), *Bog bodies. New discoveries and new perspectives* [M]. London: British Museum, 168-182.

Britton K, McManus-Fry E, Nehlich O, et al., 2016. Stable carbon, nitrogen and sulphur isotope analysis of permafrost preserved.

human hair from rescue excavations (2009, 2010) at the precontact site of Nunalleq, Alaska [J], *J Archaeological Science Reports*, https://doi.org/10.1016/j.jasrep.2016.04.015.

Broca P, 1873. The troglodytes, or cave dwellers, of the Valley of the Vézère, *Annual Report of the Smithsonian Institution 1872* [M]. Washington DC: Smithsonian Institution, 310-347.

Brooks M M, Rumsey C, 2006. The body in the museum, in V Cassman, N Odegaard, J Powell (eds), *Human remains: guide for museums and academic institutions* [M]. Lanham, Maryland: Altamira Press, 261-289.

Brooks S, Suchey J M, 1990. Skeletal age determination based on the os pubis: comparison of the Ascadi-Nemeskeri and Suchey-Brooks methods [J], *Human Evolution*, 5: 227-238.

Brosch R, Gordon S V, Brodin P, *et al.,* 2002. A new evolutionary sequence for the *Mycobacterium tuberculosis* complex [J]. *Proc National Academy of Sciences USA*, 99: 3684-3689.

Brothwell D, 1961. A possible case of mongolism in an Anglo-Saxon population [J], *Annals of Human Genetics*, 24: 141-150.

Brothwell D, 1967. Human remains from Gortnacargy, County Cavan [J], *J Royal Society of Antiquaries of Ireland*, 97: 75-84.

Brothwell D, 1981. *Digging up bones* [M]. London: British Museum (Natural History).

Brothwell D, 1986. *The bog man and the archaeology of people* [M]. London: Natural History Museum.

Brothwell D, 1991. On zoonoses and their relevance to palaeopathology, in D J Ortner A C Aufderheide (eds), *Human palaeopathology. Current syntheses and future options* [M]. Washington DC: Smithsonian Institution Press, 18-22.

Brothwell D, 2000. Studies on skeletal and dental variation: a view across two centuries, in M Cox & S Mays (eds), *Human osteology in archaeology and forensic science* [M]. London: Greenwich Medical Media, 1-6.

Brothwell D, Møller-Christensen V, 1963. Medico-historical aspects of a very early case of mutilation [J], *Danish Medical Bulletin*, 10, 21-25.

Brothwell D, Zakrzewski S, 2004. Metric and non-metric studies of archaeological human bone, in M Brickley, J I McKinley (eds), *Guidelines to the standards for recording human remains* [M]. Reading: Institute of Field Archaeologists, Paper 7 (available on line: http://www.babao.org.uk), 27-33.

Brown K, 2000. Ancient DNA applications in human osteoarchaeology: achievements, problems and potential, in M Cox, S Mays (eds), *Human osteology in archaeology and forensic science* [M]. London: Greenwich Medical Media, 455-473.

Brown T A, 2001. Ancient DNA, in D R Brothwell & A M Pollard (eds), *Handbook of archaeological science* [M]. Chichester: John Wiley and Sons Ltd, 301-311.

Brown T, Brown K, 2011. *Biomolecular archaeology. An introduction* [M]. Chichester: Wiley-Blackwell.

Brown P J, Inhorn M C, Smith D J, 1996. Disease, ecology and human behavior, in C F Sargent & T M Johnson (eds), *Medical anthropology. Contemporary theory and method* [M]. London: Praeger, 183-218.

Bruce N, Perez-Padilla R, Albalak R, 2002. *The health effects of indoor air pollution exposure in developing countries* [M]. Geneva: World Health Organisation.

Bryder L, 1988. *Below the magic mountain. A social history of tuberculosis in 20th-century Britain* [M]. Oxford: Clarendon Press.

Buchan I E, Kontopantelis E, Sperrin M et al., 2017. North-South disparities in English mortality 1965-2015: longitudinal population study [J], *J Epidemiology and Community Health*, http://dx.doi.org/10.1136/jech-2017-209195.

Buck C E, 2001. Applications of the Bayesian statistical paradigm, in D R Brothwell, A M Pollard (eds), *Handbook of archaeological science* [M]. Chichester: John Wiley and Sons Ltd, 695-702.

Buck C E, Cavanagh W G, Litton C D, 1996. *Bayesian approach to interpreting archaeological data* [M]. Chichester: John Wiley and Sons Ltd.

Buck T J, Strand Vitarsdøttir U, 2004. A proposed method for the identification of race in subadult skeletons: a geomorphometric analysis [J], *J Forensic Sciences*, 49: 1159-1164.

Buckberry J, Chamberlain A, 2002. Age estimation from the auricular surface of the ilium: a revised method [J], *American J Physical Anthropology*, 119: 231-239.

Buckberry J, Brickley M, 2017. Estimation of juvenile age at death, in P D Mitchell & M Brickley (eds), *Updated guidelines to the standards for recording human remains* [M]. Reading: CIFA and BABAO., 30-32.

Buckley L, Murphy E, Ó Donnabháin B, 2004. *Treatment of human remains: technical paper for archaeologists*, 2nd edition [M]. Institute of Archaeologists of Ireland.

Budd P, Millard A, Chenery C et al., 2004. Investigating population movement by stable isotope analysis: a report from Britain [J], *Antiquity*, 78: 127-141.

Budnik A, Liczbińska G, 2006. Urban and rural differences in mortality and causes of death in Historical Poland [J], *American J Physical Anthropology*, 129: 294-304.

Buikstra J E, 1977. Biocultural dimensions of archeological study: a regional perspective, in R L Blakeley (ed), *Biocultural adaptation in prehistoric America. Proceedings of the Southern Anthropological Society* [C], Number 11. Athens, Georgia: University of Georgia Press, 67-84.

Buikstra J E, 2006a. Introduction, in J Buikstra & LA Beck (eds), *Bioarchaeology: the contextual analysis of juman remains* [M]. Amsterdam: Academic Press, 131-194.

Buikstra J E, 2006b. Repatriation and bioarchaeology: challenges and opportunities, in J Buikstra, L A Beck (eds), *Bioarchaeology: the contextual analysis of juman remains* [M]. Amsterdam: Academic Press, 389-415.

Buikstra J E, Gordon C C, 1981. The study and restudy of human skeletal series: the importance of long-term curation [J], *Annals of the New York Academy of Science*, 376: 449-465.

Buikstra J E, Ubelaker D, 1994. *Standards for data collection from human skeletal remains, Research Seminar Series 44* [M]. Arkansas: Archaeological Survey.

Buikstra J E, Beck L A (eds), 2006. *Bioarchaeology. The contextual analysis of human remains* [M]. Oxford: Elsevier.

Buikstra J E, Roberts C A (eds), 2012. *The global history of paleopathology. Pioneers and prospects* [M]. Oxford: University Press.

Burton J, 2008. Bone chemistry and trace element analysis, in M A Katzenberg, S R Saunders (eds), *Biological anthropology of the human skeleton* [M]. New York: Wiley-Liss, 443-460.

Buzon M, Richman R, 2007. Traumatic injuries and imperialism: the effects of Egyptian colonial strategies at Tombos in Upper Nubia [J], *American J Physical Anthropology*, 133: 783-791.

Buzon M, Simonetti A, Creaser R A, 2007. Migration in the Nile Valley during the New Kingdom period: a preliminary strontium isotope study [J], *J Archaeological Science*, 34: 1391-1401.

Caffell A C, 2005. Marking skeletons. Unpublished Manuscript [Z]. Durham: Department of Archaeology, Durham University.

Caffell A C, Roberts C A, Janaway R C et al., 2001. Pressures on osteological collections - the importance of damage limitation, in E Williams (ed), *Human remains. Conservation, retrieval and analysis. Proceedings of a conference held in Williamsburg, VA, Nov 7th-11th, 1999* [C]. British Archaeological Reports International Series 934. Oxford: Archaeopress, 187-197.

Canci A, Minozzi S, Borgognini Tarli S, 1996. New evidence of tuberculous spondylitis from Neolithic Liguria [J], *Int J Osteoarchaeology*, 6: 497-501.

Capasso L, 2000. Indoor pollution and respiratory diseases in ancient Rome [J], *The Lancet*, 356, 1774.

Cappellini E, Collins M J, Gilbert M T P, 2014. Unlocking ancient protein palimpsest [J], *Science* 343: 1320-1322.

Cardoso H F V, 2006a. Brief communication: The Collection of Identified human skeletons housed at the Bocage Museum (National Museum of Natural History), Lisbon, Portugal [J], *American J Physical Anthropology*, 129, 173-176.

Cardoso H F V, 2006b. Environmental effects on skeletal versus dental development: using a documented subadult skeletal sample to test basic assumptions in osteological research [J], *American J Physical Anthopology*, 132, 223-233.

Cardwell P, 1995. Excavation of the hospital of St Giles by Brompton Bridge, North Yorkshire [J], *Archaeological J*, 152: 109-245.

Cardy A, 1997. The environmental material. The human bones, in P Hill (ed), *Whithorn and St Ninian: the excavation of a monastic town 1984-1991* [M]. Stroud, Sutton Publishing, 519-562.

Carlson A K, 1996. Lead isotope analysis of human bone for addressing cultural affinity: a case study from Rocky Mountain House, Alberta [J], *J Archaeological Science*, 23: 557-567.

Carmel S, Baron-Epel, O, Shemy G, 2007. The will-to-live and survival at old age: gender differences [J], *Social Science and Medicine*, 65: 518-523.

Carmichael E, Sayer C, 1991. *The skeleton at the feast. The day of the dead in Mexico* [M]. London: British Museum Press.

Carroll Q, 2005. Who wants to rebury old skeletons? *British Archaeology* [M], May/June. York: Council for British Archaeology, 11-12.

Carver M, 1998. Sutton Hoo. *Burial ground of kings* [M]. London: British Museum Press.

Cassman V, Odegaard N, 2006a. Condition assessment of osteological collections, in V Cassman, N Odegaard, J Powell (eds), *Human remains: guide for museums and academic institutions* [M]. Lanham, Maryland: Altamira Press, 29-47.

Cassman V, Odegaard N, 2006b. Examination and analysis, in V Cassman, N Odegaard, J Powell (eds), *Human remains: guide for museums and academic institutions* [M]. Lanham, Maryland: Altamira Press, 49-75.

Cassman V, Odegaard N, Powell, J, 2006a. Dealing with the dead, in V Cassman, N Odegaard, J Powell (eds), *Human remains: guide for museums and academic institutions* [M]. Lanham, Maryland: Altamira Press, 1-3.

Cassman V, Odegaard N, Powell J (eds), 2006b *Human remains: guide for museums and academic institutions* [M]. Lanham, Maryland: Altamira Press.

Cassman V, Odegaard N, Powell J, 2006c. Policy, in V Cassman, N Odegaard, J Powell (eds), *Human remains: guide for museums and academic institutions* [M]. Lanham, Maryland: Altamira Press, 21-28.

Cave A J E, 1940. Surgical aspects of the Crichel Down trepanation [J], *Proc Prehistoric Society*, 6, 131.

Cawthorne N, 2005. *The curious cures of Old England* [M]. London: Kiatkus Books Limited.

Ceruti M C, 2015. Frozen Mummies from Andean Mountaintop Shrines: Bioarchaeology and Ethnohistory of Inca Human Sacrifice [J], *Biomed Research Int*, doi:10.1155/2015/439428.

Chamberlain A, 2001. Palaeodemography, in D Brothwell, AM Pollard (eds), *Handbook of archaeological science* [M]. Chichester: John Wiley and Sons Ltd, 259-268.

Chamberlain A, 2006. *Demography in archaeology* [M]. Cambridge: Cambridge University Press.

Chamberlain A T, Parker Pearson, M, 2001. *Earthly remains. The history and science of preserved human bodies* [M]. London: British Museum Press.

Chan A H W, Crowder C M, Rogers T L, 2007. Variation in cortical bone histology within the human femur and its impact on estimating age at death [J], *American J Physical Anthropology*, 132: 80-88.

Charlton J, 1997. Trends in all-cause mortality: 1841-1994, in J Charlton & M Murphy (eds), *The health of adult Britain 1841-1994. Volume 1* [M]. London: The Stationery Office, 17-29.

Charlton J, Murphy M, 1997. Trends in causes of mortality, in J Charlton & M Murphy (eds), *The health of adult Britain 1841-1994. Volume 1* [M]. London: The Stationery Office, 30-57.

Chilvarquer I, Katz J, Glassman D et al., 1991. Comparative radiographic study of human and animal long bone patterns [J], *J Forensic Sciences*, 32, 1645-1654.

Ciaraldi M, 2000. Drug preparation in evidence? An unusual plant and bone assemblage from the Pompeian countryside, Italy [J], *Vegetation History and Archaeobotany*, 9: 91-98.

Clarke G, 1979. *The Roman cemetery at Lankhills* [M]. Oxford: Winchester Studies 3 II.

Clark J G D, 1972. *Starr Carr: a case study in bioarchaeology*. Modular Publications [M]. 10. London: Addison-Wesley.

Coaccioli S, Fatati G, Di Cato L et al., 2000. Diffuse idiopathic skeletal hyperostosis in diabetes mellitus, impaired glucose tolerance and obesity [J], *Panminerva Med*, 42: 247-251.

Coale A J, Demeny P, 1983. *Regional model life tables and stable populations*. 2nd edition [M]. Princeton: Princeton University Press.

Cohen A, Serjeantson D, 1996. *A manual for the identification of bird bone from archaeological sites* [M]. London: Archetype Publications.

Cohen M N, 1989. *Health and the rise of civilisation* [M]. London: Yale University Press.

Cohen M N, Armelagos G J (eds), 1984. *Paleopathology at the origins of agriculture* [M]. London: Academic Press.

Cohen M N, Crane-Kramer G (eds), 2007. *Ancient health: skeletal indicators of economic and political intensification* [M]. Gainesville, University Press of Florida.

Coninx R, Pfyffer G E, Mathieu C, et al., 1998. Drug resistant tuberculosis in prisons in Azerbaijan: case study [J]. *British Medical J*, 316: 1423-1425.

Connell B, 2004 Compiling a dental inventory, in M Brickley, J I McKinley (eds), *Guidelines to the standards for recording human remains* [M]. Reading: Institute of Field Archaeologists, Paper 7 (available on line: http://www.babao.org.uk), 34-39.

Connell B, Gray Jones A, Redfern R et al., 2012. *A bioarchaeological study of the medieval burials on the site of St Mary Spital. Excavations at Spitalfields. Market, London E1*, 1991-2007 [M]. London: Museum of London Archaeology Monograph 60.

Conrad L I, 1995. *The Western medical tradition: 800 BC-AD 1800* [M]. Cambridge: Cambridge University Press.

Conservation Bulletin 66, 2011. *The Heritage of Death* [N]. Available at: https://www.historicengland.org.uk/images-books/publications/conservation-bulletin-66/.

Cook J, 2007. Let Lucy sparkle. *British Archaeology* September/October [M]. York: Council for British Archaeology, 15.

Cook J, Stringer C B, Currant A P et al., 1982. A review of the chronology of the European Middle Pleistocene hominid record [J], *Yearbook of Physical Anthropology*, 25: 19-65.

Cool H E M, 2004. *The Roman cemetery at Brougham, Cumbria. Excavations 1966-1967*. Britannia Monograph Series, 21 [M]. London: Society for the Promotion of Roman Studies.

Cooper A, Poinar H N, 2000. Ancient DNA: do it right or not at all [J], *Science,* 289: 1139.

Coppa A, Cucina A, Lucci M, et al., 2007. Origins and spread of agriculture in Italy: a nonmetric dental analysis [J], *American J Physical Anthropology*, 133, 918-930.

Courtenay W H, 2000. Constructions of masculinity and their influence on men's well-being: a theory of gender and health [J], *Social Science and Medicine*, 50: 1385-1401.

Cox M, 1996. *Life and death at Spitalfields 1700-1850* [M]. York: Council for British Archaeology.

Cox M (ed), 1998. *Grave concerns. Death and burial in England 1700-1850*, CBA Research Report 113 [M]. York: Council for British Archaeology.

Cox M, 2000a. Assessment of parturition, in M Cox & S Mays (eds), *Human osteology in archaeology and forensic science* [M]. London: Greenwich Medical Media, 131-142.

Cox M, 2000b. Ageing adults from the skeleton, in M Cox & S Mays (eds), *Human osteology in archaeology and forensic science* [M]. London: Greenwich Medical Media, 61-81.

Cox M, 2001. *Crypt archaeology*. Institute of Field Archaeologists, Paper 3. Reading: Institute of Field Archaeologists.

Cox M, Mays S (eds), 2000 *Human osteology in archaeology and forensic science* [M]. London: Greenwich Medical Media.

Crowe F, Sperdutti A, O'Connell T C et al., 2010. Water-related occupations and diet in two Roman coastal communities (Italy, 1st-3rd century AD): correlation between stable carbon and nitrogen isotope values and auricular exostosis prevalence [J], *American J Physical Anthropology,* 142, 355-366.

Crummy N, Crummy P, Crossan C, 1993. *Excavations of Roman and later cemeteries, churches and monastic sites in Colchester, 1971-1988* [M], Colchester Archaeological Report 9. Colchester: Colchester Archaeological Trust.

Cucina A, Tiesler V, 2003. Dental caries and antemortem tooth loss in the Northern Peten area, Mexico: a biocultural perspective on social status differences among the Classic Maya [J], *American J Physical Anthropology*, 122: 1-10.

Cunha E, Fily M-L, Clisson I, et al., 2000. Children at the convent: comparing historical data, morphology and DNA extracted from ancient tissues for sex diagnosis at Santa Clara-a-Velha (Coumbra, Portugal) [J], *J Archaeological Science*, 27: 949-952.

Cunliffe B, 2005. *Iron Age communities in Britain. An account of England, Scotland and Wales from the 7th century until the Roman Conquest*, 4th edition [M]. London: Routledge.

Curate F, 2006. Two possible cases of brucellosis from a Clarist monastery in Alcácer do Sal, Southern Portugal [J], *Int J Osteoarchaeology*, 16. 453-458.

Currant A P, Jacobi R M, Stringer C B, 1989. Excavations at Gough's Cave, Somerset 1986-87 [J], *Antiquity*, 63: 131-136.

D'Alessio A, Bramanti E, Piperno M et al., 2005. An 8500-year-old bladder stone from Uzzo Cave (Trapani): Fourier transform-infrared spectroscopy analysis [J], *Archaeometry*, 47: 127-136.

Daniell C, 1997. *Death and burial in Medieval England 1066-1550* [M]. London: Routledge.

Daniell C, Thompson V, 1999. Pagans and Christians: 400-1150, in P C Jupp & C Gittings (eds), *Death in England. An illustrated history* [W]. Manchester: Manchester University Press, 65-89.

Darling W G, Talbot J C, 2003. The O and H stable isotopic composition of fresh waters in the British Isles. 1. Rainfall [J], *Hydrol Earth Syst Sci*, 7:163-181.

Darling W G, Bath A H, Talbot J C, 2003. The O and H stable isotopic composition of fresh waters in the British Isles. 2. Surface waters and groundwater [J], *Hydrol Earth Syst Sci*, 7:183-195.

Darvill T, 1987. *Prehistoric Britain* [M]. London: Batsford.

Davies D, 1995. *British crematoria in public profile* [M]. Maidstone, Kent: Cremation Society of Great Britain.

Davies D, 2005. *Encyclopedia of cremation* [M]. Aldershot: Ashgate.

Davies J, Fabiš M, Mainland I, et al., (eds), 2005. *Diet and health in past animal populations: current research and future directions* [M]. Oxford: Oxbow Books.

Davies S F, 1993. Histoplasmosis, in K F Kiple (ed), 1993, 779-783.

Davis J B, Thurman J, 1865. *Crania Britannica. Delineation and descriptions of the skulls of the aboriginal and early inhabitants of the British Isles. 2 volumes* [M]. London: printed privately.

Dawes J D, Magilton J R, 1980. *The cemetery of St. Helen-on-the-Walls, Aldwark. The archaeology of York. The Medieval cemeteries 12/1* [M]. London: Council for British Archaeology for York Archaeological Trust.

Dawson W R, 1927. On two Egyptian mummies preserved in the Museums of Edinburgh [J], *Proceedings of the Society of Antiquaries of Scotland*, 61: 290.

DeGusta D, 2002. Comparative skeletal pathology and the case for conspecific care in Middle Pleistocene hominids [J], *J Archaeological Science*, 29: 1435-1438.

DeGusta D, 2003. Aubesier 11 is not evidence of Neanderthal conspecific care [J], *J Human Evolution,* 45: 821-830.

DeGusta D, White T D, 1996. On the use of skeletal collections for DNA analysis [J], *Ancient Biomolecules*, 1: 89-92.

Delaney M, Ó Floinn R, 1995. A bog body from Meenybraddan bog, County Donegal, Ireland, in R C Turner and R G Scaife, *Bog bodies. New discoveries and new perspectives* [M]. London: British Museum, 123-132.

DeLeon V B, 2007. Fluctuating asymmetry and stress in a Medieval Nubian population [J], *American J Physical Anthropology*, 132: 520-534.

Department for Culture, Media and Sport, 2005. *Guidance for the care of human remains in museums* [M]. London: Department for Culture, Media and Sport.

Department for Communities and Local Government 2012 *National Planning Policy Framework* [R], https://www.gov.uk/government/uploads/system/uploads/attachment_ data/file/6077/2116950.pdf.

Department of the Environment, 1990. *Planning Policy Guidance Note 16. Archaeology and planning* [M]. London: HMSO.

Department of Health, 2000. *Report of a census of organs and tissues retained by pathology services in England* [M]. London: The Stationery Office.

De Vito C, Saunders S R, 1990. A discriminant function analysis of deciduous teeth to determine sex [J], *J Forensic Sciences*, 35: 845-858.

Dewhirst F E, Chen T, Izard J et al., 2010. The human oral microbiome [J], *J Bacteriology*, 192: 5002-5017.

DeWitte S N, 2009. The effect of sex on risk of mortality during the Black Death in London, AD 1339-1350 [J], *American J Physical Anthropology*, 139: 222-234.

DeWitte S N, 2012. Sex differences in periodontal disease in catastrophic and attritional assemblages from medieval London [J], *American J Physical Anthropology*, 149: 405-416.

DeWitte S N, 2014. Mortality risk and survival in the aftermath of the Medieval Black Death [J], *PLOS ONE*, https://doi.org/10.1371/journal.pone.0096513.

DeWitte S N, Stojanowski C M, 2015. The osteological paradox 20 years later: Past perspectives, future directions [J], *Journal of Archaeological Research*, 23: 397-450.

Didelot X, Walker A S, Peto T E et al., 2016. Within-host evolution of bacterial pathogens [J], *Nature Reviews Microbiology*, 14: 150-162.

Discover the mysteries under your skin, 2002. *Prof. Gunther von Hagen's Body Worlds. The anatomical exhibition of real human bodies. Catalogue of the exhibition* [M]. Heidelberg, Germany: Institut für Plastination.

Dittmar K, Araujo A, Reinhard K J, 2012. The study of parasites through time:

archaeoparasitology and paleoparasitology, in A L Grauer (ed), *A companion to paleopathology* [M]. Chichester: Wiley, 170-190.

Dobney K, 2012. Don Brothwell (1933-), in J E Buikstra & C A Roberts (eds), *The global history of paleopathology*. Pioneers and prospects [M]. Oxford: University Press, 22-31.

Dobney K, Brothwell, D, 1988. A scanning electron microscope study of archaeological dental calculus, in S Olsen (ed), *Scanning Electron Microscopy in Archaeology*. British Archaeological Reports International Series, 452. Oxford: Tempus Reparatum, 372-385.

Dobney K, O'Connor T (eds), 2002. *Bones and the man. Studies in honour of Don Brothwell* [M]. Oxford: Oxbow Books.

Dominiquez V M, Crowder C M, 2012. The utility of osteon shape and circularity for differentiating human and non-human Haversian bone [J], *American J Physical Anthropology*, 149: 84-91.

Doran G, Dickel D N, Basllinger W E Jr et al., 1986. Anatomic, cellular, and molecular analysis of 8000-year-old human brain tissue from the Windover site [J], *Nature*, 323: 803-806.

Drinkhall G, Foreman M, 1998. *The Anglo-Saxon cemetery at Castledyke South, Bartonn-on-Humber*, Sheffield Excavation Reports 6 [M]. Sheffield: Academic Press.

Duday H, 2006. Archaeothanatology of the archaeology of death, in R Gowland & C Knüsel (eds), *The social archaeology of human remains* [M]. Oxford: Oxbow, 30-56.

Dufour D L, Staten L K, Reina J C et al., 1997. Living on the edge: dietary strategies of economically impoverished women in Cali, Colombia [J], *American J Physical Anthropology*, 102: 5-15.

Dupras T L, Schwarcz H P, Fairgrieve S I, 2001. Infant feeding and weaning practices in Roman Egypt [J], *American J Physical Anthropology*, 115: 204-212.

Dupras T L, Williams L J, De Meyer W M et al., 2010. Evidence of amputation as medical treatment in ancient Egypt [J], *International J Osteoarchaeology*, 20: 405-423.

Dutour O, Palfi G, Berato J et al., 1994. *L'origine de la syphilis en Europe: avant ou apres 1493* [M]? Centre Archeologique du Var, Toulon, France: Editions Errance.

Dyer C, 1989. *Standards of living in the later Middle Ages* [M]. Cambridge: Cambridge University Press.

Effros B, 2000. Skeletal sex and gender in Merovingian mortuary archaeology [J], *Antiquity*, 74: 632-639.

Elia M, 2002. Nutrition, in P Kumar & M Clark (eds), *Clinical medicine, 5th edition*

[M]. Edinburgh: W B Saunders, 221-251.

Elliott-Smith G, 1908. The most ancient splints [J], *British Medical J*, 1: 732.

Elliott-Smith G, Wood-Jones F, 1910. *The archaeological survey of Nubia 1907-1908. Volume 2. Report on the human remains* [M]. Cairo: National Printing Department.

Elton S, O'Higgins P (eds), 2008. *Medicine and evolution. Current applications, future prospects* [M]. London: Routledge.

English Heritage, 2004. *Human bones from archaeological sites. Guidelines for producing assessment documents and analytical reports* [M]. Swindon: English Heritage in association with the British Association of Biological Anthropology and Osteoarchaeology.

Epstein S, 1937. Art, history and the crutch [J], *Annals of Medical History,* 9: 304-313.

Errickson D, Thompson T J U (eds), 2017. *Human Remains: Another Dimension* [M]. London: Academic Press.

Eshed V, Gopher A, Galili E et al., 2004. Musculoskeletal stress markers in Natufian hunter-gatherers and Neolithic farmers in the Levant: the upper limb [J], *American J Physical Anthropology* 123: 303-315.

Esmonde Cleary S, 2000. Putting the dead in their place - burial location in Roman Britain, in J Pearce, M Millett, & M Struck (eds), *Burial, society and context in the Roman world* [M]. Oxford: Oxbow, 127-142.

Esper J F, 1774. *Ausfürliche Nachrichten von Neuentdeckten Zoolithen Unbekannter Vierfüssiger Thiere* [M]. Üremberg: Erben.

Evans J, Stoodley N, Chenery C, 2006. A strontium and oxygen isotope assessment of a possible fourth-century immigrant population in a Hampshire cemetery, southern England [J], *J Archaeological Science*, 33: 265-272.

Evans J, Montgomery J, Wildman G et al., 2010. Spatial variations in biosphere Sr-87/Sr-86 in Britain [J], *J of the Geological Society*, 167, 1-4.

Fabrizi E, Ley S (eds), 2006. *Spencer Tunick in Newcastle-Gateshead 17 July 2005* [M]. Gateshead: Baltic.

Faerman M, Jankauskas R, Gorski A et al., 1997. Prevalence of human tuberculosis in a medieval population of Lithuania studied by ancient DNA analysis [J], *Ancient Biomolecules*, 1: 205-214.

Faerman M, Bar-Gal G K, Filon D et al., 1998. Determining the sex of infanticide victims from the late Roman era through ancient DNA analysis [J], *J Archaeological Science,* 25: 861-865.

Falys C, Lewis M, 2011. Proposing a way forward: A review of standardisation in the use of age categories and ageing techniques in osteological analysis (2004- 2009) [J],

International J Osteoarchaeology, 21: 704-716.

Falys C G, Schutkowski H, Weston D A, 2006. Auricular surface aging: Worse than expected? A test of the revised method on a documented historic skeletal assemblage [J], *American J Physical Anthropology*, 130: 508-513.

Farwell D E, Molleson T I, 1993. *Excavations at Poundbury 1966-1980. Volume 2: The Cemeteries*. Dorchester [M], England: Dorset Natural History and Archaeological Society.

Faure G, Mensing T M, 2005. *Isotopes. Principles and applications, 3rd edition* [M]. Hoboken, New Jersey: Wiley.

Festa R A, Thiele D J, 2012. Copper at the front line of the host-pathogen battle [J], PLOS *Pathogens*, https://doi.org/10.1371/journal.ppat.1002887.

Fforde C, Hubert J, Turnbull J, 2002. *The dead and their possessions. Repatriation in principle, policy and practice* [M]. London: Routledge.

Finnegan M, 1978. Non-metrical variation of the infracranial skeleton [J], *J Anatomy*, 125: 23-37.

Fiorato V, Boylston A, Knüsel C (eds), 2000. *Blood red roses. The archaeology of a mass grave from the battle of Towton AD 1461* [M]. Oxford: Oxbow Books.

Fiorato V, Boylston A Knüsel C (eds), 2007. *Blood red roses. The archaeology of a mass grave from the battle of Towton AD 1461*, 2nd edition [M]. Oxford: Oxbow Books.

Fitzgerald C M, Rose J C, 2008. Reading between the lines: dental development and subadult age assessment using microstructural growth markers of teeth, in M A Katzenberg, S R Saunders (eds), *Biological anthropology of the human skeleton* [M]. New York: Wiley-Liss, 237-263.

Fitzgerald C M, Saunders S, Bondioli L et al., 2006. Health of infants in an imperial Roman skeletal sample: perspective from dental microstructure [J], *American J Physical Anthropology*, 130: 179-189.

Fletcher H A, Donoghue H D, Holton J, Pap, I et al., 2003a. Widespread occurrence of *Mycobacterium tuberculosis* DNA from 18th-19th-century Hungarians [J], *American J Physical Anthropology*, 120: 144-152.

Fletcher H A, Donoghue H D, Taylor G M et al., 2003b. Molecular analysis of *Mycobacterium tuberculosis* DNA from a family of 18th-century Hungarians [J], *Microbiology*, 149: 143-151.

Fletcher M, Lock G R, 1991. *Digging numbers. Elementary statistics for archaeologists* [M]. Oxford University Committee Archaeology Monograph 33. Oxford: Oxbow.

Foggin P M, Torrance M E, Dorje D et al., 2006. Assessment of the health status and risk factors of Kham Tibetan pastoralists in the alpine grasslands of the Tibetan plateau [J], *Social Science and Medicine,* 63: 2512-2532.

Foley R, 1990. The Duckworth Osteological Collection at the University of Cambridge [J], *World Archaeological Bulletin*, 6: 53-62.

Fornaciari G, Marchetti A, 1986. Intact smallpox virus particles in an Italian mummy [J], *The Lancet*, 2: 625.

Francalacci P, 1995. DNA analysis of ancient dessicated corpses from Xinjiang [J], *J Indo-European Studies*, 23: 385-397.

Frank E M, Mundorff A Z, Davoren J M, 2015. The effect of common imaging and hot water maceration on DNA recovery from skeletal remains [J], *Forensic Science Int,* 257: 189-195.

Fricker E J, Spigelman M, Fricker C R, 1997. The detection of *Escherichia coli* DNA in the ancient remains of Lindow Man using polymerase chain reaction [J], *Letters in Applied Microbiology,* 24: 351-354.

Fuller B T, Richards M P, Mays S, 2003. Stable carbon and nitrogen isotope variations in tooth dentine and serial sections from Wharram Percy [J], *J Archaeological Science,* 30: 673-1684.

Fuller B T, Molleson T I, Harris D A et al., 2006a. Isotopic evidence for breastfeeding and possible adult dietary differences from Late/Sub-Roman Britain [J], *American J Physical Anthropology*, 129: 45-54.

Fuller B T, Fuller J L, Harris D A et al., 2006b. Detection of breastfeeding and weaning in modern human infants with carbon and nitrogen stable isotope ratios [J], *American J Physical Anthropology*, 129: 279-293.

Fuller C (ed), 1998. *The old radical: representations of Jeremy Bentham* [M]. London: University College, The Jeremy Bentham Project.

Fully G, 1956. Une nouvelle méthode de détermination de la taille [J], *Annales de Médicine Légale*, 36: 266-273.

Ganiaris H, 2001. London Bodies: an exhibition at the Museum of London, in E Williams (ed) *Human remains. Conservation, retrieval and analysis. Proceedings of a conference held in Williamsburg, VA, Nov 7-11, 1999* [C]. British Archaeological Reports International Series, 934. Oxford: Archaeopress, 267-274.

Gao S-Z, Yang Y-D, Xu Y et al., 2007. Tracing the genetic history of the Chinese people: mitochondrial DNA analysis of a Neolithic population from the Lajia site [J], *American J Physical Anthropology*, 133: 1128-1136.

Garland A N, 1987. A histological study of archaeological bone decomposition, in A

Boddington, A N Garland, R C Janaway (eds), *Death, decay and reconstruction. Approaches to archaeology and forensic science* [M]. Manchester: Manchester University Press, 109-126.

Garland A N, Janaway R C, 1989. The taphonomy of inhumation burials, in C A Roberts, F Lee, J Bintliff (eds), *Burial archaeology. Current research, methods and developments*, *British Archaeological Reports British Series*, 211 [C]. Oxford: British Archaeological Reports, 15-37.

Garland A N, Janaway R, Roberts C A, 1988. A study of the decay processes of human skeletal remains from the Parish Church of the Holy Trinity, Rothwell, Northamptonshire [J], *Oxford J Archaeology*, 7: 225-235.

Garratt-Frost S, 1992. *The law and burial archaeology* [M], Institute of Field Archaeologists Technical Paper 11. Birmingham: Institute of Field Archaeologists.

Garvin H M, Passalacqua N V, 2012. Current practices by forensic anthropologists in adult skeletal age estimation [J], *J Forensic Sciences*, 57: 427-433.

Gejvall N-G, 1960. *Westerhus, Medieval population and church in light of their skeletal remains* [M]. Lund: Hakak Ohlssons Boktryckeri.

Gernaey A M, Minnikin D E, Copley M et al., 2001. Mycolic acids and ancient DNA confirm an osteological diagnosis of tuberculosis [J], *Tuberculosis*, 81: 259-265.

Gerrard C, Graves P, Millard A et al., 2018. *Lost Lives, New Voices. Unlocking the stories of the Scottish Soldiers from the Battle of Dunbar 1650* [M]. Oxford and Philadelphia: Oxbow Books.

Gibaja J F, Eulàlia Subirà M, Terradas X et al., 2015. The Emergence of Mesolithic Cemeteries in SW Europe: Insights from the El Collado (Oliva, Valencia, Spain) Radiocarbon Record [J], *PLOS ONE*, https://doi.org/10.1371/journal.pone.0115505.

Giesen M (ed), 2013. *Curating human remains. Caring for the dead in the UK* [M]. Woodbridge, Suffolk: The Boydell Press.

Gilbert M T P, Cuccui J, White W et al., 2004. Absence of *Yersinia pestis*-specific DNA in human teeth from five European excavations of putative plague victims [J], *Microbiology*, 150: 341-354.

Gilbert M T P, Barnes I, Collins M J et al., 2005 Notes and comments. Long-term survival of ancient DNA in Egypt: response to Zink and Nerlich (2003) [J], *American J Physical Anthropology*, 128: 110-114.

Gilbert M T P, Hansen A J, Willerslev E et al., 2006. Insights into the process behind the contamination of degraded human teeth and bone samples with exogenous sources of DNA [J], *Int J Osteoarchaeology*, 16: 156-164.

Gilbert M T P, Djurhuus D, Melchior L et al., 2007. mtDNA from hair and nail clarifies the genetic relationship of the 15th-century Qilakitsoq Inuit mummies [J], *American J Physical Anthropology*, 133: 847-853.

Gilchrist R, Sloane B, 2005. *Requiem. The Medieval monastic cemetery in Britain* [M]. London: Museum of London Archaeology Service.

Giles E, 1963. Sex determination by discriminant function analysis of the mandible [J], *American J Physical Anthropology*, 22: 129-135.

Glob P V, 1969. *The bog people* [M]. London: Faber and Faber.

Goldberg P J P, 1992. *Women, Work, and Life Cycle in a Medieval Economy: Women in York and Yorkshire c.1300-1520* [M]. Oxford: Clarendon Press.

González P N, Bernal V, Perez S I, 2011. Analysis of sexual dimorphism of craniofacial traits using geometric morphometric techniques [J], *International J Osteoarchaeology*, 21: 82-91.

Goodman C M, Morant G M, 1940. The human remains of the Iron Age and other periods from Maiden Castle, Dorset [J], *Biometrika*, 31: 295-319.

Gordon I, Shapiro H, Berson S, 1988. *Forensic medicine. A guide to principles* [M]. Edinburgh: W B Saunders.

Gowland R L, 2006. Ageing the past: examining age identity from funerary evidence, in R Gowland & C Knüsel (eds), *The social archaeology of human remains* [M]. Oxford: Oxbow, 143-154.

Gowland R L, 2015. Entangled lives: Implications of the developmental origins of health and disease (DOHaD) hypothesis for bioarcheology and the life course [J], *American J Physical Anthropology*, 158: 530-540.

Gowland R L, Chamberlain A, 2002. A Bayesian approach to ageing perinatal skeletal material from archaeological sites: implications for the evidence for infanticide in Roman Britain [J], *J Archaeological Science*, 29: 677-685.

Gowland R L, Chamberlain A, 2005. Detecting plague: palaeodemographic characterization of a catastrophic death assemblage [J], *Antiquity*, 79: 146-157.

Gowland R, Knüsel C (eds), 2006. *The social archaeology of human remains* [M]. Oxford: Oxbow.

Gowland R L, Thompson T J U, 2013. *Human Identity and Identification* [M]. Cambridge: Cambridge University Press.

Grainger I, Hawkins D, Cowal L, et al., 2008. *The Black Death Cemetery, East Smithfield* [M], *London*. London: MOLAS Monograph 43.

Grauer A (ed), 1995. *Bodies of evidence: reconstructing history through skeletal analysis* [M]. New York: Wiley-Liss.

Grauer A L (ed), 2012. *A companion to paleopathology* [M]. Chichester: Wiley.

Grauer A, Roberts C A, 1996. Palaeoepidemiology, healing and possible treatment of trauma in the medieval cemetery population of St Helen-on-the-Walls, York, England [J], *American J Physical Anthropology*, 100: 531-544.

Grauer A, Stuart-Macadam P (eds), 1998. *Sex and gender in paleopathological perspective* [M]. Cambridge: University Press.

Green J, Green M, 1992. *Dealing with death. Practices and procedures* [M]. London: Chapman and Hall.

Greene D L, van Gerven D P, Armelagos G J, 1986. Life and death in ancient populations: bones of contention in paleodemography [J], *Human Evolution*, 1: 193-206.

Greene K, 2000. *Archaeology. An Introduction. 3rd edition* [M]. London: Routledge.

Groves S E, Roberts C A, Lucy S et al., 2013. Mobility histories of 7th-9th-century AD people buried at Early Medieval Bamburgh, Northumberland, England [J], *American J Physical Anthropology*, 151: 462-476.

Grupe G, Price T D, Scröter P et al., 1997. Mobility of Bell Beaker people revealed by strontium isotope ratios of tooth and bone: a study of southern Bavarian skeletal remains [J], *Applied Geochemistry*, 12: 517-525.

Gunnell D, Rogers J, Dieppe P, 2001. Height and health: predicting longevity from bone length in archaeological remains [J], *J Epidemiology and Community Health*, 55: 505-507.

Günther T, Malmström H, Svensson E M et al., 2018. Population genomics of Mesolithic Scandinavia: investigating early postglacial migration routes and high-latitude adaptation [J], *PLOS Biology*, https://doi. org/10.1371/journal. pbio.2003703.

Gustafson G, 1950. Age determination on teeth [J], *J American Dental Association*, 41: 45-54.

Guy H, Masset C, Baud C-A, 1997. Infant taphonomy [J], *Int J Osteoarchaeology*, 7, 221-229.

Haas C J, Zink A, Molnar E et al., 2000. Molecular evidence for different stages of tuberculosis in ancient bone samples from Hungary [J], *American J Physical Anthropology*, 113: 293-304.

Hackett C J, 1981. Microscopical focal destruction (tunnels) in exhumed human bones [J]. *Medicine Science and the Law*, 21, 243-265.

Hacking P, Allen T, Rogers J, 1994. Rheumatoid arthritis in a Medieval skeleton [J], *Int J Osteoarchaeology*, 4: 251-255.

Hagelberg E, Sykes B, Hedges R, 1989. Ancient bone DNA amplified [J]. *Nature*, 342: 485.

Hagelberg E, Hofreiter M, Keyser C, 2015. Ancient DNA: the first three decades [J], *Philosophical Transactions of the Royal Society B: Biological Sciences*, 370 (1660), 20130371, https://doi:10.1098/rstb.2013.0371.

Haglund W C, Sorg M H, 2002. Human remains in water environments, in W D Haglund & M H Sorg (eds), *Advances in forensic taphonomy. Method, theory and archaeological perspectives* [M]. London: CRC Press, 201-218.

Haglund W D, Connor M, Scott D D, 2002. The effect of cultivation on buried human remains, in W D Haglund & M H Sorg (eds), *Advances in forensic taphonomy. Method, theory and archaeological perspectives* [M]. London: CRC Press, 133-150.

Halcrow S E, Tayles N, Buckley H R, 2007. Age estimation of children from prehistoric Southeast Asia: are the dental formation methods used appropriate [J]? *J Archaeological Science*, 34: 1158-1168.

Hällback H, 1976-1977. A medieval bone with a copper plate support indicating open surgical treatment [J], *Ossa* 3/4: 63-82.

Hallgrimsson B, Leah Zelditch M, Parsons T E et al., 2008. Morphometrics and biological anthropology in the postgenomic age, in M A Katzenberg, S R Saunders (eds), *Biological anthropology of the human skeleton* [M]. New York: Wiley-Liss, 207-235.

Hansen H B, Damgaard P B, Margaryan A et al., 2017. Comparing ancient DNA preservation in petrous bone and tooth cementum [J], *PLOS ONE*, https://doi.org/10.1371/journal.pone.0170940.

Harkins K M, Stone A C, 2015. Ancient pathogen genomics: insights into timing and adaptation [J], *J Human Evolution*, 79: 137-149.

Hamilton G, 2005. Filthy friends [J]. *New Scientist*, 16th April, 34-39.

Hampshire K, 2002. Network of nomads: negotiating access to health resources among pastoralist women in Chad [J], *Social Science and Medicine*, 54: 1025-1037.

Hanks P (ed), 1979. *Collins Dictionary of the English Language* [J]. London: Collins.

Hart, G D (ed), 1983 *Disease in ancient man. An international symposium.* Toronto, Canada: Clarke Irwin.

Hart Hansen J P, Meldgaard J, Nordqvist J (eds), 1991. *The Greenland mummies* [M]. London: British Museum Publications for the Trustees of the British Museum.

Haselgrove C, 1999. The Iron Age, in J Hunter, I Ralston (eds), *The archaeology of Britain. An introduction from the Upper Palaeolithic to the Industrial Revolution* [M]. London: Routledge, 113-134.

Hauser G, De Stefano G, 1990. *Epigenetic variants of the human skull* [M]. Stuttgart: Schweizerbart'sche Verlagbuchhandlung.

Haynes S, Searle J B, Bretman A et al., 2002. Bone preservation and ancient DNA: the application of screening methods for predicting DNA survival [J], *J Archaeological Science*, 29: 585-592.

Hedges R E M, 2001. Overview - dating in archaeology; past, present and future, in D R Brothwell & A M Pollard (eds), *Handbook of archaeological science* [M]. Chichester: John Wiley and Sons Ltd, 3-8.

Hefner J T, Ousley S D, 2014. Statistical classification methods for estimating ancestry using morphoscopic traits [J], *J Forensic Sciences*, 59: 883-890.

Henderson C, Gallant A J, 2007. Quantitative recording of entheses, *Paleopathology Association Newsletter* [R], 137: 7-12.

Henderson J, 1987. Factors determining the state of preservation of human remains, in A Boddington, A N Garland, R C Janaway (eds), *Death, decay and reconstruction. Approaches to archaeology and forensic science* [M]. Manchester: Manchester University Press, 43-54.

Henshall A S, 1963. *The Chambered Tombs of Scotland*, volume 1 [M]. Edinburgh: Edinburgh University Press.

Henshall A S, 1972. *The Chambered Tombs of Scotland*, volume 2 [M]. Edinburgh: Edinburgh University Press.

Herring D A, Saunders S R, Katzenberg, M A, 1998. Investigating the weaning process in past populations [J], *American J Physical Anthropology*, 105: 425-439.

Hill J D, 1995. *Ritual and rubbish in the Iron Age of Wessex* [M], British Archaeological Reports British Series, 242. Oxford.

Hill K, Hurtado A M, 1995. *Ache life history. The ecology and demography of a forgaing people* [M]. New York: Aldine de Gruyter.

Hill P (ed), 1997. *Whithorn and St Ninian: the excavation of a monastic town 1984-1991* [M]. Stroud: Sutton Publishing.

Hillier M L, Bell, L S, 2007. Differentiating human bone from animal bone: a review of histological methods [J], *J Forensic Sciences*, 52: 249-263.

Hills C, 1999. Early historic Britain, in J Hunter & I Ralston (eds), *The archaeology of Britain. An introduction from the Upper Palaeolithic to the Industrial Revolution* [M]. London: Routledge, 176-193.

Hillson S, 2005. *Teeth*. 2nd edition [M]. Cambridge: Cambridge University Press.

Hillson S, 1996a. *Dental anthropology* [M]. Cambridge: Cambridge University Press.

Hillson S, 1996b. *Mammal bones and teeth: an introductory guide* [M]. London: Institute of Archaeology.

Hillson S, 2014. *Tooth development in human evolution and bioarchaeology* [M].

Cambridge: University Press.

Historic Scotland, 2006. *The treatment of human remains in archaeology* [M]. Historic Scotland Operational Policy Paper 5. Edinburgh: Historic Scotland.

Hofreiter M, Paijmans J L A, Goodchild H et al., 2015. The future of ancient DNA: technical advances and conceptual shifts [J], *Bioessays*, 37: 284-293.

Hogue S H, 2006. Determination of warfare and interpersonal conflict in the Protohistoric period: a case study from Mississippi [J], *Int J Osteoarchaeology*, 16: 236-248.

Holcomb S M C, Konigsberg L W, 1995. Statistical study of sexual dimorphism in the human fetal sciatic notch [J], *American J Physical Anthropology*, 97: 113-125.

Holden T G, 1995. The last meals of the Lindow bog men, in R C Turner & R G Scaife (eds), *Bog bodies. New discoveries and new perspectives* [M]. London: British Museum, 76-82.

Honch N V, Higham T F G, Chapman J et al., 2006. A palaeodietary investigation of carbon (^{13}C/^{12}) and nitrogen (^{15}N/^{14}N) in human and faunal bones from the Copper Age cemeteries of Varna I and Durankulak, Bulgaria [J], *J Archaeological Science*, 33: 1493-1504.

Hoppa R D, 1992. Evaluating human skeletal growth: an Anglo-Saxon example [J], *Int J Osteoarchaeology*, 2: 275-288.

Hoppa R D, Vaupel J W (eds), 2002. *Palaeodemography. Age distributions from skeletal samples* [M]. Cambridge: Cambridge University Press.

Houldcroft C J, Ramond J B, Rifkin R F et al., 2017. Migrating microbes: what pathogens can tell us about population movements and human evolution [J], *Annals of Human Biology*, 44: 397-407.

Howe G M, 1997. *People, environment, disease and death* [M]. Cardiff: University of Wales Press.

Hubbard A R, Guatelli-Steinberg D, Irish J D, 2015. Do nuclear DNA and dental nonmetric data produce similar reconstructions of regional population history [J]? *American J Physical Anthropology*, 157: 295-304.

Huber B R, Anderson R, 1996. Bonesetters and curers in a Mexican community: conceptual models, status and gender [J], *Social Science and Medicine*, 17: 23-38.

Hubert J, 1989. A proper place for the dead; a critical review of the 'reburial' issue, in R Layton (ed), *Conflict in the archaeology of living traditions*. London: Unwin Hyman, 131-184.

Hubert J, Fforde C, 2002. Introduction: the reburial issue in the twenty-first century, in C Fforde, J Hubert, P Turnbull (eds), *The dead and their possessions. Repatriation in principle, policy and practice* [M]. London: Routledge, 1-16.

Humphrey J H, Hutchinson D L, 2001. Macroscopic characteristics of hacking trauma [J], *J Forensic Sciences*, 46：228-233.

Humphrey L, 2000. Growth studies of past populations: an overview and an example, in M Cox & S Mays (eds), *The dead and their possessions. Repatriation in principle, policy and practice* [M]. London: Routledge, 23-38.

Hunt D R, Albanese J, 2005. History and demographic composition of the Robert J Terry Anatomical Collection [J], *American J Physical Anthropology*, 127: 406-417.

Hunter K, 1984. *Storage of archaeological finds* [M]. London: United Kingdom Institute for Conservation. Archaeology Section. Guideline 2.

Hunter-Mann K, 2006. Romans lose their heads [J]. *Annual Newsletter of the CBA Yorkshire*, 11-12.

Hutchinson D L, Norr, L, 2006. Nutrition and health at Contact in late prehistoric Central Gulf Coast Florida [J], *American J Physical Anthropology*, 129: 375-386.

Ilani S, Rosenfeld A, Dvorachek M, 1999. Mineralogy and chemistry of a Roman remedy from Judea [J], *J Archaeological Science*, 26: 1323-1326.

Institute of Archaeologists of Ireland, 2006. *Code of conduct for the treatment of human remains in the context of an archaeological excavation* [M]. Dublin: Institute of Archaeologists of Ireland.

Irish J D, 2006. Who were the ancient Egyptians? Dental affinities among Neolithic through Postdynastic peoples [J], *American J Physical Anthropology*, 129: 529-543.

Irish J D, Scott G R (eds), 2016. *A companion to dental anthropology* [M]. Oxford: Wiley-Blackwell.

Iserson K V, 1994. *Death to dust. What happens to dead bodies* [M]? Tucson, Arizona: Galen Press Ltd.

Ishida H, Dodo Y, 1993. Non-metric cranial variation and the population affinities of the Pacific people [J], *American J Physical Anthropology*, 90: 49-57.

Ivan Perez S, Barnal V, Gonzalez N, 2007. Morphological differentiation of aboriginal human populations from Tierra del Fuego (Patagonia): implications for South American peopling [J], *American J Physical Anthropology*, 133: 1067-1079.

Ives R, Brickley M, 2005. Metacarpal radiogrammetry: a useful indicator of bone loss throughout the skeleton [J]? *J Archaeological Science*, 32: 1552-1559.

Jackes M, 2000. Building the bases for palaeodemographic analysis, in M A Katzenberg, S R Saunders (eds), *Biological anthropology of the human skeleton*. New York: Wiley-Liss, 417-466.

Jackson R, 1988. *Doctors and diseases in the Roman Empire* [M]. London: British

Museum Publications.

Jacobi R M, 1987. Misanthropic miscellany musings on British Early Flandrian archaeology and other flights of fancy, in PA Rowley-Conwy, M Zvelebil, H P Blankholm (eds), *Mesolithic north-west Europe: recent trends* [M]. Sheffield: Sheffield Academic Press, 163-168.

Janaway R C, Wilson A S, Caffell A C et al., 2001. Human skeletal collections: the responsibilities of project managers, physical anthropologists, conservators and the need for standardised condition assessments, in E Williams (ed), *Human remains. Conservation, retrieval and analysis. Proceedings of a conference held in Williamsburg, VA, 7-11 Nov, 1999* [C], British Archaeological Reports International Series, 934. Oxford: Archaeopress, 199-208.

Jankauskas R, 1999. Tuberculosis in Lithuania: palaeopathological and historical correlations, in G Pálfi, O Dutour, J Deák, & I Hutás (eds), *Tuberculosis: past and present* [M]. Budapest and Szeged: Golden Book Publishers and Tuberculosis Foundation, 551-558.

Jankauskas R, 2003. The incidence of diffuse idiopathic skeletal hyperostosis and social status correlations in Lithuanian skeletal materials [J], *Int J Osteoarchaeology*, 13: 289-293.

Jans M M F, Nielsen-Marsh C M, Smith C I et al., 2004. Characterisation of microbial attack on archaeological bone [J], *J Archaeological Science*, 31: 87-95.

Janssen H A M, Maat G J R, 1999. *Canons buried in the 'Stiftskapel' of the Saint Servaas Basilica at Maastricht AD 1070-1521 [J]. A paleopathological study.* Leiden: Barge's Anthropologica Number 5.

Janssens P, 1987. A copper plate on the upper arm in a burial at the church in Vrasene, Belgium [J], *J Palaeopathology*, 1, 15-18.

Jaouen K, Szpak P, Richards M P, 2016. Zinc isotope ratios as indicators of diet and trophic level in arctic marine mammals [J], *PLOS ONE*, https://doi.org/10.1371/journal. pone.0152299.

Jay M, Richards, M P, 2006. Diet in the Iron Age cemetery population at Wetwang Slack, East Yorkshire, UK: carbon and nitrogen isotope evidence [J], *J Archaeological Science*, 33, 653-662.

Jenike M R, 2001. Nutritional ecology: diet, physical activity and body size, in C Panter-Brick, R H Layton, & P A Rowley-Conwy (eds), *Hunter-gatherers. An interdisciplinary perspective* [M]. Cambridge: Cambridge University Press. 205-238.

Johnson J S, 2001. A long-term look at polymers use to preserve bone, in E Williams (ed), *Human remains. Conservation, retrieval and analysis. Proceedings of a* conference held in Williamsburg, VA, 7-11 Nov, 1999 [C]. British Archaeological Reports International Series, 934. Oxford: Archaeopress, 99-102.

Jones A P, 1999. Indoor air quality and health, *Atmospheric Environment* [J], 33: 4535-4564.

Jones D G, Harris R J, 1998. Archeological human remains. Scientific, cultural and ethical considerations [J], *Current Anthropology*, 39: 253-264.

Jones H N, Priest J D, Hayes W C et al., 1977. Humeral hypertrophy in response to exercise [J], *J Bone and Joint Surgery*, 59A: 204-208.

Jones J, 2001. A Bronze Age burial from north-east England: lifting and excavation, in E Williams (ed), *Human remains. Conservation, retrieval and analysis. Proceedings of a conference held in Williamsburg, VA, 7-11 Nov, 1999* [C]. British Archaeological Reports International Series, 934. Oxford: Archaeopress, 33-37.

Joy J, 2009. *Lindow Man* [M]. London: British Museum Press.

Joyce R A, 2002. Academic freedom, stewardship and cultural heritage: weighing the interests of stakeholders in crafting repatriation approaches, in C Fforde, J Hubert, & P Turnbull (eds), *The dead and their possessions. Repatriation in principle, policy and practice*. London: Routledge, 99-107.

Judd M A, Roberts C A, 1998. Fracture patterns at the medieval leper hospital in Chichester [J]. *American Journal of Physical Anthropology*, 105: 43-55.

Julkunen H, Heinonen O P, Pyörälä K, 1971. Hyperostosis of the spine in an adult population [J], *Annals of Rheumatic Diseases*, 30: 605-612.

Jurmain R D, 1999. *Stories from the skeleton. Behavioral reconstruction in human osteology* [M]. Amsterdam: Gordon and Breach.

Jurmain R, Bellifemine Ⅵ, 1997. Patterns of cranial trauma in a prehistoric population from Central California [J], *Int J Osteoarchaeology*, 7: 43-50.

Jurmain R, Alves Cardoso F, Henderson C Y et al., 2012. Bioarchaeology's Holy Grail: the reconstruction of activity, in A L Grauer (ed), *A companion to paleopathology* [M]. Chichester: Wiley, 531-552.

Kamberi D, 1994. The three-thousand-year-old Charchan Man preserved at Zaghunuq [J], *Silo-Platonic Papers*, 44: 1-15.

Kanz F, Grosschmidt K, 2006. Head injuries of Roman gladiators [J], *Forensic Science Int*, 160: 207-216.

Katzenberg M A, 2008. Stable isotope analysis: a tool for studying past diet, demography and life history, in M A Katzenberg, S R Saunders (eds), Biological anthropology of the human skeleton [M]. New York: Wiley-Liss, 413-442.

Katzenberg M A, 2012 The ecological approach: understanding past diet and the relationship between diet and disease, in A L Grauer (ed), *A companion to paleopathology* [M]. Chichester: Wiley, 97-113.

Katzenberg M A, Saunders S R (eds), 2008. *Biological anthropology of the human skeleton*. New York: Wiley-Liss.

Katzenberg M A, Saunders S A, Fitzgerald, W R, 1993. Age differences in stable carbon and nitrogen isotope ratios in a population of prehistoric maize horticulturists [J], *American J Physical Anthropology*, 90: 267-281.

Katzenberg M A, Schwarcz H P, Knyf M et al., 1995. Stable isotope evidence for maize horticulture and paleodiet in southern Ontario, Canada [J], *American Antiquity*, 60: 335-350.

Kazmi J H, Pandit K, 2001. Disease and dislocation: the impact of refugee movements on the geography of malaria in NWFP, Pakistan [J], *Social Science and Medicine*, 52: 1043-1055.

Keenleyside A, Schwarcz H, Panayotova K, 2006. Stable isotopic evidence of diet in a Greek colonial population from the Black Sea [J], *J Archaeological Science*, 33: 1205-1215.

Keith A, 1924. Description of three crania from Aveline's Hole [J], *Proc Bristol Speleological Society*, 2: 16.

Kemp B M, Malhi R S, McDonough J et al., 2007. Genetic analysis of early Holocene skeletal remains from Alaska and its implications for the settlement of the Americas [J], *American J Physical Anthropology*, 130: 605-621.

Kendall E J, Montgomery J, Evans J A et al., 2013, Mobility, mortality, and the Middle Ages: identification of migrant individuals in a 14th-century Black Death cemetery population [J], *American J Physical Anthropology*, 150:210-222.

Kennedy G E, 1986. The relationship between auditory exostoses and cold water: a latitudinal analysis [J], *American J Physical Anthropology*, 71: 401-415.

Key C A, Aiello L C, Molleson T, 1994. Cranial suture closure and its implications for age estimation [J], *Int J Osteoarchaeology*, 4: 193-207.

King T, Humphrey L T, Hillson S, 2005. Linear enamel hypoplasias as indicators of systemic physiological stress: Evidence from two known age-at-death and sex populations from postmedieval London [J], *American J Physical Anthropology*, 128: 547-559.

Kiple K F (ed), 1993. *The Cambridge world history of human disease* [M]. Cambridge: Cambridge University Press.

Kiple K F (ed), 1997. *Plague, pox and pestilence. Disease in history* [M]. London: Weidenfeld and Nicholson.

Kirchengast S, 2015. Human sexual dimorphism-a sex and gender perspective [J], *Anthropologischer Anzeiger*, 71: 123-133.

Kneller P, 1998. Health and safety in church and funerary archaeology, in M Cox (ed), 1998, 181-189.

Knudson K J, Price T D, Buikstra J E et al., 2004. The use of strontium isotope analysis to investigate migration and mortuary ritual in Bolivia and Peru [J], *Archaeometry*, 46: 5-18.

Knudson K J, Buikstra J E, 2007. Residential mobility and resource use in the Chiribaya polity of southern Peru: strontium isotope analysis of archaeological tooth enamel and bone [J], *International J Osteoarchaeology*, 17: 563-580.

Knudson K J, Aufderheide A C, Buikstra J E, 2007. Seasonality and paleodiet in the Chiribaya polity of southern Peru [J], *J Archaeological Science*, 34: 451-462.

Knüsel C, 2000. Bone adaptation and its relationship to physical activity in the past, in M Cox, S Mays (eds), 2000, 381-401.

Knüsel C, Smith, M J, 2014. The Routledge Handbook of the *Bioarchaeology of Human Conflict* [M]. London and New York: Routledge.

Knüsel C, Kemp R, Budd P, 1995. Evidence for remedial medical treatment of a severe knee injury from the Fishergate Gilbertine monastery in the City of York [J], *J Archaeological Science*, 22: 369-384.

Knüsel C J, Batte C M, Cook G et al., 2010. The Identity of the St Bees Lady, Cumbria: An Osteobiographical Approach [J], *Medieval Archaeology*, 54: 271-311.

Konigsberg L W, Frankenberg S R, 2013. Bayes in biological anthropology [J], *American J Physical Anthropology*, 57: 153-184.

Kuhn G, Schultz M, Müller R et al., 2007, Diagnostic value of micro-CT in comparison with histology in the qualitative assessment of historical human postcranial bone pathologies [J], *Homo*, 58: 97-115.

Kumar S S, Nasidze I, Walimbe S et al., 2000. Brief communication: discouraging prospects for ancient DNA from India [J], *American J Physical Anthropology*, 113: 129-133.

Kustár A, 1999. Facial reconstruction of an artificially distorted skull of the 4th to the 5th century from the site of Mözs [J], *Int J Osteoarchaeology*, 9: 325-332.

Kuzminsky S C, Erlandson J M, Xifara T, 2016. External Auditory Exostoses and its Relationship to Prehistoric Abalone Harvesting on Santa Rosa Island, California [J], *International J Osteoarchaeology*, 26: 1014-1023.

Lacan M, Keyser C, Crubézy E et al., 2013. Ancestry of Modern Europeans: Contributions of Ancient DNA, *Cellular and Molecular Life Sciences*, 70: 2473-

2487.

Lackey D P, 2006. Ethics and Native American reburials: a philosopher's view of two decades of NAGPRA, in C Scarre & G Scarre (eds), *The ethics of archaeology. Philosophical perspectives on archaeological practice*. Cambridge: Cambridge University Press, 146-162.

Lalremrutata A, Ball M, Welte B et al., 2013. Molecular identification of falciparum malaria and human tuberculosis infections in mummies from the Faynum Deptession (Lower Egypt) [J], *PLOS ONE*, doi:10.1371/ journal. pone.0060307.

Lambert P M, 2002. Rib lesions in a prehistoric Puebloan sample from southwest Colorado [J], *American J Physical Anthropology*, 117: 281-292.

Lambert P M, 2012. Ethics and issues in the use of skeletal remains in paleopathology, in A L Grauer (ed), 2012,17-33.

Landrigan P J, Fuller R, 2015. Global health and environmental pollution [J], *Int J Public Health*, 60:761-762.

Lane S D, Cibula D A, 2000. Gender and health, in G L Albright, R Fitzpatrick, S C Scrimshaw (eds), *Handbook of social studies in health and medicine*. London: Sage Publications, 136-153.

Larsen C S, 1994. In the wake of Columbus: native population biology in Postcontact Americas, *Yearbook of Physical Anthropology*, 37: 109-154.

Larsen C S, 1997. *Bioarchaeology. Interpreting behavior from the human skeleton* [M]. Cambridge: Cambridge University Press.

Larsen C S, 2015. *Bioarchaeology. Interpreting behavior from the human skeleton*, 2nd edition [M]. Cambridge: University Press.

Larsen C S, 1998. Gender, health and activity in foragers and farmers in the American southeast: implications for social organisation in the Georgia Bight, in A Grauer & P Stuart-Macadam (eds), 1998, 165-187.

Larsen C S, 2006. The agricultural revolution as environmental catastrophe. Implications for health and lifestyle in the Holocene [J], *Quaternary International*, 150: 12-20.

Larsen C S, Milner G (eds), 1994. *In the wake of contact: biological responses to contact* [M]. New York: Wiley-Liss.

Larsen C S, Craig J, Sering L E et al., 1995. Cross Homestead: life and death on the Midwestern frontier in A L Grauer (ed), *Bodies of evidence: Reconstructing history through skeletal analysis*. New York: Wiley-Liss, 139-159.

Larsen C S, Huynh H P, McEwan B G, 1996. Death by gunshot: biocultural implications of trauma at Mission San Luis, *Int J Osteoarchaeology*, 6: 42-50.

Larson A, Bell M, Young A F, 2004. Clarifying relationships between health and residential mobility [J], *Social Science and Medicine*, 59: 2149-2160.

Lazenby R A, Pfeiffer S, 1993. Effects of a 19th-century below-knee amputation and prosthesis on femoral morphology [J], *Int J Osteoarchaeology*, 3: 19-28.

Leach S, Eckardt H, Chenery C et al., 2010. A Lady of York: migration, ethnicity and identity in Roman Britain [J], *Antiquity*, 84: 131-145.

Leader D, 2003. *Domain Field. Anthony Gormley* [M]. Gateshead: Baltic.

Lebel S, Trinkaus E, 2002. Middle Pleistocene remains from the Bau de l'Aubesier [J], *J Human Evolution*, 43: 659-685.

Leff R D, 1993. Lyme borreliosis (Lyme disease), in K F Kiple (ed), *The Cambridge world history of human disease*. Cambridge: Cambridge University Press, 852-854.

Leroi-Gourhan A, 1975. The flowers found with Shanidar IV, a Neanderthal burial in Iraq [J], *Science*, 190: 562-564.

Lewis M E, nd. How to pack a skeleton. Unpublished. Department of Archaeological Sciences: University of Bradford.

Lewis M E, 2002. Impact of industrialisation: comparative study of child health in four sites from Medieval and Postmedieval England (AD 850-1859) [J], *American J Physical Anthropology*, 119: 211-223.

Lewis M E, 2007. *The bioarchaeology of children. Perspectives from biological and forensic anthropology* [M]. Cambridge: Cambridge University Press.

Lewis M, 2017. *Paleopathology of children: identification of pathological conditions in the human skeletal remains of non-adults* [M]. London: Academic Press.

Lewis M E, Roberts C A, Manchester K, 1995. Comparative study of the prevalence of maxillary sinusitis in Later Medieval urban and rural populations in Northern England [J], *American J Physical Anthropology*, 98: 497-506.

Lieban R W, 1973. Medical anthropology, in JJ Honigmann (ed) *Handbook of Social and Cultural Anthropology*. New York: Rand McNally, 1031-1072.

Lieverse A R, Weber A W, Goriunova O I, 2006. Human taphonomy at Khuzhir-Nuge XIV, Siberia: a new method for documenting skeletal condition [J], *J Archaeological Science*, 33: 1141-1151.

Lillie M, Richards M P, 2000. Stable isotope analysis and dental evidence of diet at the Mesolithic transition in Ukraine [J], *J Archaeological Science* 27: 965-972.

Lillie M, Richards M P, Jacob K, 2003. Stable isotope analysis of 21 individuals from the Epipalaeolithic cemetery of Vasilyevka Ⅲ, Dnieper Raids region, Ukraine [J], *J Archaeological Science*, 30: 743-752.

Linderholm A, 2015. Ancient DNA: the next generation - chapter and verse [J].

Biological Journal of the Linnean Society, 11: 150-160.

Liversidge H M, 2015. Controversies in age estimation from developing teeth [J]. *Annals of Human Biology,* 42: 397-406.

Lloyd G E R (ed),1978. *Hippocratic writings* [M]. London: Penguin Books.

Locock M, 1998. Dignity for the dead [J], *The Archaeologist*, 33: 13.

Loe L Rogers L, 2012. Juliet Margaret Rogers (1940-2001), in J E Buikstra, C A Roberts (eds), 2012, 179-185.

Logie J, 1992. Scots law, in S Garratt-Frost, 1992, 11-15.

Lohman J, Goodnow K, 2006, *Human remains and museum practices* [M]. London: United Nations Educational, Scientific and Cultural Organization and the Musuem of London.

Loth S R, Henneberg M, 2001. Sexually dimorphic mandibular morphology in the fist few years of life [J], *American J Physical Anthropology*, 115: 179-186.

Loth S R, Iscan M Y, 1989. Morphological assessment of age in the adult: the thoracic region, in M Y Iscan (ed), *Age markers in the human skeleton*. Springfield, Illinois: Charles Thomas, 105-135.

Lovejoy C O, Meindl R S, Pryzbeck T R et al., 1977. Paleodemography of the the Libben site, Ottawa, Ohio, *Science*, 198: 291-293.

Lovejoy C O, Meindl R S, Pryzbeck T R et al., 1985. Chronological metamorphosis of the auricular surface of the ilium: a new method for the determination of adult skeletal age at death [J], *American J Physical Anthropology*, 68: 15-28.

Lovell N C, 1997. Trauma analysis in paleopathology [J], *Yearbook of Physical Anthropology*, 40: 139-170.

Lubell D, Jackes M, Schwarcz H P et al., 1994. The Mesolithic-Neolithic transition in Portugal: isotopic and dental evidence of diet [J], *J Archaeological Science*, 21, 201-216.

Lucy D, Pollard A M, Roberts, C A, 1994. A comparison of three dental techniques for estimating age at death in humans [J], *J Archaeological Science*, 22: 151-156.

Lucy D, Aykroyd R G, Pollard A M et al., 1996. A Bayesian approach to adult human age estimation from dental observations by Johanson's age changes [J], *J Forensic Sciences*, 41: 5-10.

Lucy S, 2000. *The Anglo-Saxon way of death* [M]. Stroud, Gloucestershire: Sutton Publishing.

Lucy S, Reynolds A, 2002. Burial in early medieval England and Wales: past, present and future, in S Lucy & A Reynolds (eds), *Burial in early Medieval England and Wales*, Society for Medieval Archaeology Monograph 17. London: Society for

Medieval Archaeology, 1-23.

Lukacs J R, 1989. Dental palaeopathology: methods for reconstructing dietary patterns, in M Y İşcan & K A R Kennedy (eds), *Reconstruction of life from the skeleton*. New York: Alan Liss, 261-286.

Lukacs J R, Walimbe S R, 1998. Physiological stress in prehistoric India: new data on localized hypoplasia of primary canines linked to climate and subsistence change [J], *J Archaeological Science*, 25: 571-585.

Luna L H, Aranda C M, Santos A L, 2017. New Method for Sex Prediction Using the Human Non-Adult Auricular Surface of the Ilium in the Collection of Identified Skeletons of the University of Coimbra [J], *International J Osteoarchaeology*, early view.

Lunt D A, 1974. The prevalence of dental caries in the permanent dentition of Scottish. prehistoric and mediaeval populations [J], *Archives of Oral Biology*, 19: 431-437.

Lynnerup N, 2007. Mummies, *American J Physical Anthropology*, 50: 162-190.

Maas P, Friedling L J, 2016. Scars of Parturition? Influences Beyond Parity [J], *International J Osteoarchaeology*, 26, 121-131.

Maat G J R, 2005 Two millennia of male stature development and population health and wealth in the low countries [J], *Int J Osteoarchaeology*, 15: 276-290.

Maat G, Baig M, 1991. Scanning electron microscopy of fossilised sickle cells [J], *Int J Osteoarchaeology*, 5: 271-276.

MacDonald C, 2000. *Guidance for writing a Code of ethics*. http://www.ethicsweb.ca/codes/coe3.htm.

Macho G A, Abel R L, Schutkowski H, 2005. Age changes in bone microstructure: do they occur uniformly [J]? *Int J Osteoarchaeology*, 15: 421-430.

MacKinney L, 1957. Medieval surgery [J], *J Int Coll Surgeons*, 27: 393-404.

Mackintosh A A, Davies T G, Ryan T M et al., 2013. Periosteal versus true cross-sectional geometry: a comparison along humeral, femoral and tibial diaphysis [J], *American J Physical Anthropology*, 150, 442-452.

Madrigal L, 1998. *Statistics for anthropology* [M]. Cambridge: Cambridge University Press.

Magilton J R, Lee F, Boylston A, 2008. *'Lepers oustside the gate'. Excavations at the cemetery of the Hospital of St James and St Mary Magdalene, Chichester, 1986-1987 and 1993* [M], CBA Research Report 158 York: Council for British Archaeology.

Mahoney P, 2006. Dental microwear from Natufian hunter-gatherers and early

Neolithic farmers: comparisons within and between samples [J], *American J Physical Anthropology*, 130: 308-319.

Malim T, Hines J, 1998. *The Anglo-Saxon cemetery at Edix Hill (Barrington A), Cambridgeshire* [M], CBA Research Report 112. York: Council for British Archaeology.

Mallory J P, Mair V H, 2000. *The Tarim mummies* [M]. London: Thames and Hudson.

Manchester K, 1978. Palaeopathology of a royalist garrison [J], *Ossa*, 5: 25-33.

Manchester K, 1980. Hydrocephalus in an Anglo-Saxon child from Eccles [J], *Archaeologia Cantiana*, 96: 77-82.

Manchester K, 1983. *The archaeology of disease* [M]. Bradford: University Press.

Manchester K, 1984. Tuberculosis and leprosy in antiquity [J], *Medical History*, 28: 162-173.

Mann R W, Bass W M, Meadows, L, 1990. Time since death and decomposition of the human body: variables and observations in case and experimental field studies, *J Forensic Sciences*, 35: 103-111.

Mann R W, Hunt D R, Lozanoff S, 2016. *Photographic regional atlas of non-metric traits and anatomical variants in the human skeleton* [M]. Springfield, Illinois: Charles C Thomas.

Mant A K, 1987. Knowledge acquired from post-War exhumations, in A Boddington, A N Garland, R C Janaway (eds), *Death, decay and reconstruction. Approaches to archaeology and forensic science*. Manchester: Manchester University Press, 65-78.

Mant M, Roberts C A, 2015. Diet, sex and status in post-medieval London [J], *Historical Archaeology*, 19, 188-207.

Manzi G, Sperduit A, Passarello P, 1991. Behavior-induced auditory exostoses in Imperial Roman society: evidence from coeval urban and rural communities near Roma [J], *American J Physical Anthropology*, 85: 253-260.

Marek J, Stark R W, Zink A, 2012. Preservation of 5300-year-old red blood cells in the Iceman [J], *J Royal Society Interface*, 9: 2581-2590.

Marennikova S S, Shelukhina E M, Zhukova O A et al., 1990. Smallpox diagnosed 400 years later: results of skin lesions examination of 16th-century Italian mummy [J], *J Hygiene, Epidemiology, Microbiology, and Immunology*, 34: 227-231.

Margerison B, Knüsel C, 2002. Paleodemographic comparison of a catastrophic and an attritional death assemblage [J], *American J Physical Anthropology*, 119: 134-143.

Mariani-Costantini R, Catalano P, di Gennaro F et al., 2000. New light on cranial surgery in ancient Rome [J], *The Lancet*, 355: 305-307.

Martin D L, Anderson C P, 2014. *Bioarchaeological and Forensic Perspectives on Violence: How Violent Death is interpreted from Skeletal Remains* [M]. Cambridge: Cambridge University Press.

Martin D, Frayer D (eds), 1998. *Troubled times. Violence and warfare in the past* [M]. New York: Gordon and Breach Publishers.

Marx V, 2017. Genetics: new tales from ancient DNA [J], *Nature Methods*, 14: 771-774.

Mascie-Taylor C G N, Lasker G W (eds), 1988. *Biological aspects of human migration* [M]. Cambridge: Cambridge University Press.

Masset C, 1989. Age estimation on the basis of cranial sutures, in M Y İşcan (ed), *Age markers in the human skeleton.* Springfield, Illinois: Charles C Thomas, 71-104.

Matisoo-Smith E, Horsburgh K A, 2012. *DNA for archaeologists* [M]. Walnut Creek, California: Left Coast Press.

Matsumura H, Oxenham M F, 2014. Demographic transitions and migration in prehistoric East/Southeast Asia through the lens of nonmetric dental traits [J], *American J Physical Anthropology*, 155: 45-65.

Mays S, 1996. Healed limb amputations in human osteoarchaeology and their causes [J], *Int J Osteoarchaeology*, 6: 101-113.

Mays S, 1997a. A perspective on human osteoarchaeology in Britain [J], *Int J Osteoarchaeology*, 7: 600-604.

Mays S, 1997b. Carbon stable isotope ratios in medieval and later human skeletons from northern England [J], *J Archaeological Science*, 24: 561-567.

Mays S, 1999. A biomechanical study of activity patterns in a medieval human skeletal assemblage [J], *Int J Osteoarchaeology*, 9: 68-73.

Mays S, 2000. Biodistance studies using craniometric variation in British archaeological skeletal material, in M Cox, S Mays (eds), *Human osteology, in archaeology and forensic science* [M]. London: Greenwich Medical Media, 131-142.

Mays S, 2005a. Supra-acetabular cysts in a medieval skeletal population [J]. *Int J Osteoarchaeology*, 15: 233-246.

Mays S, 2005b. Age-related cortical bone loss in women from a 3rd- to 4th-century population from England [J], *American J Physical Anthropology*, 129: 518-528.

Mays S, 2006. The osteology of monasticism, in R Gowland, C Knüsel (eds), *The Social archaeology of human remains.* Oxford: Oxbow, 179-189.

Mays S, 2007. United in church. *British Archaeology* [M], September/October. York: Council for British Archaeology, 40-41.

Mays S, 2010a. *The archaeology of human bones* [M]. 2nd edition. London: Routledge.

Mays S, 2010b. Human osteoarchaeology in the UK 2001-2007: a bibliometric perspective [J], *International J Osteoarchaeology*, 20,192-204.

Mays S, 2012. The relationship between palaeopathology and the clinical sciences, in A L Grauer (ed), *A companion to paleopathology* [M]. Chichester: Wiley, 285-309.

Mays S, 2013. Curation of human remains at St Peter's Church, Barton-on-Humber, England, in M Giesen (ed), *Curating human remains. Caring for the dead in the UK* [M]. Woodbridge, Suffolk: The Boydell Press, 109-121.

Mays S, 2015. The effects of factors other than age upon skeletal age indicators in the adult [J], *Annals of Human Biology*, 42: 330-339.

Mays S, 2016. Estimation of stature in archaeological human skeletal remains from Britain [J], *American J Physical Anthropology*, 161: 646-655.

Mays S, Faerman M, 2001. Sex identification in some putative infanticide remains from Roman Britain using ancient DNA [J], *J Archaeological Science*, 28: 555-559.

Mays S, Taylor G M, 2002. Osteological and biomolecular study of two possible cases of hypertrophic osteoarthropathy from medieval England [J], *J Archaeological Science*, 29: 1267-1276.

Mays S, Taylor G M, 2003. A prehistoric case of tuberculosis from Britain [J], *Int J Osteoarchaeology*, 13:189-196.

Mays S, Taylor G M, Legge A J et al., 2001. Palaeopathological and biomolecular study of tuberculosis in a medieval skeletal collection from England [J], *American J Physical Anthropology*, 114: 298-311.

Mays S, Brickley M, Ives R, 2006a. Skeletal manifestations of rickets in infants and young children in a historic population from England [J], *American J Physical Anthropology*, 129: 362-374.

Mays S, Turner-Walker G, Syversen U, 2006b. Osteoporosis in a population from Medieval Norway [J], *American J Physical Anthropology*, 131: 343-351.

Mays S, Harding C, Heighway C, 2007. *The churchyard. Wharram. A study of settlement on the Yorkshire Wolds XI* [M], York University Archaeological Publications 13. York: University of York.

Mays S, Vincent S, Campbell G, 2012. The value of sieving grave soil in the recovery of human remains: an experimental study of poorly preserved archaeological inhumations [J], *J Archaeological Science*, 39: 3248-3254.

Mays S, Cox M, 2000. Sex determination in skeletal remains, in M Cox, S A Mays (eds), *Human osteology in archaeology and forensic science* [M]. London: Greenwich Medical Media, 117-129.

Mazza B, 2016. Auditory Exostoses in Pre-Hispanic Populations of the Lower Paraná

Wetlands, Argentina [J], *International J Osteoarchaeology*, 26: 420-430.

McElroy A, Townsend P K, 1996. *Medical Anthropology in Ecological Perspective* [M]. Boulder, Colorado: Westview Press.

McFadden C, Oxenham M F, 2018. Sex, parity, and scars: a meta-analytic review [J], *J Forensic Sciences*, 63: 201-206.

McKinley J I, 1991. Results of the questionnaire on the excavation of human remains in Britain [J], *The Field Archaeologist*, 15: 278-279.

McKinley J I, 1994a. *Spong Hill. Part Viii. The cremations, East Anglian Archaeology Report* 69 [M]. Norwich, Norfolk: Field Archaeology Division, Norfolk Museums Service.

McKinley J I, 1994b. Bone fragment size in British cremation burials and its implications for pyre technology and ritual [J], *J Archaeological Science*, 21: 339-342.

McKinley J I, 1994c. A pyre and grave goods in British cremation burials: have we missed something [J]? *Antiquity*, 68: 132-134.

McKinley J I, 1997. Bronze Age 'barrows' and funerary rites and rituals of cremation [J], *Proc Prehistoric Society*, 63: 129-145.

McKinley J I, 1998. Archaeological manifestations of cremation [J], *The Field Archaeologist*, 33:18-20.

McKinley J I, 2000a. Phoenix rising: aspects of cremation in Roman Britain, in J Pearce, M Millett, & M Struck (eds), *Burial, society and context in the Roman world* [M]. Oxford: Oxbow, 38-44.

McKinley J I, 2000b. The analysis of cremated bone, in M Cox & S Mays (eds), *Human osteology in archaeology and forensic science* [M] . London: Greenwich Medical Media, 403-421.

McKinley J I, 2000c. Putting cremated human remains in context, in S Roskams (ed), *Interpreting stratigraphy. Site evaluation, recording procedures and stratigraphic analysis. Papers presented to the Interpreting Stratigraphy Conferences 1993-1997* [C], British Archaeological Reports International Series, 910. Oxford: Archaeopress, 135-139.

McKinley J I, 2004a. The human remains and aspect of pyre technology and cremation rituals, in H E M Cool (ed), *The Roman cemetery at Brougham, Cumbria. Excavations 1966-1967, Britannia Monograph Series 21* [M]. London: Society for the Promotion of Roman Studies, 283-309.

McKinley J I, 2004b. Compiling a skeletal inventory: cremated bone, in M Brickley & J I McKinley (eds) 2004, 9-13.

McKinley J I, 2004c. Compiling a skeletal inventory: disarticulated and co-mingled remains, in M Brickley & J I McKinley (eds) 2004, 14-17.

McKinley J I, 2006. Cremation … the cheap option?, in R Gowland & C Knüsel (eds) 2006, 81-88.

McKinley J I, 2008. The human remains, in R Mercer & F Healy (eds) 2008, *Hambledon Hill, Dorset, England. Excavation and survey of a Neolithic monument complex and its surrounding landscape. Volumes 1 and 2* [M]. Swindon: English Heritage, 477-521.

McKinley J I, 2011. Human Remains, in A P Fitzpatrick (ed) 2011, *The Amesbury Archer and the Boscombe Bowmen. Bell Beaker burials at Boscombe Down, Amesbury, Wiltshire* [M]. Salisbury: Wessex Archaeology Report 27, 18-31, 77-86.

McKinley J I, 2013. Cremation: excavation, analysis, and interpretation of material from cremation-related contexts, in S Tarlow & L N Stutz (eds), *The Oxford handbook of the archaeology of death and burial* [M]. Oxford: University Press, 147-171.

McKinley J, 2017. Compiling a skeletal inventory: cremated bone, in P D Mitchell, M Brickley (eds), *Updated guidelines to the standards for recording human remains* [M]. Reading: CIFA and BABAO, 14-19.

McKinley J I, Roberts C A, 1993. *Excavation and post-excavation treatment of cremated and inhumed remains* [M], Technical Paper Number 13. Birmingham: Institute of Archaeologists.

McKinley J I, Smith M, 2017. Compiling a skeletal inventory: disarticulated and commingled remains, in P D Mitchell & M Brickley (eds), *Updated guidelines to the standards for recording human remains* [M]. Reading: CIFA and BABAO, 20-24.

McKinley J I, Leivers M, Schuster J, et al., 2014 *Cliffs End Farm, Isle of Thanet, Kent. A mortuary and ritual site of the Bronze Age, Iron Age and Anglo-Saxon Period* [M]. Salisbury: Wessex Archaeology Report 31.

McWhirr A, Viner L, Wells C, 1982. *Romano-British cemeteries at Cirencester* [M]. Cirencester: Excavations Committee.

Meates G W, 1979. *The Lullingstone Roman villa. Volume I. The site* [M]. Chichester: Phillimore and Kent Archaeology Society.

Megaw J V S, Simpson D D A, 1979. *Introduction to British prehistory* [M]. Leicester: Leicester University Press.

Meindl R S, Lovejoy C O, 1985. Ectocranial suture closure. A revised method for the determination of skeletal age and death and blind tests of its accuracy [J], *American*

J Physical Anthropology, 68: 57-66.

Mekota A-M, Grupe G, Zimmerman M R et al., 2005. First identification of an Egyptian mummified human placenta [J], *Int J Osteoarchaeology*, 15: 51-60.

Melikian M, 2006. A case of metastatic carcinoma from 18th-century London [J], *Int J Osteoarchaeology*, 16: 138-144.

Mellars P A, 1987. *Excavations on Oronsay: prehistoric human ecology on a small island* [M]. Edinburgh: Edinburgh University Press.

Merbs C F, 1997. Eskimo skeleton taphonomy with identification of possible polar bear victims, in W D Haglund, M H Sorg (eds), *Forensic Taphonomy: The Postmortem Fate of Human Remains* [M]. Florida: CPC Press, 249-262.

Merrett D, Pfeiffer S, 2000. Maxillary sinusitis as an indicator of respiratory health in past populations [J], *American J Physical Anthropology*, 111: 301-318.

Micozzi M S, 1997. Frozen environments and soft tissue preservation, in W D Haglund, M H Sorg (eds), *Forensic Taphonomy: The Postmortem Fate of Human Remains* [M]. Florida: CPC Press, 171-180.

Miles A E W, 1962. Assessment of the ages of a population of Anglo-Saxons from their dentitions [J], *Proc Royal Society of Medicine*, 55: 881-886.

Miles A E W, 1989. *An early Christian chapel and burial ground on the Isle of Ensay, Outer Hebrides, Scotland with a study of the skeletal remains* [M], British Archaeological Reports British Series, 212. Oxford.

Miles A E W, 2001. The Miles method of assessing age from tooth wear [J], *J Archaeological Science*, 28: 973-982.

Millard A, 2000. A model for the effect of weaning on N isotope ratios in humans, in G A Goodfriend, M J Collins, M L Fogel et al., (eds), *Perspectives in amino acide and protein geochemistry* [M]. New York: Oxford University Press, 51-59.

Millard A, 2001. Deterioration of bone, in D R Brothwell, A M Pollard (eds), *Handbook of archaeological science* [M]. Chichester: John Wiley and Sons Ltd, 637-647.

Mills S, Tranter V, 2010. *Research into issues surrounding human bones in museums* [M]. London: Business Development Research Consultants, https://content. historicengland.org.uk/content/docs/research/opinion-survey-results.pdf.

Milner G R, Wood J W, Boldsen J L, 2000. Paleodemography, in M A Katzenberg & S R Saunders (eds), *Biological anthropology of the human skeleton* [M]. New York: Wiley-Liss, 467-497.

Milner G R, Wood J W, Boldsen J L, 2008. Advances in paleodemography, in M A Katzenberg, S R Saunders (eds), *Biological anthropology of the human skeleton* [M].

New York: Wiley-Liss ,561-600.

Milner G R, Boldsen J L, 2012. Transition analysis: a validation study with known-age modern American skeletons [J], *American J Physical Anthropology*, 148: 98-110.

Ministry of Justice, 2008. *Burial law and archaeology* [M]. London: Coroner's Unit, Steel House, Ministry of Justice.

Mitchell P D, 2006. Trauma in the Crusader period city of Caesarea: a major port in the Medieval Eastren Mediterranean [J], *Int J Osteoarchaeology*, 16: 493-505.

Mitchell P D, 2012. Integrating historical sources with paleopathology, in A L Grauer (ed), *A companion to paleopathology* [M]. Chichester: Wiley, 310-323.

Mitchell P D (ed), 2015. *Sanitation, Latrines and Intestinal Parasites in Past Populations* [M]. Farham, Surrey: Ashgate.

Mitchell P D, 2017. Sampling human remains for evidence of intestinal parasites, in P D Mitchell, M Brickley (eds), *Updated guidelines to the standards for recording human remains* [M]. Reading: CIFA and BABAO, 54-56.

Mitchell P D, Brickley M (eds), 2017. *Updated guidelines to the standards for recording human remains* [M]. Reading: CIFA and BABAO.

Mitchell P D, Nagar Y, Ellenblum R, 2006. Weapon injuries in the 12th-century Crusader garrison of Vadum Iacob Castle, Galilee [J], *Int J Osteoarcheology*, 16: 145-155.

Mithen S, 1999. Hunter-gatherers of the Mesolithic, in J Hunter & I Ralston (eds), *The archaeology of Britain. An introduction from the Upper Palaeolithic to the Industrial Revolution* [M]. London: Routledge, 35-57.

Moggi-Cecchi J, Pacciani E, Pinto-Cisternas J, 1994. Enamel hypoplasia and age at weaning in 19th-century Florence [J], *American J Physical Anthropology*, 93: 299-306.

Mogle P, Zias J, 1995. Trephination as a possible treatment for scurvy in a Middle Bronze Age (*ca* 2200 BC) skeleton [J], *Int J Osteoarchaeology*, 5: 77-81.

Møller-Christensen V, 1958. *Bogen om Abelholt Kloster* [M]. Copenhagen: Danish Science Press.

Molleson T I, Cohen P, 1990. The progression of dental attrition stages used for age assessment [J], *J Archaeological Science*, 17: 363-371.

Molleson T I, Cox M, 1993. *The Spitalfields Project. Volume 2. The Anthropology. The Middling Sort, CBA Research Report* 86 [M]. York: Council for British Archaeology.

Molleson T I, Cruse K, 1998. Some sexually dimorphic features of the human juvenile skull and their value in sex determination in immature skeletal remains [J], *J Archaeological Science*, 25: 719-728.

Monda K L, Gordon-Larsen P, Stevens J et al., 2007. China's transition: the effect of rapid urbanization on adult physical activity [J], *Social Science and Medicine*, 64: 858-870.

Montgomery J, Evans J, 2006. Immigrants on the Isle of Lewis - combining funerary and modern isotopic evidence to investigate social differentiation, migration and dietary change in the Outer Hebrides of Scotland, in R Gowland, C Knüsel (eds), *The social archaeology of human remains* [M]. Oxford Oxbow, 122-142.

Montgomery J, Evans J, Powesland D et al., 2005. British continuity or immigrant replacement at West Heslerton Anglian settlement: lead and strontium isotope evidence for mobility, subsistence practice and status [J], *American J Physical Anthropology*, 126: 123-138.

Mooder K P, Schurr T G, Bamforth F J et al., 2006. Population affinities of Neolithic Siberians: a snapshot from prehistoric Lake Baikal [J], *American J Physical Anthropology*, 129: 349-361.

Moore K M, Murray M L, Schoeninger M J, 1989. Dietary reconstruction from bones treated with preservatives [J], *J Archaeological Science*, 16: 437-446.

Moorrees C F A, Fanning E A, Hunt, E E, 1963a. Formation and resorption of three deciduous teeth in children [J], *American J Physical Anthropology*, 21: 205-213.

Moorrees C F A, Fanning E A, Hunt, E E, 1963b. Age variation of formation stages for ten permanent teeth [J], *J Dental Research*, 42: 1490-1502.

Morris A, 2017. Ancient DNA comes of age, but still has some teething problems [J], *South African J Science* 113, September/October News and Views, 1-2.

Morris S, Sutton M, Gravelle H, 2005. Inequity and inequality in the use of health care in England: an empirical investigation [J], *Social Science and Medicine*, 60: 1251-1266.

Morton R J, Lord W D, 2002. Detection and recovery of abducted and murdered children: behavioural and taphonomic influences, in W D Haglund, M H Sorg (eds), *Advances in forensic taphonomy. Method, theory and archaeological perspectives* [M]. London: CRC Press, 151-171.

Müldner G, Richards M P, 2007. Stable isotope evidence for 1500 years of human diet at the city of York [J], *American J Physical Anthropology*, 133: 682-697.

Müldner G, Chenery C, Eckhardt H, 2010. The 'Headless Romans': multi-isotope investigations of an unusual burial ground from Roman Britain [J], *J Archaeological Science*, 38: 280-290.

Müller W, Fricke H, Halliday A N et al., 2003 Origin and migration of the Alpine Iceman [J], *Science*, 302: 862-866.

Müller R, Roberts C A, Brown T A, 2014. Genotyping of ancient *Mycobacterium tuberculosis* strains reveals historic genetic diversity [J], *Proceedings of the Royal Society B*, 281, issue 1781, DOI: 10.1098/rspb.2013.3236.

Munizaga J, Allison M J, Gerstzen E et al., 1975. Pneumoconiosis in Chilean miners of the 16th century [J], *Bulletin New York Academy Medicine*, 51: 1281-1293.

Museum Ethnographers Group, 1994. Professional guidelines concerning the storage, display, interpretation and return of human remains in ethnographical collections in UK museums [J], *J Museum Ethnography*, 6: 22.

Museum of London, 1997. *London Bodies:* Ethics Statement [M]. London: Museum of London Internal Report. Unpublished.

Museum of London, 1998. *London Bodies. The changing shape of Londoners from prehistoric times to the present day* [M]. London: Museum of London.

Mutolo M J, Jenny L L, Buszek A R et al., 2011. Osteological and molecular identification of brucellosis in ancient Butrint, Albania [J], *American J Physical Anthropology*, 147: 254-263.

Needleman H, 2004. Lead poisoning [J], *Annual Review of Medicine*, 55: 209-222.

Neri R, Lancelloti L, 2004. Fractures of the lower limbs and their skeletal adaptations: a 20th-century example of pre-modern healing [J], *Int J Osteoarchaeology*, 14: 60-66.

Nerlich A G, Zink A, Szeimies U et al., 2000. Ancient Egyptian prosthesis of the big toe [J], *The Lancet*, 356: 2176-2179.

Nesse R M, Williams G C, 1994. *Why we get sick. The new science of Darwinian medicine* [M]. New York: Vintage Books.

Newell T S, Westermann C, Meiklejohn C, 1979. The skeletal remains of Mesolithic man in western Europe [J], *J Human Evolution*, 8: 1-228.

Nicholson G J, Tomiuk J, Czarnetzki A et al., 2002. Detection of bone glue treatment as a major source of contamination in ancient DNA analyses [J], *American J Physical Anthropology*, 118: 117-120.

Nobak N L, Harvati K, 2015. The contribution of subsistence to global human cranial variation [J], *J Human Evolution*, 80: 34-40.

Novak P D, 1995. *Dorland's Pocket Medical Dictionary, 25th edition* [M]. London: WB Saunders Company.

Novak S, 2000. Battle-related trauma, in V Fiorato, A Boylston, C Knüsel (eds), *lood red roses. The archaeology of a mass grave from the battle of Towton AD 1461* [M].

Oxford: Oxbow Books, 90-102.

Nowell G W, 1978. An evaluation of the Miles method of ageing using the Tepe Hissar dental sample [J], *American J Physical Anthropology*, 49: 271-367.

Nyati L H, Norris S A, Cameron N et al., 2006. Effect of ethnicity and sex on the growth of the axial and appendicular skeleton of children living in a developing country [J], *American J Physical Anthropology*, 130: 135-141.

Nystrom K C, 2007. Trepanation in the Cahchapoya region of Northern Peru [J], *Int J Osteoarchaeology*, 17: 39-51.

Oakberg K, Levy T, Smith P, 2000. A method for skeletal arsenic analysis applied to the Chalcolithic copper smelting site of Shiqmim, Israel [J], *J Archaeological Science*, 27: 895-901.

Oakley K P, Winnifred M A, Brooke A et al., 1959. Contributions on trepanning or trephination in ancient and modern times [J], *Man (London)*, 59: 93-96.

O'Brien R, Hunt K, Hart G, 2005. 'It's caveman stuff, but that is to a certain extent how guys operate': men's accounts of masculinity and help seeking [J], *Social Science and Medicine*, 61: 503-515.

Ocaňa-Riola R, Sánchez-Cantalejo C, Fernández-Ajuria, A 2006. Rural habitat and risk of death in small areas of southern Spain [J], *Social Science and Medicine*, 63: 1352-1362.

O'Cathain A, Goode J, Luff D et al., 2005. Does NHS Direct empower patients [J]? *Social Science and Medicine*, 61: 1761-1771.

O'Connell L, 2004. Guidance on recording age at death in adults, in M Brickley, J I McKinley (eds), *Guidelines to the standards for recording human remains* [M]. Reading: Institute of Field Archaeologists, Paper 7 (available on line: http://www. babao.org.uk), 18-20.

O'Connell L, 2017. Guidance on recording age at death in adult human skeletal remains, in P D Mitchell, M Brickley (eds), *Updated guidelines to the standards for recording human remains* [M]. Reading: CIFA and BABAO, 25-29.

Odegaard N, Cassman V, 2006. Treatment and invasive actions, in V Cassman, N Odegaard, J Powell (eds), *Human remains: guide for museums and academic institutions* [M]. Lanham, Maryland: Altamira Press, 77-95.

Ogilvie M D, Hilton C E, 2011. Cross-sectional geometry in the humeri of foragers and farmers from the prehispanic American Southwest: exploring patterns in the sexual division of labor [J], *American J Physical Anthropology*, 144: 11-21.

O'Higgins P, 2000. The study of morphological variation in the hominid fossil record: biology, landmarks and geometry [J], *J Anatomy*, 197: 120.

O'Kelly M J, 1973. Current excavations at Newgrange, Ireland, in G E Daniel, P Kjaerum (eds), *Megalithic graves and ritual, Jutland Archaeological Society Publication* 11 [M], 137-146.

Okumura M M M, Boyadjian C H C, Eggers S, 2007. Auditory exostoses as an aquatic activity marker: a comparison of coastal and inland skeletal remains from tropical and subtropical regions of Brazil [J], *American J Physical Anthropology*, 132: 558-567.

Orme N, Webster M, 1995. *The English hospital 1070-1570* [M]. New Haven: Yale University Press.

Ortner D J, 1998. Male-female immune reactivity and its implications for interpreting evidence in human skeletal palaeopathology, in A Grauer, P Stuart-Macadam (eds), *Sex and gender in paleopathological perspective* [M]. Cambridge: University Press, 79-92.

Ortner D J, 2003. *Identification of pathological conditions in human skeletal remains* [M]. London: Academic Press.

Ortner D J, Mays S, 1998. Dry-bone manifestations of rickets in infancy and early childhood [J], *Int J Osteoarchaeology*, 8: 45-55.

Ousley S D, Billeck W T, Hollinger R E, 2005. Federal repatriation legislation and the role of the physical anthropologist in repatriation [J], *Yearbook of Physical Anthropology*, 48: 2-32.

Owsley D W, Mires A M, Keith M S, 1985. Case involving differentiation of deer and human bone fragments [J], *J Forensic Science*, 30: 572-578.

Oxenham M F, Matsumura H, Nishimoto T, 2006. Diffuse idiopathic skeletal hyperostosis in Late Jomon Hokkaido, Japan [J], *Int J Osteoarchaeology*, 16: 34-46.

Oygucu I H, Kurt M A, Ikiz I et al., 1998 Squatting facets on the neck of the talus and extensions of the trochlear surface of the talus in late Byzantine males [J], *J Anatomy*, 192: 287-291.

Pääbo S, 1985. Molecular cloning of ancient Egyptian mummy DNAP [J], *Nature*, 314: 644-645.

Pabst M A, Hofer F, 1998. Deposits of different origin in the lungs of the 5300-year-old Tyrolean iceman [J], *American J Physical Anthropology*, 107: 1-12.

Panagiaris G, 2001. The influence of conservation treatments on physical anthropology research, in E Williams (ed), *Human remains. Conservation, retrieval and analysis. Proceedings of a conference held in Williamsburg, VA, 7-11 Nov, 1999*, British Archaeological Reports International Series 934 [C]. Oxford: Archaeopress, 95-98.

Panter-Brick C, Layton R H, Rowley-Conwy P (eds), 2001. *Hunter-gatherers. An interdisciplinary perspective* [M]. Cambridge: Cambridge University Press.

Papathanasiou A, 2003. Stable isotope analysis in Neolithic Greece and possible implications on human health [J], *Int J Osteoarchaeology* 13: 314-324.

Parker Pearson M, 1995. Ethics and the dead in British archaeology [J], *The Field Archaeologist*, 23: 17-18.

Parker Pearson M, 1999a. *The archaeology of death and burial* [M]. Stroud, Gloucestershire: Sutton Publishing.

Parker Pearson M, 1999b. The earlier Bronze Age, in J Hunter, I Ralston (eds), *The archaeology of Britain. An introduction from the Upper Palaeolithic to the Industrial Revolution* [M]. London: Routledge, 77-94.

Parker Pearson M, Chamberlain A, Craig O et al., 2005. *Evidence for mummification in Bronze Age Britain, Antiquity* [M], 79: 529-546.

Parker Pearson M, Pitts M, Sayer D, 2013. Changes in policy for excavating human remains in England and Wales, in M Giesen (ed), *Curating human remains. Caring for the dead in the UK* [M]. Woodbridge, Suffolk: The Boydell Press, 147-157.

Parsons F G, Box C R, 1905. The relationship of the cranial sutures to age [J], *J Royal Archaeological Institute*, 35: 30-38.

Pate F D, Hutton J T, 1988. Use of soil chemistry data to address post-mortem diagenesis in bone mineral [J], *J Archaeological Science*, 15: 729-739.

Patel S B, Mauro D, Fenn J et al., 2015. Is dissection the only way to learn anatomy? Thoughts from students at a non-dissecting based medical school [J], *Perspect Med Educ*, 4: 259-260.

Pauwels R A, Rabel K F, 2004. Burden and clinical features of chronic obstructive pulmonary disease (COPD) [J], *The Lancet*, 364: 613-620.

Pearce D, Goldblatt P (eds), 2001. *United Kingdom Health Statistics, 2001 Edition* [M]. London: The Stationery Office.

Pearson K, 1899. On the reconstruction of prehistoric races [J], *Philosophical Transactions of the Royal Society of London Series A*, 192: 169-244.

Pearson K, Bell J A, 1919. *A study of the long bones of the English skeleton* [M]. Cambridge: Cambridge University Press.

Penn R G, 1964. Medical services of the Roman army [J], *J Royal Army Medical Corps*, 110: 253-258.

Perez-Perez A, Espurz V, Bermudez de Castro et al., 2003. Non-occlusal dental microwear variability in a sample of Middle and Late Pleistocene human populations from Europe and the Near East [J], *J Human Evolution*, 44: 497-513.

Pernter P, Gostner P, Vigl E E et al., 2007. Radiological proof for the cause of the

Iceman's cause of death (*ca* 5300 BP) [J], *J Archaeological Science*, 34: 1784-1786.

Petersen H C, 2005. On the accuracy of estimating living stature from skeletal length in the grave and by linear regression [J], *Int J Osteoarchaeology*, 15: 106-114.

Petersone-Gordina, E., Roberts, C., Millard, A. R., Montgomery, J. and Gerhards, G., 2018. Dental disease and dietary isotopes of individuals from St Gertrude Church cemetery, Riga, Latvia [J]. *PLOS ONE*, 13(1), p. e0191757.

Pfeiffer S, 2000. Palaeohistology: health and disease, in M A Katzenberg, S R Saunders (eds), *Biological anthropology of the human skeleton* [M]. New York: Wiley-Liss, 287-305.

Philpott R, 1991. *Burial practices in Roman Britain. A survey of grave treatment and furnishing AD 43-410, British Archaeological Reports British Series*, 219. Oxford: Tempus Reparatum.

Pietrusewsky M, 2008. Metric analysis of skeletal remains: methods and applications, in M A Katzenberg, S R Saunders (eds), *Biological anthropology of the human skeleton*. New York: Wiley-Liss, 487-533.

Pietrusewsky M, Douglas M T, 2002. *Ban Chiang, a prehistoric village site in northeast Thailand 1: the human skeletal remains* [M]. Philadelphia, University of Pennsylvania, University Museum Monograph 11 .

Piggott S, 1940. A trepanned skull of the Beaker period from Dorset and the practise of trepanning in prehistoric Europe [J], *Proc Prehistoric Society*, 6: 112-133.

Piggott S, 1962. *The West Kennet long barrow*. London: Her Majesty's Stationery Office Pike, A W G, Richards, M P, 2002. Diagenetic arsenic uptake in archaeological bone [J]. Can we really identify copper smelters? *J Archaeological Science*, 29: 607-611.

Pilloud M A, Hefner J T (eds), 2016. *Biological distance analysis: forensic and bioarchaeological perspectives* [M]. London: Academic Press-Elsevier.

Pinhasi P, Mays S (eds), 2008. *Advances in human palaeopathology* [M]. New York: Wiley-Liss.

Pinhasi R, Stock J T (eds), 2011. *Human Bioarchaeology of the transition to agriculture* [M]. Hoboken, New Jersey: Wiley-Blackwell.

Planning Policy Statement 5, 2010. *Planning for the Historic Environment* [M]. London: The Stationery Office.

Platt C, 1996. *King Death. The Black Death and its aftermath in late-medieval England* [M]. London: University College Press.

Plomp K A, Roberts C A, Strand Viðarsdóttir U, 2015. Does the correlation between Schmorl's nodes and vertebral morphology extend into the lumbar spine [J],

American J Physical Anthropology, 157: 526-534.

Pollard A M, 2001. Overview - archaeological science in the biomolecular century, in D R Brothwell, A M Pollard (eds), *Handbook of archaeological science* [M]. Chichester: John Wiley and Sons Ltd, 295-299.

Pollard T M, Hyatt S B (eds), 1999a. *Sex, gender and health* [M]. Cambridge: Cambridge University Press.

Pollard T M, Hyatt S B, 1999b. Sex, gender and health: integrating biological and social perspectives, in T M Pollard & S B Hyatt (eds), *Sex, gender and health* [M]. Cambridge: Cambridge University Press, 1-17.

Porter R, 1997. *The greatest benefit to mankind: a medical history of humanity from antiquity to the present* [M]. London: Harper Collins.

Powell F, 1996. The human remains, in A Boddington (ed), *Raunds Furnells. The Anglo-Saxon church and churchyard* [M]. London: English Heritage, 113-124.

Powell M L, Cook, D C (eds), 2005. *The myth of syphilis: the natural history of treponematosis in North America*. Gainesville [M], Florida: University Press of Florida.

Prag J, Neave R, 1997. *Making faces. Using forensic and archaeological evidence* [M]. London: British Museum Press.

Preus H R, Marvik O J, Selvig K A et al., 2011. Ancient bacterial DNA (aDNA) in dental calculus from archaeological human remains [J], *J Archaeological Science*, 38: 1827-1831.

Price R, Ponsford M, 1998. *St Bartholomew's Hospital, Bristol. The excavation of a medieval hospital, 1976-1978, CBA Research Report 110* [M]. York: Council for British Archaeology.

Prichard P D, 1993. A suicide by self-decapitation [J], *J Forensic Science Society*, 38: 981-984.

Privat K L, O'Connell T C, Richards, M P, 2002. Stable isotope analysis of human and faunal remains from the Anglo-Saxon cemetery at Berinsfield, Oxfordshire: dietary and social implications [J], *J Archaeological Science*, 29: 779-790.

Proctor J, Gaimster M, Young Langthorne J, 2016. *A Quaker Burial Ground at North Shields: Excavations at Coach Lane, Tyne and Wear* [M]. Oxford: Oxbow.

Prowse T L, Schwarcz H P, Saunders S R, et al., 2005. Isotopic evidence for age-related variation in diet from Isola Sacra, Italy [J], *American J Physical Anthropology*, 128: 2-13.

Prowse T L, Schwarcz H P, Garnsey P et al., 2007. Isotopic evidence for age-related immigration to Imperial Rome [J], *American J Physical Anthropology*, 132: 510-

519.

Pruvost M, Geigl E-M, 2004. Real-time quantitative PCR to assess the authenticity of ancient DNA amplification [J], *J Archaeological Science*, 31: 1191-1197.

Pyatt F B, Grattan J P, 2001. Some consequences of ancient mining activities on the health of ancient and modern human populations [J], *J Public Health Medicine*, 23: 235-236.

Ramazzini B, 1705. *A treatise on the diseases of tradesmen* [M]. London.

Raoult D, Aboudharam G, Crubezy E et al., 2000. Molecular identification by 'suicide PCR' of *Yersinia pestis* as the agent of medieval Black Death [J], *Proc of the National Academy of Sciences USA*, 97: 12800-12803.

Rawcliffe C, 1997. *Medicine and society in later medieval England* [M]. Stroud: Sutton Publishing.

Rawcliffe C, 2006. *Leprosy in Medieval England* [M]. Woodbridge, Suffolk: Boydell Press.

Raxter M H, Auerbach B M, Ruff C B, 2006. Revision of the Fully technique for estimating statures [J], *American J Physical Anthropology*, 130: 374-384.

Ray K, 1999. From remote times to the Bronze Age: *c* 500,000 BC to *c* 600 BC, in PC Jupp, C Gittings (eds), *Death in England. An illustrated history* [M]. Manchester: Manchester University Press, 11-40.

Redfern R C, 2010. Regional examination of surgery and fracture treatment in Iron Age and Roman Britain [J], *International J Osteoarchaeology*, 20: 443-471.

Redfern R C, 2015. Identifying and interpreting domestic violence in archaeological human remains: a critical review of the evidence [J], *International J Osteoarchaeology*, 27: 13-34.

Redfern R C, 2017. *Injury and trauma in bioarchaeology. Interpreting violence in past lives* [M]. Cambridge: University Press.

Redfern R C, Bekvalac J J, 2017. Collection care and management of human remains, in E M J Schotsman, N Márquez-Grant, S L Forbes (eds) *Taphonomy of human remains* [M]. Chichester, Sussex: Wiley, 369-384.

Reed F A, Kontanis E J, Kennedy K A R et al., 2003 Brief communication: ancient DNA prospects from Sri Lankan highland dry caves support an emerging global pattern [J], *American J Physical Anthropology*, 121: 112-116.

Reeve J, 1998. Do we need a policy on the treatment of human remains [J]? *The Archaeologist*, 33: 11-12.

Reid A H, Fanning T G, Hultin J V et al., 1999. Origin and evolution of the 1918 'Spanish' influenza virus hemagglutinin gene [J], *Proc National Academy of*

Sciences USA, 96: 1651-1656.

Reid D J, Dean M C, 2000. Brief communication: the timing of linear hypoplasia on human anterior teeth [J], *American J Physical Anthropology*, 113: 185-189.

Renz H, Radlanski R J, 2006. Incremental lines in root cementum of human teeth - a reliable age marker [J]? *Homo*, 57: 29-50.

Reynard L M, Hedges R E M, 2008. Stable hydrogen isotopes of bone collagen in palaeodietary and palaeoenvironmental reconstruction [J], *Journal of Archaeological Science*, 35:1934-1942.

Ribot I, Roberts C A, 1996. A study of non-specific skeletal stress indicators and skeletal growth in two mediaeval subadult populations [J], *J Archaeological Science*, 23: 67-79.

Richards J, 1999. *Meet the Ancestors* [M]. London: BBC.

Richards J D, 1999. The Scandinavian presence, in J Hunter, I Ralston (eds), *The archaeology of Britain. An introduction from the Upper Palaeolithic to the Industrial Revolution* [M]. London: Routledge, 194-209.

Richards M P, 2004. Sampling procedures for bone chemistry, in M Brickley, J I McKinley (eds), *Guidelines to the standards for recording human remains* [M]. Reading: Institute of Field Archaeologists, Paper 7 (available on line: http://www.babao.org.uk), 43-45.

Richards M P, 2006. Palaeodietary reconstruction, in M Brickley, S Buteux, J Adams, et al., *St Martin's uncovered. Investigations in the churchyard of St. Martin's-in-the-Bull Ring, Birmingham, 2001* [M]. Oxford: Oxbow Books, 147-151.

Richards M P, Mellars P, 1998. Stable isotopes and the seasonality of the Oronsay middens [J], *Antiquity*, 72: 178-184.

Richards M P, Hedges R E M, Molleson T I et al., 1998. Stable isotope analysis reveals variations in human diet at Poundbury Camp cemetery site [J], *J Archaeological Science*, 25: 1247-1252.

Richards M P, Pettitt P B, Trinkaus E et al., 2000a. Neanderthal diet at Vindija and Neanderthal predation: the evidence from stable isotopes [J], *Proc National Academy of Sciences*, 97: 7663-7666.

Richards M P, Hedges R E M, Jacobi R et al., 2000b. FOCUS: Gough's Cave and Sun Hole Cave human stable isotope values indicate a high animal protein diet in the British Upper Palaeolithic [J], *J Archaeological Science*, 27: 1-3.

Richards M P, Mays S, Fuller B T, 2002. Stable carbon and nitrogen isotope values of bone and teeth reflect weaning age at the Medieval Wharram Percy site, Yorkshire, UK [J], *American J Physical Anthropology*, 118: 205-210.

Richards M P, Fuller BT, Molleson T I, 2006. Stable isotope palaeodietary study of humans and fauna from the multi-period (Iron Age, Viking and Late Medieval) site of Newark Bay, Orkney [J], *J Archaeological Science*, 33: 122-131.

Rissech C, Marquez-Grant N, Turbón D, 2013. A Collation of Recently Published Western European Formulae for Age Estimation of Subadult Skeletal Remains: Recommendations for Forensic Anthropology and Osteoarchaeology [J], *J Forensic Sciences*, 58: S163-168.

Robb J, 2000. Analysing human skeletal data, in M Cox, S Mays (eds), *Human osteology in archaeology and forensic science* [M]. London: Greenwich Medical Media, 475-490.

Robb J, Bigazzi R, Lazzarini L et al., 2001. A comparison of grave goods and skeletal indicators from Pontecagnano [J], *American J Physical Anthropology*, 115: 213-222.

Roberts C A, 1984. Analysis of some human femora from a Medieval charnel house at Rothwell Parish Church, Northamptonshire, England [J], *Ossa*, 9-11, 137-147.

Roberts C A, 1988a. Trauma and its treatment in British antiquity: a radiographic study, in E Slater, J Tate (eds), *Science and archaeology, Glasgow, British Archaeological Reports British Series, 196 (ii)* [M]. Oxford, 339-359.

Roberts C A, 1988b. Trauma and Treatment in British Antiquity: multidisciplinary study [J]. *PhD thesis, University of Bradford.*

Roberts C A, 1991. Trauma and treatment in the British Isles in the historical period. A design for multidisciplinary approach, in D J Ortner, A C Aufderheide (eds), *Human palaeopathology. Current syntheses and future options* [M]. Washington DC: Smithsonian Institution Press, 225-240.

Roberts C A, 2000. Did they take sugar? The use of skeletal evidence in the study of disability in past populations, in J Hubert (ed), *Madness, disability and social exclusion. The archaeology and anthropology of 'difference'* [M]. London: Routledge, 46-59.

Roberts C A, 2006. A view from afar: bioarchaeology in Britain, in J Buikstra L A Beck (eds), 2006, 417-439.

Roberts C A, 2007. A bioarchaeological study of maxillary sinusitis [J], *American J Physical Anthropology*, 133: 792-807.

Roberts C A, 2013. Archaeological human remains and laboratories: attaining acceptable standards for curating skeletal remains for teaching and research, in M Giesen (ed), *Curating human remains. Caring for the dead in the UK* [M]. Woodbridge, Suffolk: The Boydell Press, 123-134.

Roberts C A, 2012. Keith Manchester (1938-), in J E Buikstra, C A Roberts (eds), *The global history of paleopathology. Pioneers and prospects* [M]. Oxford: University Press, 56-59.

Roberts C A, 2015. What did agriculture do for us? The bioarchaeology of health and diet, in G Barker, C Goucher (eds), *The Cambridge World History. Volume 2: A world with agriculture, 12,000 BCE-500 CE* [M]. Cambridge: University Press, 93-123.

Roberts C A, 2016. Palaeopathology and its relevance to understanding health and disease today: the impact of environment on health, past and present [J], *Anthropological Review*, 79: 1-16.

Roberts C A, 2017. *Guidance on recording palaeopathology*, in P D Mitchell, M Brickley (eds), *Updated guidelines to the standards for recording human remains* [M]. Reading: CIFA and BABAO, 44-47.

Roberts C A, Wakely, J, 1992. Microscopical findings associated with the diagnosis of osteoporosis [J], *Int J Osteoarchaeology*, 2: 23-30.

Roberts C A, Buikstra J E, 2003. *The bioarchaeology of tuberculosis. A global perspective on a reemerging disease* [M]. Gainesville, Florida: University Press of Florida.

Roberts C A, Cox M, 2003. *Health and disease in Britain. Prehistory to the present day* [M]. Gloucester: Sutton Publishing.

Roberts C A, McKinley J, 2003. A review of trepanations in British antiquity focusing on funerary context to explain their occurrence, in R Arnott, S Finger, C U M Smith (eds), *Trepanation: history, discovery, theory* [M]. Lisse: Swets and Zeitlinger, 55-78.

Roberts C A, Connell B, 2004. Palaeopathology, in M Brickley, J McKinley (eds), *Guidelines to the standards for recording human remains* [M]. Reading: Institute of Field Archaeologists, Paper 7 (available on line: http://www.babao.org.uk), 34-39.

Roberts C A, Manchester K, 2005. *The archaeology of disease. 3rd edition* [M]. Stroud: Sutton Publishing.

Roberts C A, Ingham S, 2008. (early view) Using ancient DNA analysis in palaeopathology: a critical analysis of published papers, with recommendations for future work [J], *Int J Osteoarchaeology*.

Roberts C A, Mays S, 2011. Study and restudy of skeletal collections in Bioarchaeology: a perspective on the UK and its implications for future curation of human remains [J], *International J Osteoarchaeology*, 21: 626-630.

Roberts C A, Manchester K, 2012. Calvin Percival Bamfylde Wells (1908-1978), in J

E Buikstra, C A Roberts (eds), *The global history of paleopathology. Pioneers and prospects* [M]. Oxford: University Press,141-145.

Roberts C A, Lewis M E, Manchester K (eds), 2002. *The past and present of leprosy. Archaeological, historical, palaeopathological and clinical approaches. Proceedings of the International Congress on the Evolution and palaeoepidemiology of the infectious diseases 3 (ICEPID), University of Bradford, 26-31 July 1999* [M], British Archaeological Reports, International Series, 1054. Oxford: Archaeopress.

Roberts C A, Caffell A, Filipek-Ogden K L et al., 2016 'Til Poison Phosphorous Brought them Death' An occupationally-related disease in a post-medieval skeleton from Coach Lane, North Shields, north-east England [J], *Int J Paleopathology,* 13: 39-48.

Roberts C A, Millard A R, Nowell G M et al., 2012, Isotopic tracing of the impact of mobility on infectious disease: the origin of people with treponematosis buried in Hull, England, in the late Medieval period [J], *American J Physical Anthropology,* 150: 273-285.

Roberts M B, Parfitt S A, 1999. *Boxgrove: a Middle Palaeolithic Pleistocene hominid site at Eartham Quarry, Boxgrove, West Sussex* [M]. London: English Heritage.

Robling A G, Stout S D, 2008. Histomorphometry of human cortical bone: applications to age estimation, in M A Katzenberg, S R Saunders (eds), *Biological anthropology of the human skeleton* [M]. New York: Wiley-Liss, 149-182.

Roffey S, Tucker K, 2012. A contextual study of the medieval hospital and cemetery of St Mary Magdalene, Winchester, England [J], *Int J Paleopathology,* 2, 170-180.

Rogers J, Waldron T, 1995. *A field guide to joint disease in archaeology* [M]. Chichester: Wiley.

Rogers J, Waldron T, 2001. DISH and the monastic way of life [J], *Int J Osteoarchaeology,* 11: 357-365.

Roksandic M, Armstrong S D, 2011. Using the life history model to set the stage(s) of growth and senescence in bioarchaeology and paleodemography [J], *American J Physical Anthropology,* 145: 337-347.

Rollo F, Ubaldi M, Ermini L et al., 2002. Ötzi's last meals: DNA analysis of the intestinal content of the Neolithic glacier mummy from the Alps [J]. *Proceedings of the National Academy of Science,* 99: 12594-12599.

Rose J C, Green T J, Green V D, 1996. NAGPRA is forever: osteology and the repatriation of skeletons [J], *Annual Review of Anthropology,* 25: 81-103.

Rothschild B M, Rothschild C, 1995. Comparison of radiologic and gross examination for detection of cancer in defleshed skeletons [J], *American J Physical*

Anthropology, 96: 357-363.

Roy D M, Hall R, Mix A C et al., 2005. Using stable isotope analysis to obtain dietary profiles from old hair: a case study from Plains Indians [J], *American J Physical Anthropology*, 128: 444-452.

Ruff C B, 2008. Biomechanical analyses of archeological skeletons, in M A Katzenberg & S R Saunders (eds), *Biological anthropology of the human skeleton* [M]. New York: Wiley-Liss, 183-206.

Ruffer M A, 1921. *Studies in the paleopathology of Egypt by Sir Marc Armand Ruffer Kt, CMG, MD, edited by R L Moodie* [M]. Chicago: Chicago University Press.

Ruhli F, Lanz C, Ulrich-Bochsler S, Alt K, 2002. State-of-the-art imaging in palaeopathology: the value of multislice computed tomography in visualising doubtful cranial lesions [J], *Int J Osteoarchaeology*, 12: 372-379.

Ruhli F, Kuhn G, Evison R, et al., 2007. Diagnostic value of micro-CT in comparison with histology in the qualitative assessment of historical human skull bone pathologies [J], *American J Physical Anthropology*, 133: 1099-1111.

Rumsey C, 2001. Human remains: are the existing ethical guidelines for excavation, museum storage, research and display adequate [D]. Unpublished Master's thesis, University of Southampton, UK.

Russell K F, Simpson S W, Genovese J et al., 1993. Independent test of the 4th rib ageing technique [J], *American J Physical Anthropology*, 92: 53-62.

Rutala W A, Weber D J, 2001. Creutzfeldt-Jakob disease: recommendations for disinfection and sterilization [J], *Clinical Infectious Diseases*, 32: 1348-1356.

Ryan T M, Milner G R, 2006. Osteological applications of high-resolution computed tomography: a prehistoric arrow injury [J], *J Archaeological Science*, 33: 871-879.

Sallares R, Gomzi S, 2001. Biomolecular archaeology of malaria [J], *Ancient Biomolecules*, 3: 195-212.

Salo W L, Aufderheide A C, Buikstra J E et al., 1994. Identification of *Mycobacterium tuberculosis* DNA in a pre-Columbian Peruvian mummy [J], *Proc National Academy of Sciences USA*, 91: 2091-2094.

Sandford M K, Weaver D S, 2000. Trace element research in anthropology: new perspectives and challenges, in M A Katzenberg, S R Saunders (eds), *Biological anthropology of the human skeleton* [M]. New York: Wiley-Liss, 329-350.

Saunders S R, 1989. Non-metric skeletal variation, in M Y Iscan, K A R Kennedy (eds), *Reconstruction of life from the skeleton* [M]. New York: Wiley Liss, 95-108.

Saunders S R, 2000. Non-adult skeletons and growth-related studies, in M A Katzenberg, S R Saunders (eds), *Biological anthropology of the human skeleton* [M].

New York: Wiley-Liss, 135-161.

Saunders S R, Herring A (eds), 1995. *Grave reflections. Portraying the past through cemetery studies* [M]. Toronto: Canadian Scholars Press.

Saunders S R, Rainey D L, 2008. Non-metric trait c=variation in the skeleton: abnormalties, anomalies, and atavisms, in M A Katzenberg, S R Saunders (eds) *Biological anthropology of the human skeleton* [M]. New York: Wiley-Liss, 533-559.

Saunders S R, Fitzgerald C, Rogers T, Dudar C, McKillop H, 1992. A test of several methods of skeletal age estimation using a documented archaeological sample [J], *Canadian Society of Forensic Science*, 25: 97-118.

Saunders S R, Hoppa R D, Southern R, 1993a. Diaphyseal growth in a 19th-century skeletal sample of subadults from St Thomas' Church, Belleville, Ontario [J], *Int J Osteoarchaeology*, 3: 265-281.

Saunders S R, DeVito C, Herring A et al., 1993b. Accuracy tests of tooth formation age estimations for human skeletal remains [J], *American J Physical Anthropology*, 92: 173-188.

Saunders S R, Chan A H W, Kahlon B et al., 2007. Sexual dimorphism of the dental hard tissues in human permanent mandibular canines and third premolars [J], *American J Physical Anthropology*, 133: 735-740.

Sayer D, 2010a. *Ethics and burial archaeology* [J]. London: Duckworth.

Sayer D, 2010b. Who's afraid of the dead? Archaeology, modernity and the death taboo [J], *World Archaeology*, 42: 481-491.

Scarre C, 2005. Preface in C Scarre (ed), *The human past. World prehistory and the development of human societies* [J]. London: Thames and Hudson, 19-23.

Scarre G, 2006. Can archaeology harm the dead?, in C Scarre, G Scarre (eds), *The ethics of archaeology. Philosophical perspectives on archaeological practice* [M]. Cambridge: Cambridge University Press, 181-198.

Scheuer L, 1998. Age at death and cause of death of the people buried in St Bride's Church, Fleet Street, London, in M Cox (ed), *Grave concerns. Death and burial in England 1700-1850, CBA Research Report 113* [M]. York: Council for British Archaeology, 100-111.

Scheuer L, Black S, 2000a. *Developmental juvenile osteology* [M]. London: Academic Press.

Scheuer L, Black S, 2000b. Development and ageing of the juvenile skeleton, in M Cox & S Mays (eds), *Human osteology in archaeology and forensic science* [M]. London: Greenwich Medical Media, 9-21.

Schmid E, 1972. *Atlas of animal bones* [M]. New York: Elsevier.

Schmidt A, Murail P, Cunha E et al., 2002. Variability of the pattern of aging on the human skeleton: evidence from bone indicators and implications on age at death estimation [J], *J Forensic Sciences*, 47: 1203-1209.

Schmit C W, Symes S A (eds), 2015. *Analysis of burnt human remains* [M]. 2nd edition. London: Academic Press.

Schour I, Massler M, 1941. The development of the human dentition [J], *J American Dental Association*, 28: 1153-1160.

Schuenemann V J, Singh P, Mendum T A, 2013. Genome-wide comparison of medieval and modern *Mycobacterium leprae* [J]. *Science*, 341: 179-183.

Schulter-Ellis F P, Hayek L C, Schmidt D J, 1985. Determination of sex with a discriminate analysis of new pelvic bone measurements: part II [J], *J Forensic Sciences*, 30: 178-185.

Schulting R J, 2005. Pursuing a rabbit in Burrington Combe: new research on the early Mesolithic burial cave of Aveline's Hole [J], *Proc University of Bristol Spelaeological Society*, 23: 171-265.

Schulting R J, Richards M P, 2000. The use of stable isotopes in studies of subsistence and seasonality in the British Mesolithic, in R Young (ed), *Mesolithic lifeways. Current research in Britain and Ireland* [M]. Leicester: Archaeology Monographs 7, 55-65.

Schulting R J, Richards M P, 2002. Finding the coastal Mesolithic in southwest Britain: AMS dates and stable isotope results on human remains from Caldey Island, south Wales [J], *Antiquity*, 76: 1011-1025.

Schulting R J, Wysocki W, 2002. The Mesolithic human skeletal collections from Aveline's Hole: a preliminary report [J], *Proc University of Bristol Spelaeological Society*, 22: 255-268.

Schulting R, Fibiger L, 2012. *Sticks, stones and broken bones. Neolithic violence in a European perspective* [M]. Oxford: University Press.

Schulting R J, Trinkaus E, Higham T et al., 2005. A Mid-Upper Palaeolithic human humerus from Eel Point, South Wales, UK [J], *J Human Evolution*, 48: 493-505.

Schultz M, 2001. Paleohistology of bone: a new approach to the study of ancient diseases [J], *Yearbook of Physical Anthropology*, 44: 106-147.

Schultz M, Roberts C A, 2002. Diagnosis of leprosy in skeletons from an English later medieval hospital using histological analysis, in C A Roberts, M E Lewis, & K Manchester (eds), *The past and present of leprosy: archaeological, historical, palaeopathological and clinical approaches* [C]. Oxford: Archae press, 89-104.

Schurr M R, 1997. Stable nitrogen istotopes as evidence for the age of weaning at the Angel site: a comparison of isotopic and demographic measures of weaning age [J], *J Archaeological Science*, 24: 919-927.

Schweissing M M, Grupe G, 2003. Stable strontium isotopes in human teeth and bone: a key to migration events of the late Roman period in Bavaria [J], *J Archaeological Science*, 30: 1373-1383.

Scott E, 1991. Animal and infant burials in Roman villas: a revitalization movement, in P Garwood, D Jennings, R Skeates et al., (eds), *Sacred and profane. Proceedings of a conference on archaeology, ritual and religion, 1989* [C]. Oxford Committee for Archaeology Monograph 32. Oxford: Oxford Committee for Archaeology, 115-121.

Scott G R, 2008. Dental morphology, in M A Katzenberg, S R Saunders (eds), *Biological anthropology of the human skeleton* [M]. New York: Wiley-Liss, 265-298.

Scott G R, Turner C G, 1997. *The anthropology of modern human teeth* [M]. Cambridge: Cambridge University Press.

Scott S, Duncan C J, 1998. *Human demography and disease* [M]. Cambridge: Cambridge University Press.

Seidel J C, Colten R H, Thibodeau E A et al., 2005. Iatrogenic molar borings in 18th- and early 19th-century native American dentitions [J], *American J Physical Anthropology*, 127: 7-12.

Sellet F, Greaves R, Yu, P-L, 2006. *The archaeology and ethnoarchaeology of mobility* [J]. Gainesville, Florida: University Press of Florida.

Sengupta A, Shellis P, Whittaker D, 1998. Measuring root dentine translucency in human teeth of varying antiquity [J], *J Archaeological Science*, 25: 1221-1229.

Shapiro H L, 1959. The history and development of physical anthropology [J], *American Anthropologist*, 61: 371-379.

Shapland F, Lewis M E, 2013. Brief communication: a proposed method for the assessment of pubertal stage in human skeletal remains [J], *American J Physical Anthropology,* 151: 302-310.

Shaw C N, Stock J T, 2009a. Intensity, repetitiveness, and directionality of habitual adolescent mobility patterns influence the tibial diaphysis morphology of athletes [J], *American J Physical Anthropology,* 140: 149-159.

Shaw C N, Stock J T, 2009b. Habitual throwing and swimming correspond with upper limb diaphyseal strength and shape in modern human athletes [J]. *American J Physical Anthropology,* 140: 160-172.

Shaw M, Orford S, Brimblecombe N et al., 2000. Widening inequality between 160 regions of 15 European countries in the early 1990s [J], *Social Science and Medicine*, 50: 1047-1058.

Shennan S J, 1997. *Quantifying archaeology, 2nd edition* [M]. Edinburgh: Edinburgh University Press.

Shinoda K, Adachi N, Guillen S et al., 2006. Mitochondrial DNA analysis of ancient Peruvian highlanders [J], *American J Physical Anthropology*, 131: 98-107.

Sillence E, Briggs P, Harris P R et al., 2007. How do patients evaluate and make use of online health information [J]? *Social Science and Medicine*, 64: 1853-1862.

Simpson M, 1994. Burying the past [J], *Museums Journal,* July, 28-32.

Simpson M, 2002. The plundered past: Britain's challenge for the future, in C Fforde, J Hubert, & P Turnbull (eds), *The dead and their possessions. Repatriation in principle, policy and practice* [M]. London: Routledge, 199-217.

Skoglund P, Stora J, Götherström A et al., 2013. Accurate sex identification of ancient human remains using DNA shotgun sequencing [J], *J Archaeological Science*, 40: 4477-4482.

Sládek V, Berner M, Sailer R, 2006a. Mobility in Central European late Eneolithic and early Bronze Age: femoral cross-sectional geometry [J], *American J Physical Anthropology*, 130: 320-332.

Sládek V, Berner M, Sailer R, 2006b. Mobility in Central European late Eneolithic and early Bronze Age: tibial cross-sectional geometry [J], *J Archaeological Science*, 33: 470-482.

Sládek V, Berner M, Sosna D et al., 2007. Human manipulative behaviour in the Central European late Eneolithic and early Bronze Age: humeral bilateral asymmetry [J], *American J Physical Anthropology*, 133: 669-681.

Smith I F, Simpson D D A, 1966. Excavation of a round barrow on Overton Down, N Wilts [J], *Proc Prehistoric Society*, 32: 122-155.

Smith M J, Brickley M B, Leach S L, 2007. Experimental evidence for lithic projectile injuries: improving identification of an under-recognised phenomenon [J], *J Archaeological Science*, 34: 540-553.

Smrčka V, Kuželka V, Melková J, 2003. Meningioma probable reason for trephination [J], *Int J Osteoarchaeology*, 13: 325-330.

Snape S, 1996. Making mummies, in P Bahn (ed), *Tombs, Graves and mummies. 50 discoveries in world archaeology* [M]. London: Weidenfeld and Nicholson, 182-185.

Sofaer J R, 2006. Gender, bioarchaeology and human ontogeny, in R Gowland, C

Knüsel (eds), *The social archaeology of human remains* [M]. Oxford: Oxbow, 155-167.

Sorg M H, Andrews R P, İşcan M Y, 1989. Radiographic ageing in the adult, in M Y İşcan (ed), *Age markers in the human skeleton* [M]. Springfield, Illinois: Charles C Thomas, 169-193.

Sorg M H, Dearborn J H, Monahan E I et al., 1997. Forensic taphonomy in marine contexts, in W D Haglund, M H Sorg (eds), 1997, 567-604.

Spigelman M, Lemma E, 1993. The use of polymerase chain reaction to detect *Mycobacterium tuberculosis* in ancient skeletons [J], *International J Osteoarchaeology*, 3: 137-143.

Spindler K, 1994. *The man in the ice* [M]. London: Weidenfeld and Nicolson.

Spriggs J A, 1989. On and off-site conservation of bone, in C A Roberts, F Lee, J Bintliff (eds), *Burial archaeology: current research, methods and developments*, British Archaeological Reports British Series 211. Oxford, 39-45.

Standen V G, Arriaza B T, Santoro, C M, 1997. External auditory exostosis in prehistoric Chilean populations: a test of the cold water hypothesis [J], *American J Physical Anthropology*, 103: 119-129.

Stead I M, 1979. *The Arras culture* [M]. York: Yorkshire Philosophical Society.

Stead I M, 1980. *Rudston Roman villa* [M]. York: Yorkshire Archaeological Society.

Stead I M, 1986. Summary and conclusions, in IM Stead, JB Bourke & D Brothwell (eds), *Lindow Man. The body in the bog*. London: Guild Publishing, 177-180.

Steckel R H, 1995. Stature and the standard of living [J], *J Economic Literature,* 33: 1903-1940.

Steckel R H, Rose J C (eds), 2002. *The backbone of history: health and nutrition in the Western Hemisphere* [M]. Cambridge: Cambridge University Press.

Steckel R H, Larsen C S, Roberts C A et al., (eds), forthcoming *The backbone of Europe* [M]. Cambridge: University Press.

Steele J, 2000. Skeletal indicators of handedness, in M Cox, S Mays (eds), *Human osteology in archaeology and forensic science* [M]. London: Greenwich Medical Media, 307-323.

Steinbock R T, 1989a. Studies in ancient calcified tissues and organic concretions I: a review of structures, disease and conditions [J], *J Paleopathology*, 3: 35-38.

Steinbock R T, 1989b. Studies in ancient calcified tissues and organic concretions II: urolithiasis (renal and urinary bladder stone disease [J], *J Paleopathology*, 3: 9-59.

Steinbock R T, 1990. Studies in ancient calcified tissues and organic concretions III: gallstones (cholelithiasis) [J], *J Paleopathology*, 3: 95-106.

Stepan N L, 1982. *The idea of race in science. Great Britain 1800-1960* [M]. Hamden, Connecticut: Archon Books.

Stevens G C, Wakely J, 1993. Diagnostic criteria for identification of seashell as a trephination implement, *Int J Osteoarchaeology*, 3: 167-176.

Steyn M, Henneberg M, 1996. Skeletal growth of children from the Iron Age site at K2 (South Africa), *American J Physical Anthropology,* 100: 389-396.

Stinson S, 1985. Sex differences in environmental sensitivity during growth and development [J], *Yearbook of Physical Anthropology*, 28: 123-147.

Stirland A, 1991. The politics of the excavation of human remains: towards a policy [J], *Int J Osteoarchaeology*, 1: 157-158.

Stirland A, 2000. *Raising the dead: the skeleton crew of Henry VIII's great ship, the Mary Rose* [M]. Chichester: John Wiley.

Stirland A, Waldron T, 1997. Evidence for activity-related markers in the vertebrae of the crew of the Mary Rose [J], *J Archaeological Science*, 24: 329-335.

Stock G, 1998. The 18th and early 19th-century Quaker burial ground at Bathford, Bath and North-East Somerset, in M Cox (ed), *Grave concerns. Death and burial in England 1700-1850, CBA Research Report 113* [M]. York: Council for British Archaeology, 144-153.

Stodder A L W, 2008. Taphonomy and the nature of archaeological assemblages, in M A Katzenberg, S R Saunders (eds), *Biological anthropology of the human skeleton* [M]. New York: Wiley-Liss, 71-114.

Stojanowski C M, Buikstra J E, 2005. Research trends in human osteology: a content analysis of papers published in the American Journal of Physical Anthropology [J], *American J Physical Anthropology*, 128: 98-109.

Stone A C, 2000. Ancient DNA from skeletal remains, in M A Katzenberg, S R Saunders (eds), *Biological anthropology of the human skeleton* [M]. New York: Wiley-Liss, 351-371.

Stone A C, Stoneking M, 1993. Ancient DNA from a pre-Columbian Amerindian population [J], *American J Physical Anthropology*, 92: 463-471.

Stone R J, Stone J A, 1990. *Atlas of skeletal muscles*. Dubuque, Iowa: Wm C Brown Publishers.

Stringer C B, Hublin J-J, 1999. New age estimates for the Swanscombe hominid, and their significance for human evolution [J], *J Human Evolution*, 37: 873-877.

Stroud G, 1989. The processing of human bone from archaeological sites, in C A Roberts, F Lee, J Bintliff (eds), *Burial archaeology: current research, methods and developments*, British Archaeological Reports British Series, 211. Oxford, 47-49.

Stroud G, Kemp R L, 1993. *Cemeteries of the church and priory of St Andrew's, Fishergate. The archaeology of York. The Medieval cemeteries* 12/2. York: Council for British Archaeology for York Archaeological Trust.

Strouhal E, Němečková A, 2004. Paleopathological find of a sacral neurilemmoma from ancient Egypt [J], *American J Physical Anthropology*, 125: 320-328.

Stulp G, Batrrett L, Tropf F C et al., 2015. Does natural selection favour taller stature among the tallest people on earth [J]?, *Proceedings of the Royal Society B. Biological Sciences*, DOI: 10.1098/rspb.2015.0211.

Sundman E A, Kjellström A, 2013. Signs of Sinusitis in Times of Urbanization in Viking Age-Early Medieval Sweden [J], *J Archaeological Science*, 40: 4457-4465.

Sutherland T, 2000. Recording the grave, in V Fiorato, A Boylston, C Knüsel (eds), *Blood red roses. The archaeology of a mass grave from the battle of Towton.* Oxford: Oxbow, 36-44.

Swabe J, 1999. *Animals, disease and human society* [M]. New York: Routledge.

Swain H, 1998. Displaying the ancestors [J], *The Archaeologist*, 33: 14-15.

Swedlund A C, Armelagos, G J (eds), 1990. *Disease in transition. Anthropological and epidemiological approaches* [M]. London: Bergin and Garvey.

Tanner J M, 1981. Catch-up growth in man, *British Medical Bulletin*, 37: 233-328.

Tarlow S, 1999. *Bereavement and commemoration. An archaeology of mortality* [M]. Oxford: Blackwell Publishers.

Tarlow S, 2006. Archaeological ethics and the people of the past, in C Scarre, G Scarre (eds), *The ethics of archaeology. Philosophical perspectives on archaeological practice.* Camridge: Cambridge University Press, 199-216.

Tarlow S, Stutz L N, (eds), 2013, *The Oxford Handbook of The Archaeology of Death and Burial* [M]. Oxford: Oxford University Press.

Tayles N, 1999. *The excavation of Khok Phanom Di. A prehistoric site in Central Thailand. Volume 5: The People.* London: Society of Antiquaries.

Taylor J H, Antoine D, 2014. *Ancient Lives, New Discoveries: Eight Mummies, Eight Stories* [M]. British Museum Press: London.

Taylor G M, Rutland R, Molleson T, 1997. A sensitive polymerase chain reaction method for the detection of *Plasmodium* species DNA in ancient human remains [J], *Ancient Biomolecules*, 1: 193-203.

Taylor G M, Widdison S, Brown I N et al., 2000. A mediaeval case of lepromatous leprosy from 13th-14th-century Orkney, Scotland [J], *J Archaeological Science*, 27: 1133-2113.

Taylor G M, Watson C L, Bouwman A S et al., 2006. Variable nucleotide tandem repeat (VNTR) typing of two palaeopathological cases of lepromatous leprosy from Medieval Britain, *J Archaeological Science*, 33: 1569-1579.

Taylor R E, 2001. Radiocarbon dating, in D R Brothwell, A M Pollard (eds), *Handbook of archaeological science*. Chichester: John Wiley and Sons Ltd, 23-34.

Thomas C, Sloane B, Phillpotts C, 1997. *Excavations at the priory and hospital of St Mary Spital* [M]. London: Museum of London.

Thomas R, 2012. Non-human paleopathology, in J E Buikstra, C A Roberts (eds), 2012, 652-664.

Thompson J, 1998. Bodies, minds, and human remains, in M Cox (ed), *Biological anthropology of the human skeleton* [M]. New York: Wiley-Liss, 197-201.

Thompson R C, Allam A H, Lombardi G P et al., 2013. Atherosclerosis across 4000 years of human history: the Horus study [J], *The Lancet*, 381: 1211-1222.

Thompson T, (ed), 2015, The *Archaeology of Cremation* [M]. Oxford: Oxbow Books.

Tilley L, Schrenk A A (eds), 2017. *New Developments in the Bioarchaeology of Care: Further Case Studies and Expanded Theory* [M]. New York: Springer.

Torres-Rouff C, Costa Junqueira M A, 2006. Interpersonal violence in prehistoric San Pedro de Atacama, Chile: Behavioral implications of environmental stress [J], *American J Physical Anthropology*, 130: 60-70.

Toynbee J M C, 1971. *Death and burial in the Roman world* [M]. Ithaca, New York: Cornell University Press.

Tronick E Z, Brooke Thomas R, Daltabuit M, 1994. The Quechua Manta pouch. A caretaking practice for buffering the Peruvian infant against the multiple stressors of high altitude, *Child Development*, 65: 1005-1013.

Trotter M, 1970. Estimation of stature from intact long limb bones, in T D Stewart (ed), *Personal identification in mass disasters*. Washington DC: National Museum of Natural History, Smithsonian Institution, 71-83.

Trotter M, Gleser G C, 1952. Estimation of stature from the long bones of American Whites and Negroes [J], *American J Physical Anthropology*, 10: 463-514.

Trotter M, Gleser G C, 1958. A re-evaluation of estimation of stature based on measurements of stature taken during life and of long bones after death [J], *American J Physical Anthropology*, 16: 79-124.

Tsuchiya A, Williams A, 2005. A 'fair innings' between the sexes: are men being treated equitably [J]? *Social Science and Medicine*, 60: 277-286.

Tsutaya T, Yoneda M, 2015, Reconstruction of breastfeeding and weaning practices using stable isotope and trace element analyses: a review [J], *American J Physical Anthropology,* 156: 2-21.

Tucker B K, Hutchinson D L, Gilliland M F G et al., 2001. Microscopic characteristics of hacking trauma [J], *J Forensic Sciences*, 46: 234-240.

Turnbaugh W A, Jurmain R, Nelson H et al., 1996. *Understanding physical anthropology and archaeology, 6th edition* [M]. Los Angeles: West Publishing Company.

Turner B L, Edwards J L, Quinn E A et al., 2007. Agerelated variation in isotopic indicators of diet at medieval Kulubnarti, Sudanese Nubia, *Int J Osteoarchaeology*, 17: 1-25.

Turner C G, Nichol C R, Scott G R, 1991. Scoring procedures for key morphological traits of the permanent dentition: The Arizona State University dental system, in M Kelley, C S Larsen (eds), *Advances in dental anthropology*. Chichester: Wiley-Liss, 13-21.

Turner R C, Scaife R G, 1995. *Bog bodies. New discoveries and new perspectives* [M]. London: British Museum Press.

Tyrrell A, 2000. Skeletal non-metric traits and the assessment of inter- and intra-population diversity: past problems and future potential, in M Cox, S Mays (eds), *Human osteology in archaeology and forensic science* [M]. London: Greenwich Medical Media, 289-306.

Tyson R A, 1995. Mummies at the San Diego Museum of Man: considerations for the future, in *Proceedings of the 1st World Congress on Mummy Studies. Volume 1.* Santa Cruz, Tenerife, Canary islands: Archaeological and Ethnographical Museum of Tenerife, 221-223.

Ubelaker D, 1974. Reconstruction of demographic profiles from ossuary skeletal samples. A case study from the Tidewater Potomac [J], *Smithsonian Contributions to Anthropology*, 18: 1-79.

Ubelaker D, 1989. *Human skeletal remains. Excavation, analysis and interpretation* [M]. Washington DC: Taraxacum.

Ubelaker D, 2002. Approaches to the study of commingling in human skeletal biology, in W D Haglund, M H Sorg (eds), *Forensic Taphonomy: The Postmortem Fate of Human Remains* [M]. Florida: CPC Press, 331-351.

Ubelaker D, Guttenplan Grant L, 1989. Human skeletal remains: preservation or reburial [J]? *Yearbook of Physical Anthropology*, 32: 249-287.

Ubelaker D H, de la Paz J S, 2012. Skeletal Indicators of Pregnancy and Parturition: A Historical Review [J], *J Forensic Sciences*, 57: 866-872.

Ucko P J, 1969. Ethnography and archaeological interpretation of funerary remains [J], *World Archaeology*, 1: 262-280.

Ullinger J M, Sheridan S G, Hawkey D E et al., 2005. Bioarchaeological analysis of cultural transition in the Southern Levant using dental nonmetric traits [J], *American J Physical Anthropology*, 128: 466-476.

Upex B, Dobney K, 2012. More than just made cows. Exploring human-animal relationships through animal palaeopathology, in A L Grauer (ed), *A companion to paleopathology* [M]. Chichester: Wiley, 191-213.

Van Beek G C, 1983. *Dental morphology. An illustrated guide* [M]. Bristol: Wright PSG.

Verano J W, 2003. Trepanation in prehistoric South America: geographic and temporal trends over 2,000 years, in R Arnott, S Finger, C U M Smith (eds), *Trepanation: history, discovery, theory* [M]. Lisse: Swets and Zeitlinger, 223-236.

Verano J, 2016. *Holes in the Head: The Art and Archaeology of Trepanation in Ancient Peru* [M]. Cambridge, MA: Harvard University Press.

Verano J W, Anderson L S, Franco R, 2000 Foot amputation by the Moche of ancient Peru: osteological evidence and archaeological context [J], *Int J Osteoarchaeology*, 10, 177-188.

Virchow R, 1872. Untersuchung des Neanderthal-Schädels [J], *Zeitschrift fuer Ethnologie* (*Berlin*), 4: 157-165.

Von Hunnius T E, Roberts C A, Saunders S et al., 2006. Histological identification of syphilis in pre-Columbian England [J], *American J Physical Anthropology*, 129: 559-566.

Von Hunnius T E, Yang D, Eng B et al., 2007. Digging deeper into the limits of ancient DNA research on syphilis [J], *J Archaeological Science*, 34: 2091-2100.

Wacher J, 1980. *Roman Britain* [M]. London: JM Dent and Sons Ltd.

Waite E R, Child A M, Craig O E et al., 1997. A preliminary investigation of DNA stability in bone during artificial diagnosis [J], *Bulletin Soc Geol France*, 168: 547-554.

Wakely J, Manchester K, Roberts C A, 1989. Scanning electron microscope study of normal vertebrae and ribs from early Medieval human skeletons [J], *Int J Osteoarchaeology*, 16: 627-642.

Waldron T, 1983. On the post-mortem accumulation of lead by skeletal tissues [J], *J Archaeological Science*, 10: 35-40.

Waldron T, 1987. The relative survival of the human skeleton: implications for palaeopathology in A Boddington, A N Garland, R C Janaway (eds), *Death, decay and reconstruction. Approaches to archaeology and forensic science* [M]. Manchester: Manchester University Press, 55-64.

Waldron T, 1993. The health of the adults, in T Molleson, M Cox, *The Spitalfields Project. Volume 2. The Anthropology. The Middling Sort, CBA Research Report 86*

[M]. York: Council for British Archaeology, 67-89.

Waldron T, 1994. *Counting the dead. The epidemiology of skeletal populations* [M]. Chichester: Wiley.

Waldron T, 2001. *Shadows in the soil. Human bones and archaeology* [M]. Stroud, Gloucestershire: Tempus Publishing Ltd.

Waldron T, 2008. *Palaeopathology* [M]. Cambridge: University Press.

Waldron T, Cox M, 1989. Occupational arthropathy: evidence from the past [J], *J Industrial Medicine*, 46: 420-442.

Walker P L, 1989. Cranial injuries as evidence of violence in southern California [J], *American J Physical Anthropology*, 80: 313-323.

Walker P L, 1995. Problems of preservation and sexism in sexing: some lessons from historical collections for palaeodemographers, in S R Saunders, A Herring (eds), *Grave reflections. Portraying the past through cemetery studies* [M]. Toronto: Canadian Scholars Press, 31-47.

Walker P L, 1997. Wife beating, boxing and broken noses: skeletal evidence for the cultural patterning of violence, in D L Martin & D W Frayer (eds), *Troubled times. Violence and warfare in the past* [M]. London: Routledge, 145-179.

Walker P L, 2008. Bioarchaeological ethics: a historical perspective on the value of human remains, in M A Katzenberg, S R Saunders (eds), *Biological anthropology of the human skeleton* [M]. New York: Wiley-Liss,3-40.

Walker P L, Cook, D C, 1998. Brief communication. Gender and sex: vive la difference [J], *American J Physical Anthropology*, 106, 255-259.

Walker D, Henderson M, 2010. Smoking and health in London's East End in the first half of the 19th century [J], *Post-Medieval Archaeology*, 44: 209-222.

Walker R A, Lovejoy C O, 1985. Radiographic changes in the clavicle and proximal femur and their use in the determination of skeletal age at death [J], *American J Physical Anthropology*, 68: 67-78.

Wang H, Ge B, Mair V H et al., 2007. Molecular genetic analysis of remains from Lamadong cemetery, Liaoning, China [J], *American J Physical Anthropology,* 134: 404-411.

Warinner C, Rodrigues J F, Vyas R et al., 2014. Pathogens and host immunity in the ancient human oral cavity [J], *Nature Genetics*, 46: 336-344.

Warinner C, Hendy J, Speller C et al., 2014. Direct evidence of milk consumption from ancient human dental calculus [M], *Scientific Reports*, doi:10.1038/srep07104.

Watkins J, Goldstein L, Vitelli K et al., 1995. Accountability: responsibilities of archeologists to other interest groups, in M Lynott, A Wylie (eds), *Ethics in*

American archaeology. Challenges for the 1990s [M]. Washington DC: Society of American Archaeology, 33-37.

Watkinson D, Neal V, 1998. *1st aid for finds. 3rd edition* [M]. London: United Kingdom Institute for Conservation. Archaeology Section.

Watson J B, Crick F H C, 1953. A structure for deoxyribonucleic acid [J], *Nature*, 171: 737-738.

Webb E C, Honch N V, Dunn P J H et al., 2015 Compound-specific amino acid isotopic proxies for detecting resource exploitation [J], *J Archaeological Science*, 63: 104-114.

Weber J, Wahl J, 2006. Neurosurgical aspects of trepanations from Neolithic times [M], *Int J Osteoarchaeology*, 16: 536-545.

Weichmann I, Grupe G, 2005. Detection of *Yersinia pestis* DNA in two early medieval skeletal finds from Aschheim (upper Bavaria, 6th century AD) [J], *American J Physical Anthropology*, 126: 48-55.

Weiss E, 2003. Understanding muscle markers: aggregation and construct validity [M], *American J Physical Anthropology*, 121: 230-240.

Wells C, 1964. The study of ancient disease [J], *Surgo*, 32, 3-7.

Wells C, 1965. A pathological Anglo-Saxon femur [J] *British J Radiology*, 38: 393-394.

Wells C, 1982. The human burials, in A McWhirr, L Viner, & C Wells (eds), *Romano-British cemeteries at Cirencester* [M]. Cirencester: Excavations Committee, 135-202.

Wentz R, 2012. *Life and Death at Windover: Excavations of a 7,000 Year-Old Pond Cemetery* [M]. Cocoa, Florida: The Florida Historical Society Press.

Wescott D J, Cunningham D L, 2006. Temporal changes in Arikara humeral and femoral cross-sectional geometry associated with horticultural intensification [J], *J Archaeological Science*, 33: 1022-1036.

Weyrich L S, Dobney K, Cooper A, 2015. Ancient DNA analysis of dental calculus [J], *J Human Evolution*, 79 119-124.

Whimster R, 1981. *Burial practices in Iron Age Britain, British Archaeological Reports British Series, 90* [M]. Oxford.

White C D, Healy P F, Schwarcz H P, 1993. Intensive agriculture, social status, and Maya diet at Pacbitun, Belize [J], *J Anthropological Research*, 49: 347-375.

White C D, Spence M W, Le Q Stuart-Williams H et al., 1998. Oxygen isotopes and the identification of geographical origins: the valley of Oaxaca versus the Valley of Mexico [J], *J Archaeological Science*, 25: 643-655.

White L, 2013. The impact and effectiveness of the Human Tissue Act 2004 and the

Guidance for the Care of Human Remains in Museums in England, in M Giesen (ed), *Curating human remains. Caring for the dead in the UK* [M]. Woodbridge, Suffolk: The Boydell Press, 43-52.

White T D, Black M T, Folkens P A, 2012. *Human osteology* [M]. 3rd edition. San Francisco: Academic Press.

White T D, Folkens P A, 2005. *The human bone manual* [M]. London: Academic Press.

White W, 1988. *The cemetery of St Nicholas Shambles* [M]. London: London and Middlesex Archaeology Society.

White W, Ganiaris H, 1998. Excavating bodies. Excavating and analysing human skeletons, in A Werner (ed), *London Bodies. The changing shape of Londoners from prehistoric times to the present day* [M]. London: Museum of London, 14-21.

Whittaker D, 1993. Oral health, in T Molleson, M Cox (eds), 1993, 49-65.

Whittaker D, 2000. Ageing from the dentition, in M Cox, S Mays (eds), *The Spitalfields Project. Volume 2. The Anthropology. The Middling Sort, CBA Research Report 86* [M]. York: Council for British Archaeology, 83-99.

Whittle A, 1999. The Neolithic period *c* 4000-2500/2200 BC, in J Hunter, I Ralston (eds), *The archaeology of Britain. An introduction from the Upper Palaeolithic to the Industrial Revolution* [M]. London: Routledge, 58-76.

Wiggin R, Boylston A, Roberts C A, 1993. *Report on the human skeletal remains from Blackfriars, Gloucester* [M]. Bradford: University of Bradford, Calvin Wells Laboratory. Unpublished.

Wilbur A K, Stone A C, 2012. Using ancient DNA techniques to study human disease, in J E Buikstra, C A Roberts (eds), *The global history of paleopathology. Pioneers and prospects* [M]. Oxford: University Press 703-717.

Wilhelm Hagel G, 1991. Summary: lessons from a decade of public health, in B Jacobsen, A Smith & M Whitehead (eds), *The nation's health. A strategy for the late 1990s* [M]. London: King Edward's Fund for London, 9-21.

Wilkinson C, 2008. *Forensic facial reconstruction* [J]. Cambridge: University Press.

Wilkinson C, Neave R, 2003. The reconstruction of a face showing a healed wound [J], *J Archaeological Science*, 30: 1343-1348.

Willerslev E, Cooper A, 2005. Ancient DNA [J], *Proceedings of the Royal Society B: Biological Sciences*, 272: 3-16.

Willey P, Galloway A, Snyder L, 1997. Bone mineral density and survival of elements and element portions in the bones of the Crow Creek Massacre victims [J], *American J Physical Anthropology*, 104: 513-528.

Wills B, Ward C, Sáiz Gómez V, with contributions from C Korenberg & J Phippard, 2017 Conservation of human remains from archaeological contexts, in A Fletcher, D Antoine, J D Hill (eds), *Regarding the dead: human remains in the British Museum* [M]. London: British Museum Research Publication 197, 49-66.

Wilson K J W, 1995. *Ross and Wilson. Anatomy and physiology in health and illness, 7th edition* [M]. London: Churchill Livingstone.

Wilson A S, 2001. Survival of human hair-the impact of the burial environment, in E Williams (ed), *Human remains. Conservation, retrieval and analysis. Proceedings of a conference held in Williamsburg, VA, 7th-11 Nov 1999*, British Archaeological Reports International Series, 934. Oxford: Archaeopress, 119-127.

Wilson A S, Brown E L, Villa C et al., 2013. Archaeological, radiological, and biological evidence offer insight into Inca child sacrifice [J], *Proceedings of the National Academy of Sciences*, 2013; DOI: 10.1073/ pnas.1305117110.

Withington E T (ed), 1927. *Hippocrates. Three volumes* [M]. London: William Heinemann Ltd.

Wittwer-Backofen U, Gampe J, Vaupel J W, 2004. Tooth cementum annulation for age estimation: Results from a large known-age validation study [J], *American J Physical Anthropology*, 123: 119-129.

Wood J W, Milner G R, Harpending H C et al., 1992. The osteological paradox. Problems of inferring health from the skeleton [J], *Current Anthropology*, 33: 343-370.

Woods R, Shelton N, 1997. *An atlas of Victorian mortality* [M]. Liverpool: Liverpool University Press.

World Health Organisation, 2006. *Preventing disease through healthy environments* [M]. Geneva: World Health Organisation.

Wright L E, Schwarcz H P, 1998. Stable carbon and oxygen isotopes in human tooth enamel: identifying breastfeeding and weaning in prehistory [J], *American J Physical Anthropology*, 106: 1-18.

Young S E J, 1998. Archaeology and smallpox, in M Cox (ed), *Grave concerns. Death and burial in England 1700-1850, CBA Research Report 113* [M]. York: Council for British Archaeology, 190-196.

Zakrzewski S R, 2007. Population continuity or population change: formation of the ancient Egyptian shape [J], *American J Physical Anthropology*, 132: 501-509.

Zakrzewski S, 2017. Metric and non-metric studies of archaeological human bone, in P D Mitchell, M Brickley (eds), Updated guidelines to the standards for recording human remains [M]. Reading: CIFA and BABAO, 39-43.

Zias J, Numeroff K, 1987. Operative dentistry in the 2nd century BC [J], *J American Dental Association*, 114: 665-666.

Zias J, Pomeranz S, 1992. Serial craniectomies for intracranial infection 5.5 millennia ago [J], *Int J Osteoarchaeology*, 2: 183-186.

Zias J, Stark H, Seligman J et al., 1993. Early medical use of cannabis (Letter) [J], *Nature*, 363: 215.

Ziegler P, 1991. *The Black Death* [M]. Bath: Alan Sutton Publishing Ltd.

Zimmerman L J, Vitelli K D, Hollow-ell-Zimmer J (eds), 2003. *Ethical issues in archaeology* [M]. Walnut Creek, California: Altamira Press.

Zink A R, Nerlich A G, 2005. Notes and Comments. Long-term survival of ancient DNA in Egypt: reply to Gilbert *et al* [J], *American J Physical Anthropology*, 128: 115-118.

Zink A R, Sola C, Reischel U et al., 2004. Molecular identification and characterization of *Mycobacterium tuberculosis* complex in ancient Egyptian mummies [J], *Int J Osteoarchaeology*, 14: 404-413.

Zuckerman A J, 1984. Palaeontology of smallpox [J], *The Lancet*, 2: 1454.

Zuckerman M K, Turner B L, Armelagos G J, 2012. Evolutionary thought in paleopathology and the rise of the biocultural approach, in A L Grauer (ed), A companion to paleopathology [M]. Chichester: Wiley, 234-257.

译 者 后 记

    本书的英文版作者是英国国家学术院院士（Fellow of the British Academy）、著名生物考古学家夏洛特·罗伯茨教授。她1988年在布拉德福德大学获得博士学位后，曾先后在布拉德福德大学和杜伦大学任教、从事研究，并成功在这两所大学开设了古病理学硕士课程（MSc Palaeopathology）。在过去的30多年中，夏洛特·罗伯茨教授致力于研究古代人群的疾病和健康，并以此探讨人和环境的互动、感染性疾病的起源和历史，现已发表上百篇（部）具有国际影响力的研究著作。与此同时，她还担任过古病理学会、英国生物人类学和骨骼考古学会的主席，主持过全球健康史计划欧洲模块的研究，极大地推动了生物考古学在全球的发展。

    夏洛特·罗伯茨教授对生物考古学知识和学科史的普及也做出了重大贡献。她和英国著名生物考古学家基斯·曼彻斯特合著的 *Archaeology of Disease*（2005）（中译本《疾病考古学》）是一本风靡全球的生物考古学经典教科书。她和美国国家科学院院士简·布伊克斯特拉（Jane Buikstra）编辑的 *The Global History of Paleopathology：Pioneers and Prospects*（2012）为人们了解古病理学提供了权威参考。她和简·布伊克斯特拉院士合著的 *The Bioarchaeology of Tuberculosis. A Global View on a Reemerging Disease*（2008）是一本以全球化视角研究结核病历史的巨著。2018年，夏洛特·罗伯茨教授主笔的 *Human Remains in Archaeology. A Handbook* 第二版由英国考古委员会出版。该书系统介绍了考古遗址出土人类遗骸的发掘、保管、研究等诸多内容，专业的视角、丰富的插图和简洁易懂的语言为有志于从事人类遗骸研究或对人类遗骸感兴趣的学生、田野考古工作者、学者以及公众提供了科学普及和专业参考。有鉴于此，我们决定对本书进行翻译和出版。

    本书的中文版由吉林大学考古学院张全超教授、杜伦大学博士研究生李墨岑翻译，吉林大学公共外语教育学院夏文静博士译审。本书的翻译及出版工作得到了夏洛特·罗伯茨教授和吉林大学考古学院有关专家的大力支持和帮助。科学出版社编辑王琳玮为本书的出版付出了很多心血。在此，谨向支持和帮助本书翻译工作的学者表示诚挚的谢意。

因翻译水平有限，本书难免存在不确切及疏漏之处，恳请读者批评指正。

译　者

2021 年 9 月